中等专业学校市政工程施工专业系列教材

土力学与地基基础

北京城市建设学校　张述勇　主编
北京城市建设学校　张述勇
北京城市建设学校　钟晓冬　　编
上海城市建设学校　程　群
广州市政工程学校　黎国强　主审

U0254279

中国建筑工业出版社

图书在版编目(CIP)数据

土力学与地基基础/张述勇等编. -北京:中国建筑工业出版社,1998
中等专业学校市政工程施工专业系列教材
ISBN 978-7-112-03396-6

Ⅰ. 土… Ⅱ. 张… Ⅲ. ①土力学-专业学校-教材②地基基础-专业学校-教材 Ⅳ.TU4

中国版本图书馆 CIP 数据核字 (97) 第 21895 号

　　本书是中等专业学校市政工程施工专业系列教材。主要内容有:土的物理性质及工程分类、土中应力的计算和基础沉降量计算、土的抗剪强度及地基承载力、土压力与土坡稳定、地基勘探、天然地基上刚性基础设计、人工地基、桩基础、沉井基础、土工试验等。

　　本书密切联系实际,以道路桥梁工程的地基基础问题为主,采取深入浅出、图文并茂、以图解文的形式介绍了地基基础设计中的基本知识,并配有思考题与习题,适合中等专业学校市政工程专业使用,也可供土木工程设计、施工技术人员以及有关院校师生参考。

中等专业学校市政工程施工专业系列教材

土力学与地基基础

北京城市建设学校　张述勇　主编
北京城市建设学校　张述勇
北京城市建设学校　钟晓冬　　编
上海城市建设学校　程　群
广州市政工程学校　黎国强　主审

*

中国建筑工业出版社出版、发行(北京西郊百万庄)
各地新华书店、建筑书店经销
北京市密东印刷有限公司印刷

*

开本:787×1092 毫米　1/16　印张:23¼　字数:566 千字
1998 年 6 月第一版　　2011 年 11 月第十三次印刷

定价:**32.00** 元

ISBN 978-7-112-03396-6
(17258)

前　言

长期以来市政工程施工专业《土力学与地基基础》课程一直以交通系统中等专业学校的《土力学地基与基础》一书为代用教材，虽然也能基本满足教学要求，但是，鉴于课程设置的区别，市政施工专业需要的土质学部分，因交通系统是单设一门课程，市政工程施工专业无教材使用，教学时需补充这部分内容，给教师增加了负担、为学生复习、理解带来了诸多不便，不利于教学质量的提高。

本教材按普通中等专业学校市政工程施工专业《土力学与地基基础》课程教学大纲的要求，依据《建筑结构设计统一标准》(GBJ68—84)，《建筑结构设计通用符号、计量单位和基本术语》(GBJ83—85)、《公路桥涵地基与基础设计规范》(JTJ024—85)、《建筑地基基础设计规范》(GBJ7—89)等结构设计规范编写。严格按《建筑结构设计通用符号、计量单位和基本术语》(GBJ83—85)对质量、重量两术语的解释，将含水量定义为质量之比，避开了意义含混的"重量"一词，明确了质量密度与重力密度的区别与联系。

市政工程地基基础的设计涉及到两本规范，即《公路桥涵地基与基础设计规范》(JTJ024—85)、《建筑地基基础设计规范》(GBJ7—89)。道桥工程以"公路规范"为准、其他市政工程，如给水排水、暖通工程以"建筑规范"为准。本教材以道路桥梁工程的地基基础问题为主线，来阐述地基基础设计中的基本知识。因此需要介绍"公路规范"的有关规定。鉴于，"公路规范"正在按《建筑结构设计统一标准》(GBJ68—84)进行修订，为使教材能体现地基基础设计的先进性，在以"公路规范"为主的前提下，介绍了"建筑规范"与之区别的内容。因而在教材中出现以安全系数为基础的"公路规范"计算法和以近似极限概率理论为基础"建筑规范"计算法。一本教材中有两种不同的计算方法是迫于无奈，而这种状况将给教学增加些难度，同时亦能为学生通过比较来深刻理解地基基础设计中的共同规律创造了条件，有利于提高学生分析问题的能力，有利于学生学习先进的知识。为了适应中专学生的学习，建议在教学过程中以"公路规范"为主，将该规范规定的计算方法讲深、讲透，进而才能为学生进行比较、提高打下基础。为此，在编写中，均明确地指出了两本规范相互区别的内容，并指出了形成区别的原因。为学生自学创造了条件。

本教材针对中专学生的特点编写，力求深入浅出、循序渐进、以图解文、图文并茂。例如，通过插图定性理解公式的涵义和基本概念，其中用几何定理直观地证明"土中一点的极限平衡条件"是编者为避开中专学生不熟悉的三角函数证明法而采用数形结合教学经验的总结，此次编入教材中以利于学生复习，开阔思路。对于复杂的桩基内力及变形计算，编者避开了高难的微分方程的推导，直接引用计算公式和给出解题步骤，通过不同的题型，理解计算的目的是为了验算单桩承载力和桩身强度，为能定性地理解桩基设计原则打下基础。为便于学生理解教材所论述的概念和规律，书中配有适量的典型例题、思考题和习题。

本教材由北京城市建设学校张述勇老师主编，北京城市建设学校钟晓冬老师和上海城市建设学校程群老师编写了部分章节。

本教材由广州市政工程学校黎国强高级讲师主审，在编写过程中得到了上海同济大学岩土工程系洪毓康教授和北京城市建设学校郭继武高级讲师的指导和帮助，中国人民解放军二炮设计院道路桥梁设计所李建章高级工程师为本教材提供了市政道路桥梁设计的新资料，松苗同志参加了本教材的计算机输入工作。在此一并表示衷心的感谢。

鉴于编者水平有限，书中难免疏漏之处，恳请读者指正。

目　录

第一章 绪 论

所有的建筑物都必须建造在土层或岩层（土层和岩层可统称为地层）上。我们将承受基础传来各种荷载作用的地层称为地基，而基础则是将建筑物所承受的荷载作用传递给地基的结构组成部分。这里所涉及到的结构系指在组成建筑物的各种构件中，由若干构件连接而成的能承受荷载作用的骨架体系。简言之，结构是骨架体系，而作用则是指施加在结构上的荷载或其他引起结构变形的原因。

地基与基础是两个不同的概念，图 1-1 所示的立交桥及其地基、基础示意图和图 1-2 所示的水塔及其地基、基础示意图直观地告诉我们什么是地基，什么是基础。建造在地层上的桥梁、水塔，其上部桥梁、水箱，下部桥墩、塔身所承受的重力荷载和风荷载是通过地面以下的扩大部分传递到地层上的；我们将桥梁、水塔在地面以下的扩大部分叫做基础。基础下面的地层则叫做地基。显然，地基和基础是两个不同的概念，地基位于基础底面以下，是支承建筑物的那一部分地层；基础则与建筑物上部结构紧密联系，是建筑物的一部分，属于建筑物的下部承重结构。

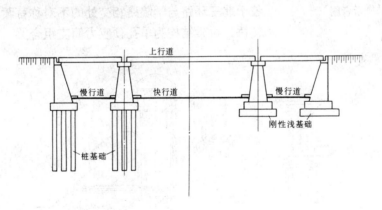

图 1-1 立交桥及其地基、基础示意图

由于建筑结构所承受的各种荷载通过基础传给地层，并向深处扩散，其影响则逐渐减弱，直至可以把其对地层的影响（如应力、变形）忽略不计，因而从工程建设的观点来分析，地基是受建筑物荷载影响，具有一定深度和范围的地层。我们把直接承托基础的那层土层或岩层叫做持力层，持力层以下的各层土层或岩层叫做下卧层如图 1-2，承载力明显低于持力层的下卧层叫做软弱下卧层。

基础的结构形式很多，通常把埋置深度不大，只须经过挖槽、排水等普通施工程序就可以建成的基础叫做浅基础，例如图 1-2 所示水塔独立基础为浅基础；反之，当浅层土质不良，需将建筑物置于深处良好地层上时，须借助于特殊的施工方法建造的基础叫做深基础，图 1-1 所示的立交桥梁桩基础和图 1-3 所示的水塔桩基础、泵房沉井基础均属于采用特殊施工方法建造的深基础。若地基持力层的土质不良，也可采用人工处理的办法来达到使用要求，这种经过处理的地基叫做人工地基。例如，用换土垫层、机械夯实、砂桩挤密、砂井堆载预压、电化加固等方法处理过的土层即为人工地基；反之，无需处理就可以直接作为地基的原状地层，则叫做天然地基。天然地基比较经济，宜优先选用。

土力学是本学科的理论基础，它研究土的特性及其受力后的变化规律，例如土的应力、变形、强度、稳定性、渗流等力学规律，以及土层与结构物相互作用的规律。这些规律都是设计地基与基础的理论依据，结合工程地质资料，运用土力学原理，才能较好地解决地基、基础工程问题。

一、土力学与地基基础课程的任务

土力学与地基基础的任务是研究建筑结构的地基基础设计问题。本课程研究市政工程结构的地基基础设计问题，有道路、桥梁的地基基础问题；给水排水工程结构的地基基础问题；供暖、供热、电力、通讯等工程设施的地基基础问题。图 1-4 是北京城市立交桥之一的北三环路上蓟门桥的桥梁、墩台、基础设计立面、剖面图。这是一座位于北三环路与学院路相交处的不对称苜蓿叶形互通式立交桥。桥梁结构为单孔预应力简支组合梁。桥上为东西方

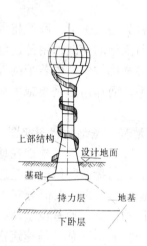

图 1-2 水塔及其地基、
基础示意图

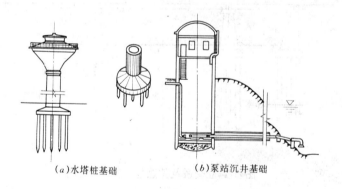

（a）水塔桩基础　　　　　（b）泵站沉井基础

图 1-3 深基础——桩基础和沉井基础

（a）水塔桩基础；（b）泵房沉井基础

向的北三环主路，桥下为南北方向且分别紧靠元朝古城墙遗址和小月河两旁的上下行单行道，路边依山傍水，绿树成荫，形成长廊式街心花园。该桥墩台及挡土墙的基础形式均为座落在天然地基上的刚性浅基础。如何设计这些地基基础是本课程的任务。

鉴于市政工程种类较多，本书将以道路、桥梁工程结构为主要研究对象，兼顾其他市政工程结构来阐明地基基础的设计问题。

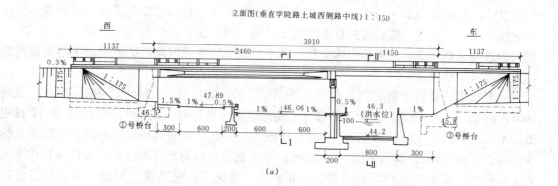

立面图(垂直学院路土城西侧路中线)1:150

(a)

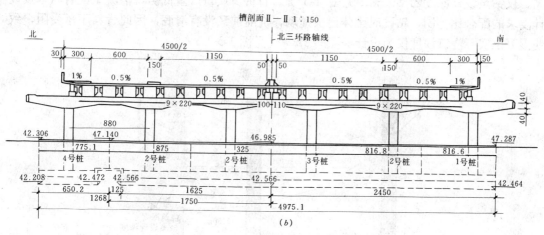

槽剖面Ⅱ—Ⅱ 1:150

(b)

图 1-4 北京城市立交桥之一北三环路上蓟门桥的桥梁、墩台、基础设计立面、剖面图

二、土力学与地基基础课程的作用

地基与基础属于地下隐蔽工程，是建筑物的根基，从可靠性来看，它的勘察、设计和施工质量将直接关系到建筑物的安危。实践表明，一旦地基基础发生事故，补救并非容易。从经济角度来看，基础工程费用与建筑物总造价的比例，视其复杂程度和设计、施工的合理与否，可变动于百分之几到几十之间，因此，地基与基础在建筑工程中的重要性是显而易见的。

例如，著名的意大利比萨斜塔就是因为地基变形不均匀而倾斜的。该塔高约 55m，始建于 1173 年，当建至 24m 高时，发现塔身倾斜而被迫停工，至 1273 年续建完工。由于该塔建造在不均匀的高压缩性土层上，致使北侧下沉 1m 有余，南侧下沉 3m，沉降差高达 1.8m，倾斜角达 5.8°之多，目前该塔仍以每年 1mm 的沉降率继续下沉。

建于 1913 年的加拿大特朗斯康谷仓，由于设计前不了解地基内埋藏有厚达 16m 的软弱粘土层，建成装谷后的荷重超过了地基的承载能力，地基丧失了稳定性，致使谷仓西侧陷入土中 8.8m，东侧抬高 1.5m，仓身倾斜 27°。

武汉市江岸区的一栋 18 层剪力墙结构住宅楼，在施工装修完毕时发生楼顶水平位移约 3m 的整体倾斜事故，不得已进行了爆破拆除。该楼的地质条件是：回填土下有 5 ～

18m 的淤泥层，淤泥层以下的粉砂才是提供桩基承载力的持力层。由于未按设计施工，夯扩桩仅伸入粉砂层 1.5～2m，致使桩基下端嵌固不牢，桩身于淤泥层中毫无约束，受压稳定性极差。据统计：基坑内共有工程桩 336 根，其中歪斜的却高达 172 根，占 51.2%，最大偏移量达到 1.7m。桩基整体失稳，整个建筑座落在严重倾斜的桩基础上是造成建筑物整体倾斜的原因。

上海市奉贤县贝港桥为三孔钢筋混凝土梁式桥，主桥长 52.54m，中跨 20m，边跨 16m，桥宽 16m，桥墩、桥台下的基础是钢筋混凝土灌注桩。该桥 1995 年 10 月 16 日竣工后不久。于同年 12 月 26 日下午 4 时 15 分突然下沉，仅仅几秒钟的时间，中间桥孔的西侧桥墩下陷 2.6m，东侧桥墩下陷 3.0m。桩基础的承载力严重不足是造成该桥整体下沉的主要原因。事故发生后据现场采样分析表明：桥墩下的钻孔灌注桩桩尖未达到设计标高，仅钻至设计深度的 89%（见图 1-5），且桩身质量严重低劣，混凝土配合料未按设计要求的配合比拌制，钻孔时土体已被搅动，浇灌前又没有清底，因此骨料下落受阻，致使混凝土实际浇筑深度仅为设计深度的 52%（见图 1-5）。

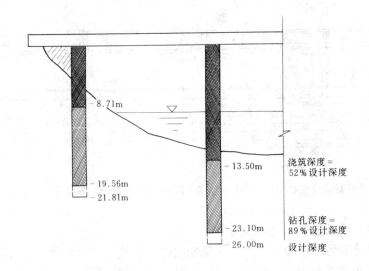

图 1-5 贝港桥钻孔灌注桩桩基础下沉原因分析图

日本某市给水厂有一个半地下式预应力混凝土清水池，容量 6000m³，竣工后，将池水排空进行清理时，发现底板隆起成弓形，中央部分凸起 70～80mm，底板产生很多的纵横裂纹，该水池因龟裂漏水而不能使用。事故原因是设计人员没有考虑底板在池水排空时，承受向上浮力作用时的最不利荷载组合，从而对底板受力缺乏全面与正确的分析，底板上侧出现了配筋薄弱环节，于是在池水排空后，作为基础的底板，承受不了地下水向上作用的巨大压力，迫使 200mm 厚的底板隆起、龟裂。

核物理专家恩·费米说："一次失败甚至比一系列成功给人的教益要多。"吸取以上事故的沉痛教训，从理论分析与大量的工程实践中使人们认识到：为保证市政工程结构的正常运行，地基及基础应达到的基本要求是：

1.地基与基础应有足够的承载力，地基土具有足够的稳定性；

2.地基不能产生过大的变形、基础不能产生过大的沉降，以保证结构的正常使用。

本课程的作用是使学生掌握保证市政工程地基基础有足够的承载力、稳定性和正常使用的理论知识和结构措施，确保达到上述两项基本要求。

针对市政工程结构的特点，对于道路、桥梁工程结构应保证在汽车荷载作用下，桥梁的地基具有足够的承载力；在各种复杂的地质条件下，路基的稳定性能保证道路能够正常使用。对给水排水工程结构，为保证其水密性，不渗漏，对地基变形和地下水的影响应引起足够的重视。在一般情况下，给水排水工程结构承受的荷载比工业与民用建筑的荷载小很多，地基承载力的要求容易得到满足，但是给水排水工程结构是一些储水、输水构筑物，结构的水密性显得十分重要，因而结构对地基的不均匀变形特别敏感：水池底板因不均匀沉降出现裂缝将导致水池漏水；水池与管道连接处是管道切断、开裂事故最多的部位。因此，要求大面积基础均匀沉降、要求不同结构的地基协调变形是给水排水工程结构地基基础设计时应特别注意的问题。此外，地下水对市政工程结构或河水对墩台产生的巨大浮力不容忽视，应保证水池、管道、桥墩等具有足够的抗浮能力。尽管钢筋混凝土水池的自重很大，但是，当水池中的水量被排空时，会出现浮力大于重力的情况。例如：1964年6月日本新潟大地震导致大面积砂土液化，地表喷水冒砂，水池飘浮上升。这不仅造成结构移位破坏，还造成管道弯折、底板开裂等事故。因此，设计市政工程结构的地基基础时，要充分了解地基中地下水位的升降规律和河水的涨落规律，既要防止漂池、漂管、桥墩上浮等事故，又要防止水池底板在地下水压力作用下产生裂缝、渗漏等事故。

三、土力学与地基基础课程的主要内容

土力学与地基基础课程的主要内容包括：土质学与土力学的基本知识和地基基础的设计两大部分。

本书第二章至第六章的内容属于土质学与土力学的基本知识部分，学习这部分内容应能判断地基土的类别，确定地基土的物理力学性质指标（如地基土的承载力），为设计地基基础做好准备。为此，必须掌握土的分类依据、土的物理性质指标、土的物理状态指标、土中应力分布规律、土的压缩性指标及地基变形计算方法、土的抗剪强度指标及其影响地基承载力的因素、土压力计算公式及土坡稳定分析等基本知识。

本书第七章至第十一章的内容属于地基基础的设计部分，学习完这部分内容后应能确定基础的材料和设计出基础的基本尺寸。为此应明确地基基础的设计原则、学会阅读和使用地质勘察报告、选择基础的材料和类型、确定基础（或承台）的埋置深度、计算基础（或承台）的底面尺寸和剖面尺寸、确定基桩的数量与入土深度、验算基础沉降和地基基础整体稳定性、设计人工地基、绘制基础施工图等。

土力学与地基基础课程的内容较多，涉及面较广，需要突出重点，才能掌握本课程的基本知识。确定地基土的类别和承载力，设计出基础的材料和尺寸，是本课程的重点。抓住这个主要矛盾，就能起到提纲挈领的作用，从而掌握本课程的全部内容。

四、土力学与地基基础课程的特点

本课程是一门综合性很强的专业课。它涉及到工程地质学、建筑力学、建筑结构、建筑材料、施工技术等有关学科。鉴于地质情况又非常复杂，因此，本课程具有的特点表现在专业性、综合性、实践性三个方面。

专业性系指地基基础这门学科的专门化问题。鉴于地基土是一种松散的集合体，既不

属于弹性体，又不属于塑性体，它需要一套专门的理论体系来进行深入的研究．例如抗剪强度理论、土压力理论、基础沉降理论等都是具有本学科的专业特点。因此，掌握了松散的集合体与弹性体、塑性体的区别，才能充分理解本课程的专业性。

综合性系指本学科将涉及到的理论是多方面的，它将借助于弹性材料的力学规律来研究分散土体的力学性质，还将综合运用地质学、材料学、房屋建筑学、建筑结构、建筑机械、建筑施工等学科的知识来进行地基基础的设计工作。综合性强就要求在循序渐进的过程中具有融会贯通的能力。

实践性系指在土力学中所涉及的计算原理，必须通过现场勘察和室内土工试验测定必要的计算参数；而现场勘测的地质资料又因地而异，十分复杂，绝无雷同可言。因此，土力学是一门实践性很强的学科，而地基基础设计又是以地质勘察为基础的应用型科学。鉴于本学科的实践性很强，本学科能形成一门独立的学科还是近几十年的事情。其根本原因是由于地基土的种类繁多，土层分布又无规律可言，因此，土力学的计算理论还很难和实际情况完全吻合，地基基础的设计还必须经过验槽关的检验。因此，学习本课程时，应重视工程地质勘探的成果和验槽的步骤，注意计算理论的适用条件，从实际出发，做到理论与实际相结合，切忌生搬硬套、死记硬背。掌握本学科的专业性、综合性与实践性，才能做到融会贯通，设计出合理的地基基础。

思 考 题

1—1 解释下列名词：
地基、基础、持力层、下卧层、浅基础、深基础、人工地基、天然地基、土力学。
2—2 市政工程结构对地基基础设计有什么要求和特点？

第二章 土的物理性质与工程分类

第一节 土的成因与特性

一、土的成因

地球上75%以上的陆地被岩石风化破碎的堆积物所覆盖，这种覆盖物就是工程上所研究的土。土是坚硬整体的岩石，经风化、剥蚀、搬运、沉积，形成含有固体颗粒、水和气体的松散集合体。

地壳外层的岩石一方面受到地球内部的各种内力（如热力、地震、断层、褶曲、火山等）的影响，另一方面受到外界因素（如阳光辐射、重力、水流、风力、冻融、氧化、生物等作用）的影响，每时每刻在分解、破碎。有的残积在原地，有的随水流、冰川、烈风而转移，历时久远，便构成性质复杂的各种土层。而岩石经不同的风化作用，形成土中不同粒径的固体颗粒。

1.物理风化

在风霜雨雪的侵蚀、湿度和温度的变化、不均匀膨胀与收缩等因素的作用下，岩石产生裂隙、崩解等机械破坏，这种现象即为物理风化。物理风化只改变颗粒的大小和形状，不改变矿物成分。物理风化生成粗颗粒，它们是组成碎石土、卵石土、砂土等巨粒土或粗粒土的主要成分。

2.化学风化

岩石在水、空气以及有机体的化学作用或生物化学作用下引起的破坏过程称为化学风化。它使原来的矿物成分分解，生成颗粒极细、具有粘聚力的次生矿物❶。化学风化生成的细颗粒是粉土（旧称亚粘土）、粘性土等细粒土的主要成分。

3.生物风化

由动、植物和人类活动对岩体、颗粒的破坏作用叫做生物风化。例如开山、打隧道等活动对岩石产生机械破坏，得到矿物成分不变的颗粒；植物的生长、腐蚀改变土中某些颗粒的成分，生成次生矿物和腐植质，是土中的次要成分。

根据岩石风化后搬运、沉积的条件不同，可将土分为残积土、坡积土、洪积土、冲积土、淤积土、冰积土、风积土。其沉积条件、分布规律、工程地质特征见沉积土分类简表表2-1。

---

❶化学风化作用可用化学反应方应式表示，例如正长石[K（AlSi$_3$O$_8$）]遇水后水解为次生矿物之一的高岭土[Al$_4$（Si$_4$O$_{10}$）（OH）$_8$]即属于化学风化，其化学反应方程式为：

$$4K(AlSi_3O_8) + 6H_2O = 4KOH + Al_4(Si_4O_{10})(OH)_8 + 8SiO_2$$

成因类型	堆积方式及条件	堆积物特征
残积土	岩石经风化作用而残留在原地的碎屑堆积物,如图 2-1 (a)	碎屑物从地表向深处由细变粗,其成分与母岩相关,一般不具层理,碎块呈棱角状,土质不均,具有较大孔隙,厚度在山顶部较薄,低洼处较厚
坡积土	由雨水或雪水沿斜坡搬运及由本身的重力作用堆积在斜坡上或坡脚处,如图 2-1 (b)	碎屑物从坡上往下逐渐变细,分选性差,层理不明显;厚度变化较大,在斜坡较陡处厚度较薄,坡脚地段较厚
洪积土	由暂时性洪流将山区或高地的大量风化碎屑物挟带至沟口或平缓地带堆积而成,如图 2-2	颗粒具有一定的分选性,但往往在大颗粒间充填小颗粒,碎块多呈亚角状.洪积扇顶部颗粒较粗,层理紊乱呈交错状,透镜体及夹层较多;边缘处颗粒细,层理清楚
冲积土	由长期的地表水流搬运,在河流的阶地、冲积平原、三角洲地带堆积而成.如图2-3	颗粒在河流上游较粗,向下游逐渐变细,分选性和磨圆度均好,层理清楚,厚度较稳定
淤积土	在静水或缓慢的水流中沉积,并伴有生物化学作用而成	沉积物以粉粒、粘粒为主,且含有多量的有机质或盐类,一般土质松软,有时粉砂和粘性土呈交互层,具有清晰的薄层理
冰积土	由冰川或冰川融化后的冰下水搬运堆积而成	以巨大块石、碎石、砂、粘性土混合组成,一般分选性极差,无层理,但为冰水沉积时,常具斜层理.颗粒一般具棱角,巨大块石上常有冰川擦痕
风积土	由干燥气候条件下,碎屑物被风吹、降落堆积而成	主要由粉土或粉砂组成,一般颗粒较均匀,质纯,孔隙大,结构松散

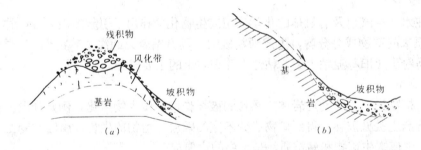

图 2-1 残积土与坡积土

二、土的特性

土与钢材、混凝土等连续介质相比,具有以下三个力学特性。

1.高压缩性

在力学中以材料的弹性模量 E 来衡量其压缩变形性质的高低,土不是弹性体则以压缩模量 E_s 衡量之,据试验测得:

Ⅰ级钢筋的弹性模量 $E=2.1 \times 10^5 MPa$;

C20❶混凝土的变形模量 $E_h=2.55 \times 10^4 MPa$;

饱和细砂土的压缩模量 $E_s=8 \sim 16 MPa$。

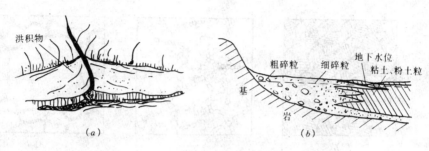

图 2-2 洪积土

(a)洪积扇; (b)洪积层剖面

以上数据说明钢筋、混凝土的模量比土大好几个数量级，从而可知：土的压缩性远远高于钢筋和混凝土。这是因为土是一种松散的集合体，受压后孔隙显著减小，而钢筋属于晶体,混凝土属于胶凝体,不存在孔隙被压缩的条件。

图 2-3 冲积土

2.强渗透性

由于土中颗粒间存在孔隙,因此土的渗透性比其他材料大，特别是粗粒土具有很强的渗透性。

土的压缩性高低和渗透性强弱是影响地基变形的两个重要因素,前者决定地基最终变形量的大小，后者决定基础沉降的快慢程度(即沉降与时间的关系)。

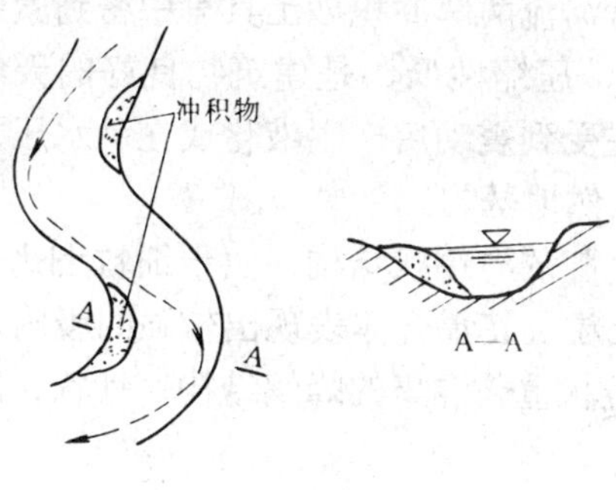

3.土颗粒间的相对移动性-低承载力

土是一种松散颗粒的集合体，颗粒之间在受到外力作用后具有较大的相对移动性，这说明土的抗剪强度很差，而土体的承载力实质上取决于土的抗剪强度，因此土的承载力较低。

三、土的结构和构造

---

❶ 关于混凝土的强度等级，国家标准用C20表示．其中C表示混凝土，大写表示强度等级，20表示立方体抗压强度标准值为20MPa,目前交通部的相关标准正在修订之中，过渡的办法是仍然采用标号例如20号来表示强度等级，20表示立方体抗压强度为20MPa。需注意尽管C20与标号20采用的数量一样、单位一致，但是由于对试验数据进行统计分析时的保证率不一样，因而设计强度和变形模量是不一样的，故不能用标号为20的混凝土来代替强度等级C20的混凝土．例如强度等级C20的变形模量为 $E_h=2.55 \times 10^4 MPa$；而标号20的变形模量却为 $E_h=2.6 \times 10^4 MPa$。本书在涉及到这个问题时，将区别对待，涉及到桥涵工程时用交通部标准(标号)，涉及到桥涵以外的工程时，用国家标准(强度等级)，当不涉及数量的取用值时，以国家标准为准，即一律用混凝土的强度等级C20表示。

土的结构是从微观的角度观察到的大小、形状各异的土粒或其集合体互相排列和连接的特征，有单粒结构、蜂窝结构和绒絮状结构三种，如图2-4。后两种又合称为海绵结构，是细粒土所具有的结构特征。

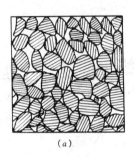 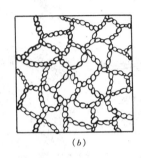 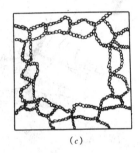

(a)　　　　　　　　　(b)　　　　　　　　　(c)

图 2-4　土的结构分类

(a)单粒结构；(b)蜂窝结构；(c)绒絮状结构

由于地表广泛分布的土层成因类型和沉积环境的不同，同时也经历了近百万年以来沉积后外界条件变化的影响。因此，不同结构土体的工程性质是不同的。

单粒结构是粗粒土即碎石土和砂土所具有的结构特征，是在水下或陆上靠重力作用堆积而成，有松散、中密和紧密的单粒结构之分。通常河流两岸冲积砂土具有中密到紧密状态。紧密状态的砾、粗、中砂或碎石土承载能力大、压缩性低，是建筑物良好的天然地基。地下水位以下具有松散状态的细粉砂土，极易在受到震动后产生液化或在动水压力作用下产生流砂等不良地质现象，是不宜作为建筑物天然地基的。

在静水环境下沉积的粉粒或粘粒集合体具有大孔隙的海绵状结构。由于细粒土比表面大(比表面为一定体积的颗粒表面积与体积之比)，土粒及其集合体表现出较强的吸附水的能力和土粒间较大的电引力。浑圆状的粉粒串联成链状重叠混集的蜂蜗结构，针状、片状的粘粒集合体串联成孔隙更大的绒絮结构。

粉土和粘性土由于海陆变迁脱离水下环境，分布在地表以下，在自重或上覆土重作用下，表现出一定的结构性，即具有一定的联结强度，当受到震动、人工开挖等作用后，结构破坏，联结强度降低，但是经过一定时间后，土粒间的联结力由于水膜联结和电引力的作用得到部分恢复。因此，在粘性土地基上打桩，中间不易停顿过长时间，否则重打时会不易击进，以至达不到设计标高。又如用细粒土填料填筑路基时，要求分层压实，分层碾压后，使细小颗粒定向排列，土粒紧靠，压实填土的强度得到更大的提高。

土的构造是从宏观的角度去观察土体的排列和空间位置的特征。土的构造主要是层状（理）构造。自然界的土体由于成分、成因类型和生成环境不同，颜色和粒度成分各异的颗粒构成层理重叠而成，有薄层和厚层两种。层状构造有水平层理、斜层理、波状层理、尖灭和透镜体等。由于土的层理构造，使地基土体在强度、压缩性方面都有很大的差异。此外土的构造类型还有粗粒土的分散构造，花岗岩残积粘土的裂隙状构造和含姜石的黄土、石灰岩残积坡积红粘土，含砾石的冰碛粘土的结核状构造。

不同构造形态的土体工程性质是不同的，如巨厚的分散构造的砂土具有各向同性的特点。

第二节 土的三相组成

在一般情况下土是由固体颗粒、液态水和气体三部分组成，即为三相组成。只有在特殊情况下才为两相组成。例如只有颗粒和空气两相组成的干粘性土、干砂土；只有颗粒和水两相组成的饱和粘性土、饱和砂土。

土的组成对土的工程力学性质影响较大,例如干粘性土：性坚硬;干砂土：性松散；饱和松散粉细砂受震动则液化;饱和粘性土受静载堆压时的变形需要较长时间才能稳定。可见，研究土的工程性质时应先研究土的三相组成。

一、固相—土的固体颗粒

土中的固体颗粒构成土体的骨架，其成分、形状、大小是决定土的工程性质的主要因素。

1.土粒的矿物成分

土中颗粒的矿物成分包括原生矿物、次生矿物和腐植质三部分见表2-2。原生矿物是岩石经物理风化而形成的碎屑产物，矿物成分与母岩相同，其性质比较稳定；次生矿物是岩石经化学风化而产生的新的矿物。

理论与试验均证明：若土粒的矿物成分不同，则土的工程性质将各异。如粘粒中蒙脱土含量高，则遇水就会剧烈膨胀，失水又会急骤收缩，给工程建设带来不利影响。

土粒的矿物成分表　　　　　　　　　　表2-2

矿物成分分类		代表性矿物	备　注
原生矿物	母岩碎屑	（多矿物结构）	粗粒为主含粉粒
	单矿物颗粒	石英	
		长石	
		云母	
次生矿物	次生二氧化硅	（SiO_2）	细粒 （以粘粒为主）
	粘土矿物	高岭土	
		伊利土	
		蒙脱土	
	倍半氧化物	（Al_2O_3、Fe_2O_3）	
	难溶盐	（$CaCO_3$、$MgCO_3$）	
腐植质			

2.粒径与粒组

自然界中的土都是由大小不同的土粒组成，土粒的大小称为粒径(例如粗粒土以通过筛孔的大小来测定)。试验表明，粒径由大变小、土的工程性质将随之变化，例如透水性由强变弱,土的粘性从无到有,由弱变强。为了便于分析和利用土的工程性质解决建筑中的问题。我们将性质相近的土粒划归成的组别称为粒组。《公路土工试验规程》（JTJ051—93）将工程土划分为巨粒组、粗粒组、细粒组三大组和漂石、卵石、砾石、砂粒、粉粒、粘粒等6个粒组,如表2-3所示。各粒组的工程特性见表2-4。

关于粉粒与粘粒的交界粒径,国家标准《土的分类标准》(GBJ123—90)采用0.005mm作为粘粒的上限。鉴于公路部门多采用0.002mm作为粘粒的上限,故本书综合按0.002～0.005mm作为粘粒的上限。

粒组划分表 (mm)　　　　　　　　　　表2-3

巨粒组		粗 粒 组						细粒组	
漂石	卵石	砾石			砂粒			粉粒	粘粒
块石	碎石	粗	中	细	粗	中	细		
>200	200～60	60～20	20～5	5～2	2～0.5	0.5～0.25	0.25～0.075	0.075～0.002	<0.002

粒组与工程特性　　　　　　　　　　表2-4

粒组名称		分界粒径(mm)	一般工程特性
漂石(块石)		>200	透水性大、无粘性、无毛细水、不能保持水分
卵石(碎石)		200～60	
圆砾(角砾)		60～2	透水性大、无粘性、无毛细水
砂粒	粗	2～0.5	易透水、无粘性、干燥时不收缩,呈松散状态,不表现可塑性,压缩性小,毛细水上升高度不大
	中	0.5～0.25	
	细	0.25～0.075	
粉粒	粗	0.075～0.01	透水性小,湿时稍有粘性,干燥时稍有收缩,毛细水上升高度较较大,极易出现冻胀现象
	细	0.01～0.005	
粘粒		0.005～0.002	几乎不透水,结合水作用显著,潮湿时呈可塑性,粘性大,遇水膨胀,干燥时收缩显著,压缩性大
胶粒		<0.002	

粒组中圆砾、卵石、漂石均呈一定的磨圆形状,角砾、碎石、块石都带有棱角。

3.粒径级配

若土中所含各粒组的相对含量不同,则土的工程性质也各异,为此,工程上常以土中各粒组的相对含量(各粒组占土粒总量的百分数)表示土中颗粒的组成情况。粒组相对含量的百分比叫做粒径级配。粒径级配是确定土的名称和选用地基填方土料的重要依据。

确定粒组相对含量的方法称为粒径分析法。对于粒径大于0.075mm的采用筛分法❶; 粒径小于0.075mm的采用比重计法(即水分法,详见《公路土工试验规程》(JTJ051—93))。

粒径级配的表示方法有两种: 一种为表格表示法, 例如表2-5所示, 表2-5即为三种土样的粒径级配表; 第二种为粒径级配累积曲线表示法, 图2-5所示即为表2-5所示的三种土样的粒径级配累积曲线。

粒径级配累积曲线图用半对数坐标纸绘制, 其纵坐标表示小于某粒径的土粒占土总量的百分比(注意是累计百分比, 不是某一粒径的百分含量), 对数横坐标则表示粒径的大小(因为只有用对数坐标才能在图上将细粒径的大小在坐标上表示出来)。按照从小粒径向大粒径累加的原则, 表2-6列出了累积结果。将表2-6中粒径与累积含量一一对应绘制在半对数坐标纸上即得a、b、c三种土样的粒径级配累积曲线(即粒径分布曲线)如图2-4。粒径级配累积曲线能直观地反映出级配的良好程度。如曲线平缓, 则表示粒径大小相差悬殊, 土粒不均匀, 即级配良好。级配良好的土, 粗粒间的孔隙为细粒所填充, 压实时容易获得较大的密实度。这样的土承载力高, 压缩性低, 适于做路基填方的土料; 如曲线较陡, 则表示粒径大小相差不多, 土粒均匀, 即级配不良, 不易获得较大的密实度, 但透水性好。

粒径级配表（mm）   表2-5

相对含量 土样 粒径（mm）	a	b	c
< 0.001	—	1.5	11.0
0.001 ~ 0.005	—	5.2	17.9
0.005 ~ 0.01	—	4.2	11.1
0.01 ~ 0.05	—	8.1	37.6
0.05 ~ 0.075	7.0	3.2	12.0
0.075 ~ 0.25	28.0	6.3	10.4
0.25 ~ 0.5	41.5	6.2	—
0.5 ~ 1.0	14.4	8.0	—
1 ~ 2	6.0	12.3	—
2 ~ 5	3.1	20.0	—
5 ~ 10	—	18.7	—
> 10	—	6.3	—
∑	100%	100%	100%

❶ 筛分法是将所要的风干分散的代表性土样放进一套筛子的顶部, 当筛子振动时, 大小不同的土粒被筛分开, 粒径大于60mm的颗粒留在最上面的筛子里, 粒径小于0.074mm的颗粒通过各层筛孔, 最后落在最下层的底盘里, 计算筛余量在总土量中所占的百分比即为该土样的粒径级配. 公路土工试验规程规定的标准筛分为粗筛和细筛, 粗筛每套6个, 孔径为60mm、40mm、20mm、10mm、5mm、2mm;细筛每套4个, 孔径为2mm、0.5mm、0.25mm、0.075mm. 另外还有顶盖与底盘各1个.

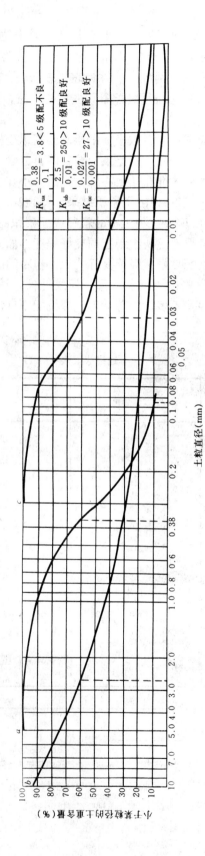

图 2-5 土的粒径级配累积曲线(粒径分布曲线)

累积含量（%）　土样 粒径（mm）	a	b	c
≤0.01	—	1.5	11.0
≤0.005	—	6.7	28.9
≤0.01	—	10.9	40.0
≤0.05	—	19.0	77.6
≤0.075	7.0	22.2	89.6
≤0.25	35.0	28.5	100
≤0.5	76.5	34.7	—
≤1.0	90.9	42.7	—
≤2	96.9	55.0	—
≤5	100	75.0	—
≤10	—	93.7	
土的名称	中砂	粗砂	粘性土

在公路工程中用土的级配指标：不均匀系数c_u和曲率系数c_c来衡量粒径级配的好坏程度。

不均匀系数c_u反映粒径分布曲线上的土粒分布范围，按下式计算

$$c_u = \frac{d_{60}}{d_{10}} \tag{2-1a}$$

曲率系数c_c反映粒径分布曲线上的土粒分布形状，按下式计算

$$c_c = \frac{(d_{30})^2}{d_{10} \times d_{60}} \tag{2-1b}$$

式中　d_{60}——土中小于某粒径的土重百分比为60%时相应的粒径（即d_{60}是土的粒径分布曲线上对应通过率为60%的粒径），称为限定粒径；

　　　　d_{30}——土中小于某粒径的土重百分比为30%时相应的粒径（即d_{30}是土的粒径分布曲线上对应通过率为30%的粒径）；

　　　　d_{10}——土中小于某粒径的土重百分比为10%时相应的粒径（即d_{10}是土的粒径分布曲线上对应通过率为10%的粒径），称为有效粒径。

不均匀系数c_u越大，说明粒径分布曲线越平缓，反映土粒大小分布范围较大，土粒越不均匀，土的级配良好。一般认为不均匀系数c_u小于5时，称为均粒土；c_u大于10时，称为

级配良好的土．但是仅仅用一个指标c_u来确定土的级配情况是不够的，还需同时考虑粒径分布曲线的整体形状，兼顾曲率系数c_c的值，若曲率系数c_c在1～3之间时，反映粒径分布曲线形状没有突变，各粒组含量的配合使该土容易实现密实状态。《公路土工试验规程》(JTJ051—93)规定对于粗粒土级配良好的标准是：

$c_u \geqslant 5$且$c_c=1～3$时，土粒不均匀，级配良好

$c_u < 5$或$c_c \neq 1～3$时，土粒均匀，级配不良

例如图2-5中的a、b两条粒径级配累积曲线表示的中砂和粗砂的级配良好程度均为土粒均匀，级配不良。

a 中砂：
$$c_u = \frac{d_{60}}{d_{10}} = \frac{0.38}{0.1} = 3.8 < 5$$

$$c_c = \frac{d_{10}^2}{d_{10} \times d_{60}} = \frac{0.2^2}{0.1 \times 0.38} = 1.05 \begin{matrix} >1 \\ <3 \end{matrix}$$

b 粗砂：
$$c_u = \frac{d_{60}}{d_{10}} = \frac{2.5}{0.01} = 250 > 5$$

$$c_c = \frac{d_{30}^2}{d_{10} \times d_{60}} = \frac{0.37^2}{0.01 \times 2.5} = 5.5 > 3$$

二、液相–土中水

在自然条件下,存在于土中的液态水可分为结合水和自由水。

1.结合水

结合水是指受电分子引力吸附于土粒表面的土中水。这种电分子引力高达几千到几万个大气压，使水分子和土粒表面牢固地粘结在一起。例如粘粒表面带负电，吸附极性水分子,可以从图2-6所示电渗电泳试验中得到证实。

由图2-7可知,水分子距土粒表面愈远,电分子引力愈小，水分子与土粒表面结合的紧密程度愈差，为此，将结合水分为强结合水(吸着水)与弱结合水(薄膜水)两类。

（1）强结合水(吸着水)

强结合水是指紧靠土粒表面的结合水，其厚度只有几个水分子厚(小于0.003μm)，其性质接近于固体，对土的工程性质影响小。强结合水的冰点为-78℃，在105℃的温度下才能被蒸发，相对质量密度大于1,不传递静水压力。只含强结合水的粘性土呈坚硬固体状态，只含强结合水的砂土呈干燥散粒状态。

（2）弱结合水(薄膜水)

弱结合水是紧靠于强结合水的外围，仍然受土粒表面电荷吸引的一层水膜，其厚度小于0.5μm。弱结合水仍不传递静水压力，并呈粘滞状态,随着距土粒表面愈远，电分子引力愈小，从内到外的粘滞性逐渐降低，因此，当粘性土中刚出现这种水时呈半固体状态，当

其含量接近结合水最大值时，土就趋于流动状态，而含有较多弱结合水的粘性土具有塑性，弱结合水对粘性土的工程性质影响较大。

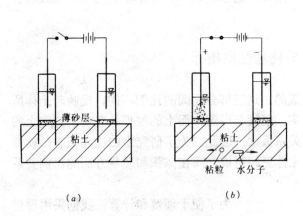

图 2-6 电渗电泳试验示意图

(a)通电前；(b)通电后，正极水变浑；负极水位上升

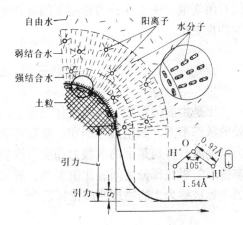

图 2-7 结合水分子定向排列及其所受电分子引力变化简图

2.自由水

自由水是存在于土粒表面电场影响范围以外的水，它的性质与普通水一样。按土中自由水移动所受的作用力可将其分为重力水和毛细水。

（1）重力水

重力水是在重力(或压力差)作用下能在土粒间缓慢流动的自由水，它存在于地下水位以下的透水层中，能使浸没其中的颗粒或建筑物受到浮力作用。

（2）毛细水

毛细水是在受到重力作用以外，还受到水与空气交界面上表面张力作用的自由水，毛细水一般存在于地下水位以上的透水土层中。按毛细水与地下水面是否联系可分为毛细悬挂水(与地下水无直接联系)和毛细上升水(与地下水相连)两种。

在工程中要特别注意毛细上升水上升的高度(以粉土中毛细水上升高度为最高)，因为毛细水的上升对建筑物地下部分的防潮措施和地基土的浸湿有重要影响。而在寒冷地区毛细水在负温度坡差的作用下，水分移动并积聚，使局部土层湿度显著增大，从而影响着公路路基的干湿状态，是形成路基冻害的主要原因。这是因为由于毛细水的存在，在路基土的冻结过程中将发生毛细水迁移和水分的重新分布，至使冻土层中的冰体含量剧烈增加，造成路基的冻胀。春融期间，路基上部开始融化，而下部尚未融化形成不透水层，上部冰体融化的水分无法排出，造成路基过湿、过软，强度下降，在车辆荷载作用下将形成泥浆涌出的翻浆现象。我们把冻结期间路面冻胀和春融期的翻浆现象，统称为道路的冻害。在季节性冰冻地区，由于水和负温度的共同作用，形成特定的水温状况，影响路基强度、刚度、稳定性的性质，称为路基土的水温稳定性。而毛细水的存在是影响水温稳定性的根本原因。

三、气相-土中气体

土中的气体存在于土的孔隙中未被水所占据的部位。在粗粒土中常见到与大相连通的空气，它对土的力学性质无影响。在细粒土中由于孔隙连通性不良，则常存在与大气隔绝的封闭气泡，使土在外力作用下的弹性变形增加，透水性减小。在车辆碾压时，形成有弹性的橡皮土。

第三节 土的物理性质指标

土是由固体颗粒、水和气体三部分组成的。这三部分之间的比例不同，反映着土体所处的状态不同，如稍湿与饱和、松散与密实、坚硬与可塑。而土的物理状态对于评定土的力学性质，特别是土的承载力和变形性质关系极大。因此，为了研究土的物理状态，就要掌握土的组成部分之间的比例关系。表示土体三相组成之间在体积和质量方面的比例关系的指标被称为土的物理性质指标。

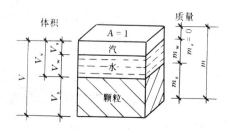

图 2-8　土的三相组成示意图

m—土的总质量；m_s—土中颗粒质量；

m_w—土中水的质量；V—土的总体积；

V_s—土中颗粒体积；V_w—土中水的体积；

V_a—土中空气体积；V_v—土中空隙体积

为了便于理解和计算，我们采用理想的三相简图(即图2-8)来直观地表示土中三部分的质量与体积。其中质量m和体积V下标的含义是：s代表颗粒；w代表水；a代表空气；v代表孔隙。气体的质量比其他两部分质量小很多，可忽略不计，即$m_a = 0$；水的密度ρ_w=1t/m³,则有数量关系$V_w = m_w$。

一、基本物理性质指标与计算指标

土的基本物理性质指标是指直接用实验方法测定的实验指标，计有：ρ、d_s、ω三个。

1.土的质量密度 ρ 和重力密度 γ

单位体积土的质量称为土的质量密度,简称土的密度，用符号 ρ 表示。单位体积土所受的重力为土的重力密度，简称土的重度（旧称容重），用符号 γ 表示。

$$\rho = \frac{m}{V} (t/m^3) \tag{2-2}$$

$$\gamma = \frac{G}{V} (kN/m^3) \tag{2-3}$$

式中　G——土所受的重力(kN)，且$G=mg$。则有：

$$\gamma = \rho g \tag{2-4}$$

天然状态下土的密度一般为1.6～2.2t/m³，则土的天然重力密度约为16～22kN/m³。通常 ρ 越大的土比较密实，强度较高。

细粒土的密度一般用环刀法测定：用体积固定的钢制环刀，刀刃向下切土，削去环刀外围余土，使保持天然状态的土样充满环刀容积内，用天平称得环刀内土样的质量即可；粗粒土可用灌水法测定其密度：在现场挖坑取土测其质量，用塑料薄膜袋铺于坑内，注水至坑顶面，测其注水量的体积即可。

2.土粒的相对密度 d_s

土粒单位体积的质量与4℃时纯水的密度 ρ_w 之比称为土粒的相对密度，也称为土粒的比重，用符号 d_s 表示。

$$d_s = \frac{\dfrac{m_s}{V_s}}{\rho_w} = \frac{m_s}{V_s \rho_w} \tag{2-5}$$

土粒的相对密度没有单位，其数值变化不大，砂土一般为2.65～2.69；粉土与粘性土一般为2.70～2.76。含腐植质较多的土，土粒比重较小；若含铁质较多的土，土粒比重较大。

土粒的相对密度可在试验室内，用特制的比重瓶测定。在积累较多的实测数据后，一般工程可根据邻近工程的经验数值取用。

3.土的天然含水量 ω

土中水的质量与颗粒质量之比的百分数称为土的含水量，用符号 ω 表示。

$$\omega = \frac{m_w}{m_s} \times 100\% \tag{2-6}$$

天然土层的含水量变化范围很大，一般干砂土，其值接近于零，而饱和砂土可达40%❶；坚硬的粘性土其含水量约小于20%，而饱和的软粘性土则可达60%或更大。一般说来，同一类土，含水量愈大，其承载力愈低。土的天然含水量会随着季节和地下水位的升降而变化。

土的含水量一般用烘干法测定。先测湿土的质量，然后于105℃的烘箱内烘干，再测干土的质量湿土与干土的质量差即为土中水的质量，土中水的质量与干土质量之比即为所求含水量。

土的计算指标是指可用 ρ、d_s、ω 三个基本物理性质指标换算的指标，通常有以下几个：

4.土的干密度 ρ_d 和干重力密度 γ_d

土的单位体积内颗粒的质量称为土的干密度，用符号 ρ_d 表示；土的单位体积内颗粒所受的重力称为土的干重力密度，用符号 γ_d 表示

❶ 工程上习惯写成 $\omega = 40$，省略了百分号%。

$$\rho_d = \frac{m_s}{V} \quad (t/m^3) \tag{2-7}$$

$$\gamma_d = \frac{G_s}{V} (kN/m^3) \tag{2-8}$$

式中 G_s——土中颗粒所受的重力(kN)。

同理可知干重力密度与干密度的关系为

$$\gamma_d = \rho_d g \tag{2-9}$$

一般情况下土的干密度为1.3～2.0t/m³。在填土夯实时常以土的干密度来控制土的夯实程度,因为土的干密度愈大,说明土中颗粒排列愈紧密,则可表示填土愈密实。例如基础回填土夯实后,干密度不小于1.55～1.80t/m³,即可认为达到密实度要求,对于填土路基,干密度不小于1.5～1.75t/m³即可认为达到密实度要求。级配良好的填料,夯实后可能达到的干密度就大。

5.土的饱和密度 ρ_{sat} 和饱和重力密度 γ_{sat}

土中孔隙完全被水充满时土的密度称为土的饱和密度,用符号 ρ_{sat} 表示;土中孔隙完全被水充满时土的重度称为土的饱和重力密度,用符号 γ_{sat} 表示。

$$\rho_{sat} = \frac{m_s + V_v \rho_w}{V} \quad (t/m^3) \tag{2-10}$$

$$\gamma_{sat} = \frac{G_s + V_v \gamma_w}{V} \quad (kN/m^3) \tag{2-11}$$

式中 γ_w——水的重力密度,其值为9.80665kN/m³,工程上近似取 $\gamma_w=10$kN/m³。

6.土的有效重力密度 γ'

地下水位以下土体受到水的浮力作用,则土单位体积内颗粒所受重力与浮力之差,即土的单位体积内颗粒所受的有效重力称为土的有效重力密度或称浮重,用符号 γ' 表示。

$$\gamma' = \frac{G_s - V_s \gamma_w}{V} \quad (kN/m^3) \tag{2-12}$$

有效重力密度的常用公式为

$$\gamma' = \gamma_{sat} - \gamma_w \text{❶} = \gamma_{sat} - 10 \quad (kN/m^3) \tag{2-13}$$

---

❶ 该公式推证如下:
$$\gamma' = \frac{G_s - V_s \gamma_w}{V} = \frac{G_s + V_v \gamma_w - (V_s \gamma_w + V_v \gamma_w)}{V} = \gamma_{sat} - \frac{V_s + V_v}{V} \gamma_w = \gamma_{sat} - \gamma_w$$

一般情况下有效重力密度的取值为8～13kN/m³。

7.土的孔隙比e与孔隙率n

土中孔隙体积与颗粒体积之比称为孔隙比，用符号e表示；土中孔隙体积与土的体积之比的百分比称为孔隙率，用符号n表示。

$$e = \frac{V_v}{V_s} \qquad\qquad (2\text{-}14)$$

$$n = \frac{V_v}{V} \times 100\% \qquad\qquad (2\text{-}15)$$

孔隙率与孔隙比的关系是

$$n = \frac{e}{1+e} \times 100\% \qquad\qquad (2\text{-}16)$$

$$e = \frac{n}{1-n} \qquad\qquad (2\text{-}17)$$

一般情况下砂土的孔隙比在0.5～1.0之间；粉土及粘性土则在0.5～1.2之间。孔隙率的范围约在30%～50%之间。

孔隙比也是反映土的密实程度的物理性质指标。一般情况下$e < 0.6$的土是密实的低压缩性土；$e > 1$的土是疏松的高压缩性土。由式(2-14)可知,孔隙比e是两个体积之比，它不像干密度ρ_d与颗粒的质量m_s有关，所以用孔隙比表示土的密实程度比用干密度更好一些。但是由于干密度可用ρ、ω两个指标换算求得，比较简便，所以在填土夯实时，仍以土的干密度作为判断夯实程度的标准。

8.土的饱和度S_t

土中水的体积与孔隙体积之比称为饱和度，用符号S_t表示

$$S_t = \frac{V_w}{V_v} \qquad\qquad (2\text{-}18)$$

饱和度描述了土中水在孔隙中充满的程度，其取值范围在0～1.0之间。

饱和度是衡量砂土潮湿程度的物理性质指标。尽管含水量也是表示土潮湿程度的一个指标，但它不如用饱和度表示直观，所以在衡量砂土的潮湿程度时，常用饱和度而不用含水量。

饱和度的大小还可以说明土体可能被夯实的程度，例如对于$S_t=1$的饱和粘性土，就不可能再把它夯实。如果在这种情况下夯击，不但夯不实，反而破坏了土体的天然结构，形成"橡皮土"降低了地基的承载力。

二、指标间的换算关系

以上描述地基土密度的指标（如ρ、γ、d_s、ρ_d、γ_d、ρ_{sat}、γ_{sat}、γ'）与反映密实程度的指标（如e、n）以及反映潮湿程度的指标（如ω、S_t）是密切相关的。

从图2-9土的三相组成示意图可知土中存在6个独立的物理量:m_s、m_w、m_a、V_s、V_w、V_a。当$m_a=0$;$V_w=m_w$,且令其余任何一个量为1(如$V_s=1$)时,则只需已知三个物理性质指标(例如ρ、d_s、ω)就可以解出剩下三个独立物理量(例如m_s、m_w、V_s),从而可以得到任何一个物理性质指标。下面我们可以通过例题用三相简图很方便地证明各物理性质指标之间的换算关系。

【例2-1】 如图2-9,求证$\rho_d = \dfrac{\rho}{1+\omega}$。

证明　令$V=1$,则据定义有$m=\rho$、$m_s=\rho_d$、$m_w=\omega\rho_d$,并标于三相简图2-9上,根据$m=m_s+m_w$,则有$\rho=\rho_d+\omega\rho_d$于是$\rho_d = \dfrac{\rho}{1+\omega}$,证毕。

【例2-2】 如图2-10,求证$e = \dfrac{d_s\rho_w(1+\omega)}{\rho} - 1$。

证明　令$V_s=1$,则根据定义有$V_v=e$、$m_s=d_s\rho_w$、$m_w=\omega d_s\rho_w$、$m=d_s\rho_w(1+\omega)$、$V=\dfrac{m}{\rho}$,将上述关系代入$V_v=V-V_s$中,则有

$$e = \frac{m}{\rho} - V_s = \frac{d_s\rho_w(1+\omega)}{\rho} - 1 ❶$$

【例2-3】 如图2-11,求证$S_t = \dfrac{\omega d_s}{e}$。

证明　令$V_s=1$,则根据定义有

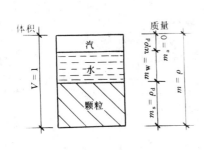

图 2-9　证$\rho_d = \dfrac{\rho}{1+\omega}$所需的

三相简图

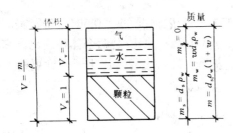

图 2-10　证$e = \dfrac{d_s\rho_w(1+\omega)}{\rho} - 1$所需的三相简图

$V_v=e$、$m_s=d_s\rho_w$、$m_w=\omega d_s\rho_w$、$V_w = \dfrac{m_w}{\rho_w} = \omega d_s$,于是根据饱和度定义有:

$$S_t = \frac{V_w}{V_v} = \frac{\omega d_s}{e}$$ 证毕。

---

❶ 该证明可以说明公式$e = \dfrac{m}{\rho} - V_s = \dfrac{d_s\rho_w(1+\omega)}{\rho} - 1$的物理意义,即当$V_s=1$时,孔隙比$e$等于$V_v$。而$V_v$是总体积与颗粒

体积之差,于是公式第一项代表了总体积,公式的第二项代表了颗粒体积。注意以上所说的相等关系只是单位统一后在数值上相等。

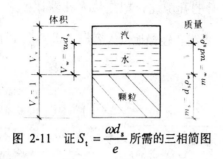

图 2-11 证 $S_t = \dfrac{\omega d_s}{e}$ 所需的三相简图

第四节 土的物理状态指标

在地基基础设计中，需要了解地基土的物理状态，以确定地基的承载力。物理状态则是指地基土这个系统的状况。例如：粗粒土有的密实，有的松散；细粒土有的坚硬，有的却处于流动状态等。各类土所具有的物理状态不同，它的工程性质也就不同。密实、坚硬的地基土承载力就高，反之亦然。为此必须掌握区分地基土物理状态的量化指标。

一、粗粒土的物理状态指标

(一)密实度指标

对于粗粒土中的砂土，由于其成分中缺乏粘土矿物，土粒间的连接是极其微弱的，不具有塑性，属于单粒结构。砂土土粒间排列的紧密程度对其工程性质影响极大，故密实度是砂土最重要的物理状态指标，它是确定砂土地基承载力的主要依据。判断砂土密实度的指标可有以下三种：即相对密度 D_r、标准贯入试验锤击数 $N_{63.5}$ 和孔隙比 e。

1.相对密度 D_r

相对密度 D_r 是在室内试验的条件下，用公式（2-19）来确定的。其值等于砂土的最大孔隙比 e_{max} 与天然孔隙比 e 之差和最大孔隙比 e_{max} 与最小孔隙比 e_{min} 之差的比值，用符号 D_r 表示。

用图2-12可以直观地解释公式（2-19）的意义是：它能定量地反映出，相对密度 D_r 愈大，砂土愈密实的规律。即以 $e_{max} - e_{min}$ 这个定值作分母，e_1、e_2 是两种砂土的天然孔隙比（即公式中的 e），再以差值 $e_{max} - e_1$ 或 $e_{max} - e_2$ 作分子。若 $e_1 < e_2$，则有 $e_{max} - e_1 > e_{max} - e_2$，于是可计算出 $D_{r1} > D_{r2}$。这样就能定量地表示出：e_1 愈小、D_{r1} 就愈大，于是第1种砂土就愈密实的事实。

$$D_r = \frac{e_{max} - e}{e_{max} - e_{min}} \tag{2-19}$$

式中 e_{max}——最大孔隙比；

e_{min}——最小孔隙比；

e——土的天然孔隙比。

砂土在最松散状态时的孔隙比，即是最大孔隙比e_{max}。其测定方法是将疏松风干的（即$\omega=0$）土样，通过长颈漏斗轻轻地倒入容器，求其最小干密度$\rho_{min}=\dfrac{m_{min}}{V}$；

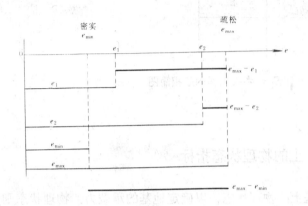

砂土在最紧密状态时的孔隙比，即是最小孔隙比e_{min}，其测定方法是将疏松风干的（即$\omega=0$）土样分几次装入金属容器，并加以振动和捶击，直到密度不变为止，求其最大干密度

$$\rho_{max}=\frac{m_{max}}{V}$$

图 2-12　相对密度D_r公式内涵示意图

然后分别用公式$e_{max}=\dfrac{\rho_w d_s}{\rho_{min}}-1$和$e_{min}=\dfrac{\rho_w d_s}{\rho_{max}}-1$计算出最大孔隙比$e_{max}$和最小孔隙比$e_{min}$。

相对密度D_r是砂土紧密程度的指标，其规律是：相对密度D_r愈大，则说明砂土愈密实，反之亦然。交通部颁布的《公路桥涵地基与基础设计规范》(JTJ024—85)规定判断砂土密实状态的界限指标是：

密实	$D_r \geqslant 0.67$
中密	$0.67 > D_r \geqslant 0.33$
稍松	$0.33 > D_r \geqslant 0.20$
极松	$D_r < 0.20$

2.标准贯入试验锤击数$N_{63.5}$

采用D_r作为砂土密实度指标，理论上是完善的，但由于测定e_{max}和e_{min}时，试验数值将因人而异，平行试验误差大；同时采取原状砂土测定天然孔隙比e也是难以实现的。所以，在地质钻探过程中利用标准贯入试验或静力触探试验等原位测试手段来评定砂土的密实度就得到了重视。

标准贯入试验锤击数$N_{63.5}$是将63.5kg的穿心锤，升高760mm后，以自由下落的能量，将标准贯入器打入土中300mm所需的锤击数称为标准贯入试验锤击数用符号$N_{63.5}$来表示。也可将下标63.5省略，用N表示。经验告诉我们，贯入同样深度所需的锤击数愈大，则说明土层愈密实。故《公路桥涵地基与基础设计规范》(JTJ024—85)用实测锤击数$N_{63.5}$平均值的大小来反映砂土的密实程度。其界限指标是：

密实	$30 \leqslant N_{63.5} \leqslant 50$
中密	$10 \leqslant N_{63.5} \leqslant 29$
稍松	$5 \leqslant N_{63.5} \leqslant 9$

极松 $N_{63.5}<5$

3.孔隙比e

如前所述,砂土的孔隙比愈大,其密实程度愈差,故国家标准《建筑地基基础设计规范》(GBJ7—89)规定用天然孔隙比,作为评定砂土的密实程度的状态指标,详见表2-7。

砂土的密实度   表2-7

土的名称	密实	中密	稍密	松散
砾砂、粗砂、中砂	$e>0.60$	$0.60\leqslant e\leqslant 0.75$	$0.75<e\leqslant 0.85$	$e>0.85$
细砂、粉砂	$e>0.70$	$0.70\leqslant e\leqslant 0.85$	$0.85<e\leqslant 0.95$	$e>0.95$

对于粗粒土中的碎石土,其密实程度应根据土的天然骨架、开挖、钻探等难易程度按表2-8划分。

碎石土密实程度划分表   表2-8

密实程度	骨架及充填物	天然坡和开挖情况	钻探情况
松散	多数骨架颗粒不接触而被充填物包裹,充填物松散	不能形成陡坎,天然坡接近于粗颗粒的安息角,锹可以挖掘,坑壁易坍塌,从坑壁取出大颗粒后,砂土即塌落	钻进较容易,冲击钻探时,钻杆稍有跳动,孔壁易坍塌
中密	骨架颗粒疏密不均,部分不连接,孔隙填满,充填物中密	天然陡坡不太稳定,或陡坡下堆积物较多,但大于粗颗粒的安息角,锹可以挖掘,坑壁有掉块现象,从坑壁取出大颗粒处砂土不易保持凹面形状	钻进较难,冲击钻探时,钻杆、吊锤跳动不剧烈,孔壁有坍塌现象
密实	骨架颗交错紧贴,孔隙填满,充填物密实	天然陡坡较稳定,坎下堆积物较少,镐挖掘困难,用橇棍方能松动,坑壁稳定,从坑壁取出大颗粒后,能保持凹面形状	钻进困难,冲击钻探时,钻杆、吊锤跳动剧烈,孔壁较稳定

(二)湿度指标

砂土的湿度对其物理性质也有一定的影响,一般来说湿度愈大,承载力愈低。规范用砂土的饱和度S_r来作为判断其湿度的指标。土中孔隙被水填充的那部分体积与孔隙体积之比称为土的饱和度,可用 $S_r=\dfrac{\omega}{e}d_s$ 来计算确定。d_s为土的相对密度;ω为土的天然含水量,e为土的天然孔隙比。

交通部颁布的《公路桥涵地基与基础设计规范》(JTJ024—85)规定判断砂土潮湿状态的界限指标是:

稍湿 $S_r\leqslant 0.5$

潮湿(很湿) $0.5<S_r\leqslant 0.8$

饱和 $S_r>0.8$

砂土的颗粒越细，受湿度的影响越大，因为水分的润滑作用使土的抗剪强度降低。因此细、粉砂的承载力，处于水下比处于水上的低。而砾砂、粗砂和中砂的承载力与湿度无关。在砂土的含水量相当小时(ω=4%~8%)，由于毛细压力的作用能使砂土具有微小的毛细内聚力，使土不易振捣密实，这对砂土的填土压实工作不利。当土饱和时，毛细现象消失，毛细内聚力不复存在，砂土将显现出松散的状态。此外，细、粉砂极易在受到震动或在动水压力作用下易发生流砂现象，而砾、粗、中砂饱和时经振捣易于密实。

二、细粒土的物理状态指标

（一）粘性土的塑性

1.粘性土的界限含水量

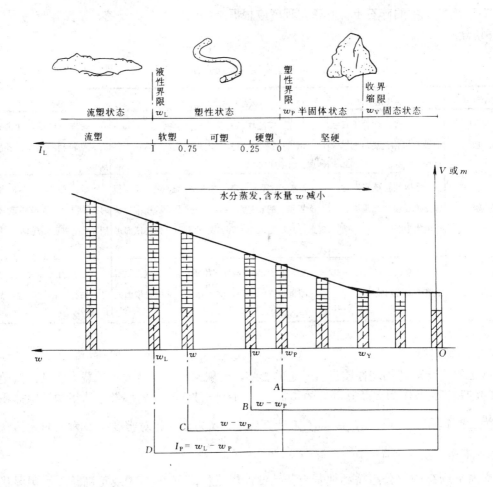

图 2-13 粘性土状态与含水量关系图和液性指数公式内涵示意图

含水量对粘性土所处的状态影响很大。以图2-13为例，当含水量很多时，土粒与水混合成为泥浆，粘性土处于流塑状态，随着水分蒸发，其体积随之缩小达到可搓捏的可塑状态，水分再蒸发，其体积仍在缩小而达到不可塑的半固体状态，水分继续蒸发，直到体积不再减小而质量减少的固体状态。粘性土所处的状态不同，其承载力也不同。如图2-14所示，随着含水量减小，土体的承载力呈增大趋势。为了确定粘性土所处的状态，应先研究粘性土的界限含水量[❶]。

1) 液限 ω_L

当粘性土由流塑状态转变到可塑状态时，其界限含水量称为液限，用符号 ω_L 表示。液限是粘性土在极小扰动力作用下将发生流动时的最小含水量。

粘性土的液限含水量一般是用76g锥式液限仪(图2-15)测定，即将质量为76g的圆锥，在自重作用下15s后，恰好沉入调制土样10mm时，测定出的该调制土样的含水量就是液限。

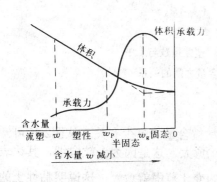

图 2-14　粘性土承载力与含水量关系示意图　　图 2-15　76g锥式液限仪

2）塑限 ω_p

当粘性土由可塑状态转变到半固体状态时，其界限含水量称为塑限，用符号 ω_p 表示。塑限是产生塑性变形的最小含水量。

粘性土的塑限含水量一般采用"搓条法"测定。将放置在毛玻璃上的可塑状土样用手掌搓滚成细条，当细条达到3mm粗细，且恰好出现裂纹并断开时(图2-16)所测定出来的含水量就是塑限。

2. 塑性指数 I_p

粘性土颗粒之间相互粘附的性质称为粘性。粘性土中结合水的吸引作用和胶结物质的胶结作用是呈现粘性的主要原因。

粘性土的塑性是指在某一含水范围内，能用外力将其塑成各种形状(即存在残余变形)而不发生裂纹的性质。粒径极小的粘土矿物颗粒的亲水作用是呈现塑性的主要原因。

[❶] 由于塑性阶段对于粘性土比较重要，本教材仅介绍与塑性阶段关系密切的塑限与液限，关于缩限请查有关书籍。

27

塑性指数是反映粘性土可塑性的指标，其值等于液限与塑限之差，用符号I_p表示。液限与塑限均以去掉百分号(%)的数值表示，即

$$I_p = \omega_L - \omega_p \tag{2-20}$$

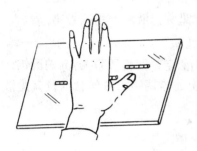

图 2-16 塑限试验－搓条法

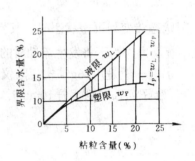

图 2-17 塑性指数与土中
粘粒含量之间的关系

塑性指数的大小主要受矿物成分的影响，还与粘粒含量的多少有关。从图2-17可知，粘粒含量愈多，处于塑性状态的含水量范围(图中I_p)愈大。这是因为土粒愈细，其比表面积愈大，若粘粒含量愈多，则其周围弱结合水总量的变化范围就愈大，这说明粘性土的塑性愈好。因此，工程上常以塑性指数作为划分粗粒土与细粒土界限的指标，并用来确定细粒土的名称、确定粘性土亚类的名称。

3.液性指数I_L

粘性土的稠度系指土的稀稠程度(软硬程度)。粘性土的稠度与含水量有关，但是单纯用天然含水量指标不能反映粘性土的软硬程度，因为有些颗粒很细的粘土含水量高达90%仍处于半固体状态，而有些粘土的含水量仅达到10%～20%就处于近似流体的状态，所以衡量粘性土的状态时，常以其天然含水量ω与塑限ω_p及液限ω_L进行比较来确定。从图2-13可以看到差值$\omega - \omega_p$与定值$I_p = \omega_L - \omega_p$的比值越大，天然状态的土愈呈现出流塑性(液性)，故称粘性土天然含水量和塑限之差与塑性指数之比为液性指数，用符号I_L表示，即

$$I_L = \frac{\omega - \omega_p}{I_p} \tag{2-21}$$

液性指数I_L是表示粘性土稠度的一个物理指标，从图2-13可知：$I_L < 0$表示土处于坚硬状态；$I_L > 1$，则表示处于流动状态。交通部颁布的《公路桥涵地基与基础设计规范》（JTJ024—85）按液性指数I_L将粘性土划分为：

$$\text{坚硬半坚硬状态} \qquad I_\mathrm{L} < 0$$
$$\text{可塑状态-硬塑} \qquad 0 \leqslant I_\mathrm{L} < 0.5$$
$$\text{可塑状态-软塑} \qquad 0.5 \leqslant I_\mathrm{L} < 1.0$$
$$\text{流塑状态} \qquad I_\mathrm{L} \geqslant 1.0$$

（二）粘性土的活动度和灵敏度

1.粘性土的活动度

粘土粒的成分和含量是影响土的塑性重要因素。对粘粒含量 $\rho_{<0.002}$ 与塑性指数 I_p 进行统计分析，发现两者的关系为通过原点的一条直线，因而将该直线的斜率成为活动性指数，用符号 A_c 表示。

$$A_\mathrm{c} = \frac{I_\mathrm{p}}{\rho_{<0.002}} \tag{2-22}$$

式中　　A_c——粘性土的活动度；

$\qquad I_\mathrm{p}$——塑性指数；

$\qquad \rho_{<0.002}$——粒径小于0.002mm的粘粒含量百分数。

活动度反映粘性土中所含矿物的活动性。不同粘土矿物的活动性不同。例如：

$$\text{蒙脱土} \quad A_\mathrm{c} = 1 \sim 7;$$
$$\text{伊利土} \quad A_\mathrm{c} = 0.5 \sim 1;$$
$$\text{高岭土} \quad A_\mathrm{c} = 0.2 \sim 0.5.$$

活动度 A_c 愈高，说明粘粒对粘性土的塑性影响愈大。故根据活动度 A_c 的大小，可将粘性土分为三种：

$$\text{非活动性粘性土} \quad A_\mathrm{c} \leqslant 0.75$$
$$\text{正常粘性土} \quad 0.75 < A_c < 1.25$$
$$\text{活动性粘性土} \quad A_\mathrm{c} \geqslant 1.25$$

2.粘性土的灵敏度。

天然状态下的粘性土，通常都具有一定的结构性，当受到外来因素的扰动时，土粒间的结构平衡体系受到破坏，土的强度降低，压缩性增大。土的结构性对强度的这种影响，一般用灵敏度 S_t 来衡量。

$$S_\mathrm{t} = \frac{q_\mathrm{u}}{q_0} \tag{2-23}$$

式中　S_t——粘性土的灵敏度；

$\qquad q_\mathrm{u}$——原状土无侧限抗压强度；

$\qquad q_0$——与原状土密度、含水量相同，结构完全破坏的重塑土的无侧限抗压强度。

按灵敏度的大小，可将粘性土分高、中、低三类：

$$\text{高灵敏度土} \quad S_\mathrm{t} > 4$$
$$\text{中灵敏度土} \quad 2 < S_\mathrm{t} \leqslant 4$$
$$\text{低灵敏度土} \quad S_\mathrm{t} \leqslant 2$$

对于灵敏度高的粘性土，在施工时应特别注意保护开挖后的基槽，尽量减少地基土结构的扰动，避免降低地基承载力。

当粘性土结构受扰动时，土的承载力就降低。但静置一段时间，土粒间的联接会逐渐得到恢复。土的承载力降低后部分恢复的性质称为土的触变性，这是由于土粒离子和水分子体系随时间而趋于新的平衡状态之故。掌握土的触变性对工程实践是很有意义的。例如，在粘性土中击入预制桩时，桩周粘性土的结构受到扰动，承载力降低，使桩身容易打入。当打桩停止后，土的部分强度恢复，使桩的承载力有所提高。若沉桩过程中，中途停止，然后再接着打入将会给沉桩造成困难。

三、填土压实及最优含水量

土具有压实性，这是指通过振动、夯击、碾压等方法调整土粒排列，以改善其工程性质、增加其密实度的性能。

1.土的压实原理

实践证明，对含水量很高的粘性土进行夯实或碾压时会出现回弹现象，此时土的密实度是不会增加的。对很干的土进行夯实或碾压，也不能把土充分压实，只有在适当的含水量范围内，才能使土的压实效果最好。因此，在一定的压实能量条件下，使土最容易压实，并能达到最大密实度的含水量，称为最优含水量(或最佳含水量)，用符号 ω_{op} 表示，此时对应的干密度称为最大干密度，用符号 $\rho_{d,max}$ 表示。

土的最优含水量和最大干密度可用室内击实试验测得。测定方法是采用锤重2.5kg，锤底直径为50mm，落距460mm，容积为1000 cm³的击实仪。将同一种土(土料直径小于5mm)，配制成6~7份不同含水量的试样，用同样的击实能量，分别对每一试样分三层击实。每层击数:砂土和粉土20击;粘性土30击。然后，测定各试样击实后的湿密度 ρ 和含水量 ω，用公式 $\rho_d = \dfrac{\rho}{1+\omega}$ 计算干密度 ρ_d，从而绘出击实曲线，即 $\omega - \rho_d$ 关系曲线(图2-18)。

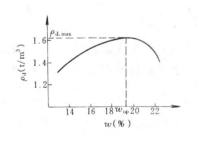

图 2-18　干密度与含水量关系曲线-击实曲线

分析击实曲线可知，当含水量较低时，干密度 ρ_d 随着含水量 ω 的增加而增高，这表明击实效果在逐步提高;当含水量超过某一限值 ω_{OP} 后，干密度则随着含水量 ω 的增加而降低，这表明击实效果在逐步下降。在击实曲线上出现一个干密度 ρ_d 峰值，即最大干密度 $\rho_{d,max}$。相应于这个峰值的含水量就是最优含水量 ω_{OP}。

具有最优含水量的土，其击实效果最好。这是因为含水量很低时，土中水主要是强结合水，土粒周围的水膜很薄，颗粒间很大的电分子引力阻止了颗粒的移动，因而击实就比较困难。当含水量适当增大时，强结合水外面弱结合水逐渐变厚，颗粒间电分子引力减弱，弱结合水起着润滑作用，使土粒易于移动，击实效果变好;但是当含水量继续增大，以致土中出现了自由水，在击实的短时间内，孔隙中的自由水无法立即排出，势必阻止土粒靠拢，因而击实效果反而下降。

2. 影响压实效果的因素

由以上分析可知，含水量和粘粒含量的多少对土的压实性影响较大，粘性土或粉土中的粘粒愈多(或塑性指数愈大)，其最优含水量愈高，最大干密度却低。根据试验研究，粘性土的最优含水量大约比塑限高2%，即 $\omega_{OP} = \omega_P + 2$；粉土的最优含水量大约为14% ~ 18%。

当无试验资料时，可按下式计算粘性土、粉土的最大干密度：

$$\rho_{d,max} = \eta \frac{\rho_w d_s}{1 + 0.01\omega_{OP} d_s} \tag{2-24}$$

式中　$\rho_{d,max}$——压实填土的最大干密度；

η——经验系数，对于粘土取0.95，粉质粘土取0.96，粉土取0.97；

ρ_w——水的密度；

d_s——土粒相对密度(比重)；

ω_{OP}——最优含水量(%)，以百分数表示。

当压实填土为碎石或卵石时，其最大干密度可取2.0 ~ 2.2 t / m³。

砂土的击实性能与粘土不同，干砂在压力与震动作用下，容易密实。稍湿的砂土，因水的表面张力作用使砂土互相靠紧阻止颗粒移动，击实效果不好。饱和砂土，表面张力消失，击实效果良好。

在同类土中，土的粒径级配对土的压实效果影响很大，级配良好，即粒径不均匀的容易压实，均匀的则不易压实。

影响土的压实效果除了含水量、土的组成、粒径级配外，还有压实能量。对同一种土，用人力夯击时，因能量小，要求土粒之间有较多的水分使其更为润滑。因此，最优含水量较大而得到的最大干密度却较小，如图2-19所示曲线3。当用机械夯实时，夯击能量较大，得出的曲线如图2-19中的曲线1和2。因此，当填土夯实程度不足时，可改用击实能量大的工具补夯，以达到所要求的密实度。

3. 压实填土的质量控制

利用填土作建筑物的地基时，不得使用淤泥、耕植土、冻土、膨胀土以及有机物含量大于8%的土作填料，当填料内含碎石土时，其粒径一般不大于200mm。

压实填土的密实程度可用压实度λ_c来衡量。压实度为土的控制干密度 ρ_d 与最大干密度 $\rho_{d,max}$ 的比值，即

$$\lambda_c = \frac{\rho_d}{\rho_{d,max}} \times 100\% \tag{2-25}$$

市政管道沟槽填土的密实度要求应不小于图2-20中所示的压实度限值。压实度也可称为压实系数或密实度，用百分数表示。

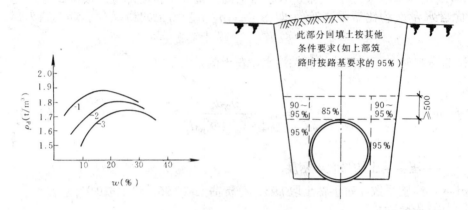

图 2-19　压实能量对压实效果的影响　图 2-20　管道沟槽填土的压实度限值要求

对于道路工程，路基压实度依填挖类型及土层深度，按表2-9和表2-10的规定执行。

当无最大干密度试验值时，对于基础回填土夯实后的最小干密度要求为1.5～1.65 t／m³。常见土类的最佳含水量与最大干密度可参考值见表2-11。

<table>
<tr><td colspan="3" style="text-align:center">路 基 压 实 度</td><td style="text-align:right">表2-9</td></tr>
<tr><td>填挖类型</td><td>路槽底面以下深度（cm）</td><td colspan="2">压实度</td></tr>
<tr><td>路　堤</td><td>0～80</td><td colspan="2">＞93%</td></tr>
<tr><td>路　堤</td><td>80以下</td><td colspan="2">＞90%</td></tr>
<tr><td>零填及路堑</td><td>0～30</td><td colspan="2">＞93%</td></tr>
</table>

<table>
<tr><td colspan="4" style="text-align:center">城市道路土质路基最低压实度参考表</td><td style="text-align:right">表2-10</td></tr>
<tr><td rowspan="2">填挖类型</td><td>深度范围</td><td colspan="3">最低压实度（%）</td></tr>
<tr><td>（cm）</td><td>快速路及主干路</td><td>次干路</td><td>支　路</td></tr>
<tr><td rowspan="2">填　方</td><td>0～80</td><td>95/98</td><td>93/95</td><td>90/92</td></tr>
<tr><td>80以下</td><td>93/95</td><td>90/92</td><td>87/89</td></tr>
<tr><td>挖　方</td><td>0～30</td><td>93/95</td><td>95/98</td><td>90/92</td></tr>
</table>

注:1.表中数字，分子为重型击实标准的压实度，分母为轻型击实标准的压实度，两者均以相应的击实试验法求得的最大压实度为100%；

2.快速路及特大、大城市的主干路应尽可能采用重型击实标准.次干路、支路及中、小城市的道路当缺少重型击实机具或土基湿度较大，执行重型击实标准有困难时，可采用轻型标准。

3.表列深度均由路槽底算起。

4.填方高度小于80cm及不填不挖路段，原地面以下0～30cm范围内土的压实度应不低于表列挖方的要求。

常见土类最佳含水量与最大干密度参考值 表2-11

土 类	液限(%)	塑性指数	重型击实法		轻型击实法	
			最佳含水量(%)	最大干密度(kg/m³)	最佳含水量(%)	最大干密度(kg/m³)
砂	—	—	9.0	2080	11.0	1936
土	—	—	8.7	1907	10.4	1864
	15.9	—	7.1	2060	8.7	1870
亚砂土	18.4	7.2	7.0	2020	9.3	1830
	—	—	12.4	1980	15.2	1840
	—	—	11.9	1950	16.3	1760
亚粘土	—	—	13.4	1980	19.4	1690
	43.0	—	15.4	1820	21.4	1640
重亚粘土	46.0	—	17.4	1700	23.4	1500
残积重亚粘土	—	—	19.0	1730	28.0	1500
粉土质粘土	—	—	12.0	1936	21.0	1664
	—	—	30.3	1470	35.6	1330
砂质粘土	—	—	11.0	2048	14.0	1840
粉土	—	—	—	—	16.0~22.0	1610~1800
粉质亚粘土	—	—	—	—	18.0~21.0	1650~1740
粘土	—	—	—	—	19.0~23.0	1680~1700
重粘土	—	—	18.0	1872	28.0	1552
	74.3	50.7	25.6	1523	33.6	1272
砂砾土	—	—	8.0	2192	9.0	2064
	—	—	7.2	2304	10.1	2176
石灰稳定碎石土	—	—	11.0	1870	18.0	1720
石灰稳定红土砂砾	—	—	14.0	1850	22.0	1610
水泥稳定级配碎石土	—	—	10.3	1930	13.5	1810
水泥稳定细砂砾	—	—	7.5	2020	13.5	1800

必须指出,室内击实试验与现场夯实或辗压的最优含水量是不一样的。所谓最优含水量是针对某一种土,在一定的夯实机械,夯实能量和填土分层厚度等条件下测得的。如果这些条件改变,就会得出不同的最优含水量。因此,对于重要填土工程,应在现场进行辗压试验,以求得现场施工条件下的最优含水量。

第五节 土的工程分类

土中颗粒的大小不一，有的颗粒直径大于200mm，有的小于0.002mm。实践证明，粗粒土与细粒土的物理和力学性质不同，例如，粗颗粒的砂土承载力几乎与土的含水量无关，而细颗粒的粘性土的承载力则随含水量的增加而急剧降低。可见，土的类别不同，其性质也各异。因此，要正确地评价土的物理和力学性质，合理地选择地基基础方案，就必须对地基土(岩)进行工程分类。

对地基土进行工程分类的目的是：根据用途和土的各种性质的差异将其划分为一定的类别，以便在勘察、设计、施工中，对不同的地基土进行分析、计算、评价，从而作出正确的判断。因此，对地基土进行科学地分类与定名是十分必要的。

关于地基土的工程定名问题，对于不同的行业、不同的地区存在着按相应的规范定名的区别。例如：桥梁工程可按交通部《公路桥涵地基与基础设计规范》(JTJ024—85)对地基土进行定名。而在道路工程设计中，为与《城市道路设计规范》、《公路设计规范》取得一致，则应采用交通部《公路土工试验规程》(JTJ051—93)中对公路用土的分类标准。在市政工程的其它建筑物设计中（例如给排水工程结构、供热、供暖、供电工程构筑物）则应采用国家标准《建筑地基基础设计规范》（GBJ7—89）中对地基土的分类。鉴于地基土的复杂性，还存在不同的城市按其城市的标准对地基土进行分类的情况，比如上海市对建筑工程和市政工程应参照上海市标准《地基基础设计规范》(DBJ08—11—89)。尽管地基土分类的标准不一，但是分类的依据却是相同的，即主要按土中颗粒的粒径级配进行分类，这样大至可以将地基土分为粗粒土和细粒土两大类，其中细粒土按塑性指数分类的实质是间接地按粒径级配进行分类。其次还要考虑细粒土的工程地质特性，例如按沉积年代、人工回填、土的膨胀性、冻胀性、土的组成成分等将地基土分为淤泥和淤泥质土、人工填土、黄土、膨胀土、红粘土、盐渍土等特殊土。

下面以国家标准《建筑地基基础设计规范》（GBJ7—89）中土的分类为基础，介绍公路桥涵地基与基础设计规范》(JTJ024—85)有关规定，以便掌握市政工程设计施工中所需的地基土分类知识。

一、岩石

在自然状态下颗粒间牢固连接，呈整体性或具有节理裂隙的岩体称为岩石。根据交通部颁发的《公路桥涵地基与基础设计规范》（JTJ024—85）按强度将岩石分为硬质岩石、软质岩石和极软岩石三类，见表2-12。岩石的风化程度、岩石在水中的软化系数以及岩石的破碎程度并按表2-13、表2-14、表2-15确定。

二、碎石土

粒径大于2mm的颗粒含量超过全重50%的土称为碎石土。碎石土根据粒组含量及颗粒形状不同，可分为漂石、块石、卵石、碎石、圆砾、角砾，见表2-16。

三、砂土

粒径大于2mm的颗粒含量不超过全重的50%、粒径大于0.075mm的颗粒超过全重50%的土称为砂土。根据粒组含量可分为砾砂、粗砂、中砂、细砂和粉砂，见表2-17。

四、粉土

塑性指数≤10，粒径＞0.075mm的颗粒含量不超过全重50%的土称为粉土，其性质介于砂土和粘性土之间。粉土的粒度成分中，0.005～0.1mm的粒径颗粒占绝大多数。

岩石按强度分类表　　　　　　　　　表2-12

岩石类别	饱和单轴极限抗压强度(MPa)	代表性岩石
硬质岩石	＞30	花岗岩、花岗片麻岩、闪长岩、玄武岩、石灰岩、石英砂岩、石英岩、大理岩、硅质砾岩等
软质岩石	5～30	泥质砂岩、钙质页岩、千枚岩、片岩等
极软岩石	＜5	粘土岩、泥质页岩、泥灰岩等

注：1.本表适用于确定天然地基容许承载力的分类；

　　2.当地基为软质岩石时，在确保不浸水的条件下，可用天然湿度的单轴极限抗压强度。当受水浸时，软质岩的强度按浸水后的强度考虑；

　　3.岩石试件直径为7～10cm，试验高度与直径相同.

岩石风化程度表　　　　　　　　　表2-13

风化程度	风化系数k_f	野外特征
微风化	$k_f＞0.8$	岩质新鲜，表面稍有风化迹象
弱风化	$0.4＜k_f＜0.8$	1.结构未破坏，构造层理清晰 2.岩体被节理裂隙分割成碎块状(20～40cm)，裂隙中填充少量风化物 3.矿物成分基本未变化，仅沿节理出现次生矿物 4.锤击声脆，石块不易击碎，不能用镐挖掘，岩心钻方可钻进
强风化	$0.2＜k_f＜0.4$	1.结构已部分破坏，构造层理不甚清晰 2.岩体节理裂隙分割成碎石状（2～20cm） 3.矿物成分已显著变化 4.锤击声哑，碎石可用手折断，用镐可以挖掘，手摇钻不易钻进
全风化	$k_f＜0.2$	1.结构已全部破坏，仅外观保持原岩状态 2.岩体被风化裂隙分割成散体状 3.除石英外其他矿物均变质成次生矿物 4.碎石可用手捏碎，手摇钻可钻进

注：风化系数（k_f）等于风化岩石与新鲜岩石的饱和单轴抗压强度之比.

岩石在水中的软化系数　　　　　　　表2-14

岩石名称	不软化的岩石	软化的岩石
软化系数k_R	$k_R＞0.75$	$k_R＜0.75$

注：软化系数（k_R）等于饱和状态与风干状态的岩石单轴极限抗压强度之比.

岩石破碎程度表   表2-15

岩块名称	野外观察特征
大块状	岩体多数分割成40cm以上的岩块
碎块状	岩体多数分割成20～40cm的岩块
碎石状	岩体多数分割成2～20cm的岩块

碎石土的分类表   表2-16

土的名称	颗粒形状	颗粒级配
漂石	圆形及亚圆形为主	粒径大于200mm的颗粒超过全重50%
块石	棱角形为主	
卵石	圆形及亚圆形为主	粒径大于20mm的颗粒超过全重50%
碎石	棱角形为主	
圆砾	圆形及亚圆形为主	粒径大于2mm的颗粒超过全重50%
角砾	棱角形为主	

注: 定名时应根据粒径分组由大到小以最先符合者确定.

砂土分类表   表2-17

土的名称	颗粒级配
砾砂	粒径大于2mm的颗粒占全重25%～50%
粗砂	粒径大于0.5mm的颗粒超过全重50%
中砂	粒径大于0.25mm的颗粒超过全重50%
细砂	粒径大于0.1mm的颗粒超过全重75%
粉砂	粒径大于0.1mm的颗粒不超过全重75%

注: 定名时应根据粒径分组由大到小以最先符合者确定。

五、粘性土

1.按塑性指数分类

在国家标准《建筑地基基础设计规范》（GBJ7—89）中将塑性指数 I_p 大于10的土称为粘性土。并以 I_p 等于17为界，将其分为粘土和粉质粘土两类。与在交通部颁布的《公路桥涵地基与基础设计规范》(JTJ024—85)和《公路土工试验规程》(JTJ051—93)的区别是将以往的轻亚粘土或亚砂土定名为粉土，并从粘性土中划分出来。该标准认为粉土是介于砂土与粘性土之间的一种土类。在自然界的土体中，一般是砂粒、粉粒、粘粒三种土粒的混合体。对某一种土体，当在某一级配下，一种土粒起主导作用，则该土体主要呈现那种土粒的特性。以往的分类只承认在碎石土以下存在两类土，即砂土和粘性土。但实质上介于砂土和粘性土之间，还有一种土，其粒度成分中0.05～0.075mm与0.005～0.05mm的粒组占绝大多数，水与土粒之间的作用明显地异于粘性土和砂土，主要表现"粉粒"的特征，因此，有必要将它单独划出作为一类，定名为粉土。

市政工程所涉及的三本规范对粘性土分类的依据与区别详见表2-18。

2.按工程地质特征分类

(1)粘性土根据沉积年代不同有老粘性土、一般粘性土及新近沉积粘性土之分。老粘性土是指第四纪晚更生世(Q_3)，中更新世(Q_2)早更新世(Q_1)或第三纪沉积的粘性土。通常具有较高的强度和较低的压缩性。一般粘性土是指第四纪全新世(Q_4)(人类文化期以来)沉积的粘性土，通常为正常固结的粘性土。新近沉积粘性土是指文化期以来沉积的粘性土，距今至少也有五千年了,通常为久固结土,强度较低,压缩性较高。

粘性土（细粒土）按塑性指数分类表　　　　　　　　　　　表2-18

《建筑地基基础设计规范》(GBJ7—89)		《公路桥涵地基与基础设计规范》(JTJ024—85)		《公路土工试验规程》(JTJ051—93)		
土　名	塑性指数	土　名	塑性指数	土　名	塑性指数	分类符号
粉　土	$I_p < 10$	亚砂土	$1 < I_p \leqslant 7$	低塑性粘土	$I_p > 2$	CL
				粉质低塑性粘土	$I_p > 2$	CLM
				粉　土	$I_p > 2$	ML MI
粘性土	粉质粘土	$10 < I_p \leqslant 17$	亚粘土	$7 < I_p \leqslant 17$	中塑性粘土	$I_p > 10$	CI
					粉质中塑性粘土	$Ip > 10$	CIM
粘土	$I_p > 17$	粘土	$I_p > 17$	高塑性粘土	$I_p > 26$	CH
				极高塑性粘土	$I_p > 40$	CE

(2)淤泥和淤泥质土：在静水或缓慢的流水环境中沉积，并经生物化学作用形成。天然含水量大于液限，天然孔隙比不小于1.5的粘性土称为淤泥;当天然孔隙比小于1.5但大于1.0时称为淤泥质土。含50%以上腐朽的喜水植物根茎叶时叫泥炭。淤泥、淤泥质土和泥炭常为新近沉积粘性土。

沿海一带，内陆各地的河流下游、湖泊与沼泽地区有大面积淤泥和淤泥质土。这类土工程性质很差，利用这类土时，特别要注意，当荷载过大或者受扰动而引起土体结构破坏时，土的承载力会急剧下降。通常不宜作为建筑物的天然地基。

《公路桥涵地基与基础设计规范》(JTJ024—85)给出了新近沉积粘性土的野外鉴别方法，详见表2-19。

新近沉积粘性土的野外鉴别方法　　　　　　　　　　　表2-19

沉积环境	颜色	结构性	含有物质
河漫滩和山前洪、冲积扇（锥）的表层，古河道，已填塞的湖塘、沟、谷、河道泛滥区	颜色较深而暗，呈褐色，暗黄或灰色，含有机质较多时带灰黑色	结构性差，用手扰动原状土时极易变软，塑性较低的土还有振动水析现象	在完整的剖面中无原生的粒状结核体，但可能含有圆粒及亚圆形的钙质结核体（如姜结石）或贝壳等，在城镇附近可能含有少量碎砖、瓦片、陶瓷、铜币或朽木等人类活动的遗物

(3)红粘土：碳酸盐岩系出露区的岩石，经红土化作用形成的棕红、褐黄等色的高塑性粘土称为红粘土，也称为残积红土。其液限一般大于50，上硬下软，具明显的收缩性、裂

隙发育．经再搬运后仍保留红粘土基本特征，液限大于45的土称为次生红粘土。红粘土常见于我国西南地区,其他省分有石灰炭出露处,也有分布。

次生红粘土为《建筑地基基础设计规范》(GBJ7—89)中新划定的红粘土类土，其颜色较未搬运者浅，常含粗颗粒，但总体上仍保持红粘土的基本特征，明显有别于一般粘性土。

六、特殊土

1. 人工填土的分类

人工填土是指由于人类活动而堆填的土层。其成分复杂，均匀性差，堆积时间也各不同，用作地基时应慎重对待。

人工填土根据其组成和成因可分为:

(1)素填土

由碎石土、砂土、粉土、粘性土等组成的填土。若该填土经分层压实，则统称为压实填土。

(2)杂填土

含有建筑垃圾、工业废料、生活垃圾等杂物的填土．

(3)冲填土

由水力冲填泥砂形成的填土。

在疏浚江河航道或从河底取土时，用泥浆泵将已装在泥驳船上的泥沙，直接或再用定量的水加以混合成一定浓度的泥浆，通过输泥管送到四周筑有围堤并设有排水挡板的填土区内，经沉淀、排水而形成冲填土。

2.黄土的分类

《公路桥涵地基基础设计规范》（JTJ024—85）关于黄土的分类详见表2-20。

黄 土 的 分 类 表　　　　　　　　　　　　表2-20

时　　代		地层名称		特　　征
全新世Q_4	近期	-	新近堆积黄土	人类文化期内沉积物，多为坡、洪积层、不均匀，常含有砂砾，石块和杂物，一般有湿陷性，常具有高压缩性
	早期	-	一般新黄土	大孔隙发育，壁立性好，部分含有砂姜石，有湿陷性
晚更新世Q_3		马兰黄土	新黄土	
中更新世Q_2		离石黄土	-	经成岩作用，较密实，壁立性强，具有一定大孔隙，常夹有砂姜石层和古土层，一般无湿陷性
早更新世Q_1		午城黄土	老黄土	-

3.冻土的分类

《公路桥涵地基基础设计规范》(JTJ024—85)将冻土分为季节冻土和多年冻土两类。

（1）季节性冻土的分类

季节性冻土按其冻胀性可分为不冻胀土、弱冻胀土、冻胀土、强冻胀土和特强冻胀土5类，详见表2-21。

季节性冻土分类表

表2-21

土 的 名 称	冻前土的天然含水量 ω（%）	冻结期间地下水位低于冻结线的最小距离 h_w（m）	冻胀类别
岩石、碎石土、砾砂、粗砂、中砂（粉粘粒含量≤15%）	不考虑	不考虑	不冻胀
碎石土、砾砂、	$\omega \leqslant 12$	>1.5	不冻胀
	$(S_r \leqslant 0.5)$	≤1.5	弱冻胀
	$12 < \omega \leqslant 18$	>1.5	
粗砂、中砂	$(0.5 < S_r \leqslant 0.8)$	≤1.5	冻胀
(粉粘粒含量≤15%)	$\omega > 18$	>1.5	
	$(S_r > 0.8)$	≤1.5	强冻胀
	$\omega \leqslant 14$	>1.5	不冻胀
		≤1.5	弱冻胀
细砂、粉砂	$14 < \omega \leqslant 19$	>1.5	
		≤1.5	冻胀
	$\omega > 19$	>1.5	
		≤1.5	强冻胀
	$\omega \leqslant \omega_P + 2$	>2.0	不冻胀
		≤2.0	弱冻胀
	$\omega_P + 2 < \omega \leqslant$	>2.0	
	$\omega_P + 5$	≤2.0	冻 胀
		>2.0	
粘性土	$\omega_P + 5 < \omega \leqslant$	$0.5 < h_w \leqslant 2.0$	强冻胀
	$\omega_P + 9$	≤0.5	特强冻胀
	$\omega > \omega_P + 9$	>1.0	强冻胀
		≤1.0	特强冻胀

注: 1. ω_P—塑限含水量；

　　ω—天然含水量（标准冻深范围内冻前含水量的平均值）；

　　S_r—土的饱和度；

2.表内冻胀类别是根据冻胀率k_d分为五级（冻胀率k_d系天然地表最大冻胀量与标准冻深之比）：

　　　　当　 $k_d \leqslant 1$ 时为不冻胀土；

　　　　$1 < k_d \leqslant 3.5$ 时为弱冻胀土；

　　　　$3.5 < k_d \leqslant 6$ 时为冻胀土；

　　　　$6 < k_d \leqslant 13$ 时为强冻胀土；

　　　　$k_d > 13$ 时为特强冻胀土；

3.当含盐量超过0.5%时，应根据实际情况降级考虑。

多年冻土名称	土 的 类 别		总含水量 ω（%）	融化后的潮湿程度	融沉分级
少冰冻土	粉粘粒含量＜15％（或粒径小于0.1mm的颗粒含量＜25％）的粗颗粒土（包括碎石土、砾砂、粗砂、中砂）		ω＜10	潮 湿	（Ⅰ）不融沉
	粉粘粒含量＞15％（或粒径小于0.1mm的颗粒含量＞25％）的粗颗粒土（包括碎石土、砾砂、粗砂、中砂）、细砂、粉砂		ω≤12	稍 湿	
	粘性土		ω≤ω_P	半干硬	
多冰冻土	粉粘粒含量＜15％（或粒径小于0.1mm的颗粒含量＜25％）的粗颗粒土（包括碎石土、砾砂、粗砂、中砂）		10＜ω≤16	饱 和	（Ⅱ）弱融沉
	粉粘粒含量＞15％（或粒径小于0.1mm的颗粒含量＞25％）的粗颗粒土（包括碎石土、砾砂、粗砂、中砂）、细砂、粉砂		12＜ω≤18	潮 湿	
	粘性土		ω_P＜ω≤ω_P+7	硬 塑	
富冰冻土	粉粘粒含量＜15％（或粒径小于0.1mm的颗粒含量＜25％）的粗颗粒土（包括碎石土、砾砂、粗砂、中砂）		16＜ω≤25	饱和出水（出水量小于10％）	（Ⅲ）融沉
	粉粘粒含量＞15％（或粒径小于0.1mm的颗粒含量＞25％）的粗颗粒土（包括碎石土、砾砂、粗砂、中砂）、细砂、粉砂		18＜ω≤25	饱 和	
	粘性土		ω_P+7＜ω≤ω_P+15	软 塑	
饱冰冻土	粉粘粒含量＜15％（或粒径小于0.1mm的颗粒含量＜25％）的粗颗粒土（包括碎石土、砾砂、粗砂、中砂）		25＜ω≤44	饱和大量出水（出水量大于10％~20％）	（Ⅳ）强融沉
	粉粘粒含量＞15％（或粒径小于0.1mm的颗粒含量＞25％）的粗颗粒土（包括碎石土、砾砂、粗砂、中砂）、细砂、粉砂			饱和出水（出水量小于10％）	
	粘性土		ω_P+15＜ω≤ω_P+35	流 塑	
含土冰层	碎石土、砂土		ω＞44	饱和大量出水（出水量大于10％~20％）	（Ⅴ）融陷
	粘性土		ω＞ω_P+35	流 动	

注:1. ω_P——塑限含水量;

　　ω——天然含水量;

2.碎石土和砂土的总含水量界限为该两类土的中间值。含粉粘砂粒的粗颗粒土比表列值小; 细砂、粉砂比表列值大;

3.粘性土最大含水量界限中的+7、+15、+35为不同类别粘性土的中间值。亚砂土比该值小, 粘土比该值大;

（2）多年冻土的分类

多年冻土按其冻土融化时下沉特征，可分为不融沉、弱融沉、融沉、强融沉和融陷5类，详见表2-22。

附:《公路土工试验规程》(JTJ051—93)关于路基土的分类

依据交通部《公路土工试验规程》(JTJ051—93)中按土颗粒的粒径分布及土粒和水相互作用的状态，将路基土分为巨粒土、粗粒土、细粒土和特殊土四大类。

（一）巨粒土

巨粒组（大于60mm的颗粒）质量多于总质量50%的土称为巨粒土，这时巨粒在土中起骨架作用，决定着土的主要性状。巨粒土按漂石粒（大于200mm颗粒）含量不同分为漂石土和卵石土。

（二）粗粒土

粗粒组（60mm~0.074mm的颗粒）质量多于总质量50%的土称为粗粒土。粗粒土中砾粒组（60~2mm的颗粒）质量多于总质量50%的土称砾类土，少于或等于总质量50%的土称砂类土。

（三）细粒土

细粒组（小于0.074mm的颗粒）质量多于总质量50%的土称为细粒土。土中粗粒组（60mm~0.074mm的颗粒）质量少于总质量25%时，粗粒零星散布，对土的性质影响不大，故称为细粒土；土中粗粒组质量为总质量25%~50%时，粗粒已能起部分骨架作用，对土的性状有相当影响，称为含粗粒的细粒土。

（四）特殊土

规程中将特殊土分为黄土、膨胀土、红粘土、盐渍土4类，请参考有关书籍的介绍。

【例2-4】某地基土为砂土，设取烘干后的土样重500g，筛分试验结果如表2-23所示。已知经物理指标试验测得土的天然密度 $\rho = 1.92t/m^3$，土粒比重 $d_s = 2.67$，天然含水量 $\omega = 14.2\%$。试确定此砂土的名称并判断其物理状态。

【例2-4】筛分试验结果 　　　　　　　　表2-23

筛孔直径（mm）	20	2	0.5	0.25	0.075	底盘	总计
留在每层筛上的土粒质量（g）	0	40	70	150	190	50	500
大于某粒径的颗粒占全部质量的(%)	0	8	22	52	90	100	—

【解】(1)确定土的名称

从表2-23中可以看出，粒径大于0.25mm的颗粒占全部土重的百分率为52%，即大于50%。按表2-21排列的名称顺序，确定此砂土为中砂。

(2)确定土的物理状态

计算土的天然孔隙比 e:

$$e = \frac{d_s \rho_w (1+\omega)}{\rho} - 1 = \frac{2.67 \times 1 \times (1+0.142)}{1.72} - 1 = 0.773$$

由表2-7内中砂一栏可知，因为$e=0.775$是在孔隙比$0.75\sim0.85$之间，故此中砂为稍密的。

计算土的饱和度S_r：

$$S_r = \frac{\omega d_s}{e} = \frac{0.142 \times 2.67}{0.773} = 0.49 = 49\%$$

由第四节可知，此中砂为稍湿的。

【例2-5】取某路基三种土样烘干筛分后，得到的结果如表2-4所示，试判断表中定名是否正确？

【解】(1)a土样中粒径大于0.25mm的颗粒占65%，超过全重的50%，故定名为中砂。

(2)b土样中粒径大于0.5mm的颗粒占65.3%，超过全重的50%，故定名为粗砂。

(3)c土样中粒径大于0.075mm的颗粒占10.4%，不超过全重的50%，故属于细粒土，具体名称还应根据塑性指数定名。

思 考 题

2-1 何谓粒径级配？其工程意义是什么？

2-2 何谓结合水？结合水对粘性土的工程性质有何影响？

2-3 土的物理性质指标有哪些？试列表归纳各指标的名称、符号、定义式、单位、一般情况下的取值范围、主要换算公式，并说明与实际工程的关系。

2-4 何谓塑限、液限？它们与天然含水量有什么关系？何谓液性指数、塑性指数？它们的物理意义是什么？

2-5 何谓最优含水量？其工程意义是什么？

2-6 粗粒土与细粒土的物理状态指标有什么区别？如何确定它们的物理状态？

2-7 何谓压实系数？市政道路对填土工程的压实度有什么要求？

2-8 地基土的工程分类以什么为依据？

2-9 何谓土的水温稳定性？

习 题

2-1 某道路工程砂土地基筛分结果如图2-21所示。试绘制粒径级配累计曲线，判断级配良好程度，并予以定名。

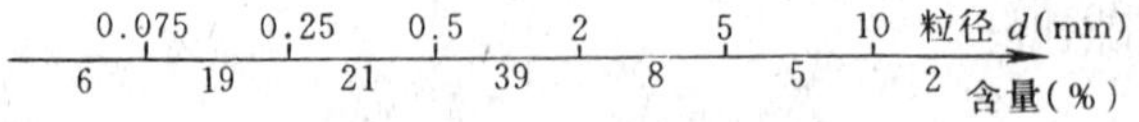

0.075	0.25	0.5	2	5	10 粒径 d(mm)
6	19	21	39	8	5	2 含量(%)

图 2-21 习题2-1图

2-2 某立交桥持力层土样室内测试基本数据为：环刀内径61.8mm，高20mm，刀内土的质量108g。取一小块质量为18g的湿土作含水量试验，烘干后的质量为15.25g，同时测得土颗粒的相对密度（颗粒比重）为2.70，试求以下各物理指标：ρ、γ、ω、ρ_d、γ_d、ρ_d、γ_{sat}、γ'、e、n、S_r；并比较γ、γ_d、γ_{sat}、γ' 4个重度指标之间的大小关系。要求用以下两种方法进行计算：

(1)用物理性质指标定义式计算；

(2)先计算ρ、ω，再用换算公式计算其他指标。

2-3 某道路路基填土工程施工前作击实试验，取3000g土样，测得天然含水量为5%，若将含水量增至20%，需加多少水？

2-4 已知a、b两个土样的物理性质指标如表2-24。

表2-24

土 样	ω_L(%)	ω_p(%)	ω(%)	d_s	S_r
a	15	9	9	2.68	1.0
b	32	14	20	2.70	1.0

试问下列结论是否正确，为什么？

(1)a比b含有更多的粘粒；

(2)a比b的天然密度大；

(3)a比b的干密度大；

(4)a比b的孔隙比大。

2-5 击实试验的结果如下，击实容器的容积为1000cm。试绘制击实曲线，确定最优含水量及最大干密度。

表2-25

土样质量(kg)	1.972	2.052	2.074	2.060	2.016
含水量(%)	12.8	14.5	15.6	16.8	19.2

第三章 土中应力计算

土质地基上的建筑物和车辆荷载，以及土体本身的重力荷载等都必然要在地基中产生应力。土中应力增大将导致土体因承载力不足而破坏，甚至土体产生滑移而丧失稳定性，同时土中应力增加将引起地基土压缩变形。地基变形过大或变形不均匀将影响建筑物的正常使用或发生危险，例如引起道路沉陷、桥梁倾斜、给排水构筑物开裂等，以至形成倒塌、渗漏等事故。因此，在设计地基基础时，需要进行基底压力计算和地基变形计算，并将基底压力和变形量控制在允许范围之内，以保证市政工程建筑物能够安全正常使用。因此，研究地基土中的应力是十分必要的。

地基土中的应力按其产生的原因不同，分为自重应力和附加应力[1]。由土体的自重在地基内所产生的应力称为自重应力，用符号 σ_{cz} 表示，其中主体符号 σ 表示应力，下标 c 表示自重，下标 z 表示所求点的坐标位置；由结构荷载或其他外载(如车辆、填土、堆放在地面的材料等重力)在地基内所产生的、能够引起地基变形的应力称为附加应力，用符号 σ_z 表示，其中主体符号 σ 表示应力，下标 z 表示所求点的坐标位置。

对于形成年代比较久远的土层，由于在自重应力作用下，其变形已经稳定。因此，除欠固结土外，一般说来，土的自重应力不再引起地基的变形。而附加应力则不同，因为它是地基中新增加的应力，将引起地基的变形，所以附加应力是引起地基变形的主要原因，在学习土中的应力这一章时，应予以重视。

在计算土中应力时，一般假定地基为半无限空间[2]直线变形体，并借用弹性理论公式求解地基中的应力。严格地说，地基并不是连续均匀、各向同性的弹性体，地基土是分层的，各层之间的性质往往差别很大，实际上地基土是各向异性的弹塑性体。但是理论分析和实践、实验都表明：只要土中应力不大于某一限值，土体的塑性变形区很小，荷载与变形之间近似成直线关系，按弹性理论公式求解土中应力所引起的误差，不会超过工程所允许的范围。故可将地基视为半无限空间直线变形体。

第一节 自重应力计算

一、自重应力计算公式

由于将地基土视为半无限空间直线变形体，并认为地面水平，地层面也水平，均无限延伸，则通过地基的任何竖直面都是对称面。对于任何竖直面而言，土层自重荷载属于对称荷载，在对称荷载作用下结构对称面上的剪应力为零。图3-1为土中自重力计算简图及自重应力分布图。

---

[1] 在工程中土的自重应力和附加应力也称为自重压力和附加压力，方向是竖直向下的，单位是 kN/m^2。

[2] 假定天然地面是个无限大的水平面，而向下为无限延伸的物体，即为半无限空间体。

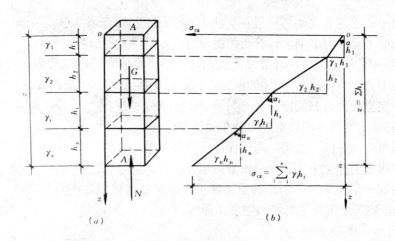

图 3-1　土中自重应力计算简图及自重应力分布图

为建立自重应力计算公式，以天然地面任一点 o 作为坐标原点，坐标轴 z 竖直向下为正如图3-1(a)，计算天然地面下深度为 z 处 M 点的自重应力 σ_{cz}，先过 M 点向上取一水平面面积为 A、高度为 z 的土柱进行分析，由于该土柱各个面上的剪应力为零，则该柱底面所承受的压力 N 必然等于该面以上土柱所受的全部重力 G。假设土柱由 n 个土层组成，每层厚度为 h_1、h_2、$\cdots h_i \cdots h_n$，每层土的重力密度为 γ_1、γ_2、$\cdots \gamma_i \cdots \gamma_n$，则 M 点处的自重力 σ_{cz} 为：

$$\sigma_{cz} = \frac{N}{A} = \frac{G}{A} = \frac{\gamma_1 h_1 A + \gamma_2 h_2 A + \cdots + \gamma_i h_i A + \cdots + \gamma_n h_n A}{A}$$

于是
$$\sigma_{cz} = \sum_{i=1}^{n} \gamma_i h_i \tag{3-1}$$

式中　　σ_{cz}——天然地面以下深度为 z 处 M 点的自重应力(kN/m²)；

h_i——M 点以上各土层厚度(m)；

γ_i——M 点以上各土层的天然重力密度(kN/m³)。

应当指出，在计算地下水位以下某点土的自重应力时，应根据土的性质确定是否考虑水的浮力影响。当考虑浮力影响时，取其浸水有效重力密度进行计算，即用土的有效重力密度（浮重）γ_i' 代替式(3-1)中的 γ_i。

对于粗粒土应考虑浮力的影响；对于细粒土，特别是粘性土要视其物理状态而定。一般认为若粘性土处于坚硬、半坚硬状态时（即 $I_L \leqslant 0$），土中自由水受到土颗粒间结合水膜的阻碍不能传递静水压力，故认为土体不受水的浮力影响并将该层面视为隔水层，同时受到水和土的压力；若粘性土处于流塑状态时（即 $I_L \geqslant 1$），土颗粒间存在着大量的自由水，故可认为土体将受到浮力影响；若粘性土处于可塑状态时（即 $0 < I_L < 1$），土颗粒受到浮力

的影响介于以上两者之间，一般在实践中均按最不利状态来考虑。例如：计算软弱下卧层的承载力时不计浮力影响，计算土体稳定时要计算浮力的影响。

图3-1(b)是按公式(3-1)计算结果绘出的土的自重应力图，也称为土的自重应力分布曲线，工程上常把该曲线绘于z轴的左侧，z轴的右侧绘制地基土的附加应力曲线。

二、自重应力分布规律

从图3-1(b)可知土的自重应力分布规律是：

1. 自重应力在同一土层、同一深度上的分布是均匀的；
2. 自重应力在土中随深度的增加而增大；
3. 在同一层土中，由于土的重力密度不变，故自重应力按直线变化；该直线与z轴的交角α_i的正切等于该土层的重力密度，即：

$$tg\alpha_i = \frac{\gamma_i h_i}{h_i} = \gamma_i \tag{3-2}$$

4. 在多层土中，土的自重应力分布曲线是一条折线，拐折点在土层交界处(当上下两层土的重度不同时)或地下水水面处。当下层土的重度比上层土小时，直线向z轴偏折，反之亦然。

5. 地下水位的升降会引起土中自重应力的变化如图3-2所示。这是因为地下水位升降时，土中颗粒受到的浮力将发生变化。例如在软土地区，常因大量抽取地下水，以致地下水位长期大幅度下降，土颗粒受到的浮力消失，致使地基中原水位以下土的自重应力增加如图3-2(a)，而造成地表大面积下沉的严重后果。至于地下水位的上升如图3-2(b)，常发生在人工抬高蓄水水位地区(如筑坝蓄水)或工业用水大量渗入地下的地区，如果该地区土质具有遇水后发生湿陷的性质，则必须引起注意。

6. 在地下水位以下，如果存在不透水层，则不透水层顶面以上的自重应力需考虑浮力的影响，而该顶面以下的自重应力，应考虑垂直水压力的影响，即该面承受垂直水压力，自重应力在该面处有一突变(详见例题3-1计算结果)。

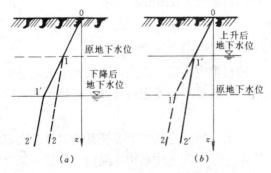

图 3-2 地下水位升降对土中自重应力的影响

(图中 012 折线为变化前的自重应力分布曲线；
01′2′折线为地下水位升降后的自重应力分布曲线)

【例3-1】图3-3(a)为某桥墩地基剖面图，其土层厚度及各层土的重力密度如图所示，试求天然地面以下14m深处M点的自重应力$\sigma_{c,14}$，并绘制土的自重应力分布曲线图。

【解】各重力密度不同土层界面与地下水位处为自重应力曲线的拐折点，若分别求出O、A、B、C、M点的自重应力$\sigma_{c,0}$、$\sigma_{c,4}$、$\sigma_{c,7}$、$\sigma_{c,12}$、$\sigma_{c,14}$，则可按同一层土的自重应力分布为直

线的规律绘出该地基剖面的自重应力分布曲线，即

$$\sigma_{c,0} = \gamma_0 h_0 = 0$$

$$\sigma_{c,4} = \gamma_1 h_1 = 17 \times 4 = 68 \text{kN} / \text{m}^2$$

$$\sigma_{c,7} = \gamma_1 h_1 + \gamma_2 h_2 = \sigma_{c,4} + \gamma_2 h_2 = 68 + 20 \times 3 = 128 \text{kN} / \text{m}^2$$

$$\sigma_{c,12} = \gamma_1 h_1 + \gamma_2 h_2 + \gamma_3' h_3 = \sigma_{c,7} + (\gamma_{sat} - \gamma_w) h_3$$

$$= 128 + (21 - 10) \times 5 = 183 \text{kN} / \text{m}^2$$

$$\sigma_{c,12,x} = \sigma_{c,12,s} + \gamma_w h_w = 183 + 10 \times 5 = 233 \text{kN} / \text{m}^2$$

$$\sigma_{c,14} = \sigma_{c,12,x} + \gamma_4 h_4 = 233 + 18 \times 2 = 269 \text{kN} / \text{m}^2$$

自重应力分布曲线如图3-3(b)所示。计算过程中不透水层顶面C点上、下表面的自重应力分别用$\sigma_{c,12,s}$和$\sigma_{c,12,x}$来表示，以示区别有无水压水力的影响，而在自重应力分布图上，C点处有一水平增量(即为水压力的大小)。地下水位以下水压力的分布用深度为7～12m之间的虚线与实线之间的大小来表示。

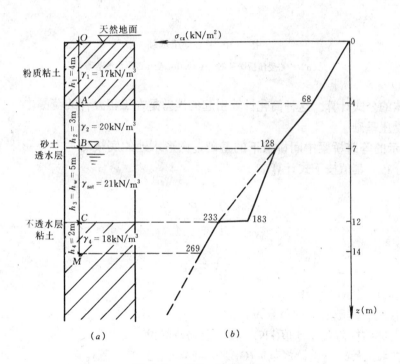

图 3-3 【例3-1】示意图

(a)地基剖面图; (b)自重应力分布曲线图

第二节 基底压力

一、基底压力的计算

建筑物的荷载由基础传给地基，在基础与地基接触面上存在着接触应力，它既是基础作用于地基顶面的基底压力，又是地基反作用于基础底面的基底反力，用符号p表示。

计算基底压力的目的，一是为了验算地基的承载力；二是为了计算地基中的附加应力，验算地基变形；三是为了计算基础结构的内力，进行基础设计。

在市政工程中一般采用简化方法计算基底压力，即假定压力分布按直线变化，采用材

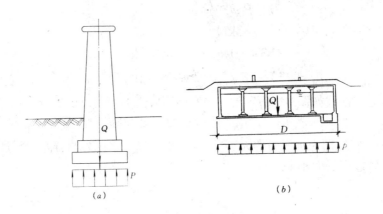

图 3-4 中心受压基础

（a）中心受压桥墩基础；（b）中心受压圆形水池基础

料力学弹性体的公式计算。这种简化计算引起的误差是在工程允许的范围内。

1. 中心受压基础

图3-4所示的等跨桥梁中间桥墩下的基础、圆形水池的底板均为中心受压基础。基底压力呈均匀分布，其值按下式计算：

$$p = \frac{Q}{A} = \frac{F + G}{A} \tag{3-3}$$

$$G = \bar{\gamma} A d \tag{3-4}$$

式中　p——基底压力(kN/m^2)；

　　　Q——作用于基础底面的荷载设计值(kN)，$Q = F + G$；

　　　F——上部结构荷载设计值(kN)，按《公路桥涵设计通用规范》（JTJ021—89）《给排水工程结构设计规范》(GBJ69—84)等相应的规范计算；

　　　G——基础自重设计值和基础上的回填土重力标准值的总重(kN)，对于上部结构在地面以上的基础，可近似按式(3-4)计算；

　　　A——基础底面面积(m^2)，对于矩形基础 $A = bl$；b、l 分别为矩基础底面的宽度和长度(m)；对于圆形基础 $A = \pi \gamma^2 = \frac{1}{4} \pi D^2$，$r$、$D$ 为圆形基础的半径和直径；

　　　$\bar{\gamma}$——基础和回填土的平均重力密度（kN/m^3），一般取 $\bar{\gamma} = 20kN/m^3$，但在地下水位以下应扣去水的浮力；

d——基础的埋置深度(m)。

2. 偏心受压基础

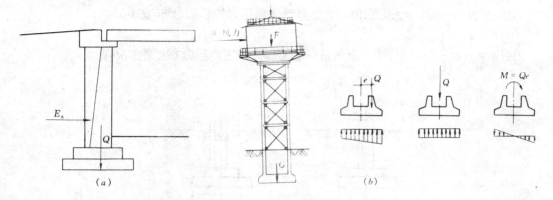

图 3-5 偏心受压基础

(a)偏心受压桥台基础; (b)偏心受压等于中心受压加受弯叠加之和示意图

桥台在自重和台背填土的共同作用下如图3-5(a), 其基础属于偏心受压基础。水塔在自重和风荷载的共同作用下, 其基础也属于偏心受压基础。在这种情况下, 基底压力分布为一条倾斜的直线。在基底外缘分别存在基底最大压力p_{max}和基底最小压力p_{min}。假设作用于基底的竖向荷载设计值Q的作用线与基础中心线的距离为e(即荷载的偏心距), 这时由图3-5(b)所示的偏心受压基础的受力状态等于中心受压与受弯的迭加关系, 从而可以得出偏心受压基础基底压力的计算公式:

$$\begin{matrix} p_{max} \\ p_{min} \end{matrix} = \frac{Q}{A} \pm \frac{M}{W} \tag{3-5}$$

式中 M——作用于基础底面的力矩设计值(kN·m), $M=Qe$;

   W——基础底面的抵抗矩(m^3), 对于矩形基础$W = \frac{1}{6}bl^2$(其中l平行于e, 即l在力矩作用平面内); 对于圆形基础$W = \frac{\pi}{4}r^3 = \frac{\pi}{32}D^3$。

其余符号的意义同前。

(1)矩形偏心受压基础

对于矩形偏心受压基础, 可将式(3-5)简化为:

$$\begin{matrix} p_{max} \\ p_{min} \end{matrix} = \frac{Q}{bl}\left(1 \pm \frac{6e}{l}\right) \tag{3-6}$$

经计算分析，根据偏心距e与基础地面核心半径ρ的大小关系，可将基底压力分布规律分成下列三类:

1)当$e < \rho = \dfrac{l}{6}$时，p_{min}为正值，表示基础底面压力按梯形分布(图3-6a);

2)当$e = \rho = \dfrac{l}{6}$时，$p_{min}=0$，表示基础底面压力按三角形分布见图3-6(b);

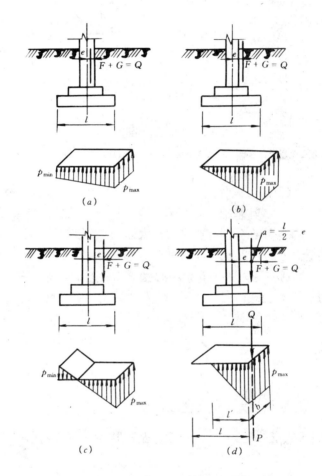

图 3-6 矩形偏心受压基础基底压力分布图

(a) 当$e < \dfrac{l}{6}$时; (b) 当$e = \dfrac{l}{6}$时;

(c) 当$e > \dfrac{l}{6}$时（不合理结果）; (d) 当$e > \dfrac{l}{6}$时（合理结果）

3)当$e > \rho = \dfrac{l}{6}$时，若按式（3-6）计算出的p_{min}为负值，表示基础底面与地基之间的一部分出现拉应力如图3-6(c)。实际上，它们之间并不能传递拉应力，因为基础底面与地基表面没有任何联系，因而，基础底面与地基之间将局部脱开形成零压力区，而基础底面的压力必然重新分布。这时，可根据理论力学的规律确定基础底面的受压区宽度l'和最大压应力p_{max}的大小。如图3-6(d)所示，作用于基础上有一对平衡力，即压力Q和地基反力的合力p。根据p与Q作用于一条直线上和p的作用线通过基底压力三角形的重心（即$\frac{l}{2}-e=a=\frac{1}{3}l'$）可得基础受压宽度$l'$为：

$$l'=3(\frac{l}{2}-e) \tag{3-7}$$

再根据p与Q大小相等得基底最大压力p_{max}为：

$$p_{max}=\frac{2Q}{3(\frac{l}{2}-e)}b \tag{3-8}$$

式中符号意义同前。

这种经过应力重分布现象后的大偏心受压的应力图形，可称为局部受压三角形。

(2)圆形偏心受压基础

对于圆形偏心受压基础，可将式(3-5)简化为：

$$\begin{array}{c}p_{max}\\p_{min}\end{array}=\frac{4Q}{\pi D^2}(1\pm\frac{8e}{D}) \tag{3-9}$$

或

$$\begin{array}{c}p_{max}\\p_{min}\end{array}=\frac{Q}{\pi r^2}(1\pm\frac{4e}{r}) \tag{3-10}$$

当$e\leqslant\rho=\frac{1}{8}D$（或$\rho=\frac{1}{4}r$）时，$p_{min}$不为负值，即圆形基底不出现零应力区，可按公式(3-9)、(3-10)计算其基底压力。

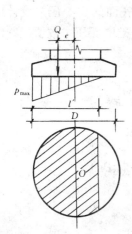

当$e>\rho=\frac{1}{8}D$（或$\rho=\frac{1}{4}r$）时，p_{min}为负值，不符合基础与地基之间的实际受力状态，应按基底压力重分布(如图3-7)，用积分公式另行计算。圆周最外缘最大基底压力p_{max}与受压区长度l可分别按式(3-11)与(3-12)计算

$$p_{max}=\beta\frac{4Q}{\pi D^2}=\beta\frac{Q}{\pi\ r^2} \tag{3-11}$$

$$l'=\gamma D \tag{3-12}$$

图 3-7 $e>\frac{1}{8}D$ 时圆形基础应力重分布图

式中，γ、β分别是最大基底压力系数和受压区长度系数，其值根据e/D之比查表3-1。

e/D	γ	β	e/D	γ	β
0.000	1.000	1.00	0.275	0.550	4.15
0.025	1.000	1.20	0.294	0.500	4.69
0.050	1.000	1.40	0.300	0.485	4.96
0.075	1.000	1.60	0.325	0.420	6.00
0.100	1.000	1.80	0.350	0.360	7.48
0.125	1.000	2.00	0.375	0.295	9.93
0.150	0.910	2.23	0.400	0.235	13.87
0.175	0.830	2.48	0.425	0.175	21.08
0.200	0.755	2.76	0.450	0.120	38.25
0.225	0.685	3.11	0.475	0.060	96.10
0.250	0.615	3.55	0.500	0.000	∞

【例3-2】已知一人行过街桥中间桥墩的独立圆形基础，其基底直径为$D=1.5m$，经计算基底承受的全部荷载设计值为$Q=280kN$，试计算该基础的基底压力p。

【解】人行过街桥独立圆形基础按中心受压计算，据式(3-3)有：

$$p = \frac{Q}{A} = \frac{Q}{\frac{1}{4}\pi D^2} = \frac{280 \times 10^3}{\frac{1}{4} \times 3.14 \times 1.5^2} = 158528Pa = 159kPa$$

【例3-3】某基础基底尺寸为$L \times b = 1.2m \times 1.0m$，作用在基础底面的偏心压力设计值$Q=150kN$如图3-8($a$)。如偏心距分别为0.1m、0.2m、0.3m，试确定基础底面压力数值，并绘出基底压力分布图。

【解】(1)当偏心距$e=0.1m$时

因为$e=0.1m < \rho = \frac{l}{6} = 0.2m$，故最大和最小压力可按式(3-8)计算：

$$p_{\min}^{\max} = \frac{Q}{bl}\left(1 \pm \frac{6e}{l}\right) = \frac{150}{1.0 \times 1.2}\left(1 \pm \frac{6 \times 0.1}{1.2}\right) = \frac{187.5}{62.5}(kPa)$$

压应力分布图见图3-8(b)。

(2)当偏心距$e=0.2m$时

因为$e=0.2m = \rho = \frac{l}{6} = 0.2m$，故最大和最小压力可按式(3-6)计算

$$\begin{matrix} p_{max} \\ p_{min} \end{matrix} = \frac{Q}{bl}(1 \pm \frac{6e}{l}) = \frac{150}{1.0 \times 1.2}(1 \pm \frac{6 \times 0.2}{1.2}) = \begin{matrix} 250 \\ 0 \end{matrix} kPa$$

压应力分布图见图3-8(c)。

(3)当偏心距e=0.3m时

因为$e=0.3m > \rho = \frac{l}{6} = 0.2m$，故最大压力需按式(3-8)计算：

$$p_{max} = \frac{2Q}{3(\frac{l}{2}-e)b} = \frac{2 \times 150}{3(\frac{1.2}{2}-0.3) \times 1.0} = 333.3kPa$$

基础受压区宽度按式(3-7)计算：

$$l' = 3(\frac{l}{2}-e) = 3(\frac{1.2}{2}-0.3) = 0.9m$$

压应力分布图见图3-8(d)。

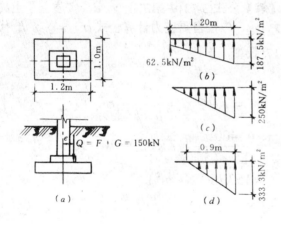

图3-8 【例3-3】基底压力分布图

由以上例题可见，中心受压基础底面压力呈均匀分布，如果地基土层沿水平方向分布比较均匀时，则基础将均匀沉降；而偏心受压基础底面应力分布则随偏心距的变化而变化，偏心距愈大，基底应力分布愈不均匀。基础在偏心荷载作用下将发生倾斜，当倾斜过大，就会影响上部结构使用。所以，在设计偏心受压基础时，应注意选择合理的基础底面尺寸，尽量减小偏心距，以保证结构上的荷载比较均匀地传给地基。

二、基础底面附加压力 p_0 的计算

基底附加压力是指作用于基底标高处，在原有自重应力的基础上新增加的应力，用符号p_0表示。它将引起地基的附加变形，是计算地基土中附加应力的必要条件。

在建造市政工程结构以前，基础底面标高处早就受到土的自重应力的作用。设基础埋置深度为d，在其范围内土的重度为γ_0，则基底处土的自重应力为$\gamma_0 d$。从图3-9（a）可知，当挖好基槽后，就相当于在槽底卸除荷载$\gamma_0 d$。建筑物建成投入使用时，相当于将压

力Q引起的基底压力p作用于基底处见图3-9（b）。将以上卸荷与加荷两种情况迭加，即为在基底处新增加的压力如图3-9(c)，故对于中心受压基础的基底附加压力p_0按下式计算：

$$p_0 = p - \gamma_0 d \tag{3-13}$$

式中　　p——基底压力；

　　　γ_0——基础埋深范围内土的重力密度；

　　　d——基础埋置深度。

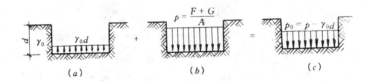

图 3-9　基底附加压力的计算

（a）挖槽卸载；（b）建筑物修建后基底总压力；（c）基底新增加的压力

【例3-4】已知人行过街桥独立柱基$b \times l$=1.5m × 1.5m，承受轴心压力设计值Q=400kN，基底以上土的重力密度为γ_1=18kN/m³，地下水位深h_1=0.5m，地下水位以下土的饱和重力密度为γ_{sat}=20kN/m³，基础埋深d=2.0m(图3-10)。试计算基底附加压力p_0。

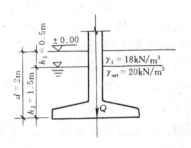

图 3-10　【例3-4】人行过街桥
基础示意图

【解】公式(3-13)中第二项$\gamma_0 d$，实质上是土的自重应力σ_{cz}，应按自重应力计算公式$\sigma_{cz} = \sum \gamma_i h_i$代入式(3-17)计算，于是：

$$p_0 = p - \gamma_0 d = \frac{Q}{b \times l} - \left[r_1 h_1 + (r_{sat} - r_w) h_2 \right]$$

$$= \frac{400}{1.5 \times 1.5} - \left[18 \times 0.5 + (20 - 10) \times 1.5 \right]$$

$$= 153.78 (kN / m^2)$$

第三节　土中附加应力计算

一、附加应力的理论解

如前所述，目前在确定地基土中附加应力时，一般将地基看作是均质的、各向同性的半无限空间直线变形体，从而采用弹性力学关于半无限空间体在外力作用下的应力、应变理论计算土中的附加应力。

下面将直接引用地基中附加应力σ_z的计算公式。其中包括在竖向集中荷载Q作用下，矩形、圆形、条形基底在均布附加压力p_0和三角形分布附加压力p_s作用下，地基中附加应力σ_z的计算公式。

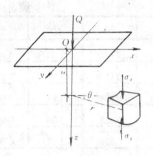

图 3-11 竖向集中荷载作用下地基附加应力的计算图式

1.地表受竖向集中荷载作用时

地表受竖向集中荷载 Q 作用时，在地基内任意点 $M(\gamma,\theta,z)$(图 3-11)的垂直附加压应力 σ_z 按下式计算：

$$\sigma_z = a_Q \frac{Q}{z^2} \tag{3-14}$$

式中　Q——作用于坐标原点 O 的竖向集中荷载；

　　　z——计算点 M 的深度[当 $z \to 0$ 时,公式(3-14)不适用];

　　　a_Q——集中荷载作用下地基中竖向附加应力系数，其值可据 r/z 值由表 3-2 查表；

　　　r——计算点 M 与集中荷载作用线之间的距离。

集中荷载作用下地基中竖向附加应力系数　　　　表3-2

r/z	a_Q	r/z	a_Q	r/z	a_Q	r/z	a_Q	r/z	a_Q
0.00	0.477	0.40	0.329	0.80	0.139	1.20	0.051	1.60	0.0200
0.01	0.477	0.41	0.324	0.81	0.135	1.21	0.050	1.61	0.0195
0.02	0.477	0.42	0.318	0.82	0.132	1.22	0.049	1.62	0.0191
0.03	0.476	0.43	0.312	0.83	0.129	1.23	0.048	1.63	0.0187
0.04	0.476	0.44	0.307	0.84	0.126	1.24	0.047	1.64	0.0183
0.05	0.474	0.45	0.301	0.85	0.123	1.25	0.045	1.65	0.0179
0.06	0.473	0.46	0.295	0.86	0.120	1.26	0.044	1.66	0.0175
0.07	0.472	0.47	0.290	0.87	0.117	1.27	0.043	1.67	0.0171
0.08	0.470	0.48	0.284	0.88	0.114	1.28	0.042	1.68	0.0167
0.09	0.468	0.49	0.279	0.89	0.111	1.29	0.041	1.69	0.0164
0.10	0.466	0.50	0.273	0.90	0.108	1.30	0.040	1.70	0.0160
0.11	0.463	0.51	0.268	0.91	0.106	1.31	0.039	1.72	0.0153
0.12	0.461	0.52	0.262	0.92	0.103	1.32	0.038	1.74	0.0147
0.13	0.458	0.53	0.257	0.93	0.101	1.33	0.037	1.76	0.0140
0.14	0.455	0.54	0.252	0.94	0.098	1.34	0.037	1.78	0.0135
0.15	0.452	0.55	0.247	0.95	0.096	1.35	0.036	1.80	0.0129
0.16	0.448	0.56	0.241	0.96	0.093	1.36	0.035	1.82	0.0124
0.17	0.445	0.57	0.236	0.97	0.091	1.37	0.034	1.84	0.0119
0.18	0.441	0.58	0.231	0.98	0.089	1.38	0.033	1.86	0.0114
0.19	0.437	0.59	0.226	0.99	0.087	1.39	0.032	1.88	0.0109
0.20	0.433	0.60	0.221	1.00	0.084	1.40	0.032	1.90	0.0105
0.21	0.429	0.61	0.217	1.01	0.082	1.41	0.031	1.92	0.0100

r/z	a_Q	r/z	a_Q	r/z	a_Q	r/z	a_Q	r/z	a_Q
0.22	0.424	0.62	0.212	1.02	0.080	1.42	0.030	1.94	0.0096
0.23	0.420	0.63	0.207	1.03	0.078	1.43	0.030	1.96	0.0093
0.24	0.415	0.64	0.202	1.04	0.076	1.44	0.029	1.98	0.0089
0.25	0.410	0.65	0.198	1.05	0.074	1.45	0.028	2.00	0.0085
0.26	0.405	0.66	0.193	1.06	0.073	1.46	0.028	2.10	0.0070
0.27	0.400	0.67	0.189	1.07	0.071	1.47	0.027	2.20	0.0058
0.28	0.395	0.68	0.185	1.08	0.069	1.48	0.026	2.30	0.0048
0.29	0.390	0.69	0.180	1.09	0.067	1.49	0.026	2.40	0.0040
0.30	0.385	0.70	0.176	1.10	0.066	1.50	0.025	2.50	0.0034
0.31	0.380	0.71	0.172	1.11	0.064	1.51	0.025	2.60	0.0028
0.32	0.374	0.72	0.168	1.12	0.063	1.52	0.024	2.70	0.0024
0.33	0.369	0.73	0.164	1.13	0.061	1.53	0.023	2.80	0.0021
0.34	0.363	0.74	0.160	1.14	0.060	1.54	0.023	2.90	0.0018
0.35	0.358	0.75	0.156	1.15	0.058	1.55	0.022	3.00	0.0015
0.36	0.352	0.76	0.153	1.16	0.057	1.56	0.022	3.50	0.0007
0.37	0.346	0.77	0.149	1.17	0.055	1.57	0.021	4.00	0.0004
0.38	0.341	0.78	0.146	1.18	0.054	1.58	0.021	4.50	0.0002
0.39	0.335	0.79	0.142	1.19	0.053	1.59	0.020	5.00	0.0001

【例3-5】在地面作用一集中荷载 $Q=200kN$。试确定:

(1)在地基中 $z=2m$ 的水平面上,水平距离 $r=1$、2、3 和 $4m$ 各点的竖向附加应力 σ_z 值,并绘出分布图;

(2)地基中 $r=0$ 竖直线上距地面 $z=0$、1、2、3 和 $4m$ 处各点 σ_z 值,并绘出分布图;

(3)取 $\sigma_z=20$、10、4、和 $2kN/m^2$,反算在地基中 $z=2m$ 的水平面上的 r 值和在 $r=0$ 的竖直线上的 z 值,并绘出相应于该4个应力值的 σ_z 等值线图。

【解】(1)在地基中 $z=2m$ 的水平面上指定点的附加应力 σ_z 的计算数据见表 3-3;σ_z 的分布图见图 3-12。

【例3-5】表一 表3-3

$z(m)$	$r(m)$	r/z	a_Q (查表 3-2)	$\sigma_z = a_Q \dfrac{Q}{z^2}(kN/m^2)$
2	0	0	0.4775	23.8
2	1	0.5	0.2733	13.7
2	2	1.0	0.0844	4.2
2	3	1.5	0.0251	1.2
2	4	2.0	0.0085	0.4

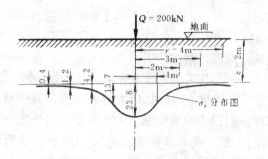
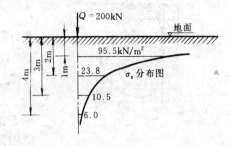

图 3-12　【例题3-6】图一σ_z水平分布图　　　　图 3-13　【例题3-6】图二σ_z竖向分布图

(2)在地基中 $r=0$ 的竖直线上指定点σ_z值计算数据见表3-4；σ_z的分布图见图3-13。

【例3-6】表二　　　　　　　　　　　表3-4

z(m)	r(m)	r/z	a_Q(查表 3-2)	$\sigma_z = a_Q \dfrac{Q}{z^2}$(kN / m²)
0	0	0	0.4775	∞(不适用)
1	0	0	0.4775	95.5
2	0	0	0.4775	23.8
3	0	0	0.4775	10.5
4	0	0	0.4775	6.0

(3)当指定附加应力σ_z时，反算 $z=2$m 的水平面上的 r 值和在 $r=0$ 的竖直线上的 z 值的计算数据，见表3-5；σ_z的等值线绘于图3-14。

【例3-5】表三　　　　　　　　　　　表3-5

z(m)	r(m)	r/z	a_Q(查表 3-2)	$\sigma_z = a_Q \dfrac{Q}{z^2}$(kN / m²)
2	0.54	0.27	0.4000	20
2	1.30	0.65	0.2000	10
2	2.04	1.02	0.0800	4
2	2.60	1.30	0.0400	2
2.19	0	0	0.4775	20
3.09	0	0	0.4775	10
4.88	0	0	0.4775	4
6.91	0	0	0.4775	2

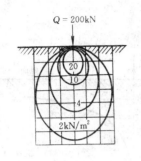

图 3-14 【例题3-5】图三
σ_z 等值线图

通过对【例 3-5】的分析，我们可知土中附加应力分布的特点是：

(1)在地面下同一深度的水平面上的附加应力不等，沿力的作用线上的附加应力最大，向四周逐渐减小；

(2)距地面愈深，附加应力分布范围愈大；在同一铅直线上的附加应力不同，距地面愈深，其值愈小。

为了进一步理解上述附加应力分布特点，我们用图 3-15 来解释。假设将构成地基土的土粒看作是无数个直径相同的小圆柱，当沿垂直纸面方向作用一个线荷载 $Q=1$ 时，由图 3-15 可见：第 1 层 1 个小柱受力，其值为 1；第 2 层两个小柱各受力 1/2；第 3 层共有 3 个小柱受力，两边小柱各受力 1/4，中间小柱受力 2/4；依次类推。最下面一层小圆柱受力大小和作用力 Q 作用线上各圆柱受力大小均绘于图 3-15 中。可见，地基中附加应力的变化规律是：离荷载作用点愈远，其值愈小。我们称这种现象为附加应力的扩散作用。

2.中心受压矩形基础作用下的角点法

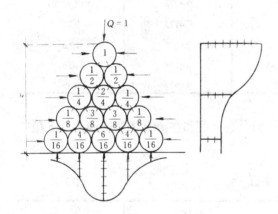

图 3-15 地基中附加应力扩散示意图

图 3-16 中心受压矩形基础角点下深 z 处的附加应力计算图

桥墩下矩形基础在中心荷载作用下，矩形水池底板在池中水和覆土等荷载作用下，其基底附加压力 p_0 是均匀分布的。这些中心受压矩形基础作用下的荷载情况即为理论上的矩形均布荷载。在此荷载作用下，土中附加应力 σ_z 可用角点法计算：

(1)中心受压矩形基础角点下的附加应力

如图 3-16 矩形基础长、宽为 l、b，基底附压应力为 p_0，坐标原点 O 选在矩形基础底面任一角上，z 轴向下，在 z 轴上任一点 M(坐标为(0，0，z))的竖向附加应力为：

$$\sigma_z = \alpha p_0 \tag{3-15}$$

式中　α——矩形面积上均布荷载作用下角点的附加应力系数，据 $m=\dfrac{z}{b}$、$n=\dfrac{l}{b}$ 由

表 3-6 中查得(注意 b 为矩形面积的短边)；

z——角点下 M 点的坐标(深度)。

矩形面积上均布荷载作用下角点附加应力系数 α 表3-6

z/b	$l/b=n$													
$=m$	1	1.2	1.4	1.6	1.8	2	3	4	5	6	7	8	9	10
0.0	0.250	0.250	0.250	0.250	0.250	0.250	0.250	0.250	0.250	0.250	0.250	0.250	0.250	0.250
0.1	0.250	0.250	0.250	0.250	0.250	0.250	0.250	0.250	0.250	0.250	0.250	0.250	0.250	0.250
0.2	0.249	0.249	0.249	0.249	0.249	0.249	0.249	0.249	0.249	0.249	0.249	0.249	0.249	0.249
0.3	0.245	0.246	0.247	0.247	0.247	0.247	0.247	0.247	0.247	0.247	0.247	0.247	0.247	0.247
0.4	0.240	0.242	0.243	0.243	0.244	0.244	0.244	0.244	0.244	0.244	0.244	0.244	0.244	0.244
0.5	0.232	0.236	0.237	0.238	0.239	0.239	0.240	0.240	0.240	0.240	0.240	0.240	0.240	0.240
0.6	0.223	0.228	0.230	0.232	0.232	0.233	0.234	0.234	0.234	0.234	0.234	0.234	0.234	0.234
0.7	0.212	0.218	0.222	0.224	0.225	0.226	0.227	0.227	0.228	0.228	0.228	0.228	0.228	0.228
0.8	0.200	0.207	0.212	0.215	0.216	0.218	0.220	0.220	0.220	0.220	0.220	0.220	0.220	0.220
0.9	0.188	0.196	0.202	0.205	0.207	0.209	0.212	0.212	0.212	0.212	0.212	0.212	0.212	0.212
1.0	0.175	0.185	0.191	0.195	0.198	0.200	0.203	0.204	0.204	0.204	0.205	0.205	0.205	0.205
1.2	0.152	0.163	0.171	0.176	0.179	0.182	0.187	0.188	0.189	0.189	0.189	0.189	0.189	0.189
1.4	0.131	0.142	0.151	0.157	0.161	0.164	0.171	0.173	0.174	0.174	0.174	0.174	0.174	0.174
1.6	0.112	0.124	0.133	0.140	0.145	0.148	0.157	0.159	0.160	0.160	0.160	0.160	0.160	0.160
1.8	0.097	0.108	0.117	0.124	0.129	0.133	0.143	0.146	0.147	0.148	0.148	0.148	0.148	0.148
2.0	0.084	0.095	0.103	0.110	0.116	0.120	0.131	0.135	0.136	0.137	0.137	0.137	0.137	0.137
2.5	0.060	0.069	0.077	0.083	0.089	0.093	0.106	0.111	0.113	0.114	0.115	0.115	0.115	0.115
3.0	0.045	0.052	0.058	0.064	0.069	0.073	0.087	0.093	0.096	0.097	0.098	0.098	0.099	0.099
3.5	0.034	0.040	0.045	0.050	0.055	0.059	0.072	0.079	0.082	0.084	0.085	0.085	0.086	0.086
4.0	0.027	0.032	0.036	0.040	0.044	0.048	0.060	0.067	0.071	0.073	0.074	0.075	0.076	0.076
4.5	0.022	0.026	0.029	0.033	0.036	0.039	0.051	0.058	0.062	0.065	0.066	0.067	0.067	0.068
5.0	0.018	0.021	0.024	0.027	0.030	0.033	0.043	0.050	0.055	0.057	0.059	0.060	0.061	0.061
5.5	0.015	0.018	0.020	0.023	0.025	0.028	0.037	0.044	0.048	0.051	0.053	0.054	0.055	0.055
6.0	0.013	0.015	0.017	0.020	0.022	0.024	0.033	0.039	0.043	0.046	0.048	0.049	0.050	0.051
7.0	0.009	0.011	0.013	0.015	0.016	0.018	0.025	0.031	0.035	0.038	0.040	0.041	0.042	0.043
8.0	0.007	0.009	0.010	0.011	0.013	0.014	0.020	0.025	0.028	0.031	0.033	0.035	0.036	0.037
9.0	0.006	0.007	0.008	0.009	0.010	0.011	0.016	0.020	0.024	0.026	0.028	0.030	0.031	0.032
10.0	0.005	0.006	0.007	0.007	0.008	0.009	0.013	0.017	0.020	0.022	0.024	0.026	0.027	0.028

(2)中心受压矩形基础中点下的附加应力

如图 3-17 所示，将矩形基础 $ABCD$ 通过中点 O 分成 4 个一样的小矩形 I、II、III、IV，中点 O 则在每一个小矩形的角点上，欲求中点 O 下深 z(m)处 M 点的附加应力 σ_z，可运用叠加原理和角点法进行计算，即：

$$a_z = a_0 p_0 = 4ap_0 \tag{3-16}$$

式中 a_0 ——矩形均布荷载中心点下附加应力系数，$a_0 = 4\alpha$。

注意：用 $a_0 = 4\alpha$ 计算中点下的附加应力系数时，查角点下的附加应力的系数 α 的依据是：$m = \dfrac{z}{\frac{1}{2}b}$ 与 $n = \dfrac{\frac{1}{2}l}{\frac{1}{2}b} = \dfrac{l}{b}$，并需由表 3-6 查得。这里的 l、b 都是矩形基础的长和宽。也可以根据 $m = \dfrac{z}{b}$、$n = \dfrac{l}{b}$，直接由表 3-7 查得矩形均布荷载中心点下附加应力系数 a_0。

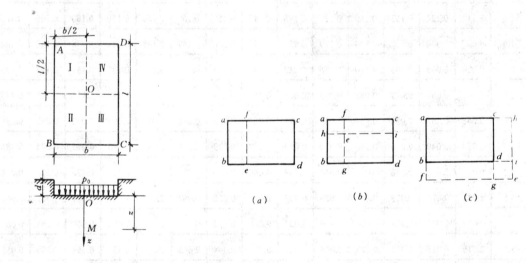

图 3-17 中心受压矩形基础
中点下附加应力计算图

图 3-18 中心受压矩形基础下任意点附加应力计算图

z/b=m	\multicolumn{15}{c}{l/b=n}														
	1	1.2	1.4	1.6	1.8	2	3	4	5	6	7	8	9	10	> 10 条形
0.0	1.000	1.000	1.000	1.000	1.000	1.000	1.000	1.000	1.000	1.000	1.000	1.000	1.000	1.000	1.000
0.1	0.994	0.995	0.996	0.996	0.996	0.997	0.997	0.997	0.997	0.997	0.997	0.997	0.997	0.997	0.994
0.2	0.960	0.968	0.972	0.974	0.975	0.976	0.977	0.977	0.977	0.977	0.977	0.977	0.977	0.977	0.960
0.3	0.892	0.910	0.920	0.926	0.930	0.932	0.936	0.936	0.937	0.937	0.937	0.937	0.937	0.937	0.892
0.4	0.800	0.830	0.848	0.859	0.866	0.870	0.878	0.880	0.881	0.881	0.881	0.881	0.881	0.881	0.800
0.5	0.701	0.740	0.766	0.782	0.793	0.800	0.814	0.817	0.818	0.818	0.818	0.818	0.818	0.818	0.701
0.6	0.606	0.651	0.682	0.703	0.717	0.727	0.748	0.753	0.754	0.755	0.755	0.755	0.755	0.755	0.606
0.7	0.522	0.569	0.603	0.628	0.645	0.658	0.685	0.692	0.694	0.695	0.695	0.696	0.696	0.696	0.522
0.8	0.449	0.496	0.532	0.558	0.578	0.593	0.627	0.636	0.639	0.640	0.641	0.641	0.641	0.642	0.449
0.9	0.388	0.433	0.469	0.496	0.517	0.534	0.573	0.585	0.590	0.591	0.592	0.592	0.593	0.593	0.388
1.0	0.336	0.379	0.414	0.441	0.463	0.481	0.525	0.540	0.545	0.547	0.548	0.549	0.549	0.549	0.336
1.2	0.257	0.294	0.325	0.352	0.374	0.392	0.443	0.462	0.470	0.473	0.475	0.476	0.476	0.477	0.257
1.4	0.201	0.232	0.260	0.284	0.304	0.322	0.377	0.400	0.410	0.414	0.417	0.418	0.419	0.419	0.201
1.6	0.160	0.187	0.210	0.232	0.251	0.267	0.322	0.348	0.360	0.366	0.369	0.371	0.372	0.373	0.160
1.8	0.131	0.153	0.173	0.192	0.209	0.224	0.278	0.305	0.319	0.327	0.330	0.333	0.334	0.335	0.131
2.0	0.108	0.127	0.145	0.161	0.176	0.190	0.241	0.269	0.285	0.293	0.298	0.301	0.302	0.303	0.108
2.5	0.072	0.085	0.097	0.109	0.121	0.131	0.174	0.202	0.219	0.229	0.236	0.240	0.242	0.244	0.072
3.0	0.051	0.060	0.070	0.078	0.087	0.095	0.130	0.155	0.172	0.184	0.192	0.197	0.200	0.202	0.051
3.5	0.038	0.045	0.052	0.059	0.065	0.072	0.100	0.122	0.139	0.150	0.158	0.164	0.168	0.171	0.038
4.0	0.029	0.035	0.040	0.046	0.051	0.056	0.079	0.098	0.113	0.125	0.133	0.139	0.144	0.147	0.029
4.5	0.023	0.028	0.032	0.036	0.041	0.045	0.064	0.081	0.094	0.105	0.113	0.119	0.124	0.128	0.023
5.0	0.019	0.022	0.026	0.030	0.033	0.037	0.053	0.067	0.079	0.089	0.097	0.103	0.108	0.112	0.019
5.5	0.016	0.019	0.022	0.025	0.028	0.031	0.044	0.057	0.067	0.076	0.084	0.090	0.095	0.099	0.016
6.0	0.013	0.016	0.018	0.021	0.023	0.026	0.038	0.048	0.058	0.066	0.073	0.079	0.084	0.088	0.013
7.0	0.010	0.012	0.013	0.015	0.017	0.019	0.028	0.036	0.044	0.051	0.057	0.062	0.066	0.070	0.010
8.0	0.007	0.009	0.010	0.012	0.013	0.015	0.022	0.028	0.034	0.040	0.045	0.050	0.054	0.057	0.007
9.0	0.006	0.007	0.008	0.009	0.010	0.012	0.017	0.023	0.028	0.032	0.037	0.041	0.044	0.047	0.006
10.0	0.005	0.006	0.007	0.008	0.009	0.009	0.014	0.018	0.023	0.027	0.030	0.034	0.037	0.040	0.005

(3)中心受压矩形基础任意点下的附加应力

中心受压矩形基础的地基内，任意点 M 的附加应力也可应用角点法和力的叠加原理求得。具体作法是先通过 M 点在矩形荷载作用平面上的投影 e 点(图 3-18)作辅助线，将矩形荷载面积划分为几个矩形，这样 M 点便成为几个矩形的角点，然后分别查出各矩形面积角点下的附加应力系数 α_i 值，叠加后即为所求 M 点的附加应力系数，于是：

$$\sigma_z = \alpha_M p_0 = \sum a_i p_0 \tag{3-17}$$

下面分三种情况叠加：

第一种情况：M 点的投影 e 点在矩形基础的任意一个边上如图 3-18(a)，则附加应力系数为：

$$a_M = a_{efab} + a_{efcd} \tag{3-18}$$

第二种情况：M 点的投影 e 是在矩形基础内的任意一个点，如图 3-18(b)，则附加应力系数为：

$$a_M = a_{efah} + a_{ehbg} + a_{egdi} + a_{eicf} \tag{3-19}$$

第三种情况：M 点的投影 e 点是在矩形基础外的任意一个点，如图 3-18(c)，则附加应力系数为：

$$a_M = a_{ehaf} - a_{ehcg} - a_{eibf} + a_{eidg} \tag{3-20}$$

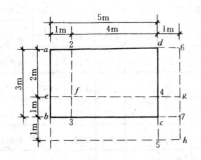

图 3-19 【例 3-6】用叠原理计算图中
附加应力

【例 3-6】已知中心受压矩形基础 abcd，尺寸如图 3-19 所示，基底附加压力 $p_0 = 100\text{kPa}$，试计算 e、f、g、h 点下深度 z=6m 处的附加应力。

【解】列表计算如表 3-8。

点位	分割矩形	b(m)	l(m)	z(m)	l/b	z/b	α( )	Σα$_i$	p$_0$(kPa)	σ$_z$ (kPa)
e	e4da	2	5	6	2.5	3	0.080	0.123	100	12.3
	ebc4	1	5	6	5	6	0.043			
f	f4d2	2	4	6	2	3	0.073	0.153	100	15.3
	f2ae	1	2	6	2	6	0.024			
	feb3	1	1	6	1	6	0.013			
	f3c4	1	5	6	5	6	0.043			
g	g6ae	2	6	6	3	3	0.087	0.096	100	9.6
	g6d4	1	2	6	2	6	-0.024			
	geb7	1	6	6	6	6	0.046			
	g4c7	1	1	6	1	6	-0.013			
h	h6a1	4	6	6	1.5	1.5	0.14525	0.07325	100	7.325
	h6d5	1	4	6	4	6	-0.039			
	h7b1	1	6	6	6	6	-0.046			
	h7c5	1	1	6	1	6	0.013			

【例 3-7 】试绘图 3-20(*a*)所示正方形基础 I 上均布荷载 p_0 中心点下的附加应力分布图，同时考虑相邻正方形基础 II 上均布荷载 p_0 的影响。

【解】此例按式(3-19)和式(3-20)迭加计算，其计算过程见表 3-9 ，附加应力图绘于图 3-20(*b*)，图中阴影部分表示相邻矩形基础 II 上均布荷载对矩形基础 I 中心点下附加应力的影响。

【例3-7】相邻基础共同作用下附加应力计算表   表3-9

z(m)	基础 I 的荷载影响				相邻基础 II 对基础的荷载影响						
					矩形 *oegl*			矩形 *oehk*			$\sigma_{z\,II\,I}$=2 ×
	$\dfrac{l/2}{b/2}$	$\dfrac{z}{b/2}$	α	σ$_z$、4p_0	$\dfrac{l}{b/2}$	$\dfrac{z}{b/2}$	α	$\dfrac{l}{b/2}$	$\dfrac{z}{b/2}$	α	(σ_{oegl} - σ_{oehk})p_0
0	1	0	0.250	p_0	4	0	0.250	2	0	0.250	0
b	1	2	0.084	0.336p_0	4	2	0.135	2	2	0.120	0.030p_0
2b	1	4	0.027	0.108p_0	4	4	0.067	2	4	0.048	0.038p_0
3b	1	6	0.013	0.052p_0	4	6	0.039	2	6	0.024	0.030p_0
4b	1	8	0.007	0.028p_0	4	8	0.025	2	8	0.014	0.022p_0

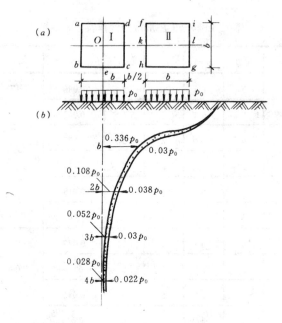

图 3-20 【例3-7】相邻基础共同作用下附加应力分布图

3. 中心受压圆形基础作用下

圆形基础在中心荷载作用下，地基中一点的附加应力计算问题即为理论上的圆形均布荷载作用下的地基应力问题。如图 3-21 所示圆形基础的半径为 r，作用于地基顶面的基底附加压力为 p_0，M 点距基础底面的距离为 z(m)。M 点在基础底面的投影 M' 至圆形基础圆心的距离为 l，则 M 点的附加应力为：

$$\sigma_z = \alpha_y p_0 \tag{3-21}$$

式中 α_y——圆形均布荷载附加应力系数，其值据 l/r 和 z/r 由表3-10查得。

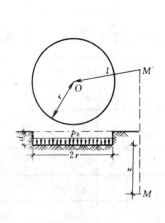

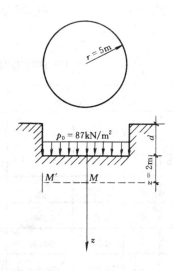

图 3-21 中心受压圆形基础下 M 点的
附加应力计算示意图图

3-22 【例3-8】示意图

					l/r					
z / r	0.0中点	0.2	0.4	0.5	0.8	1.0角点	1.2	1.4	1.6	1.8	2.0
0.0	1.000	1.000	1.000	1.000	1.000	0.500	0.000	0.000	0.000	0.000	0.000
0.2	0.992	0.991	0.987	0.970	0.890	0.468	0.077	0.015	0.005	0.002	0.001
0.4	0.949	0.943	0.922	0.860	0.712	0.435	0.181	0.065	0.026	0.012	0.006
0.6	0.864	0.852	0.813	0.773	0.591	0.400	0.224	0.113	0.056	0.029	0.016
0.8	0.756	0.742	0.699	0.619	0.504	0.366	0.237	0.142	0.083	0.048	0.029
1.0	0.646	0.633	0.593	0.525	0.434	0.332	0.235	0.157	0.102	0.065	0.042
1.2	0.547	0.535	0.502	0.447	0.337	0.300	0.226	0.162	0.113	0.078	0.053
1.4	0.461	0.452	0.425	0.383	0.329	0.270	0.212	0.161	0.118	0.086	0.062
1.6	0.390	0.383	0.362	0.333	0.288	0.243	0.197	0.156	0.120	0.090	0.068
1.8	0.332	0.327	0.311	0.285	0.254	0.218	0.182	0.148	0.118	0.092	0.072
2.0	0.284	0.280	0.268	0.248	0.224	0.196	0.167	0.140	0.114	0.092	0.072
2.2	0.246	0.242	0.233	0.218	0.198	0.176	0.153	0.131	0.109	0.090	0.074
2.4	0.213	0.211	0.203	0.192	0.176	0.159	0.140	0.122	0.104	0.087	0.073
2.6	0.187	0.185	0.179	0.170	0.158	0.144	0.129	0.113	0.098	0.084	0.071
2.8	0.165	0.163	0.159	0.150	0.141	0.130	0.118	0.105	0.092	0.080	0.069
3.0	0.146	0.145	0.141	0.135	0.127	0.118	0.108	0.097	0.087	0.077	0.067
3.4	0.117	0.116	0.114	0.110	0.105	0.098	0.091	0.084	0.076	0.068	0.061
3.8	0.096	0.095	0.093	0.091	0.087	0.083	0.078	0.073	0.067	0.061	0.055
4.2	0.079	0.079	0.078	0.076	0.073	0.070	0.067	0.063	0.059	0.054	0.050
4.6	0.067	0.067	0.066	0.064	0.063	0.060	0.058	0.055	0.052	0.048	0.045
5.0	0.057	0.057	0.056	0.055	0.054	0.052	0.050	0.048	0.046	0.043	0.041
5.5	0.048	0.048	0.047	0.045	0.045	0.044	0.043	0.041	0.039	0.038	0.036
6.0	0.040	0.040	0.040	0.039	0.039	0.038	0.037	0.036	0.034	0.033	0.031

【例3-8】半径 $r=5m$ 的圆形基础，作用于基底的附加压力 $p_0 = 87kN / m^2$ (图3-22)，试确定圆心圆周下深度 $z=2m$ 处，M 和 M' 点的附加应力。

【解】列表计算如表3-11。

【例3-8】圆形均布荷载作用下的附加应力 σ_z 计算表   表3-11

点位	z(m)	r(m)	l(m)	z/r	l/r	α_y	p_0 (kPa)	σ_z(kPa)
M	2	5	0	0.4	0	0.949	87	82.563
M'	2	5	5	0.4	1	0.435	87	37.845

4. 中心受压条形基础作用下

当基础的长宽比大于10时，可将此矩形基础视为条形基础[1]。此时在均布荷载作用下，中心受压条形基础中点[2]下z(m)深处的附加应力可按式(3-16)计算，即：

$$\sigma_z = \alpha_0 \, p_0$$

式中 α_0 可由表3-7中，$\frac{l}{b} > 10$ (条形)一栏查得。

如需求地基中任意一点M的附加应力，可按下式计算：

$$\sigma_z = \alpha_t p_0 \tag{3-22}$$

式中 α_t ——条形均布荷载下的附加应力系数，据 $\frac{x}{b}$、$\frac{z}{b}$ 查表3-12；

p_0 ——条形基础基底附加压力。

x、z 为所求点M的坐标，坐标原点在基底的中点，z 为深度，x 为M点至z轴的水平距离(注意因对称无正负)，详见图3-23。

条形均布荷载作用下的附加应力系数 α_t 表3-12

z/b=m	x/b=n										
	0.0	0.2	0.4	0.6	0.8	1.0	1.2	1.4	1.6	1.8	2.0
0.0	1.000	1.000	1.000	0.100	0.007	0.002	0.001	0.000	0.000	0.000	0.000
0.1	0.997	0.992	0.909	0.091	0.007	0.002	0.001	0.000	0.000	0.000	0.000
0.2	0.977	0.955	0.773	0.224	0.040	0.011	0.004	0.002	0.001	0.001	0.000
0.3	0.937	0.896	0.691	0.298	0.088	0.030	0.013	0.006	0.003	0.002	0.001
0.4	0.881	0.829	0.638	0.338	0.137	0.056	0.026	0.013	0.007	0.004	0.003
0.5	0.818	0.766	0.598	0.360	0.177	0.084	0.042	0.023	0.013	0.008	0.005
0.6	0.755	0.707	0.564	0.371	0.209	0.111	0.060	0.034	0.021	0.013	0.009
0.7	0.696	0.653	0.534	0.374	0.232	0.135	0.079	0.047	0.029	0.019	0.013
0.8	0.642	0.605	0.506	0.373	0.248	0.155	0.096	0.060	0.039	0.026	0.018
0.9	0.593	0.563	0.479	0.368	0.258	0.172	0.112	0.073	0.049	0.033	0.023

---

[1] 条形基础是指宽度为b，而长度为无穷大的基础，我们仅研究荷载沿其长度方向不变（沿宽度方向可任意变化）的基础。当 $l > 10b$ 时，实用上可认为是条形基础。显然，我们所研究的条形基础下地基内附加应力仅为x,z的函数（图3-23），而与坐标y无关，这种问题在工程上称为平面问题。

[2] 此中点系指基础宽度b的中点。

z/b=m	x/b=n										
	0.0	0.2	0.4	0.6	0.8	1.0	1.2	1.4	1.6	1.8	2.0
1.0	0.550	0.524	0.455	0.360	0.265	0.185	0.126	0.085	0.059	0.041	0.029
1.2	0.477	0.460	0.410	0.342	0.268	0.202	0.148	0.107	0.077	0.056	0.041
1.4	0.420	0.407	0.372	0.321	0.265	0.210	0.162	0.123	0.093	0.070	0.053
1.6	0.374	0.365	0.339	0.301	0.256	0.212	0.170	0.135	0.106	0.083	0.065
1.8	0.337	0.330	0.310	0.281	0.246	0.209	0.174	0.143	0.115	0.093	0.075
2.0	0.306	0.301	0.285	0.263	0.235	0.205	0.175	0.147	0.122	0.101	0.083
2.5	0.248	0.245	0.237	0.224	0.207	0.188	0.169	0.149	0.130	0.112	0.097
3.0	0.208	0.207	0.202	0.194	0.183	0.171	0.157	0.143	0.129	0.116	0.103
3.5	0.179	0.178	0.175	0.170	0.163	0.154	0.145	0.135	0.124	0.114	0.104
4.0	0.158	0.157	0.155	0.151	0.146	0.140	0.133	0.126	0.118	0.110	0.102
5.0	0.126	0.126	0.125	0.123	0.120	0.117	0.113	0.109	0.104	0.100	0.095
6.0	0.106	0.105	0.105	0.104	0.102	0.100	0.098	0.095	0.092	0.089	0.086

条形基础在均布荷载作用下地基中附加应力分布图见图3-24(a)，等值线见图3-24(b)。分析图3-24，若将 $\sigma_z = 0.1p_0$ 的等值线视为地基受力区，则可看出，对于条形基础，地基受力区范围深达6b。而 $\sigma_z = 0.3p_0$ 处的最大深度只有2b，即在z=2b深度处的 σ_z 已减少了70%。这表明在 σ_z 作用下地基压缩区是有一定范围的。从这一角度看，地基勘探无需过深。对照图3-20,方形基础的受力区深度约为2b,而 $\sigma_z = 0.33p_0$ 处的最大深度约为1b。也就是说,方形基础的土中附加应力的影响深度比条形基础小一些。因而条形基础的基底下深度z=2b和方形基础下深度z=1b，可以视为地基主要受力区。

5.偏心受压矩形基础作用下

偏心受压基础基底附加压力为梯形或三角形分布时，地基中附加应力 σ_z 的计算问题，可在解决三角形分布荷载下的附加应力问题之后，利用均布荷载与三角形分布荷载叠加的原理予以解决。因此，对矩形、圆形、条形偏心受压基础的问题，只给出三角形荷载分布下的计算公式。

如图3-25所示，设竖向荷载在矩形面积上沿着x轴方向呈三角形分布(矩形基础与x轴平行的一边长度为b)，而沿y轴方向均匀分布(与y轴平行的一边长为l，故在这里l不一定是长边)，角点2处的荷载最大，其值为 p_{0s}，取荷载零值边的角点1为坐标原点。则角点1下深度z处 M_1 点的附加应力 σ_z 为:

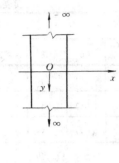

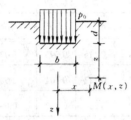

图 3-23 条形基础在中心荷载作用下
地基附加应力计算

图 3-24 条形基础在均布荷载作用下地基
附加应力分布图与等值线图

$$\sigma_z = a_{c1}^s p_{os} \tag{3-23}$$

而角点2下深度z处M_2点的附加应力σ_z为:

$$\sigma_z = a_{c2}^s p_{os} \tag{3-24}$$

其中a_{c1}^s、a_{c2}^s矩形面积上三角形荷载作用下附加应力系数,据l/b和z/b由表3-13查得。

如图3-26所示,若求在三角形荷载作用下矩形面积$abcd$中o点下任一深度z处的附加应力,则可先求矩形面积$okam$、$ombl$、$olcn$、$ondk$上的均布荷载及三角形荷载作用下的竖向

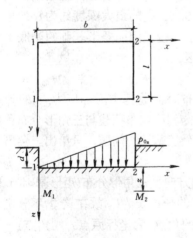

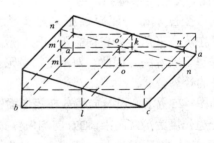

图 3-25 矩形面积上三角形荷载作用下
地基中的附加应力计算示意图

图 3-26 利用叠加原理计算矩形面积上
三角形荷载作用下地基中的附加应力

附加应力,然后再迭加。

矩形面积上三角形分布荷载作用下的附加压力系数 a_{c1}^s、a_{c2}^s 表3-13

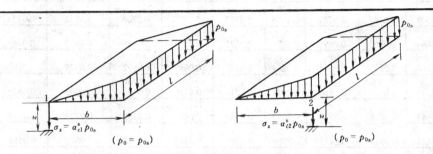

z/b	l/b									
	0.2		0.4		0.6		0.8		1.0	
	1点	2点	1点	2点	1点	2点	1点	2点	1点	2点
0.0	0.0000	0.2500	0.0000	0.2500	0.0000	0.2500	0.0000	0.2500	0.0000	0.2500
0.2	0.0223	0.1821	0.0280	0.2115	0.0296	0.2165	0.0301	0.2178	0.0304	0.2182
0.4	0.0269	0.1094	0.0420	0.1604	0.0487	0.1781	0.0517	0.1844	0.0531	0.1870
0.6	0.0259	0.0700	0.0448	0.1165	0.0560	0.1405	0.0621	0.1520	0.0654	0.1575
0.8	0.0232	0.0480	0.0421	0.0853	0.0553	0.1093	0.0637	0.1232	0.0688	0.1311
1.0	0.0201	0.0346	0.0375	0.0638	0.0508	0.0852	0.0602	0.0996	0.0666	0.1086
1.2	0.0171	0.0260	0.0324	0.0491	0.0450	0.0673	0.0546	0.0807	0.0615	0.0901
1.4	0.0145	0.0202	0.0278	0.0386	0.0392	0.0540	0.0483	0.0661	0.0554	0.0751
1.6	0.0123	0.0160	0.0238	0.0310	0.0339	0.0440	0.0424	0.0547	0.0492	0.0628
1.8	0.0105	0.0130	0.0204	0.0254	0.0294	0.0363	0.0371	0.0457	0.0435	0.0534
2.0	0.0090	0.0108	0.0176	0.0211	0.0255	0.0304	0.0324	0.0387	0.0384	0.0456
2.5	0.0063	0.0072	0.0125	0.0140	0.0183	0.0205	0.0236	0.0265	0.0284	0.0318
3.0	0.0018	0.0019	0.0036	0.0038	0.0054	0.0056	0.0071	0.0074	0.0088	0.0091
5.0	0.0046	0.0051	0.0092	0.0100	0.0135	0.0148	0.0176	0.0192	0.0214	0.0233
7.0	0.0009	0.0010	0.0019	0.0019	0.0028	0.0029	0.0038	0.0038	0.0047	0.0047
10.0	0.0005	0.0004	0.0009	0.0010	0.0014	0.0014	0.0019	0.0019	0.0023	0.0024

z/b	l/b									
	1.2		1.4		1.6		1.8		2.0	
	1点	2点	1点	2点	1点	2点	1点	2点	1点	2点
0.0	0.0000	0.2500	0.0000	0.2500	0.0000	0.2500	0.0000	0.2500	0.0000	0.2500
0.2	0.0305	0.2184	0.0305	0.2185	0.0306	0.2185	0.0306	0.2185	0.0306	0.2185
0.4	0.0539	0.1881	0.0543	0.1886	0.0545	0.1889	0.0546	0.1891	0.0547	0.1892

0.6	0.0673	0.1602	0.0684	0.1616	0.0690	0.1625	0.0694	0.1630	0.0696	0.1633
0.8	0.0720	0.1355	0.0739	0.1381	0.0751	0.1396	0.0759	0.1405	0.0764	0.1412
1.0	0.0708	0.1143	0.0735	0.1176	0.0753	0.1202	0.0766	0.1215	0.0774	0.1225
1.2	0.0664	0.0962	0.0698	0.1007	0.0721	0.1037	0.0738	0.1055	0.0749	0.1069
1.4	0.0606	0.0817	0.0644	0.0864	0.0672	0.0897	0.0692	0.0921	0.0707	0.0937
1.6	0.0545	0.0696	0.0586	0.0743	0.0616	0.0780	0.0639	0.0806	0.0656	0.0826
1.8	0.0487	0.0596	0.0528	0.0644	0.0560	0.0681	0.0585	0.0709	0.0604	0.0730
2.0	0.0434	0.0513	0.0474	0.0560	0.0507	0.0596	0.0533	0.0625	0.0553	0.0649
2.5	0.0326	0.365	0.0362	0.0405	0.0393	0.0440	0.0419	0.0469	0.0440	0.0491
3.0	0.0249	0.0270	0.0280	0.0303	0.0307	0.0333	0.0331	0.0359	0.0352	0.0380
5.0	0.0104	0.0108	0.0120	0.0123	0.0135	0.0139	0.0148	0.0154	0.0161	0.0167
7.0	0.0056	0.0056	0.0064	0.0066	0.0073	0.0074	0.0081	0.0083	0.0089	0.0091
10.0	0.0028	0.0028	0.0033	0.0032	0.0037	0.0037	0.0041	0.0042	0.0046	0.0046

z/b	l/b									
	3.0		4.0		6.0		8.0		10	
	1点	2点	1点	2点	1点	2点	1点	2点	1点	2点
0.0	0.0000	0.2500	0.0000	0.2500	0.0000	0.2500	0.0000	0.2500	0.0000	0.2500
0.2	0.0306	0.2186	0.0306	0.2186	0.0306	0.2186	0.0306	0.2186	0.0306	0.2186
0.4	0.0548	0.1894	0.0548	0.1894	0.0548	0.1894	0.0548	0.1894	0.0548	0.1894
0.6	0.0701	0.1638	0.0702	0.1639	0.0702	0.1640	0.0702	0.1640	0.0702	0.1640
0.8	0.0773	0.1423	0.0776	0.1424	0.0776	0.1426	0.0776	0.1426	0.0776	0.1426
1.0	0.0790	0.1244	0.0794	0.1248	0.0795	0.1250	0.0796	0.1250	0.0796	0.1250
1.2	0.0774	0.1096	0.0779	0.1103	0.0782	0.1105	0.0783	0.1105	0.0783	0.1105
1.4	0.0739	0.0973	0.0748	0.0982	0.0752	0.0986	0.0752	0.0987	0.0753	0.0987
1.6	0.0697	0.0870	0.0708	0.0882	0.0714	0.0887	0.0715	0.0888	0.0715	0.0889
1.8	0.0652	0.0782	0.0666	0.0797	0.0673	0.0805	0.0675	0.0806	0.0675	0.0808
2.0	0.0607	0.0707	0.0624	0.0726	0.0634	0.0734	0.0636	0.0736	0.0636	0.0738
2.5	0.0504	0.0559	0.0529	0.0585	0.0543	0.0601	0.0547	0.0604	0.0548	0.0605
3.0	0.0419	0.0451	0.0449	0.0482	0.0469	0.0504	0.0474	0.0509	0.0476	0.0511
5.0	0.0214	0.0221	0.0248	0.0256	0.0283	0.0290	0.0296	0.0303	0.0301	0.0309
7.0	0.0124	0.0126	0.0152	0.0154	0.0186	0.0190	0.0204	0.0207	0.0212	0.0216
10.0	0.0066	0.0066	0.0084	0.0083	0.0111	0.0111	0.0128	0.0130	0.0139	0.0141

6.偏心受压圆形基础作用下

偏心受压圆形基础上承受三角形分布荷载时，在地基中引起的附加应力计算有关条件见图3-27，荷载为零处的点1(或荷载为最大值p_{0s}处的点2)下，任一深度z处M点的附加应力σ_z按下式计算：

$$\sigma_z = \alpha_y^s p_{0s} \qquad (3\text{-}25)$$

式中　α_y^sα附加应力系数，据z/r查表3-14。

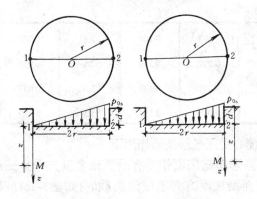

图 3-27　圆形面积上三角形分布荷载作用下地基中的附加应力计算

圆形面积上三角形分布荷载附加压力系数 α_y^s　　　　　　　　表3-14

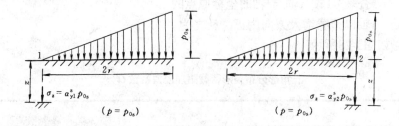

z/r	1点	2点	z/r	1点	2点	z/r	1点	2点
0.0	0.000	0.500	1.6	0.087	0.154	3.2	0.048	0.061
0.1	0.016	0.465	1.7	0.085	0.144	3.3	0.046	0.059
0.2	0.031	0.433	1.8	0.083	0.134	3.4	0.045	0.055
0.3	0.044	0.403	1.9	0.080	0.126	3.5	0.043	0.053
0.4	0.054	0.376	2.0	0.078	0.117	3.6	0.041	0.051
0.5	0.063	0.349	2.1	0.075	0.110	3.7	0.040	0.048
0.6	0.071	0.324	2.2	0.072	0.104	3.8	0.038	0.046
0.7	0.078	0.300	2.3	0.070	0.097	3.9	0.037	0.043
0.8	0.083	0.279	2.4	0.067	0.091	4.0	0.036	0.041
0.9	0.088	0.258	2.5	0.064	0.086	4.2	0.033	0.038
1.0	0.091	0.238	2.6	0.062	0.081	4.4	0.031	0.034
1.1	0.092	0.221	2.7	0.059	0.078	4.6	0.029	0.031

1.2	0.093	0.205	2.8	0.057	0.074	4.8	0.027	0.029
1.3	0.092	0.190	2.9	0.055	0.070	5.0	0.025	0.027
1.4	0.091	0.177	3.0	0.052	0.067			
1.5	0.089	0.165	3.1	0.050	0.064			

7.偏心受压条形基础作用下

当条形基础底面作用有沿基础宽度方向呈三角形分布而沿长度方向不变的荷载时(如图3-28)，其地基内任一点的附加应力计算公式为

$$\sigma_z = \alpha_t^s p_{0t}^s \qquad (3\text{-}26)$$

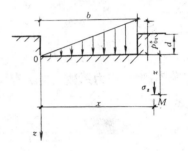

图3-28 三角形分布条形荷载作用下地基中的附加应力计算示意图

式中 p_{0t}^s——三角形分布条形荷载最大值。

α_t^s——三角形分布条形荷载作用下附加应力系数，据z/b，x/b查表3-15。x轴与z轴的坐标原点的在荷载为零处，x轴以荷载增大方向为正，反之为负，其余符号如图3-28所示。

三角形分布条形荷载附加应力系数 α_t^s 表3-15

z/b	x/b												
	-2	-1.5	-1	-0.5	0	0.25	0.5	0.75	1	1.5	2	2.5	3
0.0	0.000	0.000	0.000	0.000	0.000	0.000	0.500	0.500	0.500	0.000	0.000	0.000	0.000
0.1	0.000	0.000	0.000	0.000	0.032	0.251	0.498	0.737	0.468	0.001	0.000	0.000	0.000
0.2	0.000	0.000	0.000	0.002	0.061	0.255	0.489	0.682	0.437	0.009	0.001	0.000	0.000
0.3	0.000	0.000	0.001	0.007	0.088	0.260	0.468	0.607	0.407	0.023	0.003	0.001	0.000
0.4	0.000	0.001	0.003	0.013	0.110	0.263	0.440	0.534	0.379	0.042	0.007	0.002	0.001
0.5	0.001	0.002	0.005	0.022	0.127	0.262	0.409	0.473	0.352	0.062	0.012	0.003	0.001
0.6	0.001	0.003	0.008	0.031	0.140	0.258	0.378	0.421	0.328	0.080	0.018	0.006	0.002
0.7	0.002	0.005	0.012	0.040	0.150	0.251	0.348	0.378	0.306	0.095	0.025	0.008	0.003
0.8	0.003	0.006	0.016	0.049	0.155	0.243	0.321	0.343	0.285	0.106	0.032	0.011	0.005
0.9	0.004	0.008	0.020	0.057	0.158	0.233	0.297	0.313	0.267	0.115	0.039	0.015	0.006
1.0	0.005	0.011	0.025	0.064	0.159	0.223	0.275	0.287	0.250	0.121	0.046	0.018	0.008
1.2	0.008	0.016	0.034	0.075	0.157	0.204	0.239	0.246	0.221	0.126	0.057	0.026	0.012

1.4	0.011	0.021	0.041	0.083	0.151	0.186	0.210	0.215	0.197	0.127	0.066	0.033	0.017
1.6	0.015	0.026	0.048	0.087	0.143	0.170	0.187	0.190	0.178	0.124	0.072	0.039	0.021
1.8	0.018	0.031	0.053	0.089	0.135	0.155	0.168	0.171	0.161	0.120	0.076	0.044	0.025
2.0	0.021	0.035	0.057	0.089	0.127	0.143	0.153	0.155	0.148	0.115	0.078	0.048	0.029
2.5	0.028	0.042	0.062	0.086	0.110	0.119	0.124	0.125	0.121	0.103	0.078	0.055	0.037
3.0	0.033	0.046	0.062	0.080	0.095	0.101	0.104	0.105	0.102	0.091	0.074	0.057	0.042
3.5	0.037	0.048	0.060	0.073	0.084	0.088	0.090	0.090	0.089	0.081	0.069	0.056	0.044
4.0	0.038	0.048	0.058	0.067	0.075	0.077	0.079	0.079	0.078	0.073	0.064	0.054	0.044
5.0	0.039	0.045	0.051	0.057	0.061	0.063	0.063	0.063	0.063	0.060	0.055	0.049	0.043
6.0	0.037	0.041	0.046	0.049	0.052	0.052	0.053	0.053	0.053	0.051	0.048	0.044	0.040

【例3-9】图3-29（a）所示填土路堤，高H=4m，路堤顶面宽b=16m，路堤底宽B=24m，填土重力密度 γ = 19.6kN/m³，试求路堤中线下O点（z=0）及M（z=8m）点的附加应力 σ_z值。

分析：路堤填土的重力形成的荷载为梯形荷载，如图3-29（b）（c）（d）所示，路堤底最大压力

$$p_{0t}^s = \gamma H = 19.6 \times 4 = 78.4\text{kPa}$$

在这种条件下，计算地基中的附加应力需运用叠加法。叠加的方法很多，现提供以下三种方法供读者参考：

1.将梯形荷载（$abcd$）的两腰延长交于e点，则梯形荷载（$abcd$），等于两个三角形荷载（ebo）与两个三角形荷载（eaf）之差，详见图3-29（b）。

2.将梯形荷载（$abcd$）视为一个矩形荷载（$aghd$）与两个三角形荷载（abg）之和，详见图3-29（c）。

3.将梯形荷载（$kbcl$）视为一个矩形荷载（$kbcl$）与两个三角形荷载（abk）之差，详见图3-29（d）。

【解】按上述第二种方法列表计算，计算过程详见表3-16，现说明如下：

条形均布条形荷载，宽b=16m，M点距该荷载中心距x=0；三角形条形荷载宽b=4m，M点距该荷载值为零处的距离为x=12m，须查表3-12和表3-15得附加应力系数，按表计算出所求附加应力。

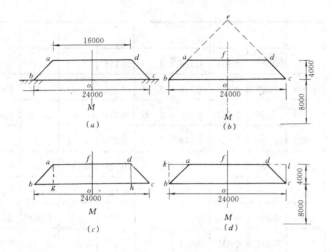

图 3-29 【例 3-9】示意图

<table>
<tr><td colspan="2" rowspan="3">点位</td><td colspan="6">矩形均布条形荷载作用下</td><td colspan="5">三角形条形荷载作用下</td><td rowspan="3">$\sigma_z = (a_t + 2\,a_t^s)\, p_{0t}^s$
(kPa)</td></tr>
<tr><td rowspan="2">p_{0t}^s
(kPa)</td><td rowspan="2">z
(m)</td><td rowspan="2">x
(m)</td><td rowspan="2">b
(m)</td><td rowspan="2">z/b</td><td rowspan="2">x/b</td><td rowspan="2">a_t</td><td rowspan="2">x
(m)</td><td rowspan="2">b
(m)</td><td rowspan="2">z/b</td><td rowspan="2">x/b</td><td rowspan="2">a_t^s</td></tr>
<tr></tr>
<tr><td>O</td><td>78.4</td><td>0</td><td>0</td><td>16</td><td>0</td><td>0</td><td>1.00</td><td>12</td><td>4</td><td>0</td><td>3</td><td>0.000</td><td>78.4</td></tr>
<tr><td>M</td><td>78.4</td><td>8</td><td>0</td><td>16</td><td>0.5</td><td>0</td><td>0.818</td><td>12</td><td>4</td><td>2</td><td>3</td><td>0.029</td><td>68.7</td></tr>
</table>

【例3-9】附加应力计算表　　　　　　　　　　　　表3-16

二、附加应力的规范公式解

考虑到地基土并非完全弹性均匀体，理论解与实测值之间因地层分布的差异而出现误差，同时为了使地基中附加应力的计算方法简捷方便，《公路桥涵地基与基础设计规范》(JTJ024—85)、《给水排水工程结构设计规范》(GBJ69—84)和《建筑地基基础设计规范》(GBJ7—89)针对不同的条件，结合工程实用，以理论解为基础，采用换算扩散角等方法，计算特定条件下地基土中的附加应力。

（一）桥台后填土引起的基底附加应力

在市政工程的实践中，常常遇到桥台台后填土较高时，（一般大于等于5m），发生不均匀沉降，引起桥台向后倾斜，影响桥梁的正常使用。其原因是台后填土荷载在桥台基底（或桩尖平面处）引起不均匀的附加应力，桥台基底（或桩尖平面处）后边缘的附加应力增大是引起后倾的原因。因此在设计时应考虑桥台台后填土荷载对桥台基底（或桩尖平面处）的附加应力的影响。

桥台台后填土荷载对桥台基底（或桩尖平面处）产生的附加应力，可以用上述地基中附加应力叠加法计算。但是，为了简化计算，《公路桥涵地基与基础设计规范》(JTJ024--85)给出了专门的计算公式及相应的附加压应力系数 α_1 和 α_2。规范预先规定了路面的宽度以及路堤边坡和锥坡的坡度，然后按不同的路堤填土高度H_1、基础埋置深度D和基础底面长度b'（详见图3-30），给出了相应的附加应力系数。

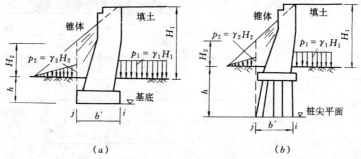

图 3-30 台背填土对桥台基底的附加压应力

桥台基础底面（或桩尖平面处）的竖向附加应力系数 α_1　　　　　　表3-17

基 础 埋置深度 h（m）	填 土 高 度 H_1	系数 α_1（对于桥台边缘）			
		后边缘（i点）	前边缘（j点），当基底平面的基础长度b'为		
			5m	10m	15m
5	5	0.44	0.07	0.01	0.00
	10	0.47	0.09	0.02	0.00
	20	0.48	0.11	0.04	0.01
10	5	0.33	0.13	0.05	0.02
	10	0.40	0.17	0.06	0.02
	20	0.45	0.19	0.08	0.03
15	5	0.26	0.15	0.08	0.04
	10	0.33	0.19	0.10	0.05
	20	0.41	0.24	0.14	0.07
20	5	0.20	0.13	0.08	0.04
	10	0.28	0.18	0.10	0.06
	20	0.37	0.24	0.16	0.09
25	5	0.17	0.12	0.08	0.05
	10	0.24	0.17	0.12	0.08
	20	0.33	0.24	0.17	0.10
30	5	0.15	0.11	0.08	0.06
	10	0.21	0.16	0.12	0.08
	20	0.31	0.24	0.18	0.12

注：路基断面按粘性土路堤考虑。

75

桥台基础底面（或桩尖平面处）（前缘 j 点）的竖向附加应力系数 α_2 表3-18

基础埋置深度	系数 α_2，当台背路基填土高度 H_2 为	
D（m）	10m	20m
5	0.4	0.5
10	0.3	0.4
15	0.2	0.3
20	0.1	0.2
25	0.0	0.1
30	0.0	0.0

在图3-30所示桥台中，由于台后填土荷载对桥台基础底面（或桩尖平面处）前缘 j 点及后缘 i 点（在桥台纵向轴线上）引起的竖向附加应力 σ_1 可按公式（3-27）计算:

$$\sigma_1 = \alpha_1 \gamma_1 H_1 \qquad (3\text{-}27)$$

式中　γ_1——桥台台后填土的重力密度(kN/m³);

　　　H_1——桥台台后填土的高度(m);

　　　α_1——桥台基础底面（或桩尖平面处）的竖向附加应力系数，查表3-17。

对于埋置式桥台，台前锥坡的三角形分布荷载 $\gamma_2 H_2$，对桥台基础底面（或桩尖平面处）前缘 j 点引起的竖向附加应力 σ_2 可按公式（3-28）计算:

$$\sigma_2 = \alpha_2 \gamma_2 \qquad (3\text{-}28)$$

式中　γ_2——桥台台前锥坡填土的重力密度(kN/m³);

　　　H_2——桥台台前锥坡填土的高度(m);

　　　α_2——桥台基础底面（或桩尖平面处）的竖向附加应力系数，查表3-18。

锥坡填土荷载一般较小，因而对桥台基础底面（或桩尖平面处）后缘 i 点引起的竖向附加应力可忽略不计。

【例3-10】　图3-31所示桥台桩基础，已知桩尖埋置深度 $D=10$m，基础的长度 $b'=5$m，台后路堤填土高度 $H_1 = 5$m，路面宽度 $b=7$m，路堤边坡为1:1，填土的重力密度为 $\gamma_1 = 19.5$kN/m³。试计算台后填土荷载对桥台基础底面前缘 j 点和后缘 i 点引起的竖向附加应力 σ_1。

【解法一】用《公路桥涵地基与基础设计规范》(JTJ024—85)给的简化方法计算

1. 桥台后缘 i 点的附加应力 σ_{1i}

根据 $D=10$m，$H_1 = 5$m，查得 $\alpha_1 = 0.33$，于是有

$$\sigma_{1i} = \alpha_1 \gamma_1 H_1 = 0.33 \times 19.5 \times 5 = 32.2\text{(kPa)}$$

2. 桥台前缘 j 点的附加应力 σ_{1j}

根据 $D=10m$，$H_1 = 5m$，$b'=5m$，查得 $\alpha_1 = 0.09$，于是有

$$\sigma_{1j} = \alpha_1 \gamma_1 H_1 = 0.09 \times 19.5 \times 5 = 8.8 kPa$$

【解法二】根据计算附加应力的理论公式和叠加法计算（以计算桥台基底后缘 i 点为例）。

如图所示，桥台台后填土荷载属于梯形分布荷载。应注意的是：这个梯形荷载对 i 点的影响是半个无限长的条形分布荷载。因此可以按【例3-9】的方法计算后取半，即为所求的附加应力。计算过程见表3-19。

$$p_{0t}^s = \gamma_1 H_1 = 19.5 \times 5 = 97.5 kPa$$

【例3-10】附加应力 σ_{1i} 计算表   表3-19

点位	p_{0t}^s (kPa)	z (m)	矩形均布条形荷载作用下					三角形条形荷载作用下					$\sigma_{zi} = \frac{1}{2}(a_t + 2a_t^s)p_{0t}^s$ (kPa)
			x (m)	b (m)	z/b	x/b	a_t	x (m)	b (m)	z/b	x/b	a_t^s	
i	97.5	10	0	7	1.42	0	0.413	8.5	5	2.0	1.7	0.100	30.0

比较：按规范计算结果为 $\sigma_{1i} = 32.2 kPa$，理论计算结果为 $\sigma_{1j} = 30.0 kPa$。两种解法的结果比较接近。

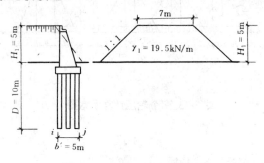

图3-31 【例3-10】示意图

（二）地面车辆荷载传递到地下管道上的竖向压力

地面车辆荷载通过土层作用于地下管道顶面处的竖直压力(即附加应力)仍以符号 $\sigma_{z,c}$ 表示(作为地下管道设计时的外载可用 $p_{z,c}$ 表示)。地面车辆荷载对地下结构的影响与埋管深度、车轮的着地长度与宽度、填土的密实程度以及车轮行驶状态(如动态、静态、缓行)等因素有关。《给水排水工程结构设计规范》(GBJ69—84),在野外现场测试、室内回归分析之后，假定地面车辆荷载在地基土内按35°角向下均匀传递(扩散)，该35°角即为将理论解换算后的扩散角。相当于以1:0.7的幅度扩散传递。此换算扩散角计算法大大方便了工程设计。

1.单个轮压传递的竖向压力 $\sigma_{z,c}(p_{z,c})$

当相邻两轮净距不小于 $b+1.4z$ 时，单个轮压用下式计算(图3-32)

$$\sigma_{z,c} = \frac{\mu_D Q_c}{(a+1.4z)(b+1.4z)} = p_{z,c} \qquad (3-29)$$

2. 两个以上轮压综合影响传递的竖向压力 $\sigma_{z,c}(p_{z,c})$

当相邻两轮净距小于 $b+1.4z$(图3-33)时，各轮的压力扩散区互相重合，车辆荷载对地下管道上的竖向压力按重合后的长度计算，即：

$$\sigma_{z,c} = \frac{n\mu_D Q_c}{(a+1.4z)(nb+\sum_{i}^{n-1} d_i+1.4z)} = p_{z,c} \qquad (3-30)$$

式中　　$\sigma_{z,c}(p_{z,c})$——地面车辆轮压传递到计算深度z处的竖向压力(kPa)；

Q_c——车辆的单个轮压(kN)；

a、b——地面单个轮压的分布长度与宽度(m)，可查表3-20、表3-21；

z——地面至计算深度的距离；

n——轮压的数量；

d_i——地面相邻两个轮压间间的净距(m)；

μ_D——车辆荷载的动力系数，按表3-22采用。

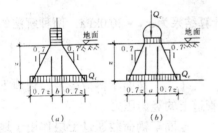

图 3-32 单个轮压计算示意图　　　　图 3-33 两个轮压计算示意图

履带式车辆和平板挂车技术指标　　　　　　　表3-20

主要指标	单位	履带-50	挂车-80	挂车-100
车辆质量	t	50	80	100
履带数或车轴数	个	2	4	4
每条履带或每个车轴压力	kN	56kN/m	200	250
履带着地长度或纵向轴距	m	4.5	1.2 - 4.0+1.2	1.2+4.0+1.2
每个车轴的车轮组	个	-	4	4
履带横向中距或车轮横向中距	m	2.5	3 × 0.9	3 × 0.9
履带宽度或每对车轮着地宽度和长度	m	0.7	0.5 × 0.2	0.5 × 0.2

主要指标	单位	荷载等级					
		汽车-10级		汽车-15级		汽车-20级	
		重车	主车	重车	主车	重车	主车
一辆汽车总质量	t	15	10	20	15	30	20
一行汽车车队中车辆数目	辆	1	不限制	1	不限制	1	不限制
后轴压力	kN	100	70	130	100	2×120	130
前轴压力	kN	50	30	70	50	60	70
轴距	m	4	4	4	4	4+1.4	4
轮距	m	1.8	1.8	1.8	1.8	1.8	1.8
后(中)轮着地宽度和长度	m	0.5×0.2	0.5×0.2	0.6×0.2	0.5×0.2	0.6×0.2	0.6×0.2
前轮着地宽度及长度	m	0.25×0.2	0.25×0.2	0.3×0.2	0.25×0.2	0.3×0.2	0.3×0.2
车辆外形尺寸（长×宽）	m	7×2.5	7×2.5	7×2.5	7×2.5	8×2.5	7×2.5

汽车荷载主要技术指标　　　　　　　　　　表3-21

车辆荷载的动力系数 μ_D 　　　　　　　表3-22

覆土深度（m）	≤0.25	0.30	0.40	0.50	0.60	≥0.70
动力系数 μ_D	1.30	1.25	1.20	1.15	1.05	1.00

（三）软弱下卧层顶面处的附加压力

如果在持力层以下，地基受力区范围内存在软弱下卧层，则由于在基底附加应力的作用下，将在软弱下卧层顶面处引起附加应力 σ_z。若将软弱下卧层顶面以上的土层视为传力的基础，则该附加应力 σ_z 在工程上也被称为附加压力，用符号 p_z 表示。

《建筑地基基础设计规范》(GBJ7—89)规定：当上层土与下卧层软弱土的压缩模量[●]的比值（E_{s1}/E_{s2}）≥3时，对条形基础和矩形(圆形)基础可用压力换算扩散角方法求解土中附加应力。

该方法是假设基底处的附加压力按某一换算扩散角 θ 向下均匀传递(扩散)，在任意深度的同一水平面上的附加应力分布均匀(图3-34)。根据扩散前后总附加应力相等的条件可得基底下深度为 z 处的附加应力 σ_z 或附加压力 p_z：

条形基础

$$p_z = \frac{p_0 b}{b + 2z\mathrm{tg}\theta} \tag{3-31}$$

[●] 土的压缩模量 E_s 的概念详见第四章。

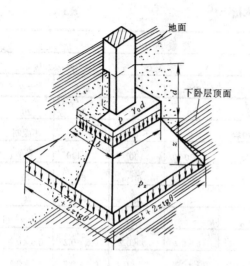

矩形基础

$$p_z = \frac{p_0 bl}{(b + 2z\,tg\,\theta)(l + 2z\,tg\,\theta)}$$ (3-32)

圆形基础

$$p_z = \frac{p_0 r^2}{(r + z\,tg\,\theta)^2}$$ (3-33)

式中 p_0——基底附加应力，$p_0 = p - \gamma_0 d$（kN/m²）；

　　　b——矩形基础或条形基础底边的宽度(m)；

　　　l——矩形基础底边的长度(m)；

　　　r——圆形基础底面的半径(m)；

图 3-34 压力换算扩散角法计算软弱土层顶面附加应力 p_z

z——基础底面至软弱下卧层顶面的距离(m)；

θ——地基的压力扩散线与垂直线的夹角，即压力换算扩散角，其值可按表3-23采用。

压力换算扩散角 θ 值的确定　　　　　　　　　　　　　表3-23

	E_{s1}/E_{s2}	3	5	10
z/b	0.25	6°	10°	20°
	0.50	23°	25°	30°

注：1. E_{s1}、E_{s2}分别为持力层和软弱下卧层土的压缩模量；

　　2. $z < 0.25b$时，取 $\theta = 0°$，必要时，宜由试验确定；

　　　$z > 0.50b$时，θ 值不变；

　　　z 在 $0.25b \sim 0.5b$ 之间时，允许内插.

【例3-11】 中心受压柱基础底面尺寸 $b \times l = 1.5m \times 1.5m$，基础埋置深度 $d = 2m$，作用于基础底面的总压力设计值 $Q = F + G = 390$kN，地质剖面情况见图3-35，试计算

1. 按压力换算扩散解法，求淤泥层顶面处的附加压力 $p_{4.5}$（$z = 4.5m$）。

2. 按理论角求基底处及中心点下 1.5、3、4.5、6m 处的附加应力和土的自重应力，并绘应力分布曲线。

3. 试分析在 $z = 4.5m$ 处，附加应力的理论解与《建筑地基基础设计规范》(GBJ7—89)解之间形成误差的原因。

【解】

1. 按《建筑地基基础设计规范》(GBJ7-89)中，压力换算扩散角法计算 $p_{4.5}$

$$p_0 = p - \gamma_0 d = \frac{390}{1.5 \times 1.5} - 19 \times 2 = 135 (kN/m^2)$$

因为 $E_{s1} = 10MPa$、$E_{s2} = 2MPa$，据 $E_{s1}/E_{s2} = 10/2 = 5$ 和 $z = 4.5m > 0.5b = 0.5 \times 1.5m$，查表3-22得：$\theta = 25^\circ$

于是

$$p_z = \frac{p_0 b^2}{(b + 2z \, tg \, \theta)^2} = \frac{135 \times 1.5^2}{(1.5 + 2 \times 4.5 \times tg \, 25^\circ)^2} = 9.36 (kN/m^2)$$

2.列表计算中心点下指定深度处的附加应力理论值和自重应力值(见表3-24)，并绘制应力分布图(见图3-35)。

【例3-11】地基中应力计算表　　　　　表3-24

z (m)	b (m)	l (m)	l/b	$z/0.5b$	α	p_0 (kPa)	$\sigma_z = 4\alpha p_0$ (kPa)	h_i	γ_i (kN/m³)	$\sigma_{c,z} = \sum \gamma_i h_i$ (kPa)
0.0	1.5	1.5	1.0	0.0	0.250	135	135.0	2.0	19	38.0
1.5	1.5	1.5	1.0	2.0	0.084	135	45.4	1.5	19	66.5
3.0	1.5	1.5	1.0	4.0	0.027	135	14.0	1.5	18	93.5
4.5	1.5	1.5	1.0	6.0	0.013	135	7.0	1.5	18	120.5
6.0	1.5	1.5	1.0	8.0	0.007	135	3.8	1.5	16	144.5

绘制土中应力曲线时，取基础底面中心点作为原点，直角坐标系横坐标右半轴表示附加应力，左半轴表示自重应力，纵坐标轴(向下)表示深度，将表3-24中的数据以一定的比例尺，标在坐标轴上，然后将所得各点连成圆滑曲线或折线，就得到附加应力分布曲线和自重应力分布曲线。

由计算结果可知，地基内附加应力 σ_z 随深度的增加而迅速减小，而自重应力 σ_{cz} 随深度增加而增大。地基内的总应力 σ 等于自重应力 σ_{cz} 与附加应力 σ_z 之和，即 $\sigma = \sigma_{cz} + \sigma_z$。自重应力在建筑物建造前早已存在，一般的天然土层在其作用下的变形早已结束，而附加应力是新增加的应力，应力增量 $\Delta \sigma = \sigma_z$ 将是产生基础沉降(地基变形)s的原因[1]。

3.比较 $z = 4.5m$ 处附加应力理论解与《建筑地基基础设计规范》(GBJ7—89)解之间的误差。

理论解与规范解的绝对误差为

$$\sigma_{4.5} - p_{4.5} = 7.0 - 9.36 = -2.36 (kPa)$$

---

[1] 虎克定律 $\sigma = E\varepsilon$，实质上是 $\Delta \varepsilon \propto \Delta \sigma$，即应变的增量与应力的增量成正比。

其相对误差为20%～30%。究其原因主要是规范解以实测土体破坏时的破裂角视为扩散角，用其验算地基承载力时，偏于安全；理论解仅考虑土体处于直线变形阶段(弹性阶段)的应力扩散，而实际上，土的应力、应变关系并非线性性质，当下层土较差时，上层较硬土层发生挠曲变形并不断增加，直到出现开裂，这时压力扩散角取决于上层土的刚性角**❶**所能达到的限值。因此理论解与规范解存在一定的误差。且规范解更接近实际情况。

【例3-12】中心受压柱基础底面尺寸$b \times l = 3m \times 3m$，基底附加应力$p_0 = 135kPa$，其他条件与【例3-11】相同。试确定基底中点下$z = 1.5m$、$3m$、$4.5m$、$6m$处的附加应力，并与【例3-11】作比较。

【解】所求点的附加应力计算过程见表3-25，附加应力分布曲线见图3-36。

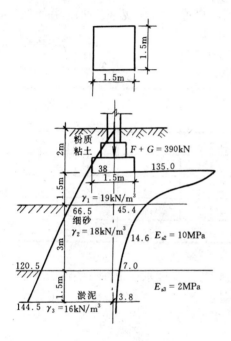

图 3-35 【例 3-11】示意图

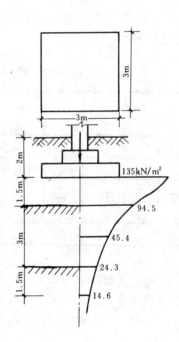

图 3-36 【例 3-12】示意图

【例3-12】地基中应力计算表　　　　　　　　　　　　　表3-25

z (m)	b (m)	l (m)	$\dfrac{l}{b}$	$\dfrac{z}{0.5b}$	α	p_0 (kPa)	$\sigma_z = 4\alpha p_0$ (kPa)	【例3-11】$\sigma_{c,z}$ (kPa)
0.0	3	3	1	0	0.250	135	135.0	135.0
1.5	3	3	1	1	0.175	135	94.5	45.4
3.0	3	3	1	2	0.084	135	45.4	14.0
4.5	3	3	1	3	0.045	135	24.3	7.0
6.0	3	3	1	4	0.027	135	14.6	3.8

---

❶ 刚性角的概念详见第八章.

比较例3-11和例3-12可见，在基底附加压力一样的条件下，基底尺寸大的基础，其下附加应力比尺寸小的收敛得慢，例如例3-12基底下z=6m处的附加应力 σ_z = 14.6kPa，而例3-11的基础下同一点的附加应力 σ_z = 3.9kPa，前者为后者的3.74倍。可以预见，在基底附加应力相同的条件下，基础底面尺寸大的比尺寸小的沉降大。这在基础设计中是应该注意的。

思 考 题

3－1 何谓土的自重应力？其分布规律是什么？

3－2 何谓土的附加应力？其分布规律是什么？

3－3 何谓基底压力、基底附加压力？如何计算基底压力与基底附加压力？

3－4 基底出现零压力区时，如何计算基底压力？

3－5 地基中的附加应力与基础埋深、基底宽度、基底长度的变化有什么关系？

3－6 同一深度，矩形均布荷载中点下的附加应力是否为角点下的4倍？

3－7 基础下承受附加应力的地基范围是无限深远吗？为什么？这个规律与地质勘探有什么关系？

3－8 仔细阅读【例3－9】的分析，你认为应该提高自己的什么能力？

3－9 请对照表3-16(【例3-9】附加应力计算表)回答问题：

(1)在矩形均布条形荷载作用下，表中 z 、 x 、 b 三个数值是根据什么方法选取的？

(2)三角形荷载作用下，表中 z 、 x 、 b 三个数值是根据什么方法选取的？

3－10 请对照表 3-23(【例3-11】应力计算表)回答应力系数前为什么要乘以4？你能用其它方法计算吗？

3－11 基底附加应力一定时，为什么基底尺寸愈大，基础沉降也愈大？

习 题

3－1 计算图 3-37 所示各层面处的自重应力并绘自重应力分布曲线.

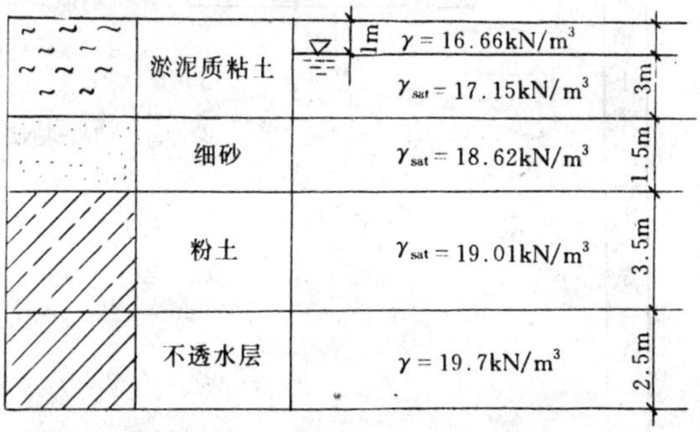

~~	淤泥质粘土	$\gamma = 16.66kN/m^3$ / $\gamma_{sat} = 17.15kN/m^3$	3m
······	细砂	$\gamma_{sat} = 18.62kN/m^3$	1.5m
//////	粉土	$\gamma_{sat} = 19.01kN/m^3$	3.5m
//////	不透水层	$\gamma = 19.7kN/m^3$	2.5m

图 3-37 习题 3-1 示意图

3－2 某桥墩基础底面尺寸为 $b \times l$ =2.1m × 5.5m. 单跨汽车荷载设计值 Q=404kN，M=40kN·m，双跨汽车荷载设计值 Q=457kN，M=2.46kN·m，试分别绘制基底压力分布图.

3－3 矩形基础 $b \times l$ =2m × 6m. 承受中心荷载 Q=3360kN，基础埋深 d = 1.5m，土的天然重力密度 γ_0 = 18kN/m³. 试列表计算中点和角点下 2m、4m、6m、8m深处的附加应力，并绘制附加应力图.

3 - 4 某基础平面尺寸如图3-38所示,若基底附加压力为p_0,试计算A、B两点下深4m处的附加应力.

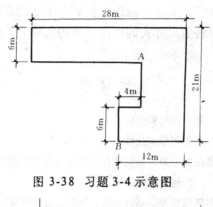

图 3-38 习题 3-4示意图

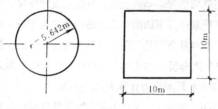

图 3-39 习题 3-5示意图

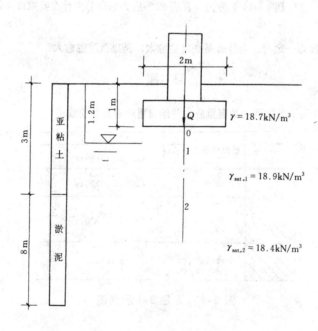

图 3-40 习题 3-6示意图

3 - 5 图3-39所示正方形基础和圆形基础,底面积相等,基底基底附加压力均为p_0,试比较基底中点下5m深处的附加应力.

3 - 6 桥墩基础及土层剖面如图 3-40,基底尺寸为 $b=2m, l=8m$,作用于基底中心的荷载

$Q=1120\text{kN},H=0,M=0$,试绘制自重应力曲线与附加应力曲线.

3－7 如图 3-41 所示桥台基础,已知埋置深度 $d=5\text{m}$,基础长度 $b'=5\text{m}$,台后路堤填土高 $H_1=5\text{m}$,路面宽度 $b=7\text{m}$,路堤边坡为 1:1,填土重力密度 $\gamma=18\text{kN/m}^3$, 试计算台后填土荷载对桥台基底前后边缘引起的附加应力.

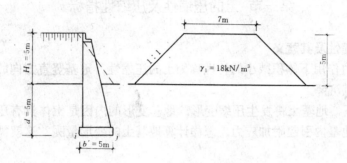

图 3-41 习题 3-7 示意图

第四章 基础沉降计算

第一节 土的压缩性及压缩性指标

一、土的压缩性及其意义

地基土在压力作用下体积减小的特性称为土的压缩性。地基竖直方向的压缩变形同时引起建筑物的基础沉降。

在外力作用下，地基土将发生压缩变形。地基变形的内因是土体具有压缩性，外因是建筑物的荷载在地基内引起附加应力。怎样计算地基土的变形量呢？这就需要运用材料力学的知识了。

如果借用材料力学研究弹性体在杆件各个截面受力均匀的条件下，计算变形的公式，来计算土的变形量，则需要先用应力增量除以弹性模量得到应变量，即：

$$\Delta \varepsilon = \frac{\Delta \sigma}{E} \tag{4-1}$$

然后在已知土层厚度h的条件下，将应变定义式变换成下式计算地基变形量：

$$s = \Delta \varepsilon \cdot h \tag{4-2}$$

但是，土体并非弹性直线体，土中应力也并非均匀分布，因此用式(4-1)和式(4-2)计算将引起较大误差。本章将在材料力学的计算公式的基础上，根据地基中应力分布的规律和土体压缩的特性作一些简化、修正，从而计算出地基的变形量（或基础沉降量）。

在第三章里已经介绍了地基中应力分布的规律。本章将介绍地基土本身的压缩变形特性、以及反映这种特性的计算指标。然后介绍有关规范计算基础最终沉降量的方法和分析沉降随时间变化的规律。

地基土的压缩性与土的三相组成有关，而土中孔隙体积的减小是产生地基变形的主要原因。试验研究表明：在一般工程压力 (100~600kPa)作用下，土颗粒和水本身的压缩量很小，可以忽略不计。当压力足够大时，土的压缩可看作是由于土粒被挤压位移并重新排列，孔隙中的水和空气被挤出受力区范围外，使土中孔隙体积减小而产生的。土的压缩性是指这一变化过程的特性。对于饱和土被压缩时，将随着时间的变化而变化，而孔隙中的水被逐渐挤出，即土中孔隙体积逐渐减小，这就是土体的固结问题。一般的规律是：透水性大的粗粒土(碎石土、粗砂、砾砂等)，在荷载作用下，其压缩过程在很短时间内就可完成，而透水性小的细粒土(如粘性土、粉土)，其压缩过程需要很长时间才能完成。事实上粗粒土地基压缩量在施工期间即告完成；而高压缩性粘性土在施工期间，只能完成地基压缩量的5%~20%左右。所以本章将研究粘性土的压缩性随时间变化的问题。

对市政工程影响的变形有地基均匀沉降和不均匀沉降两类，不均匀沉降将造成道桥工程中路堤开裂、路面不平、桥梁倾斜甚至倒塌，对于给排水工程将引起结构开裂、渗漏；过大的均匀沉降也将影响路面标高降低和桥下净空减少的危害。因此，研究土的压缩性，确定压缩性的力学性质指标，对于预估市政工程构筑物的沉降，防止因不均匀沉降引起的渗漏，以及保证设计时预留建筑物有关部位之间的净空，决定连接方法，安排施工顺序等都是十分重要。

二、室内压缩试验和压缩曲线(e-p曲线)

土的压缩主要是孔隙体积的减小。由孔隙比$e = V_v/V_s$可知，当土颗粒体积V_s不变时，若孔隙体积V_v减少，孔隙比e也相应减小。故土的压缩性可以用孔隙比随压力变化而变化的规律来描述。而土的孔隙比与压力的变化关系则可由室内侧限压缩试验来确定。

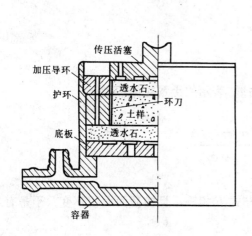

图 4-1 压缩仪简图

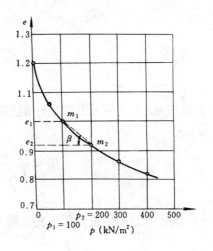

图 4-2 压缩曲线(e-p曲线)

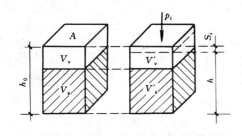

图 4-3 公式(4-3)推证附图

室内侧限压缩试验就是用环刀取原状土样，放在压缩仪(也称为固结仪)(图4-1)内，然后逐级施加垂直压力p_i，并用百分表测量相应的、稳定后的压缩量S_i，试验结束后用式(4-3)计算相应的孔隙比e_i，即：

$$e_i = e_0 - \frac{S_i}{h_0}(1 + e_0) \qquad (4\text{-}3)$$

式中　$e_0 = \dfrac{d_s \rho_w (1 + \omega_0)}{\rho_0} - 1$，而$d_s$、$\omega_0$、$\rho_0$、$\rho_w$分别为土颗粒的相对质量密度(比重)、土样的天然含水量、天然质量密度和水的密度。

然后，将相应于各级压力 P_i 作用下的 e_i 值，绘制成孔隙比与压力的关系曲线，即压缩曲线(e-p曲线)(图4-2)。

公式(4-3)推证如下：

设 h_0 为土样初始高度，h 为土样受压后的高度，S_i 为压力 P_i 作用下土样压缩稳定后的压缩量，则 $h=h_0 - S_i$(见图4-1)。

根据土体孔隙比的定义，天然孔隙比为：

$$e_0 = \frac{V_v}{V_s} = \frac{V - V_s}{V_s} = \frac{V}{V_s} - 1$$

设土样的横截面面积为 A，于是 $V = h_0 A$，把它代入上式，经简单变换后得土颗粒体积为：

$$V_s = \frac{h_0 A}{1 + e_0} \qquad (a)$$

同理，用压力 P_i 作用下的孔隙比 e_i 和稳定压缩量 S_i 表示的土颗粒体积为：

$$V_s = \frac{hA}{1 + e_i} = \frac{(h_0 - s_i)A}{1 + e_i} \qquad (b)$$

因土样压缩前后土颗粒体积不变，即式(a)与式(b)相等，且横截面面积不变，于是有：

$$\frac{h_0}{1 + e_0} = \frac{h_0 - s_i}{1 + e_i}$$

解上式得

$$e_i = e_0 - \frac{s_i}{h_0}(1 + e_0)$$

三、压缩系数 α 和压缩模量 E_s

从压缩曲线(图4-2)可以看出，孔隙比 e 随压力 p 增大而减小。当压力变化范围不大时，曲线段 $m_1 m_2$ 可以近似用直线 $\overline{m_1 m_2}$ 表示。则直线 $\overline{m_1 m_2}$ 与水平坐标轴交角 β 的正切被称为压缩系数，用符号 α 表示，即

$$\alpha = \text{tg}\beta = 1000 \times \frac{e_1 - e_2}{p_2 - p_1} \qquad (4-4)$$

式中　1000——单位换算系数；

α——土的压缩系数(MPa^{-1});

p_1、p_2——固结压力(kPa);

e_1、e_2——相应于p_1和p_2时的孔隙比。

压缩系数α表示单位压力下孔隙比的变化。显然,压缩性愈高的土,其压缩曲线愈陡,压缩系数愈大。因此,压缩系数α是一个描述土体本身所固有的压缩性指标。

由于土体并非弹性体,反映在e-p曲线上就不是一条直线,这样,压缩系数就不是一个定值,而是随压力P_1、P_2的改变而变化的。工程上在计算地基变形时,P_1和P_2应取实际应力,即P_1取土的自重应力,P_2取土的总应力,也就是自重应力与附加应力之和。在评价地基土的压缩性时,一般取P_1=100kPa,P_2=200kPa,并将相应的压缩系数记作α_{1-2}。工程上一般按α_{1-2}的大小将地基土的压缩性分为以下三类:

当　　$\alpha_{1-2} \geqslant 0.5MPa^{-1}$时,　　　　　　　　　　　　　　　为高压缩性;

当　　$0.5MPa^{-1} > \alpha_{1-2} \geqslant 0.1MPa^{-1}$时,　　　　　　　　　为中压缩性;

当　　$\alpha_{1-2} < 0.1MPa^{-1}$时,　　　　　　　　　　　　　　　为低压缩性。

除了采用压缩系数α_{1-2}作为土的压缩性指标外,在工程上,还常采用压缩模量E_s作为土的压缩性指标。

在压缩仪内,完全侧限条件下,土的应力变化量ΔP与其相应的应变变化量$\Delta \varepsilon$的比,称为土的压缩模量,用E_s表示,即

$$E_s = \frac{\Delta p}{\Delta \varepsilon} \tag{4-5}$$

土的压缩模量E_s还可以用其压缩系数α来计算,即:

$$E_s = \frac{1 + e_1}{a} \tag{4-6}$$

式中　E_s——土的压缩模量(MPa);

e_1——地基土自重应力下的孔隙比;

α——从土自重应力至土自重应力加附加应力段的压缩系数(MPa^{-1})。

为了便于应用,在确定E_s时,压力段也可按表4-1数值采用。

确定 E_s 的压力区段　　　　　　　　　　　　　　　表 4-1

土的重应力+附加应力(kPa)	< 100	100 ~ 200	> 200
$p_1 \sim p_2$应力区段(kPa)	50 ~ 100	100 ~ 200	200 ~ 300

现将公式(4-6)用三相简图(图4-4)推证如下：

设V_s=1,则在p_1、p_2作用下的V_{v1}=e_1、V_{v2}=e_2,考虑到横截面A=1时，h_1=V_1=$1+e_1$，h_2=V_2=$1+e_1$。根据应变量增量$\Delta\varepsilon$的定义有：

$$\Delta\varepsilon = \frac{h_1 - h_2}{h_1} = \frac{(1+e_1)-(1+e_2)}{1+e_1} = \frac{e_1 - e_2}{1+e_1} \tag{4-7}$$

于是根据式(4-5)得：

$$E_s = \frac{\Delta p}{\Delta\varepsilon} = \frac{p_2 - p_1}{\dfrac{e_1 - e_2}{1+e_1}} = \frac{1+e_1}{\dfrac{e_1-e_2}{p_2-p_1}} = \frac{1+e_1}{a}$$

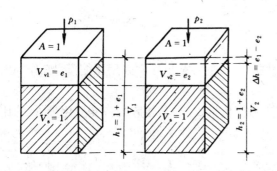

图 4-4 E_s 和 α 之间关系式的推证示意图

压缩模量E_s也是土的压缩性指标，它与压缩系数的关系可定性地认为是倒数关系。压缩模量E_s愈大，压缩性系数α愈小，并说明土的压缩性愈低，在外荷载作用下发生的变形就愈小。为了比较土的压缩性，工程上采用p_1=100kPa和p_2=200kPa所确定的压缩模量作为评定土的压缩性指标，并用$E_{s(1-2)}$表示，于是式(4-6)可写成：

$$E_{s(1-2)} = \frac{1+e_1}{a_{1-2}} \tag{4-8}$$

有的地区根据压缩模量$E_{s(1-2)}$将地基土的压缩性按表4-2分为6级。

地基土按 $E_{s(1-2)}$ 值划分压缩等级的规定   表 4-2

$E_{s(1-2)}$(MPa)	压缩性等级	$E_{s(1-2)}$(MPa)	压缩性等级
<2	特高	7.6~11.0	中
2~4	高	11.1~15.0	中低
4.1~7.5	中高	>15.0	低

四、土的弹性变形和残余变形

室内压缩试验加压过程完成后，还可以逐级卸荷（减压），以便研究土样恢复变形的规律，即研究土样的回弹或体积膨胀规律。把逐级减压试验测得的数据计算出对应的孔隙比绘在同一张压缩曲线图上，即可得到一条卸荷膨胀曲线。图4-5所示的是一条两次加荷、卸荷曲线，也叫土的压缩膨胀曲线。

分析试验结果可知：压缩（加荷）曲线与膨胀（卸荷）曲线是不相重合的，即土样没有恢复到原始状态。这说明土体不是完全弹性体。这是因为土样在压缩变形中有一大部分是残余变形（永久变形）。只有弹性变形那部分在卸荷后才能膨胀恢复。形成残余变形的机理是加荷时孔隙中的水、空气被挤出，孔隙体积减小而且不可恢复。而弹性变形的机理是加荷使土粒、水膜和封闭气体产生变形，卸荷后变形可以恢复。

　　卸荷开始时，虽然压力减少较多，孔隙比增加却不多。只有卸荷至压力很小时，孔隙比才急骤增加。这是因为土在受压过程中，不可避免地要引起原有结构的破坏，由于土粒的靠近或重新排列，使得土粒间的粘聚力增大。这种粘聚力在卸荷初期，抵抗着引起粘性土膨胀的水膜的楔入作用。经过一次又一次加荷、卸荷，土的密实度将有较大的提高，以至最终使得压缩曲线与膨胀曲线完全重合，土的变形完全处于弹性状态，土的压缩性大大降低。利用这个特性，对压缩性较高的地基进行预压，将可以大大减小基础的沉降量。

五、现场荷载试验与变形模量 E_0

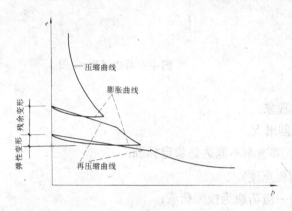

图 4-5　土的压缩膨胀曲线

　　土的压缩性，除了采用上述室内压缩试验测定的指标(即压缩系数和压缩模量)表示外，还可通过野外现场荷载试验确定的变形模量 E_0 来表示。土的变形模量 E_0 虽与弹性模量 E 的物理意义相同，但土体有不可恢复的残余变形，而弹性理论求出的变形又是瞬间完成的，因此，借用弹性理论所涉及到的弹性模量 E 来描述土体的变形特性时，将其称为变形模量。由于变形模量是在现场原位测得的，所以它能比较准确地反映土在天然状态下的压缩性。

　　野外现场荷载试验的设备和试验程序是：先在现场挖掘一个正方形的试验坑，其深度等于基础的埋置深度，宽度一般不小于刚性承压板宽度(或直径)的3倍。承压板的面积，应采用0.25～1.0m²，即承压板的边长为0.5～1.0m。

　　试验开始前，应保持试验土层的天然湿度和原状结构，并在试坑底铺设约20mm厚的粗、中砂层找平。当测试土层为软塑、流塑状态的粘性土或饱和松散砂土时，荷载板周围应铺设200～300mm厚的原土作为保护层。当试验标高低于地下水位时，应先将水疏干或降至试验标高以下，并铺设垫层，安放承压板等设备，待水位恢复后方可进行试验。

　　加载方法视具体条件采用重块或油压千斤顶。

　　图4-6为油压千斤顶加载试验装置示意图。试验的加荷标准应符合下列要求：加荷等级应不小于8级，最大加载量不应少于设计荷载的2倍。每级加载后，按间隔10、10、10、15、15min，以后为每隔半小时读一次沉降，当连续2h，每小时的沉降量小于0.1mm时，则认为已趋稳定，可加下一级荷载。第一级荷载(包括设备重量)，宜接近开挖试坑所卸除土的自重(其相应的沉降量不计)。其后每级荷载增量,对较松软土采用10～25kPa；对较坚

硬土采用50kPa。并观测累计荷载下的稳定沉降量(mm)。直至地基土达到极限状态，即出现下列情况之一时便可终止加载：

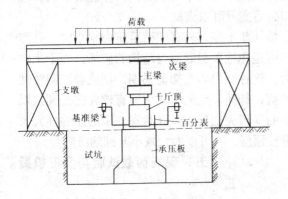

图 4-6 油压千斤顶加载试验装置

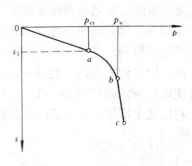

图 4-7 荷载试验 p-s 图

(1)荷载板周围的土有明显侧向挤出现象；

(2)荷载p增加很小，但沉降量s却急剧增大；

(3)在荷载不变的情况下，24h内，沉降速率不能达到稳定标准；

(4)$s/b \geqslant 0.06$(s为总沉降量，b为承压板宽度)。

满足前三种情况之一时，其对应的前一级荷载为极限荷载。

根据试验观测记录，可以绘制荷载板底面压力与沉降量的关系曲线，即p-s曲线.如图4-7所示。从图中可以看出，荷载板的沉降量随压力(或称应力)的增大而增加；当压力p小于p_{cr}时，沉降量和压力近似地成正比。即当p小于p_{cr}时，地基土可看成是直线变形体，可采用弹性力学公式计算土的变形模量E_0，即：

$$E_0 = \omega(1-\mu^2)\frac{p_{cr}b}{s_1} \times 10^{-3}$$ (4-9)

式中　ω——沉降量系数,刚性正方形荷载板 $\omega=0.88$；刚性圆形荷载板 $\omega=0.79$；

μ——土的泊松比，即侧膨胀系数，可按表4-3采用；

p_{cr}——p-s曲线直线段终点所对应的应力(kPa)；

s_1——与直线段终点所对应的沉降量(mm)；

b——承压板宽度(mm)。

地基土的变形模量E_0可参考表4-4选用。

土的变形模量E_0与压缩模量E_s的关系可按弹性理论得出，即

$$E_0 = \beta E_s$$ (4-10)

土的泊松比 μ 与静止土压力系数 ξ 参考值　　　　表 4-3

项次	土的种类与状态		μ	ξ
1	碎石土		0.15 ~ 0.20	0.18 ~ 0.25
2	砂　土		0.20 ~ 0.25	0.25 ~ 0.33
3	粉　土		0.25	0.33
4	粉质粘土	坚硬状态	0.25	0.33
		硬塑状态	0.30	0.43
		软塑及流塑状态	0.35	0.54
5	粘　土	坚硬状态	0.25	0.33
		硬塑状态	0.35	0.54
		软塑及流塑状态	0.42	0.72

土的变形模量 E_0 (kPa)　　　　表 4-4

土的种类	E_0		土的种类	E_0	
砾石及卵石	65 ~ 54			密实的	中密的
碎石	65 ~ 29		干的粉土	16	12.5
砂石	42 ~ 14		湿的粉土	12.5	9
	密实的	中密的	饱和的粉土	9	5
粗砂及砾砂	48	36		坚硬	塑性状态
中砂	42	31	粘土	39 ~ 16	16 ~ 4
干的细砂	36	25	粉质粘土	39 ~ 16	16 ~ 4
湿的及饱和的细砂	31	19	淤泥	3	
干的粉砂	21	17.5	泥炭	2 ~ 4	
湿的粉砂	17.5	14	处于流动状态的粘	3	
饱和的粉砂	14	9	性土、粉土		

$$\beta = 1 - \frac{2\mu^2}{1-\mu} \qquad (4\text{-}11)$$

由于 $\mu = 0 \sim 0.5$,所以 $\beta = 0 \sim 1.0$,这与关于 $\beta = \dfrac{E_0}{E_s}$ 的一些试验统计资料出入较大。表4-5 根据工程实践提供了 E_0 与 E_s 的比值 β 的资料。表4-6为变形模量与物理指标的关系。

$$\beta = \frac{E_0}{E_s} \text{ 的经验数据}$$

表 4-5

土的种类	一般变化范围	平均值
老粘性土	1.45 ~ 2.80	2.11
一般粘性土	0.60 ~ 2.80	1.35
粉土	0.54 ~ 2.68	0.98
新近沉积粘性土	0.35 ~ 1.94	0.93
淤泥及淤泥质土	1.05 ~ 2.97	1.90
红粘土	1.04 ~ 4.87	2.36

土的变形模量与其物理指标间的关系 表 4-6

土 类			孔隙比 e	天然含水量 $\omega(\%)$	塑限含水量 $\omega p(\%)$	重力密度 γ (kN/m³)	粘聚力 c(kN/m²) 标准值	粘聚力 c(kN/m²) 计算值	内摩擦角 $\varphi(°)$	变形模量 E_0 (MPa)
粗	粗砂		0.4 ~ 0.5	15 ~ 18		20.5	2	0	42	46
			0.5 ~ 0.6	19 ~ 22		19.5	1	0	40	40
			0.6 ~ 0.7	23 ~ 25		19.0	0	0	38	33
	中砂		0.4 ~ 0.5	15 ~ 18		20.5	3	0	40	46
			0.5 ~ 0.6	19 ~ 22		19.5	2	0	38	40
粒			0.6 ~ 0.7	23 ~ 25		19.0	1	0	35	33
	细砂		0.4 ~ 0.5	15 ~ 18		20.5	6	0	38	37
			0.5 ~ 0.6	19 ~ 22		19.5	4	0	36	28
			0.6 ~ 0.7	23 ~ 25		19.0	2	0	32	24
土	粉砂		0.4 ~ 0.5	15 ~ 18		20.5	8	5	36	14
			0.5 ~ 0.6	19 ~ 22		19.5	6	3	34	12
			0.6 ~ 0.7	23 ~ 25		19.0	4	2	28	10
细	粉	粉	0.4 ~ 0.5	15 ~ 18		21.0	10	6	30	18
			0.5 ~ 0.6	19 ~ 22	< 9.4	20.0	7	5	28	14
			0.6 ~ 0.7	23 ~ 25		19.5	5	2	27	11
		土	0.4 ~ 0.5	15 ~ 18		21.0	12	7	25	23
	质		0.5 ~ 0.6	19 ~ 22	9.5 ~ 12.4	20.0	8	5	24	16
			0.6 ~ 0.7	23 ~ 25		19.5	6	3	23	13
粒	粘		0.4 ~ 0.5	15 ~ 18		21.0	42	25	24	45
			0.5 ~ 0.6	19 ~ 22	12.5 ~ 15.4	20.5	21	15	23	21
			0.6 ~ 0.7	23 ~ 25		19.5	14	10	22	15
土	土		0.7 ~ 0.8	26 ~ 29		19.0	7	5	21	12

土 类		孔隙比 e	天然含水量 ω(%)	塑限含水量 ωp(%)	重力密度 γ (kN/m³)	粘聚力 c(kN/m²)		内摩擦角 φ(°)	变形模量 E₀ (MPa)
						标准值	计算值		
细	粉	0.5~0.6	19~22		20.5	50	35	22	39
		0.6~0.7	23~25		19.5	25	15	21	18
		0.7~0.8	26~29	15.5~18.4	19.0	19	10	20	15
	粘	0.8~0.9	30~34		18.5	11	8	19	13
		0.9~1.0	35~40		18.0	8	5	18	8
粒	质	0.6~0.7	23~25		19.5	68	40	20	33
		0.7~0.8	26~29	18.5~22.4	19.0	34	25	19	19
		0.8~0.9	30~34		18.5	28	20	18	13
	粘	0.9~1.0	35~40		18.0	19	10	17	9
		0.7~0.8	26~29		19.0	82	60	18	28
土	土	0.8~0.9	30~34	22.5~26.4	18.5	38	38	17	16
		0.9~1.1	35~40		17.5	25	25	16	11
	土	0.8~0.9	30~34	26.5~30.4	18.5	94	65	16	24
		0.9~1.1	35~40		17.5	47	35	16	14

第二节 分层总和法计算沉降

一、地基变形的分类

根据基础沉降的特征,地基变形可分为以下三类:

1.沉降量 s,指单独基础中心的沉降量;

2.沉降差 Δs,指两相邻单独基础沉降量之差;

3.倾斜 $\dfrac{\Delta s}{l}$ 或因倾斜形成的墩台顶面水平位移 Δ。其中倾斜指单独基础在倾斜方向上两端点的沉降差与其距离之比。其原因是由于基础不均匀沉降而形成的。

二、变形计算的有关规定

市政工程结构地基变形计算的原则要求是:地基在建筑物荷载的作用下产生的变形 s 应不大于地基变形的允许值 $[s]$ 或 $[\Delta]$,即

$$s \leqslant [s] \text{ 或 } [\Delta] \tag{4-12}$$

式中地基变形允许值应根据市政工程结构的类别,按相应的设计规范确定。对于桥梁工程以外的市政工程应根据《建筑地基基础设计规范》(GBJ7—89)确定建筑物地基变形允许值;对于市政桥梁工程,应根据《公路砖石及混凝土桥涵设计规范》(JTJ022—85),简支梁桥的墩台沉降和位移的容许极限值(mm),不宜超过下列规定:

(1)墩台均匀总沉降值(不包括施工中的沉降) $[s] = 20\sqrt{L}$;

(2)相邻墩台均匀总沉降差值(不包括施工中的沉降) $[\Delta s] = 10\sqrt{L}$;

（3）墩台顶面水平位移值〔$\triangle$〕$= 5\sqrt{L}$。

基础的沉降量和沉降差按分层总和法计算。其中L为相邻墩台间最小跨径长度（以米计）。跨径小于25m时，仍以25m计。

为了防止由于偏心荷载作用下，同一基础出现不均匀沉降而导致墩台倾斜过大或墩台顶面水平位移过大的不良后果，对于墩台较高、土质较差或上部为超静定梁的基础，必须验算基础倾斜，以保证墩台顶面的水平位移控制在容许范围，墩台顶面的水平位移计算公式为：

$$\triangle = l \operatorname{tg} \theta + \delta_0 \tag{4-13}$$

式中 l——自基础底面至墩台顶面的高度；

$\quad\quad \theta$——基础底面的转角，$\operatorname{tg}\theta = (s_1 - s_2)/b$，其中$s_1$、$s_2$分别为基础两侧边缘中心处，按分层总和法求得的沉降量，b为验算截面的底面宽度；

$\quad \delta_0$——在水平荷载和弯矩作用下，墩台本身的弹性挠曲变形在墩台顶面引起的水平位移。

对于设置在坚硬岩石上的任何桥梁可不计算基础沉降，这是显而易见的事情。对于修建在一般土质条件下的中、小型桥梁的基础，只要满足了地基的承载力要求，地基的变形或基础的沉降也就满足了要求，这是因为在确定一般土质的地基承载力时，已经考虑了限制地基变形的因素。但是，对于下列情况，则必须验算基础沉降，使其不大于规定的容许值。

（1）修建在地质情况复杂、地层分布不均匀或承载力较小的软粘土地基及湿陷性黄土地基上的基础；

（2）修建在非岩石地基上的拱桥、连续梁桥等超静定结构的基础；

（3）当相邻基础下地基土的承载力有显著区别或相邻跨度相差悬殊而必须考虑其沉降差时；

（4）对于城市立交桥、跨线桥（主要指跨越铁路）等要保证桥下净空高度时。

对于市政桥梁的基础而言，引起基础沉降的主要荷载是永久荷载，可变荷载仅占极小部分，并且作用时间短暂，对基础沉降影响较小，因而在计算地基变形时一般不予考虑。

三、基础最终沉降量❶的计算

基础最终沉降量是指地基在建筑荷载作用下，最后稳定的变形量。采用侧限压缩试验测得的压缩性指标E_s或α进行地基变形计算得到的变形量即为基础最终沉降量，用符号s表示。

如前所述，引起地基变形的原因是地基中的附加应力，由于附加应力在地基中分布不均匀，相应的应变量则是变化的，因此应该运用微分的方法计算dz范围内的变形量，然后用积分

---

❶ 基础最终沉降量，桥涵规范也称为地基总沉降量。

如前所述,引起地基变形的原因是地基中的附加应力,由于附加应力在地基中分布不均匀,相应的应变量则是变化的,因此应该运用微分的方法计算$\mathrm{d}z$范围内的变形量,然后用积分的办法求得总的变形量。实际上，为了简化计算，一般采用《公路桥涵地基与基础设计规范》(JTJ024—85)中的分层总和法或《建筑地基基础设计规范》(GBJ7—89)推荐法。

（一）《公路桥涵地基与基础设计规范》(JTJ024—85)分层总和法

《公路桥涵地基与基础设计规范》(JTJ024—85)关于沉降量的计算规定：墩台基础的总沉降量，可按结构重力及土重采用（单向）分层总和法计算。

1. 分层总和法的基本假定

(1)地基土受荷后不能发生侧向变形,故可采用侧限压缩试验的结果(α、E_s)计算;

(2)按基础底面中心点下的附加应力计算土层中，各分层的地基变形量Δs_i;

(3)对于每一个分层来说，从层顶到层底的应力是不均匀的，计算时均近似地按层顶与层底应力的平均值进行计算。

(4)基础最终沉降量等于基础底面下压缩层厚度(即地基压缩层计算深度z_n所辖范围，见后)范围内各土层分层压缩量的总和，即$s' = \sum\limits_{i=1}^{n} \Delta s_i'$。

2. 分层总和法的基本公式

我们将基底下压缩层范围内的土层分为n层,以第i层为例(图4-8),层厚h_i,层面附加应力$\sigma_{z,(i-1)}$、 层底附加应力$\sigma_{z,i}$,假设处于层厚h_i范围内的土层在平均附加应力$\overline{\sigma}_{zi} = \frac{1}{2} \times (\sigma_{z(i-1)} + \sigma_{zi})$均匀作用下产生的压缩变形近似等于所求的$\Delta s_i$,于是可以运用弹性体、均匀受力状态下的变形公式进行计算,即

$$\Delta s_i' = \Delta \varepsilon_i h_i = \frac{\overline{\sigma}_{zi}}{E_{si}} h_i = \frac{\frac{1}{2}(\sigma_{z(i-1)} + \sigma_{zi})}{E_{si}} h_i \qquad (4\text{-}14)$$

将上式求和则得总变形量计算公式:

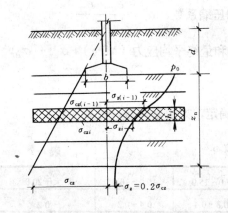

$$s' = \sum\limits_{i=1}^{n} \frac{\overline{\sigma}_{zi} h_i}{E_{si}} \qquad (4\text{-}15a)$$

将$E_{si} = \frac{1+e_{1i}}{a_i}$代入式(4-15a),得

$$s' = \sum\limits_{i=1}^{n} \frac{a_i \overline{\sigma}_{zi} h_i}{1+e_{1i}} \qquad (4\text{-}15b)$$

将$\Delta \varepsilon_i = \frac{e_{1i} - e_{2i}}{1+e_{1i}}$代入式(4-14)，得

$$s' = \sum\limits_{i=1}^{n} \frac{e_{1i} - e_{2i}}{1+e_{1i}} h_i \qquad (4\text{-}15c)$$

图 4-8 分层总和法计算基础最终沉降量示意图

式中　　e_{1i}——第i层在受载前，对应于土体平均自重应力的孔隙比；

　　　　e_{2i}——第i层在受载后，对应于总平均应力,(即自重应力与附加在力之和的平均值)的孔隙比。

　　　　e_{1i}、e_{2i}均从压缩曲线上查得。E_{si}、α_I 分别为第i层土的压缩模量和压缩系数。

　　3.《公路桥涵地基与基础设计规范》(JTJ024—85)推荐的公式

　　按上述基本公式计算的基础沉降量与实测结果有一定的出入。故《公路桥涵地基与基础设计规范》(JTJ024—85)采用沉降计算经验系数m_s予以修正,得到规范给出的分层总和法计算式:

$$s = m_s \sum_{i=1}^{n} \frac{\sigma_{zi}}{E_{si}} h_i \qquad (4\text{-}16a)$$

或

$$s = m_s \sum_{i=1}^{n} \frac{a_i \overline{\sigma}_{zi}}{1 + e_{1i}} h_i \qquad (4\text{-}16b)$$

或

$$s = m_s \sum_{i=1}^{n} \frac{e_{1i} - e_{2i}}{1 + e_{1i}} h_i \qquad (4\text{-}16c)$$

式中　　s——基础总沉降量（mm）；

　　　　$\overline{\sigma}_{zi}$——第i层土顶面与底面附加应力的平均值（MPa）；

　　　　h_i——第i层土的厚度(mm)。注意：土的分层厚度不大于基础宽度（短边或直径）的0.4倍；

　　　　E_{si}——第i层土的压缩模量(MPa)，$E_{si} = \dfrac{1 + e_{1i}}{a_i}$，其中 α_i为第i层土受到平均自重应力

　　　　（$\sigma_{c,z}$）和最终平均应力($\sigma_{c,z} + \sigma_{zi}$)时的压缩系数，$a_i = \dfrac{e_{1i} - e_{2i}}{\sigma_{zi}}$；

e_{1i}、e_{2i}——分别为第i层土受到平均自重应力($\sigma_{c,z}$)和最终平均应力（MPa）（$\sigma_{c,z} + \sigma_{zi}$）压缩稳定时土的孔隙比；

　　　　n——地基压缩范围内所划分的土层数；

　　　　m_s——沉降计算经验系数，按地区建筑经验确定，如缺乏资料，可参照表4-7。

沉降计算经验系数 m_s　　　　　　　　　表 4-7

压缩模量E_s（MPa）	1.0~4.0	4.0~7.0	7.0~15.0	15.0~20.0	大于20.0
m_s	1.8~1.1	1.1~0.8	0.8~0.4	0.4~0.2	0.2

注：1.E_s为地基压缩层范围内土的压缩模量. 当压缩层由多层土组成时，E_s可按厚度的加权平均值采用.

　　　2.表中E_s与m_s给出的区间值，采用时应对应取值.

地基压缩层的计算深度z_n是指基础下地基土体中，在荷载作用下发生压缩变形的土层的总厚度，它的上限自基底起算，下限的深度可按下式确定：

$$\sigma_{zn} = (\,0.1 \sim 0.2\,)\,\sigma_{czn} \qquad\qquad (4\text{-}17)$$

式中　　σ_{zn}——表示压缩层下限处的附加应力；

　　　　σ_{czn}——表示压缩层下限处的自重应力。

《公路桥涵地基与基础设计规范》(JTJ024—85)对地基压缩层的计算深度z_n的要求是：

$$\Delta s_n' \leqslant 0.025 \sum_{i=1}^{n} \Delta s_i' \qquad\qquad (4\text{-}18)$$

式中　　$\Delta s_n'$——由计算深度z_n处，向上取计算层为1m的压缩量(mm)；

　　　　$\Delta s_i'$——在计算深度z_n范围内，第i层土的计算压缩量(mm)。

公式（4-18）的含义是：当深度在（$z_n - 1$m）至z_n范围内土层的压缩量不大于在深度z_n范围内的总压缩量的2.5%时，深度z_n即为地基压缩层的计算深度。但需注意：如已确定的计算深度下面有较软土层时，尚应继续计算。

4. 计算步骤

分层和法计算地基最终变形量的具体步骤如下：

（1）按比例绘出地基剖面图和基础剖面图；

（2）计算基底附加压力p_0和自重应力σ_{cz}；

（3）确定压缩层厚度z_n，即z_n处的附加应力σ_{zn}不大于该处自重应力σ_{czn}的0.2倍(z_n以下有软弱土取0.1倍)，即按公式(4-7)确定压缩层厚度z_n；

（4）将压缩层按$h_i \leqslant 0.4b$(b为基础宽度)且$h_i = (1 \sim 2)$m，分为n个薄层；

（5）计算各层面的自重应力和附加应力，并绘成应力曲线；

（6）按式(4-16)列表计算各分层的压缩量并取和即为所求最终地基沉降量。

【例4-1】已知某城市立交桥桥墩下基础尺寸为$l \times b = 10\text{m} \times 5\text{m}$，埋深$d = 2.5\text{m}$，地基土为粘土，土的重力密度$\gamma = 18.5\text{kN/m}^3$，压缩曲线如图4-9所示，基础底面承受的中心荷载为$p = 9630\text{kN}$。试按分层总和法计算基础沉降量s。

【解】1. 计算基底附加压力p_0

据公式(3-13)有

$$p_0 = p/(b \times l) - \gamma d = 9630/(5 \times 10) - 18.5 \times 2.5 = 146.4\text{(kPa)}$$

2. 分薄层

因$0.4b = 0.4 \times 5 = 2\text{m}$，按分层层厚不大于$0.4b$的原则，且考虑确定压缩层时需向上取1m厚计算，故，按每层1m厚分层。

3. 计算各层顶面与底面的自重应力和附加应力

列表计算自重应力和附加应力的过程详见表4-8，并将其计算结果标于图4-10中。附加应力系数α是根据$l/b = 2$和z/b查表3-7确定的。

4. 计算各层平均自重应力 $\overline{\sigma}_{cz}$、平均附加应力 $\overline{\sigma}_z$ 和平均自重应力与平均附加应力之和 $\overline{\sigma}$．根据平均自重应力 $\overline{\sigma}_{cz}$ 在图4-9中查出 e_1 的数值，根据平均自重应力与平均附加应力之和 $\overline{\sigma}$ 在图4-9中查出 e_2 的数值．

5. 按公式 $\Delta s_i = \dfrac{e_{1i} - e_{2i}}{1 + e_{1i}} h_i$ 计算各分层的变形量．

6. 确定 z_n

从计算表4-8中得到，第10层计算出的沉降量 $\Delta s'_{10}$=5mm，而10层总计沉降量为 s'=251mm．显然

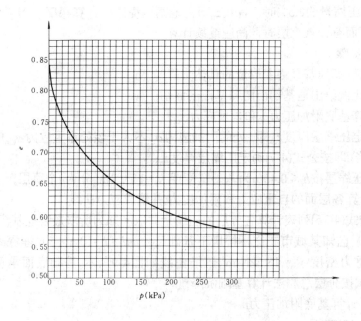

图4-9 【例4-1】压缩曲线

$$\Delta s'_{10} = 5\text{mm} < 0.025 \times s' = 0.025 \times 250 = 6.3(\text{mm})$$

因此，压缩层厚度 z_n=12.5 − 2.5=10m

7. 计算地基压缩层范围内压缩模量的加权平均值，确定沉降计算经验系数

首先列表按公式 $E_{si} = \dfrac{\sigma_{zi}}{\dfrac{e_{1i}-e_{2i}}{1+e_{1i}}}$ 计算各层的压缩模量，然后计算压缩模量的加权平均

值 E_{si}

$$E'_{si} = \frac{1 \times (2.53 + 2.84 + 2.99 + 3.19 + 3.39 + 3.58 + 4.02 + 4.33 + 5.23 + 6.05)}{10} = 3.82(\text{MPa})$$

根据 E'_{si} =3.82MPa,查表4-7插值的沉降计算经验系数 m_s =1.14。

8.计算基础最终沉降量

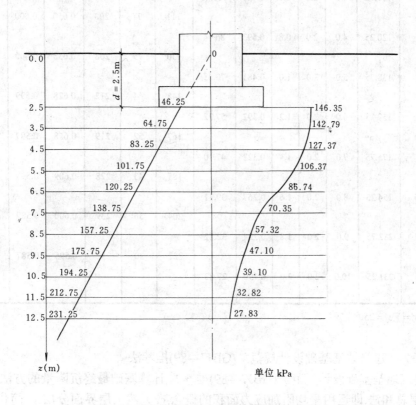

图 4-10 【例 4-1】自重应力和附加应力曲线

$$s = m_s \sum_{i=1}^{n} \frac{e_{1i} - e_{2i}}{1 + e_{1i}} h_i$$

$$= m_s \times s' = 1.14 \times 250 = 285(\text{mm})$$

101

土层编号	分层顶标高	σ_{cz} (kPa)	z	l/b	z/b	α	σ_z (kPa)	$\overline{\sigma}_{cz}$ (kPa)	$\overline{\sigma}_z$ (kPa)	$\overline{\sigma}$ (kPa)	查e_1	查e_2	$\Delta s'$ (mm)	E (MPa)
	2.5	46.25	0.0	2.0	0.0	1.000	146.35							
1								56	145	200	0.700	0.603	57	2.53
	3.5	64.75	1.0	2.0	0.2	0.976	142.79							
2								74	135	209	0.680	0.600	48	2.84
	4.5	83.25	2.0	2.0	0.4	0.870	127.37							
3								93	117	209	0.665	0.600	39	2.99
	5.5	101.75	3.0	2.0	0.6	0.727	106.45							
4								111	97	208	0.650	0.600	30	3.19
	6.5	120.25	4.0	2.0	0.8	0.593	86.74							
5								130	79	208	0.638	0.600	23	3.39
	7.5	138.75	5.0	2.0	1.0	0.481	70.35							
6								148	64	212	0.628	0.599	18	3.58
	8.5	157.25	6.0	2.0	1.2	0.392	57.32							
7								167	52	219	0.618	0.597	13	4.02
	9.5	175.75	7.0	2.0	1.4	0.322	47.10							
8								185	43	228	0.609	0.593	10	4.33
	10.5	194.25	8.0	2.0	1.6	0.267	39.11							
9								204	36	239	0.600	0.589	7	5.23
	11.5	212.75	9.0	2.0	1.8	0.224	32.82							
10								222	30	252	0.595	0.587	5	6.05
	12.5	231.25	10.0	2.0	2.0	0.190	27.83							

注：$s' = \sum s_i' = 250$

（二）《建筑地基基础设计规范》(GBJ7—89)推荐法

《建筑地基基础设计规范》(GBJ7—89)推荐的,计算基础最终沉降量的方法,是一种简化了的分层总和法.即运用平均附加应力面积的概念,按天然土层界面分层,以简化由于分层过多引起的繁琐计算,并结合大量工程实际中沉降观测的统计分析,以经验修正系数 Ψ_s 进行修正,求得地基的最终变形量.

从图4-11中可以看出公式(4-14)中 $\overline{\sigma}_{zi}h_i$ 即为附加应力图形中 $cefd$ 的面积,而此面积是曲线面积 $aefb$ 与 $acdb$ 之差。我们将曲线面积 $aefb$ 用矩形面积 $p_0\overline{a}_i z_i$ 表示,另一曲线面积 $acdb$ 则用矩形面积 $p_0\overline{a}_{i-1}z_{i-1}$ 表示,将上述关系代入式(4-15a)中便得:

$$\Delta s_i' = \sum_{i=1}^{n} \frac{p_0}{E_{si}}(z_i\overline{a}_i - z_{i-1}\overline{a}_{i-1}) \tag{4-19}$$

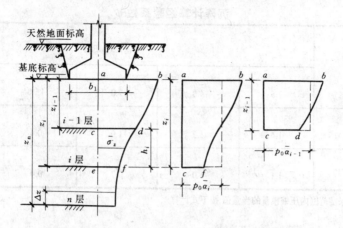

图 4-11 《建筑地基基础设计规范》(GBJ7—89)推荐计算最终沉降量法示意图

引人经验修正系数便得规范推荐计算公式:

$$s = \psi_s s' = \psi_s \sum_{i=1}^{n} \frac{p_0}{E_{si}} (z_i \bar{a}_i - z_{i-1} \bar{a}_{i-1})$$ (4-20)

式中 s——基础最终沉降量(mm);

s'——按分层总和法理论计算的基础沉降量;

Ψ_s——沉降计算经验系数,根据地区沉降观测资料及经验确定,也可采用表4-9中数值;

n——地基沉降计算深度范围内所划分的土层数(图4-11);

p_0——对应于荷载标准值作用时的基础底面处的附加压力(MPa);

E_{si}——基础底面下第i层土的压缩模量,按实际应力范围取值(MPa);

z_i、z_{i-1}——基础底面至第i层土、第$i-1$层土底面的距离(m);

$\bar{a}_i$、$\bar{a}_{i-1}$——基础底面计算点至第i层土、第$i-1$层土底面范围内平均附加应力系数,可按表4-10、表4-11采用。

《建筑地基基础设计规范》(GBJ7—89)推荐,计算基础沉降量的步骤如下:

(1)计算基底附加压力p_0;

(2)将地基土按压缩性分层(即按E_{si}分层);

(3)列表计算各分层的压缩量 $\Delta s_i'$;

(4)确定压缩层厚度z_n;

(5)计算 $\bar{E}_s$,查表确定经验修正系数 Ψ_s;

(6)计算最终沉降量$s = \psi_s \sum \Delta s_i'$。

《建筑地基基础设计规范》(GBJ7—89)规定按下述方法确定地基沉降计算深度z_n:

沉降计算经验系数 ψ_s

基底附加应力	$\overline{E}_s$（MPa）				
	2.5	4.0	7.0	15.0	20.0
$p_0 \geqslant f_k$ ❶	1.4	1.3	1.0	0.4	0.2
$p_0 \leqslant 0.75 f_k$	1.1	1.0	0.7	0.4	0.2

注: $\overline{E}_s$ 为沉降计算深度范围内压缩模量的当量值,按下式计算:

$$\overline{E}_s = \frac{\sum A_i}{\sum \dfrac{A_i}{E_{si}}} \tag{4-21}$$

式中　　A_i——第i层土附加应力系数沿土层厚度的积分值,即第i层土的附加应力系数面积;

　　　　E_{si}——相应于该土层的压缩模量。

当无相邻荷载影响,基础宽度b在1～50m范围内时,基础中点的地基沉降计算深度z_n,可按下列简化公式计算:

$$z_n = b(2.5 - 0.4 \ln b) \tag{4-22}$$

在计算深度范围内存在基岩时,z_n可取至基岩表面。
当存在相邻荷载影响时,地基沉降计算深度z_n应符合下式要求

$$\Delta s'_n < 0.025 \sum_{i=1}^{n} \Delta s'_i \tag{4-23}$$

式中　　$\Delta s'_i$——在计算深度范围内,第i层土的计算沉降值;
　　　　$\Delta s'_n$——在由计算深度向上取厚度Δz的土层计算沉降值。

Δz的位置见图4-11,并按表4-12确定。注意: 此计算法与桥规计算法的区别在于,由计算深度向上取厚度Δz不是一个定值,而是与基础宽度有关的变值。

如确定的计算深度下部仍有较软土层时,应继续计算。

---

❶ f_k 为地基承载力标准值,详见第五章.

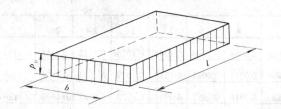

z/b	l/b												
	1.0	1.2	1.4	1.6	1.8	2.0	2.4	2.8	3.2	3.6	4.0	5.0	10.0
0.0	0.2500	0.2500	0.2500	0.2500	0.2500	0.2500	0.2500	0.2500	0.2500	0.2500	0.2500	0.2500	0.2500
0.2	0.2496	0.2497	0.2497	0.2498	0.2498	0.2498	0.2498	0.2498	0.2498	0.2498	0.2498	0.2498	0.2498
0.4	0.2474	0.2479	0.2481	0.2483	0.2483	0.2484	0.2485	0.2485	0.2485	0.2485	0.2485	0.2485	0.2485
0.6	0.2423	0.2437	0.2444	0.2448	0.2451	0.2452	0.2454	0.2455	0.2455	0.2455	0.2455	0.2455	0.2456
0.8	0.2346	0.2372	0.2387	0.2395	0.2400	0.2403	0.2407	0.2408	0.2409	0.2409	0.2410	0.2410	0.2410
1.0	0.2252	0.2291	0.2313	0.2326	0.2335	0.2340	0.2346	0.2349	0.2351	0.2352	0.2352	0.2353	0.2353
1.2	0.2149	0.2199	0.2229	0.2248	0.2260	0.2268	0.2278	0.2282	0.2285	0.2286	0.2287	0.2288	0.2289
1.4	0.2043	0.2102	0.2140	0.2164	0.2180	0.2191	0.2204	0.2211	0.2215	0.2217	0.2218	0.2220	0.2221
1.6	0.1939	0.2009	0.2049	0.2079	0.2099	0.2113	0.2130	0.2138	0.2143	0.2146	0.2148	0.2150	0.2152
1.8	0.1840	0.1912	0.1960	0.1994	0.2018	0.2034	0.2055	0.2066	0.2073	0.2077	0.2079	0.2082	0.2084
2.0	0.1746	0.1822	0.1875	0.1912	0.1938	0.1958	0.1982	0.1996	0.2004	0.2009	0.2012	0.2015	0.2018
2.2	0.1659	0.1737	0.1793	0.1833	0.1862	0.1883	0.1911	0.1927	0.1937	0.1943	0.1947	0.1952	0.1955
2.4	0.1578	0.1657	0.1715	0.1757	0.1789	0.1812	0.1843	0.1862	0.1873	0.1880	0.1885	0.1890	0.1895
2.6	0.1503	0.1583	0.1642	0.1686	0.1719	0.1745	0.1779	0.1799	0.1812	0.1820	0.1825	0.1832	0.1838
2.8	0.1433	0.1514	0.1574	0.1619	0.1654	0.1680	0.1717	0.1739	0.1753	0.1763	0.1769	0.1777	0.1784
3.0	0.1369	0.1449	0.1510	0.1556	0.1592	0.1619	0.1658	0.1682	0.1698	0.1708	0.1715	0.1725	0.1733
3.2	0.1310	0.1390	0.1450	0.1497	0.1533	0.1562	0.1602	0.1628	0.1645	0.1657	0.1664	0.1675	0.1685
3.4	0.1256	0.1334	0.1394	0.1441	0.1478	0.1508	0.1550	0.1577	0.1595	0.1607	0.1616	0.1628	0.1629
3.6	0.1205	0.1282	0.1342	0.1389	0.1427	0.1456	0.1500	0.1528	0.1548	0.1561	0.1570	0.1583	0.1595
3.8	0.1158	0.1234	0.1293	0.1340	0.1378	0.1408	0.1452	0.1482	0.1502	0.1516	0.1526	0.1541	0.1554
4.0	0.1114	0.1189	0.1248	0.1294	0.1332	0.1362	0.1408	0.1438	0.1459	0.1474	0.1485	0.1500	0.1516
4.2	0.1073	0.1147	0.1205	0.1251	0.1289	0.1319	0.1365	0.1396	0.1418	0.1434	0.1445	0.1462	0.1479
4.4	0.1035	0.1107	0.1164	0.1210	0.1248	0.1279	0.1325	0.1357	0.1379	0.1396	0.1407	0.1425	0.1444
4.6	0.1000	0.1070	0.1127	0.1172	0.1209	0.1240	0.1287	0.1319	0.1342	0.1359	0.1371	0.1390	0.1410
4.8	0.0967	0.1036	0.1091	0.1136	0.1173	0.1204	0.1250	0.1283	0.1307	0.1324	0.1337	0.1357	0.1379
5.0	0.0935	0.1003	0.1057	0.1102	0.1139	0.1169	0.1216	0.1249	0.1273	0.1291	0.1301	0.1325	0.1348
5.2	0.0906	0.0972	0.1026	0.1070	0.1106	0.1136	0.1183	0.1217	0.1241	0.1259	0.1273	0.1295	0.1320
5.4	0.0878	0.0943	0.0996	0.1039	0.1075	0.1105	0.1152	0.1186	0.1211	0.1229	0.1243	0.1265	0.1292

z/b	l/b												
	1.0	1.2	1.4	1.6	1.8	2.0	2.4	2.8	3.2	3.6	4.0	5.0	10.0
5.6	0.0852	0.0916	0.0968	0.1010	0.1046	0.1076	0.1122	0.1156	0.1181	0.1200	0.1215	0.1238	0.1266
5.8	0.0828	0.0890	0.0941	0.0983	0.1018	0.1047	0.1094	0.1128	0.1153	0.1172	0.1187	0.1211	0.1240
6.0	0.0805	0.0866	0.0916	0.0957	0.0991	0.1020	0.1067	0.1101	0.1126	0.1146	0.1161	0.1185	0.1216
6.2	0.0783	0.0842	0.0891	0.0932	0.0966	0.0995	0.1041	0.1075	0.1101	0.1120	0.1136	0.1161	0.1193
6.4	0.0762	0.0820	0.0869	0.0909	0.0942	0.0971	0.1016	0.1050	0.1076	0.1096	0.1111	0.1137	0.1171
6.6	0.0742	0.0799	0.0847	0.0886	0.0919	0.0948	0.0993	0.1027	0.1053	0.1073	0.1088	0.1114	0.1149
6.8	0.0723	0.0779	0.0826	0.0865	0.0898	0.0926	0.0970	0.1004	0.1030	0.1050	0.1066	0.1092	0.1129
7.0	0.0705	0.0761	0.0806	0.0844	0.0877	0.0904	0.0949	0.0982	0.1008	0.1028	0.1044	0.1071	0.1109
7.2	0.0688	0.0742	0.0787	0.0825	0.0857	0.0384	0.0928	0.0962	0.0987	0.1008	0.1023	0.1051	0.1100
7.4	0.0672	0.0725	0.0769	0.0806	0.0338	0.0365	0.0908	0.0942	0.0967	0.0988	0.1004	0.1031	0.1081
7.6	0.0656	0.0709	0.0752	0.0789	0.0820	0.0846	0.0889	0.0922	0.0948	0.0968	0.0984	0.1012	0.1054
7.8	0.0642	0.0693	0.0736	0.0771	0.0802	0.0828	0.0871	0.0904	0.0929	0.0950	0.0966	0.0994	0.1036
8.0	0.0627	0.0678	0.0720	0.0755	0.0785	0.0811	0.0853	0.0886	0.0912	0.0932	0.0948	0.0976	0.1020
8.2	0.0614	0.0663	0.0705	0.0739	0.0769	0.0795	0.0837	0.0869	0.0894	0.0914	0.0931	0.0959	0.1004
8.4	0.0601	0.0649	0.0690	0.0724	0.0754	0.0779	0.0820	0.0852	0.0878	0.0893	0.0914	0.0943	0.0938
8.6	0.0588	0.0636	0.0676	0.0710	0.0739	0.0764	0.0805	0.0836	0.0862	0.0882	0.0898	0.0927	0.0973
8.8	0.0576	0.0623	0.0663	0.0696	0.0724	0.0749	0.0790	0.0821	0.0846	0.0866	0.0882	0.0912	0.0959
9.2	0.0554	0.0599	0.0637	0.0670	0.0697	0.0721	0.0761	0.0792	0.0817	0.0837	0.0853	0.0882	0.0931
9.6	0.0533	0.0577	0.0614	0.0645	0.0672	0.0696	0.0734	0.0765	0.0789	0.0809	0.0825	0.0855	0.0955
10.0	0.0514	0.0556	0.0592	0.0622	0.0649	0.0672	0.0710	0.0739	0.0763	0.0783	0.0799	0.0829	0.0880
10.4	0.0496	0.0537	0.0572	0.0601	0.0627	0.0649	0.0686	0.0716	0.0739	0.0759	0.0775	0.0804	0.0857
10.8	0.0479	0.0519	0.0553	0.0581	0.0606	0.0628	0.0664	0.0693	0.0717	0.0736	0.0751	0.0781	0.0834
11.2	0.0463	0.0502	0.0535	0.0563	0.0587	0.0609	0.0644	0.0672	0.0695	0.0714	0.0730	0.0759	0.0813
11.6	0.0448	0.0486	0.0518	0.0545	0.0569	0.0590	0.0625	0.0652	0.0675	0.0694	0.0709	0.0738	0.0793
12.0	0.0435	0.0471	0.0502	0.0529	0.0552	0.0573	0.0606	0.0634	0.0656	0.0674	0.0690	0.0719	0.0774
12.8	0.0409	0.0444	0.0474	0.0499	0.0521	0.0541	0.0573	0.0599	0.0621	0.0639	0.0654	0.0682	0.0739
13.6	0.0387	0.0420	0.0448	0.0472	0.0493	0.0512	0.0543	0.0568	0.0589	0.0607	0.0621	0.0649	0.0707
14.4	0.0367	0.0398	0.0425	0.0448	0.0468	0.0486	0.0516	0.0540	0.0561	0.0577	0.0592	0.0619	0.0677
15.2	0.0349	0.0379	0.0404	0.0426	0.0446	0.0463	0.0492	0.0515	0.0535	0.0551	0.0565	0.0592	0.0650
16.0	0.0332	0.0361	0.0385	0.0407	0.0425	0.0442	0.0469	0.0492	0.0511	0.0527	0.0540	0.0567	0.0625
18.0	0.0297	0.0323	0.0345	0.0364	0.0381	0.0396	0.0422	0.0442	0.0460	0.0475	0.0487	0.0512	0.0570
20.0	0269	0.0292	0.0312	0.0330	0.0345	0.0359	0.0383	0.0402	0.0418	0.0432	0.0444	0.0468	0.0524

圆形面积上均布荷载作用下中点的附加应力系数 α 与平均附加应力系数 $\overline{\alpha}$ 表 4-11

z/r	圆形		z/r	圆形	
	α	$\overline{\alpha}$		α	$\overline{\alpha}$
0.0	1.000	1.000	2.6	0.187	0.560
0.10	0.999	1.000	2.7	0.175	0.546
0.2	0.992	0.998	2.8	0.165	0.532
0.3	0.976	0.993	2.9	0.155	0.519
0.4	0.949	0.986	3.0	0.146	0.507
0.5	0.911	0.974	3.1	0.138	0.495
0.6	0.864	0.960	3.2	0.130	0.484
0.7	0.811	0.942	3.3	0.124	0.473
0.8	0.756	0.923	3.4	0.117	0.463
0.9	0.701	0.901	3.5	0.111	0.453
1.0	0.647	0.878	3.6	0.106	0.443
1.1	0.595	0.855	3.7	0.101	0.434
1.2	0.547	0.831	3.8	0.096	0.425
1.3	0.502	0.808	3.9	0.091	0.417
1.4	0.461	0.784	4.0	0.087	0.409
1.5	0.424	0.762	4.1	0.083	0.401
1.6	0.390	0.739	4.2	0.079	0.393
1.7	0.360	0.718	4.3	0.076	0.386
1.8	0.332	0.697	4.4	0.073	0.379
1.9	0.307	0.677	4.5	0.070	0.372
2.0	0.285	0.658	4.6	0.067	0.365
2.1	0.264	0.640	4.7	0.064	0.359
2.2	0.245	0.623	4.8	0.062	0.353
2.3	0.229	0.606	4.9	0.059	0.347
2.4	0.210	0.590	5.0	0.057	0.341
2.5	0.200	0.574			

表 4-12

	Δz					
b	≤2	2<b≤4	4<b≤8	8<b≤15	15<b≤30	>30
Δz	0.3	0.6	0.8	1.0	1.2	1.5

【例4-2】试按《建筑地基基础设计规范》(GBJ7—89)计算图4-12所示基础Ⅰ中点的最终沉降量,并考虑相邻基础Ⅱ的影响。已知基础Ⅰ和Ⅱ各承受总荷载标准值 Q_k=1134kN,基础底面尺寸 $b \times l$=2m×3m,基础埋置深度 d=2m,其它条件参见图4-12。

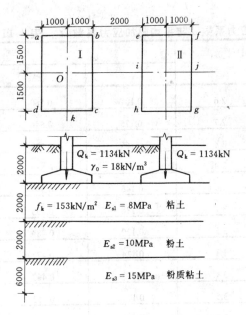

图 4-12 【例 4-2】已知条件示意图

【解】

(1)计算基底附加应力 p_0

$$p_0 = p - p_{cz} = \frac{Q_k}{bl} - \gamma_0 d$$

$$= \frac{1134}{2 \times 3} - 18 \times 2$$

$$= 153(kPa) = 0.153(MPa)$$

(2)列表计算地基沉降计算深度范围内各土层的计算沉降量 $\Delta s_i{}'$;(详见表4-13)。

据b=2m查表4-12得 $\Delta z=0.3m$,按 $z_n=4m$ 试算,则将 z_n 分为3层, z_i 分别为0.2、3.7、4(m)。

(3)确定地基沉降计算深度 z_n

【例 4-2】计算表 　　　　　　　　　　　　　　表 4-13

			0	1	2	3
土层编号i			0	1	2	3
z_i(m)			0	2	3.7	4
基础 I 的影响	b=1m,l=1.5m,l/b=1.5	z/b	0	2	3.7	4
		$\overline{\alpha}$	0.2500	0.1894	0.1341	0.1271
基础 II 对基础 I 的影响	矩形okgj	z/b	0	1.3	2.5	2.7
	b=1.5m,l=5m,l/b=3.3	$\overline{\alpha}_1$	0.2500	0.2250	0.1845	0.1785
	矩形okhi	z/b	0	1.3	2.5	2.7
	b=1.5m,l=3m,l/b=2	$\overline{\alpha}_2$	0.2500	0.2230	0.1779	0.1713
$\overline{\alpha}_i = 4\overline{\alpha} + 2(\overline{\alpha}_1 - \overline{\alpha}_2)$			1.000	0.7616	0.5496	0.5228
$z_i\overline{\alpha}_i$ (m)			0	1.523	2.034	2.091
$A_i' = z_i\overline{\alpha}_i - z_{i-1}\overline{\alpha}_{i-1}$ (m)			0	1.523	0.511	0.057
E_{si}(MPa)			8	8	10	10
p_0(MPa)			0.153	0.153	0.153	0.153
$\dfrac{p_0}{E_{si}}$			0.0191	0.0191	0.0153	0.0153
$\Delta s_i' = \sum \dfrac{p_0}{E_{si}} \times A_i'$ (m)			0	0.0291	0.0078	0.0009
$s' = \sum \Delta s_i'$ (m)				0.0378		

　　在基底下4m深范围内土层的总计算沉降值s'=37.8mm,在z=4m处以上 $\Delta z=0.3m$ 厚土层的计算沉降值 $\Delta s_n' = \Delta s_3' = 0.9mm$,由于

108

$$\Delta s'_3 = 0.9 \text{mm} < 0.025 s' = 0.025 \times 37.8 = 0.945 \text{(mm)}$$

故沉降计算深度z_n=4m,满足规范要求。

(4)确定沉降经验系数 Ψ_s

公式(4-12)中A_i实际上是第i层土厚度范围内,附加应力曲线所围的面积,即

$$A_i = (z_i \bar{a}_i - z_{i-1} \bar{a}_{i-1}) p_0 = A'_i p_0$$

于是计算压缩范围内土层压缩模量的当量值为:

$$\overline{E} = \frac{\sum A_i}{\sum \dfrac{A_i}{E_{si}}} = \frac{\sum A'_i}{\sum \dfrac{A'_i}{E_{si}}} = \frac{2.091}{\dfrac{1.523}{8} + \dfrac{0.511 + 0.057}{10}} = 8.46 \text{(MPa)}$$

据$p_0 = f_k = 153 \text{MPa}$和$\overline{E} = 8.46 \text{MPa}$,查表4-9,内插得 Ψ_s=0.9。

(5)计算基础 I 最终沉降量s

$$s = \alpha_s s' = 0.9 \times 37.8 = 34.0 \text{(mm)}$$

第三节 饱和土体渗透固结的概念

一、饱和土体渗透固结的概念

在外荷载作用下,弹性体(如钢筋)和凝胶体(如混凝土)的变形将立即发生,表现在荷载愈大变形愈大。然而对于松散集合体(如饱和粘性土)却不然,它的变形不仅与荷载的大小有关,而且还与时间有着密切的关系。从表 4-14 可以看出高压缩性粘性土在施工期间仅仅完成了最终变形量的 5%~ 20%,粗粒土却能在较短的施工期间完成了全部变形量。这些问题均属于饱和土体渗透固结的理论与实践问题。

建筑物在施工期间完成的沉降量   表 4-14

地基土的类别	粗粒土	细粒土(粉土、粘性土)		
		低压缩性	中压缩性	高压缩性
占最终变形量的百分比	100%	50%~80%	20%~50%	5%~20%

如前所述,基础最终沉降量是在荷载产生的附加压力作用下,使土的孔隙体积减小而引起的。如果是压缩饱和土体,则必须是使充满孔隙中的水渗出之后,才能实现土体的完全压缩,而孔隙中水分的渗出则是需要一定的时间过程。我们称在外荷载作用下,土中孔隙水被排出,因而土体的体积发生变化,土体被压密的时间过程为"饱和土的渗透固结",简称为"固结"。

饱和土的渗透固结与土的渗透性有关。粘性土的渗透性很小,孔隙中的饱和水分被完全排出的时间将很长,因此完成渗透固结的时间往往可达几年、几十年、甚至几百年。

饱和土体在承受外荷载压力p时，土中颗粒和充满孔隙的饱和水将共同承担这个压力。其中土颗粒骨架承受的压力称为有效压力，用符号$\overline{\sigma}$表示；孔隙水承受的压力称为孔隙水压力，用符号u表示。于是有外荷载压力等于有效压力与孔隙水压力之和，即

$$p = \overline{\sigma} + u \qquad (4\text{-}24)$$

在饱和土体整个的固结过程中，土颗粒和孔隙水承担的压力在不断变化，随着时间的延续，土颗粒承受的有效压力$\overline{\sigma}$在不断增大，而孔隙水承受的压力u在不断减少，有效压力使土颗粒相互挤压重新排列而趋于密实，孔隙水压力使孔隙水产生渗流，逐渐排出受压缩影响范围外，为实现土体压缩提供了条件。显然土的渗透性愈小，孔隙水排出将愈慢，土颗粒承受的有效压力增长愈慢，固结所需的时间愈长。

二、地基变形与时间关系的估算

在建筑物设计中，除了计算基础最终沉降量s以外，有时还需要知道沉降变形与时间的定量关系，即经过时间t后，地基变形量s_t是多少，以便考虑建筑物有关的净空，连接方法和施工顺序等问题；对发生了裂缝、倾斜等事故的建筑物，也需要知道沉降与时间的定量关系，以便对沉降的计算值与观测值进行分析比较，使人们对地基变形与时间关系的认识日益深刻。

对于建筑物在施工与使用期间基础沉降与时间的定量关系可用固结理论进行估算，但其结果与实际情况相差较大，所以国内外的一些资料建议采用经验公式进行估算。在分析大量建筑沉降观测资料的基础上，建立的经验公式具有重要的现实意义，它可以用来推算最终沉降量，研究建筑物沉降规律的发展趋势，甚至可以分析建筑物的安全性能，确定采取加固措施的必要性。

目前的经验公式一般采用双曲线形和指数型两种，本书仅介绍如何用双曲线经验公式估算地基变形与沉降的关系。

如图4-13所示，实测沉降曲线拐点B以右的曲线，可以近似认为是双曲线。由图可见随着时间增加，基础沉降量在增大，时间趋于无穷，沉降趋于稳定，达到最终沉降值。这种规律可以用双曲线与渐近线来描述。图中坐标系是以最终沉降量s_∞为原点。双曲线方程为：

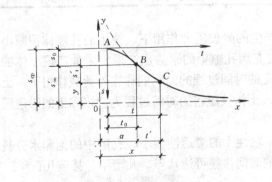

图4-13 双曲线经验公式推证图

$$xy = k \qquad (4\text{-}25)$$

式中 $x = \alpha + t'$；$y = s'_\infty - s'_t$。

当$x = \alpha$；$y = s'_\infty$时（即图上B点），式(4-25)变为：

$$\alpha s'_\infty = k \qquad (4\text{-}26)$$

将式(4-26)代入式(4-25)得：

$$s'_t = s'_\infty \frac{t'}{\alpha + t'} \qquad (4\text{-}27)$$

于是最终沉降量为:

$$s'_\infty = s_0 + s'_\infty \qquad (4\text{-}28)$$

式中 α——待定系数;

       t'——从实测沉降曲线拐点处开始计时的观测时间;

       s'_t——以沉降曲线拐点处为原点在时间 t' 时测得的沉降量(mm);

       s_0——沉降曲线拐点处的沉降量(mm);

       s'_∞——待求的以沉降曲线拐点处为原点的地基最终沉降量(mm);

       s_∞——建筑物最终沉降量(mm)。

当实测数据较少时,可近似采用图4-14的处理方法,将计时的起点选在施工期 T 之半时,这样,经验公式简化为:

$$s_t = \frac{t}{\alpha + t} s_\infty \qquad (4\text{-}29)$$

将实测曲线任意两组数据 $(s_1$、t_1 和 s_2、$t_2)$ 代入式(4-29),解得:

$$s_\infty = \frac{t_2 - t_1}{\dfrac{t_2}{s_2} - \dfrac{t_1}{s_1}} \qquad (4\text{-}30)$$

$$\alpha = \frac{t_1}{s_1} s_\infty - t_1 = \frac{t_2}{s_2} s_\infty - t_2 \qquad (4\text{-}31)$$

于是任一时刻的沉降量 s_t 即可用式(4-29)求得。

双曲线经验公式(4-27)还可以写成:

$$\frac{1}{s'_t} = \frac{1}{s'_\infty} + \frac{\alpha}{s'_\infty}\left(\frac{1}{t'}\right) \qquad (4\text{-}32)$$

式(4-32)是一个以 $1/t'$ 为自变量、$1/s'_t$ 为函数的线性方程,以 $1/s'_t$ 为纵坐标,$1/t'$ 为横坐标,根据实测沉降资料绘制 $1/s'_t$ 与 $1/t'$ 的散点图,求出回归直线(见图4-15),则直线与 $1/s'_t$ 轴相交的截距,即为所求最终沉降量 s'_∞ 的倒数 $1/s'_\infty$。

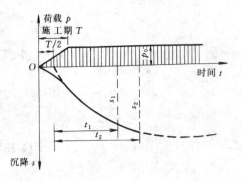

图 4-14 实测沉降—时间曲线

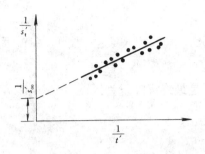

图 4-15 $1/s_t' - 1/t'$ 回归直线图

思 考 题

4 - 1 何谓土的压缩性、压缩系数、压缩模量？试分析钢筋的弹性模量、混凝土的变形模量、地基土的压缩模量有什么联系和区别？

4 - 2 什么是高压缩性土？

4 - 3 如何运用《公路桥涵地基与基础设计规范》的分层总和法计算地基变形量？

4 - 4 如何运用《建筑地基基础设计规范》的推荐法计算地基变形量？

4 - 5 为什么地基变形与时间有关？

4 - 6 在正常压密土层中，若地下水位上升(或下降)，对建筑物沉降有什么影响？为什么？你能举出工程上的实例吗？

习 题

4 - 1 压缩试验结果如表 4 - 15 所示：

表 4-15

p（kPa）	0	50	100	200	300	400
e	0.810	0.780	0.760	0.725	0.690	0.400

(1)绘制压缩曲线，计算 α、E 并判断其压缩性；

(2)若地基中某点的自重应力为 50kPa,附加应力为 150kPa，试问如何计算其压缩系数？

4 - 2 已知桥墩基础构造剖面如图 4-16。地基为一层褐黄色粉质粘土(亚粘土)γ = 18.3kN/m³， d_0 = 27.3,ω=30%,e=0.942,I_p=16.2,侧限压缩曲线如图 4-17。作用于基底的压力 Q=1106.6kN,试按桥规计算基础沉降。

4 - 3 已知跨河桥墩基底尺寸为 6m × 12m，基础埋深 3.5m,(图 4-18)中心荷载 17490kN，粘性土地基厚 5.5m,饱和重力密度 γ_{sat} = 19.31kN/m³，侧限压缩曲线如图 4-19，其粘性土层下面为岩石。试计算基础沉降量。

4 - 4 某单独基础，$b \times l$=2m × 3m，d = 1.5m，地质剖面如图 4-20 所示，轴心压力标准值 Q=700kN，试计算基础沉降量。

4 - 5 中心受压正方形基础 $b \times l$=2m × 2m，轴心压力标准值 Q=588kN，地质剖面如图 3-21 所示，试绘制自重应力曲线、附加应力曲线，并计算基础沉降量。

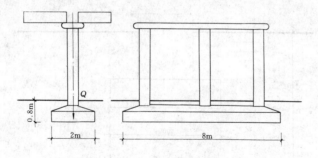

图 4-16 习题 4-2 示意图

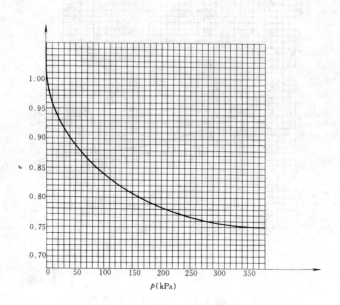

图 4-17 习题 4-2 示意图

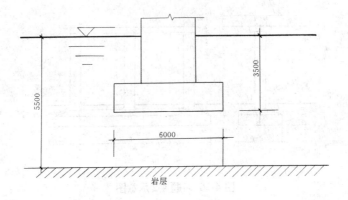

图 4-18 习题 4-3 示意图

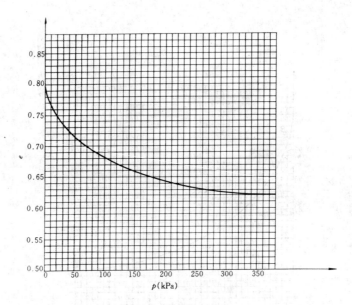

图 4-19 习题 4-3 示意图

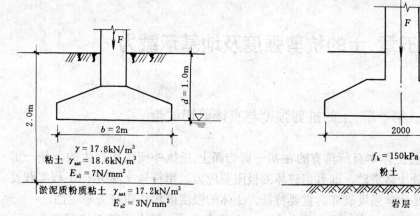

图 4-20 习题 4-4 示意图

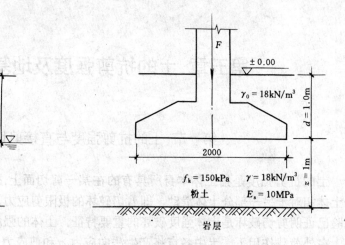

图 4-21 习题 4-5 示意图

第五章 土的抗剪强度及地基承载力

第一节 土的抗剪强度与直接剪切试验

土的抗剪强度是指土体本身所具有的在某一剪切面上,抵抗外荷载所产生的,使一部分土体相对于另一部分土体滑动,即剪切破坏的极限剪应力,用符号 τ_f 表示。工程实践及试验已证明剪切破坏是土体强度破坏的重要特征。土体的强度破坏也叫丧失稳定性。

在外荷载作用下,土中各点将产生法向应力 σ 和剪应力 τ。若土中某点的剪应力 τ 达到该点的抗剪强度 τ_f,则土体之间将沿剪应力作用面产生相对滑动,于是称该点处于强度破坏状态。如果达到强度破坏的点随着外荷增大而愈来愈多,最后将形成一个连续的滑裂面,整个地基因失去稳定而发生强度破坏。地基土体承载力不足是以地基失稳先决条件的,所以土体的承载力问题,实质上是土的抗剪强度问题。图5-1所示为路堤路基、基槽边坡和建筑物地基失稳破坏示意图。

土的抗剪强度直接涉及到地基承载力、地基稳定性、土坡稳定性、挡土墙及地下结构上的土压力等问题。因此,必须了解土的抗剪强度的来源、测试方法,分析影响因素,研究土的极限平衡条件以及地基土的承载力。

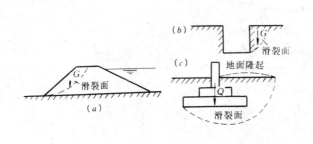

图 5-1 路堤路基、基槽边坡和建筑物地基失稳破坏示意图

(a) 路基; (b) 基槽; (c) 建筑物地基

一、直接剪切试验

土的抗剪强度值(τ_f)等于当土体在荷载作用下发生剪切破坏时,作用在剪切面上的极限剪应力值。

测定土的抗剪强度常用直接剪切仪。图5-2为直接剪切仪示意图,该仪器主要部分由固定的上盒和活动的下盒组成,土样放在盒内上下透水石(供排水之用)之间。试验时,先通过加荷板施加法向压力 Q,土样压缩 Δs,然后在下盒施加水平力为 T,使其发生水平位移 Δl,从而使土样沿上下盒之间的水平接触面剪切直至破坏。设这时的水平力为 T。土样的水平截面积为 A,则作用在土样上的法向应力为 $\sigma = Q/A$,而土的抗剪强度为 $\tau_f = T/A$,试验时,一般用4～6个相同的土样,分别对它们施加不同的法向压力 Q_i,使其剪切破坏,这样可得到4～6组 σ_i,,τ_{fi}值,以 τ_f 为纵坐标、σ 为横坐标,将试验数据绘于坐标系中,作"回归直线",该直线即为土的抗剪强度曲线.它反映了 τ_f 与 σ 的关系(图5-3)。

二、土的抗剪强度表达式

从图5-3可知：由各个点（τ_{fi}、σ_i）经回归分析得到的 $\tau_f - \sigma$ 曲线为一条直线，于是根据粗粒土和细粒土的试验结果分别得到土的抗剪强度表达式为：

粗粒土

$$\tau_f = \sigma \operatorname{tg}\varphi \qquad\qquad\qquad (5\text{-}1a)$$

细粒土

$$\tau_f = \sigma \operatorname{tg}\varphi + c \qquad\qquad\qquad (5\text{-}1b)$$

式中　　σ——法向应力(kPa)；

　　　τ_f——土的抗剪强度(kPa)；

　　　φ——土的内摩擦角(°)；

　　　c——土的粘聚力(kPa)，粗粒土$c=0$。

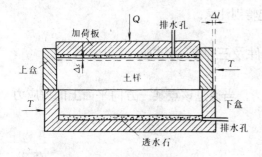

图 5-2 直接剪切试验仪示意图

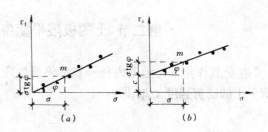

图 5-3 抗剪强度 $\sigma - \tau_f$ 曲线

(a) 粗粒土；　(b) 细粒土

三、土的抗剪强度指标

分析土的抗剪强度表达式(5-1)可知：

(1)土的抗剪强度是由法向应力产生的内摩擦力 $\sigma \operatorname{tg}\varphi$ 和细粒间的粘聚力c两部分组成的；

(2)土的抗剪强度是用式(5-1)线性方程来描述的一个变量。土的抗剪强度 τ_f 是随法向应力 σ 的增大而增大的，这说明土的抗剪强度与钢筋、混凝土的抗剪强度不同。钢筋、混凝土的抗剪强度是用一个定值来描述的，而土的抗剪强度却是用线形方程来描述，区别则在于土的抗剪强度是一个变量；

(3)土的抗剪强度公式(5-1)中的内摩擦角 φ 和土的粘聚力c统称为土的抗剪强度指标。土的抗剪强度指标 φ、c值愈大，说明土的抗剪强度愈大。

如上所述：反映土的抗剪强度的两个力学性质指标是：内摩擦角 φ 和粘聚力c。

内摩擦角 φ 反映了土的摩擦特性，一般认为它包含两部分：

(1)土颗粒的表面摩擦力；

117

(2)颗粒间的嵌入和联系作用产生的咬合力.

对以上内摩擦力的分析,可知土颗粒的形状、级配、土的密实程度等因素将影响内摩擦角的大小.

粘聚力反映了细粒土颗粒之间联系密切程度的特征.形成粘聚力c的原因包括以下三方面:

(1)原始粘聚力 是由于颗粒间的水膜与相邻土粒之间的分子引力所形成的.当土的天然结构被破坏时,原始粘聚力的一部分将丧失,但当土的密度恢复到初始状态时,原始粘聚力将随之恢复;

(2)固化粘聚力 是由土中水溶性化合物的胶结作用而形成的.当天然结构被破坏时,这部分粘聚力即丧失,而且在短时期内不能恢复;

(3)毛细粘聚力 是由土中水的毛细作用而形成的.对于洁净的干砂,粘聚力$c=0$.但是由于砂土中夹有粘土颗粒或者细粉砂土处于潮湿状态,有时也会存在很小的粘聚力.

可见土颗粒的矿物成分、粘粒含量、初始应力状态、土的成因类型等因素将影响土体粘聚力的大小.

影响土体抗剪强度指标的因素还很多,也很复杂,除了以上的分析外,内摩擦角φ和粘聚力c的大小还与试验方法有关,特别是与含水量的多少有关,其关系是:含水量越大,φ、c值愈小,土的抗剪强度愈低.这点应引起特别注意.

第二节 土的极限平衡条件及三轴剪切试验

在荷载作用下,地基内任一点都将产生应力,当通过该点某一方向平面上的剪应力τ等于土的抗剪强度τ_f时,即

$$\tau = \tau_f \tag{5-2}$$

就称该点处于极限平衡状态.公式(5-2)即为土的极限平衡条件(也是土的剪切破坏条件).

但是由于τ_f是一个变量,直接应用式(5-2)来分析土的极限平衡状态,在实用上很不方便.为了解决这一矛盾,一般是将(5-2)变换算成实用的土的极限平衡条件主应力表达式,即

$$\sigma_1 = \sigma_3 \text{tg}^2 \left(45° + \frac{\varphi}{2}\right) + 2c \cdot \text{tg}\left(45° + \frac{\varphi}{2}\right) \tag{5-3a}$$

$$\sigma_3 = \sigma_1 \text{tg}^2 \left(45° - \frac{\varphi}{2}\right) - 2c \cdot \text{tg}\left(45° - \frac{\varphi}{2}\right) \tag{5-3b}$$

一、土中一点的应力状态

为了求得实用的极限平衡条件主应力表达式,我们先来研究土中一点的应力状态.

假设土体为直线变形体,并规定:正应力σ以受压为正,剪应力τ以使微元体逆时针转为正.然后,直接引用材料力学中一点的应力状态主应力(σ_1、σ_3)表达式,则有

$$\left. \begin{array}{l} \sigma = \dfrac{1}{2}(\sigma_1 + \sigma_3) + \dfrac{1}{2}(\sigma_1 - \sigma_3)\cos 2\alpha \\[3mm] \tau = \dfrac{1}{2}(\sigma_1 - \sigma_3)\sin 2\alpha \end{array} \right\} \qquad (5\text{-}4)$$

图5-4中，与大主应力面pq相交成α角的mn斜面上的正应力σ和剪应力τ可按公式(5-4)计算。图5-5中的摩尔应力圆直观地体现了公式(5-4)的几何意义，即土中一点、各个面上的正应力和剪应力组成了一个以O_1为圆心$OO_1 = \dfrac{1}{2}(\sigma_1 + \sigma_3)$，以$\dfrac{1}{2}(\sigma_1 - \sigma_3)$为半径的圆。

例如:从O_1C开始，见图5-5，逆时针旋转2α角,，在圆周上得到一点A, A点的横坐标$OO_1 + OD = \dfrac{1}{2}(\sigma_1 + \sigma_3) + (\dfrac{1}{2}\sigma_1 - \sigma_3)\cos 2a$ 就表示斜面mn上的正应力σ,纵坐标$AD = \dfrac{1}{2}(\sigma_1 - \sigma_3)\sin 2a$ 就表示该面上的剪应力τ。

因此A点的坐标表示了mn斜面上的应力状态，当α从0°旋转到180°（半圈）时，莫尔圆则旋转一周。因此,土中一点的莫尔应力圆表示了该点各个面上的应力状态,而圆上一点与大主应力面所在点C之间所夹圆心角(2α)的一半即为该点所代表的斜面与大主应力面的夹角(α)。

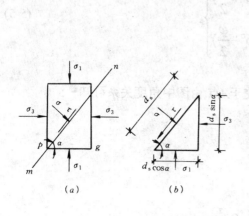

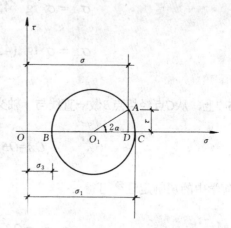

图 5-4 土中一点的应力状态

（a）微分体上的应力；（b）隔离体上的应力

图 5-5 用应力圆求正应力和剪应力

二、土的极限平衡条件主应力表达式的建立

如果土的抗剪强度指标φ、c和土中一点的莫尔应力圆均为已知，则可将土的抗剪强度曲线和莫尔应力置于同一坐标系中，对此两条曲线进行比较，则可判断土中该点所处的状态。详见图5-6。

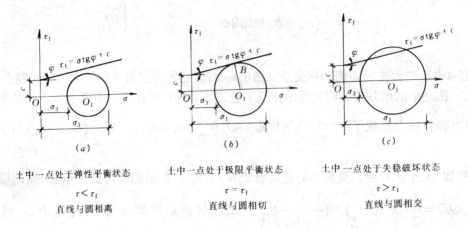

土中一点处于弹性平衡状态   土中一点处于极限平衡状态   土中一点处于失稳破坏状态

$\tau < \tau_f$ $\tau = \tau_f$ $\tau > \tau_f$

直线与圆相离   直线与圆相切   直线与圆相交

图5-6 土体所处三种状态下的应力圆与土的抗剪强度关系图

如图5-6b所示，土中一点处于极限平衡状态时，应力圆与抗剪强度曲线处于相切的状态。下面以图5-7中这一相切的几何关系，建立粗粒土(砂土$c=0$)的极限平衡条件主应力表达式：

$$\left. \begin{aligned} \sigma_1 &= \sigma_3 \, \mathrm{tg}^2 \left(45° + \frac{\varphi}{2}\right) \\ \sigma_3 &= \sigma_1 \, \mathrm{tg}^2 \left(45° - \frac{\varphi}{2}\right) \end{aligned} \right\} \tag{5-5}$$

在图5-7上，从C点经切点B做一直线与τ轴交于A点,由图中角度关系可知[1]：

$$OA = OB$$

由几何学中的切割定理[2]可得：

$$\sigma_1 \sigma_3 = OB^2 = OA^2$$

在$\triangle AOC$中

---

[1] 从图中还知： $\sin\varphi = \dfrac{BO_1}{OO_1} = \dfrac{\sigma_1 - \sigma_3}{\sigma_1 + \sigma_3}$ 。

[2] 切割定理是指圆外一点至圆上的切线长的平方，等于该点至圆上两割线长的乘积，此处OB即为切线长，$\sigma_1 = OD_1$，$\sigma_2 = OC$为割线长。

120

$$\sigma_1^2 = \overline{OA}^2 \cdot tg^2\left(45° + \frac{\varphi}{2}\right) = \sigma_1 \sigma_3 tg^2\left(45° + \frac{\varphi}{2}\right)$$

于是
$$\sigma_1 = \sigma_3\, tg^2\left(45° + \frac{\varphi}{2}\right)$$

由 $tg\left(45° + \dfrac{\varphi}{2}\right)$ 与 $tg\left(45° - \dfrac{\varphi}{2}\right)$ 互为倒数，则得:

$$\sigma_3 = \sigma_1\, tg^2\left(45° - \frac{\varphi}{2}\right)$$

公式(5-5)证毕。

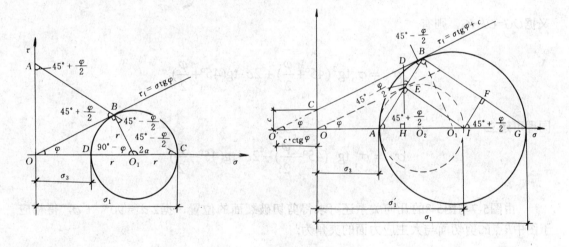

图 5-7 粗粒土极限平衡条件推导示意图   图 5-8 细粒土极限平衡条件推导示意图

细粒土(粘性土与粉土, $c \neq 0$)的极限平衡条件主应力表达式(5-3a)可从图5-8中的几何关系建立[1]。作 OE 平行 BC，过小主应力点 A 作一圆(圆心 O_2)与 OE 相切于 E 点，与 σ 轴交于 I 点。由前可知

$$OI = \sigma_1' = \sigma_3\, tg^2\left(45° + \frac{\varphi}{2}\right)$$

---

[1] 从图中还知: $\sin\varphi = \dfrac{BO_1}{O'O_1} = \dfrac{\sigma_1 - \sigma_3}{\sigma_1 - \sigma_3 + 2c \cdot tg\varphi}$.

下面分析IG与粘聚力c的关系，其中G点为大主应力点．由图中角度关系可知$\triangle EBD$为等腰三角形，腰长$ED=BD=c$，$\angle DEB = 45° - \dfrac{\varphi}{2}$，则

$$EB = 2c \cdot \sin(45° + \frac{\varphi}{2}) = IF$$

在$\triangle GIF$中

$$GI = \frac{IF}{\cos(45° + \dfrac{\varphi}{2})} = \frac{2c \cdot \sin(45° + \dfrac{\varphi}{2})}{\cos(45° + \dfrac{\varphi}{2})} = 2c \cdot tg(45° + \frac{\varphi}{2})$$

又据$OG=OI+IG$，则有

$$\sigma_1 = \sigma_3 tg^2(45° + \frac{\varphi}{2}) + 2c \cdot tg(45° + \frac{\varphi}{2})$$

同理可建立

$$\sigma_3 = \sigma_1 tg^2(45° - \frac{\varphi}{2}) - 2c \cdot tg(45° - \frac{\varphi}{2})$$

由图5-7与图5-8的几何关系还可求得剪切破裂面的位置，据$2\alpha = 90° + \varphi$，得相应于图中B点的剪切面与大主应力面的夹角为：

$$\alpha = 45° + \frac{\varphi}{2} \tag{5-6}$$

α也称为土中一点处于极限平衡状态时的最危险破裂角．

运用极限平衡条件主应力表达式(5-3)判断土中一点所处状态的方法是：

根据实际的小主应力σ_3推算出该点处于极限平衡状态时所能承受的大主应力σ_{1f}与实际大主应力σ_1作比较即可，其中

$$\sigma_{1f} = \sigma_3 tg^2(45° + \frac{\varphi}{2}) + 2c \cdot tg(45° + \frac{\varphi}{2})$$

也可以根据实际的大主应力σ_1计算出σ_{3f}与实际σ_3作比较．其中

$$\sigma_{3f} = \sigma_1 \mathrm{tg}^2 (45° - \frac{\varphi}{2}) - 2c \cdot \mathrm{tg}(45° - \frac{\varphi}{2})$$

参考图5-9，可知判断土体所处状态的依据是：

(1) 若 $\sigma_3 > \sigma_{3f}$ 或 $\sigma_1 < \sigma_{1f}$，   则处于弹性平衡状态；

(2) 若 $\sigma_3 = \sigma_{3f}$ 或 $\sigma_1 = \sigma_{1f}$，   则处于极限平衡状态；

(3) 若 $\sigma_3 < \sigma_{3f}$ 或 $\sigma_1 > \sigma_{1f}$，   则处于失稳破坏状态.

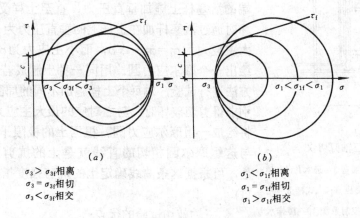

$\sigma_3 > \sigma_{3f}$ 相离
$\sigma_3 = \sigma_{3f}$ 相切
$\sigma_3 < \sigma_{3f}$ 相交

$\sigma_1 < \sigma_{1f}$ 相离
$\sigma_1 = \sigma_{1f}$ 相切
$\sigma_1 > \sigma_{1f}$ 相交

图 5-9 用极限平衡条件判断土中一点的状态示意图

【例5-1】计算粘性土地基中一点的主应力得 σ_1 =280kPa， σ_3 =70kPa,土的抗剪强度指标为 φ = 20°， C=10kPa，试判断该点所处的状态。

【解】计算 σ_{1f} 并与 σ_1 比较。

$$\sigma_{1f} = \sigma_3 \mathrm{tg}^2 (45° + \frac{\varphi}{2}) + 2c \cdot \mathrm{tg}(45° + \frac{\varphi}{2})$$

$$= 70 \times \mathrm{tg}^2 (45° + \frac{20°}{2}) + 2 \times 10 \mathrm{tg}55°$$

$$= 171(\mathrm{kPa})$$

$$\sigma_1 = 280\mathrm{kPa} > \sigma_{1f} = 171(\mathrm{kPa})$$

故可判断处于失稳破坏状态。

三、三轴剪切试验

直剪试验，仪器构造简单，操作方便，在工程中应用比较普遍。但它存在着以下缺点：

(1)剪切破坏面是限定的,并不一定是试样的最薄弱面;

(2)剪切面上应力分布不均匀;

(3)不易控制排水条件。

因此，直接剪切试验适用于二、三级建筑下的可塑状态粘性土地基和饱和度不大于0.5的粉土地基，对于一级建筑物的地基应采用三轴剪切试验的结果。

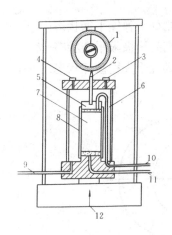

图 5-10 三轴剪切仪

1—量力环;2—活塞;3—进水孔;4—排水孔;5—式样帽;6—受压室;7—式样;8—乳胶膜;9—接周围压力控制系统;10—接排水系统;11—接孔隙水压力系统;12—接轴向压力系统

如图5-10所示，三轴剪切仪由受压室、周围压力控制系统、轴向加压系统、孔隙水压力系统以及试样体积变化量测系统等部分组成。

试验时，圆柱体土样用乳胶膜包裹，放入压力室内，先向压力室内压入液体，使试样受到周围压力σ_3的作用，并使压力σ_3在试验过程中保持不变，然后，在压力室上端的活塞杆上施加垂直压力，直至土样受剪破坏。设破坏时通过活塞杆加在土样上的垂直压力为$\Delta\sigma$，则土样上大主应力为$\sigma_1 = \sigma_3 + \Delta\sigma$，而小主应力为$\sigma_3$。由$\sigma_1$和$\sigma_3$可绘出一个摩尔应力圆。用同一种土制成若干土样，按上述方法进行试验，对每个土样施加不同的周围压力σ_{3i}，可分别求得剪切破坏时，与之对应的最大主应力σ_{1i}，这些结果将绘成一组摩尔应力圆。根据土的极限平衡条件可知，与这组摩尔圆相切的直线就是土的抗剪强度曲线，于是，可根据这条曲线确定土的抗剪强度指标φ、c值(图5-11)。

三轴剪切试验的优点：

（1）可以控制土样的排水固结条件；

（2）能测量试样两端的孔隙水压力，从而能计算出有效应力；

（3）试样的应力条件比较明确，受剪破坏的现象与实际相符，并能观测到倾斜的剪切破坏面，有利于理论分析。

由于试验设备和操作比直剪试验复杂，因而对于比较重要的一级建筑必须依据三轴剪切试验确定地基土的抗剪强度指标。

根据实际工程中，饱和粘性土地基的排水条件，抗剪强度试验分别采用以下三种方法：

1.不排水剪(或称快剪)

这种试验方法在全部试验过程中都不让土样排水固结.在直接剪切试验中，在土样上下两面均贴以蜡纸,在施加法向压力后，立即施加水平剪力，使土样在3~5min内剪坏；而在三轴剪切试验中，自始至终关闭排水阀门，因而土样在剪切破坏时都不能将土中孔隙水排除。

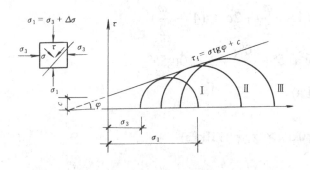

图 5-11 三轴剪切试验原理图

2.固结不排水剪(或称固结快剪)

在直接剪切试验中，在法向压力作用下，使土样完全固结，然后很快施加水平剪力，使土样在剪切过程中来不及排水就被剪切破坏；而在三轴剪切试验中，施加各向等值周围压力 σ_3 时，将排水阀门开启，让土样在 σ_3 作用下排水直至完全固结，然后关闭排水阀门，再加竖向应力 $\Delta\sigma$，使土样在不排水条件下剪切破坏。

3.排水剪(或称慢剪)

这种试验方法在全部试验过程中，允许土样充分排水.在直剪试验中，在竖直压力作用下，让土样充分固结，然后再慢慢施加水平剪力，直至土样发生剪切破坏；而在三轴剪切试验中，无论在施加等值周围压 σ_3，还是施加竖向应力 $\Delta\sigma$ 时，均将排水阀门开启，并给以足够时间让土样中孔隙水压力完全消散。

对粘性土进行剪切实验的三种不同方法，求得的抗剪强度指标是不同的。由于实验时的排水条件不同,施加竖向压力后土样的固结程度的差异和剪应力施加速率的快慢,对同一种土样的实验成果是不同的。内摩擦角 φ 的数值,慢剪最大,快剪最小,固结快剪介于二者之间,粘聚力 C 的数值,用三种不同的方法是基本相等的。

在实际工程中，应当采用上述哪种试验方法，是个十分复杂的问题。总的原则是要根据地基土的实际受力情况和排水条件而定。例如，在一个较厚的高塑性粘土层的天然地基上，以很快的速度填筑路堤，估计粘土层在施工期间排水固结的程度很小，就应用快剪强度指标来验算刚刚填筑完成时的地基稳定性。鉴于近年来国内建筑施工周期短，结构荷载增长速率快，因此，在验算施工结束时的地基短期承载力时，地基基础规范建议采用不排水剪，以保证工程的安全。规范还规定，对于施工周期较长，结构荷载增长速率较慢的工程，宜根据建筑物的荷载及预压荷载作用下地基的固结程度，采用固结不排水剪。

第三节　地基承载力

地基承载力是指在保证基础沉降量不超过容许值和地基稳定的条件下，地基单位面积上所能承受的最大压力。用符号 $[\sigma]$ 或 f 表示。

一、荷载试验 $p\text{-}s$ 曲线成果分析

地基的极限承载力是地基土体抵抗外力剪切破坏的最大荷载。地基极限承载力的大小用地基失稳时，基底单位面积上的最大压力来确定。确定地基承载力最好的办法是现场荷载试验。在第四章第一节中，曾介绍了现场荷载试验(图4-6)以及根据试验记录所绘制的 $p\text{-}s$ 曲线(图4-7)。为了确定地基承载力，现通过图5-12，进一步研究压力 p 和沉降量 s 之间的关系。

从图5-12中，可以看到荷载试验的过程分为三个阶段.

(1)直线变形阶段：即 $p\text{-}s$ 曲线图上 oa 段，a 点所对应的荷载 p_{cr} 称为临塑压力(或比例界限)。在这个阶段 $p<p_{cr}$，压力与变形基本上成直线关系。变形主要是由土的压密(孔隙体积减小)引起的，因此，这一阶段称为压密阶段(图5-12a中Ⅰ)。

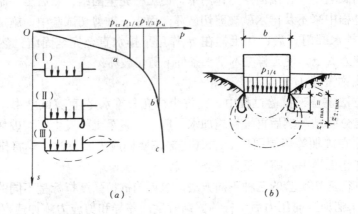

图 5-12 荷载试验 *p-s* 曲线和地基中塑性区示意图

（*a*）*p-s* 曲线及塑性区发展图；（*b*）最大塑性区深度 Z_{max} 示意图

(2)局部剪切阶段：即 *p-s* 曲线图上 *ab* 段，*b* 点所对应的荷载 p_u 称为极限压力。在这个阶段 $p_{cr}<p<p_u$，压力和变形之间成曲线关系。随着压力的增加，地基除了进一步压密外，在荷载板两个边缘还出现了塑性变形区，即局部剪切破坏区(图 5-12*a* 中Ⅱ)。

(3)失稳破坏阶段：即 *p-s* 曲线图上 *bc* 段，在这个阶段 $p>p_u$，压力稍稍增加，地基变形将急剧增大。这时塑性区域扩大，形成连续的滑动面，土体从荷载板下挤出，地面隆起，这时地基已完全丧失稳定性(图 5-12*a* 中Ⅲ)。

与 *p-s* 曲线三个阶段对应的临塑压力 p_{cr} 和极限压力 p_u，以及下面将要介绍的临界压力 $p_{1/4}$ 和 $p_{1/3}$，均是确定地基承载力大小的重要指标。

二、地基承载力的理论解

1.地基临塑压力(比例界限)p_{cr}

地基临塑压力是指地基土将出现塑性区时的基底压力。在理论计算时，取塑性区的最大深度(见图 5-12b)$z_{max}=0$ 时的结果,即

$$p_{cr}=N_d\gamma_0 d+N_C \cdot c \qquad (5-7)$$

式中　γ_0——基础埋深范围内土的重度(kN / m³)；

　　　d——基础埋置深度(m)；

　　　c——地基土的粘聚力(kN / m²)；

N_d、N_C——承载力系数，据土的内摩擦角查表 5-1 确定。

2.地基临界压力 $p_{1/4}$ 和 $p_{1/3}$

若基底压力 *P* 小于地基临塑压力 p_{cr}，则表明地基不会出现塑性区，这时，地基将有足够的安全储备。实践证明，采用临塑压力作为地基承载力的限值是偏于保守的。实际上，只要地基的塑性区发展范围不超过一定限度，并不会影响建筑物的安全和使用。这样，可

采用地基土出现一定深度的塑性区的基底压力作为地基承载力，这个基底压力称为地基临界压力，其值在 p_{cr} 与 p_u 之间(见图 5-12)。至于塑性区控制在多大范围才合理，目前尚无定论，一般认为，对于中心受压基础，塑性区最大深度宜控制在基底宽度的 1/4，对于偏心受压基础，则宜控制在基底宽度的 1/3，相应的基底压力分别以 $p_{1/4}$ 和 $p_{1/3}$ 表示。在理论推算中，分别取 $z_{max} = 1/4 b$ 和 $1/3 b$ 后，即可解得临界荷载为：

承载力系数 $N_{1/4}$、$N_{1/3}$、N_d 及 N_C 值   表 5-1

φ	$N_{1/4}$	$N_{1/3}$	N_d	N_C	φ	$N_{1/4}$	$N_{1/3}$	N_d	N_C
0°	0	0	1	3	24°	0.7	0.1	3.9	6.5
2°	0	0	1.1	3.3	26°	0.8	1.1	4.4	6.9
4°	0	0.1	1.2	3.5	28°	1.0	1.3	4.9	7.4
6°	0.1	0.1	1.4	3.7	30°	1.2	1.5	5.6	8.0
8°	0.1	0.2	1.6	3.9	32°	1.4	1.8	6.3	8.5
10°	0.2	0.2	1.7	4.2	34°	1.6	2.1	7.2	9.2
12°	0.2	0.3	1.9	4.4	36°	1.8	2.4	8.2	10.0
14°	0.3	0.4	2.2	4.7	38°	2.1	2.8	9.4	10.8
16°	0.4	0.5	2.4	5.0	40°	2.5	3.3	10.8	11.8
18°	0.4	0.6	2.7	5.3	42°	2.9	3.8	12.7	12.8
20°	0.5	0.7	3.1	5.6	44°	3.4	4.5	14.5	14.0
22°	0.6	0.8	3.4	6.0	45°	3.7	4.9	15.6	14.6

$$p_{1/4} = N_{1/4}\gamma \, b + N_d \gamma_0 d + N_c \cdot c \qquad (5\text{-}8)$$

$$p_{1/3} = N_{1/3}\gamma \, b + N_d \gamma_0 d + N_c \cdot c \qquad (5\text{-}9)$$

式中 γ——分别为基底下 $z = 1/4 b$ 或 $z = 1/3 b$ 范围内土的重力密度(kN / m^3)；

$N_{1/4}$、$N_{1/3}$——承载力系数，据土的内摩擦角查表 5-1 确定。

其余符号意义同前。

3.地基的极限压力 p_u

地基丧失稳定时，作用在基础底面的压力称为地基的极限压力，用符号 p_u 表示。这时，地基土的塑性区已形成连续的滑裂面，土从基底下挤出，地面隆起，地基达到完全剪切破坏。

确定地基极限压力理论解的一种方法是：根据模型试验确定土的实际滑裂面形状，然后简化为图 5-13 的形状，再按极限平衡条件求解极限压力。即在条形基础宽度为 b、基础埋深为 d、埋深范围内土的重力密度为 γ_0、基底以下土的重力密度为 γ、内摩擦角为

φ、粘聚力为 C 时,假定滑裂面为折线 ACE ,滑裂面与最大主应力作用面成 α 角
($\alpha = 45° + \varphi/2$); 还假定滑裂土体自重压力 $\gamma z(=\gamma\, b\mathrm{tg}\,\alpha)$各1/2作用于滑裂土体上下两面,即 $\frac{1}{2}\gamma\, b\mathrm{tg}\,\alpha$ 。将地基滑裂土体分为 Ⅰ 、 Ⅱ 两个区,分析极限平衡时的数量关系,得极限压力的一种理论解为:

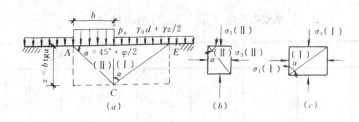

图 5-13 地基极限压力计算图

$$p_{\mathrm{u}} = N_{\mathrm{b}}\gamma\, b + N_{\mathrm{d}}\gamma_0 d + N_{\mathrm{c}}\cdot c \qquad (5\text{-}10)$$

其中

$$\left.\begin{array}{l} N_{\mathrm{b}} = \dfrac{1}{2}\left[\mathrm{tg}^5\left(45° + \dfrac{\varphi}{2}\right) - \mathrm{tg}\left(45° + \dfrac{\varphi}{2}\right)\right] \\[2mm] N_{\mathrm{d}} = \mathrm{tg}^4\left(45° + \dfrac{\varphi}{2}\right) \\[2mm] N_{\mathrm{c}} = 2\left[\mathrm{tg}^3\left(45° + \dfrac{\varphi}{2}\right) + \mathrm{tg}\left(45° + \dfrac{\varphi}{2}\right)\right] \end{array}\right\} \qquad (5\text{-}11)$$

其余符号意义同前。

三、影响地基承载力的因素

分析式(5-7)～(5-10),可以看出影响地基承力的因素有以下三种:

1. 地基土的种类及其物理力学性质(γ、φ、c)

土体的重力密度 γ、内摩擦角 φ、粘聚力 c 愈大,据公式(5-7)～(5-10)计算的地基承载力愈高。在一般情况下,地基土的种类及其物理状态不同,其中 γ、φ、c 值必将各异,地基土的承载力也不一样。例如,粗粒土的内摩擦角一般比细粒土的大,故粗粒土的承载力一般较高;同一类粘性土,密实度愈好,φ、c 值愈大,承载力也愈高。

2. 基础埋置深度(d)

图 5-14 定性地告诉我们,基础 Ⅱ 埋置得比基础 Ⅰ 深,当土体沿滑裂面被挤出时,基础 Ⅱ 所需的基底压力显然比基础 Ⅰ 大,因而说明:基础埋置愈深,地基承载力愈高。由公式(5-7)至(5-10)也可说明:当地基土的重力密度 γ、内摩擦角 φ 及粘聚力 c、基础宽度 b 均

不发生变化时，基础埋置愈深,计算的压力 p_{cr}、$p_{1/4}$、$p_{1/3}$、p_u 愈大，地基的承载力愈高。

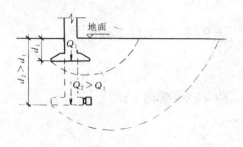

图 5-14 基础埋深 d 对地基承载力的影响

3.基础宽度(b)

当土质条件相同且基础埋置深度 d 相同时，基础底面愈宽，地基承载力愈高。这种影响可以从图 5-15 中定性得到解释：若取 $p_{1/4}$ 临界荷载为地基承载力设计值，由于基础Ⅱ比基础Ⅰ宽，基础Ⅱ下的塑性发展区最大深度 $z_{2,max} = \frac{1}{4}b_2$ 显然比基础Ⅰ的 $z_{1,max} = \frac{1}{4}b_1$ 大，因而，基础Ⅱ所能承受的基底压力 p_2 比基础Ⅰ的 p_1 大，即基础愈宽，地基承载力愈高。

应当指出，以上规律不可能无限制，因为塑性发展区最大深度愈深基础沉降量愈大，地基稳定的可靠性也将愈低；利用无限制加宽基础来提高地基承载力也是不可能的，因此地基基础设计规范综合各种因素后规定：只在基础宽度 b 不大于 6m 或 10m**❶**时，按基础愈宽，地基承载力愈高处理。

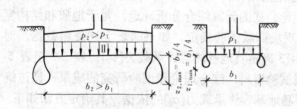

图 5-15 基础宽度 b 对地基承载力的影响示意图

【例 5-2】 已知条形基础宽度 $b=2m$，埋深 $d=1.8m$，埋深范围内土的重力密度 $\gamma_0 = 17kN/m^3$，基底以下为较厚的粘性土，$\gamma = 18kN/m^3$，内摩擦角 $\varphi = 22°$,粘聚力 $c=1kN/m^2$．试求：临塑压力 p_{cr}，临界压力 $p_{1/4}$，极限压力 p_u。

【解】(1)求临塑压力 p_{cr}

由表 5-1 查得当 $\varphi = 22°$ 时，$N_d = 3.4, N_c = 6.0$，按式(5-7)计算得:

$$p_{cr} = N_d \gamma_0 d + N_c \cdot c = 3.4 \times 17 \times 1.8 + 6.0 \times 1 = 110(kN/m^2)$$

(2)求临界压力 $p_{1/4}$

由表 5-1 查得 $N_{1/4} = 0.6$,按式(5-8)求得:

---

❶ 《建筑地基基础设计规范》(GBJ11—89)规定以6m为界；《公路桥涵地基与基础设计规范》(JTJ024—85)规定以10m为界.

$$p_{1/4} = N_{1/4} \gamma \ b + N_d \gamma_0 d + N_c \cdot c$$
$$= 0.6 \times 18 \times 2 + 3.4 \times 17 \times 1.8 + 6.0 \times 1$$
$$= 131.6 (kN/m^2)$$

(3)求极限压力 p_u

由式(5-11)算得 $N_b = 2.84$，$N_d = 4.83$，$N_c = 9.48$，按式(5-10)得：

$$p_u = N_b \gamma b + N_d \gamma_0 d + N_c \cdot c$$
$$= 284 \times 18 \times 2 + 4.83 \times 17 \times 1.8 + 9.48 \times 1$$
$$= 259 (kN/m^2)$$

由本例计算结果可以看出：$p_{cr} < p_{1/4} < p_u$。

四、按《公路桥涵地基与基础设计规范》(JTJ024—85)确定地基容许承载力

地基容许承载力是指在保证基础沉降量不超过容许值和地基稳定的条件下，地基单位面积上所能容许承受的最大压力值，用符号 $[\sigma]$ 或 $[\sigma_0]$ 表示。

目前，在设计市政桥涵工程确定地基承载力时，执行《公路桥涵地基与基础设计规范》(JTJ024—85)的规定。确定地基容许承载力包括"地基容许承载力 $[\sigma_0]$"与"修正后的地基容许承载力 $[\sigma]$"两部分内容。

（一）确定地基的容许承载力 $[\sigma_0]$

桥涵地基的容许承载力 $[\sigma_0]$，应根据地质勘测、原位测试、野外荷载试验、邻近旧桥涵调查对比，以及总结的建筑经验和理论公式的计算综合分析确定。对于地质和结构复杂的桥涵地基的容许承载力 $[\sigma_0]$，必须经现场荷载试验确定。如果缺乏上述资料数据，对于一般的桥涵地基，可参照表 5-2 至表 5-13 确定其地基的容许承载力 $[\sigma_0]$。表 5-2 至表 5-13 是根据大量的桥涵工程建筑经验和荷载试验资料，综合理论和试验研究的成果，通过统计分析，以规范的形式公布的。是确定桥涵地基容许承载力 $[\sigma_0]$ 的依据。其确定方法如下：

当基础宽度 $b \leqslant 2m$，埋置深度 $d \leqslant 3m$ 时，地基的容许承载力 $[\sigma_0]$，可按表 5-2 至表 5-13 选用。其中细粒土的液限 ω_L，液性指数 I_L 等系指采用 76g 平衡锥测定的数值。

1.粘性土（细粒土）

粘性土的容许承载力 $[\sigma_0]$ 按下列四种情况取值：

（1）老粘性土的容许承载力 $[\sigma_0]$，可按土的压缩模量 E_s(MPa)确定，见表 5-2。

老粘性土的容许承载力 $[\sigma_0]$　　　　　　　　　　　　表 5-2

E_s（MPa）	10	15	20	25	30	35	40
$[\sigma_0]$（kPa）	380	430	470	510	550	580	620

注：1.老粘性土是指第四纪晚更新世（Q_3）及其以前沉积的粘性土。一般具有较高的强度和较低的压缩性。

　　2. $E_s = \dfrac{1+e_1}{a_{1-2}}$

式中　e_1——压力为 0.1MPa 时，土样的孔隙比；

　　　a_{1-2}——对应于 0.1～0.2MPa 压力段的压缩系数（1/MPa）；

　　　E_s——压缩模量，当老粘性土 $E_s < 10MPa$ 时，容许承载力 $[\sigma_0]$ 按一般粘性土（表 5-3）确定。

(2)一般粘性土的容许承载力$[\sigma_0]$可按液性指数I_L和天然孔隙比e确定，见表5-3。

一般性土的容许承载力$[\sigma_0]$（kPa） 表5-3

e	I_L												
	0	0.1	0.2	0.3	0.4	0.5	0.6	0.7	0.8	0.9	1.0	1.1	1.2
0.5	450	440	430	420	400	380	350	310	270	240	220	-	-
0.6	420	410	400	380	360	340	310	280	250	220	200	180	-
0.7	400	370	350	330	310	290	270	240	220	190	170	160	150
0.8	380	330	300	280	260	240	230	210	180	160	150	140	130
0.9	320	280	260	240	220	210	190	180	160	140	130	120	100
1.0	250	230	220	210	190	170	160	150	140	120	110	-	-
1.1	-	-	160	150	140	130	120	110	100	90	-	-	-

注：1.一般粘性土是指第四纪全新世（Q_4）（文化期以前）沉积的粘性土，一般为正常沉积的粘性土.

2.土中含有粒径大于2mm的颗粒重量超过全部重量30%以上的，$[\sigma_0]$可酌量提高.

3.当$e<0.5$时，取$e=0.5$；$I_L<0$时，取$I_L=0$. 此外，超过表列范围的一般粘性土，$[\sigma_0]$可按下式计算：

$$[\sigma_0] = 57.22\, E_s^{0.57} \tag{5-12}$$

式中 Es——土的压缩模量（MPa）；

4.粘性土的液性指数（即稠度系数）I_L，见第二章第四节公式(2-21).

（3）新近沉积粘性土的容许承载力$[\sigma_0]$，可按液性指数I_L和天然孔隙比e确定，见表5-4。

新近沉积粘性土的容许承载力$[\sigma_0]$（kPa） 表5-4

e	I_L		
	≤ 0.25	0.75	1.25
≤ 0.8	140	120	100
0.9	130	110	90
1.0	120	100	80
1.1	110	90	-

注：新近沉积粘性土是指文化期以来沉积的粘性土，一般为欠固结，且强度较低.

（4）残积粘性土的容许承载力$[\sigma_0]$，可按土的压缩模量E_s(MPa)确定，见表5-5。

残积粘性土的容许承载力 $[\sigma_0]$ 表 5-5

E_s(MPa)	4	6	8	10	12	14	16	18	20
$[\sigma_0]$（kPa）	190	220	250	270	290	310	320	330	340

注：本表适用于西南地区碳酸盐类岩层的残积红土，其他地区可参照使用.

2.砂土

砂土地基的容许承载力 $[\sigma_0]$，可按表 5-6 选用.

砂土的容许承载力 $[\sigma_0]$(kPa)   表 5-6

土 名	湿度	砂土的状态		
		密实程度		
		密 实	中 密	松 散
砾砂、粗砂	与湿度无关	550	400	200
中 砂	与湿度无关	450	350	150
细 砂	水 上	350	250	100
	水 下	300	200	-
粉 砂	水 上	300	200	-
	水 下	200	100	-

注：1.砂土的密实度按相对密度 D_r 确定，详见第二章第四节.

      2.砂土的潮湿度划分标准见第二章第四节.

3.碎石土

碎石土的容许承载力 $[\sigma_0]$，可按表 5-7 选用.

碎石土的容许承载力 $[\sigma_0]$ 表 5-7

土 名	密实程度		
	密 实	中 密	松 散
卵 石	1200 ~ 1000	1000 ~ 600	500 ~ 300
碎 石	1000 ~ 800	800 ~ 500	400 ~ 200
圆 砾	800 ~ 600	600 ~ 400	300 ~ 200
角 砾	700 ~ 500	500 ~ 300	300 ~ 200

注：1.由硬质岩组成，填充砂土者取高值，由软质岩组成，填充粘性土者取低值；

      2.半胶结的碎石土，可按密实的同类土的 $[\sigma_0]$ 值提高 10% ~ 30 %；

      3.松散的碎石土在天然河床中很少遇见，需特别注意鉴定；

      4.漂石、块石的 $[\sigma_0]$ 值，可参照卵石、碎石适当提高.

4.岩石

岩石的容许承载力$[\sigma_0]$，可按表 5-8 选用。对于复杂的岩层（如溶洞、断层、软弱夹层、易溶岩石等）应个别研究确定。

岩石的容许承载力$[\sigma_0]$（kPa）   表 5-8

岩石名称	岩石的破碎程度		
	碎石状	碎块状	大块状
硬质岩（$R_a^f > 30\text{MPa}$）	1500 ~ 2000	2000 ~ 3000	> 4000
软质岩（$R_a^f = 5 \sim 30\text{MPa}$）	800 ~ 1200	1000 ~ 1500	1500 ~ 3000
极软岩（$R_a^f < 5\text{MPa}$）	400 ~ 800	600 ~ 1000	800 ~ 1200

注: 1.表中 R_a^f 为岩块单轴抗压强度，表中数值视岩块强度、厚度、裂隙发育程度等因素适当选用。易软化的岩石及极软岩受水浸泡时，宜用较低值；

2.软质岩强度 R_a^f 高于 30MPa 者仍按软质岩计；

3.岩石已风化成砾、砂、土状的（即风化残积物），可比照相应的土类确定其容许承载力$[\sigma_0]$，如颗粒间有一定的胶结力，可比照相应的土类适当提高；

4.岩石的分类、风化程度、软化系数、破碎程度的划分见表 2-12、表 2-13、表 2-14、表 2-15.

5.黄土

黄土的容许承载力$[\sigma_0]$按下列各表采用，黄土的分类见表 2-20 。

（1）新近堆积黄土的容许承载力$[\sigma_0]$，可按土的含水比（天然含水量ω于液限ω_L的比值）确定，见表 5-9 。

新近堆积黄土的容许承载力$[\sigma_0]$ 表 5-9

含水比 ω/ω_L	0.4	0.5	0.6	0.7	0.8	1.0	1.2
$[\sigma_0]$(kPa)	130	120	110	100	90	80	70

注: 表列新近堆积黄土为湿陷性黄土，经人工处理后，其承载力按下列系数提高：

1.人工夯实（用 0.5kN 的普通石夯，落距 50cm，分别夯三遍），提高 1.2；

2.换土夯实[表层换填卵石 16cm，三七石灰土（体积比三分石灰、七分土）4cm，电动蛙式机夯打 3 ~ 4 遍]，提高 1.3；

3.重锤夯实（包括表层 1 ~ 1.5m 厚度的夯实和回填夯实），提高 2.0；

4.打石灰砂桩（基础底面地基加固），提高 4.0.

（2）一般新黄土的容许承载力$[\sigma_0]$，可按天然含水量ω、液限比（液限ω_L与天然孔隙比 e 的比值）确定，见表 5-10 。

(3)老黄土的容许承载力$[\sigma_0]$，可按天然孔隙比 e 和含水比ω/ω_L确定，见表 5-11 。

一般新黄土的容许承载力 $[\sigma_0]$（kPa）　　　　表 5-10

ω_L/e	ω								
	< 10	13	16	19	22	25	28	31	34
22	190	180	170	150	130	110	90	70	50
25	200	190	180	160	140	120	100	80	60
28	210	200	190	170	150	130	110	90	70
31	230	210	200	180	160	140	120	100	80
34	250	230	210	190	170	150	130	110	100
37	-	250	230	210	190	170	150	130	110
40	-	-	250	230	210	190	170	150	130
43	-	-	-	250	230	210	190	170	150

老黄土的容许承载力 $[\sigma_0]$（kPa）　　　　表 5-11

ω/ω_L \ e	< 0.7	0.7 ~ 0.8	0.8 ~ 0.9	> 0.9
< 0.6	700	600	500	400
0.6 ~ 0.8	500	400	300	250
> 0.8	400	300	250	200

注：山东老黄土性质较差，容许承载力 $[\sigma_0]$ 应降低 100 ~ 200kPa。

6.多年冻土

多年冻土的容许承载力 $[\sigma_0]$,可按表 5-12 选用，多年冻土的分类见表 2-22。

多年冻土的容许承载力 $[\sigma_0]$（kPa）　　　　表 5-12

序号	土的名称	基础底面的月平均最高土温（℃）				
		- 0.5	-1.0	-1.5	-2.0	-3.5
1	块石、卵石、碎石	800	950	1100	1250	1650
2	圆砾、角砾、砾砂、粗砂、中砂	600	750	900	1050	1450
3	细砂、粉砂	450	550	650	750	1000
4	亚砂土	400	450	550	650	850
5	亚粘土、粘土	350	400	450	500	700
6	饱和冰冻土	250	300	350	400	550

注：1.序号 1 ~ 5 为融沉土时，表列数值降低 20 %；

　　2.含土冰层的容许承载力 $[\sigma_0]$，应实测确定；

　　3.基础置于强融沉的土层上时，基底应敷设厚度不小于 20 ~ 30cm 的砂垫层；

　　4.表列数值不适于含盐量大于 0.5 % 的冻土。

7.软土

对于承载力低、压缩性高的软土地基，其容许承载力，必须同时在满足稳定和变形要求的条件下，按下列公式之一确定，沉降量应符合第四章第二节的有关计算规定。

$$[\sigma] = \frac{5.14}{m} k_p \cdot c_u + \gamma_2 d \qquad (5\text{-}13)$$

式中　$[\sigma]$——基底土的容许承载力(kPa);

　　　m——安全系数，可视软土灵敏度及基础长宽比等因素选用 1.5 ~ 2.5;

　　　c_u——不排水抗剪强度(kPa)，可用三轴仪、十字板剪力仪或无侧限抗压试验测得;

　　　k_p——系数，按式（5-14）计算。

$$k_p = \left(1 + 0.2\frac{B}{L}\right)\left(1 - \frac{0.4}{BL} \cdot \frac{H}{c_u}\right) \qquad (5\text{-}14)$$

　　　γ_2——基底以上的重力密度（kN/m³），地下水位以下为浮重γ_b;

　　　d——基础埋置深度（m）。当受水流冲刷时，由一般冲刷线算起;

　　　B——基础宽度（m）;

　　　L——垂直于B边的基础长度（m）。当有偏心荷载时，B 与 L 分别由 B' 与 L'代替;

　　　$B'=B - 2e_B$;　$L'=L-2e_L$;　e_B、e_L 分别为荷载在基础宽度方向长度方向偏心距;

　　　H——荷载的水平分力（kN）。

对小桥、涵洞基础，也可由下式计算软土地基的容许承载力:

$$[\sigma] = [\sigma_0] + \gamma_2(d - 3) \qquad (5\text{-}15)$$

式中　$[\sigma_0]$按表5-13选用。其余符号与前相同。

软土的容许承载力$[\sigma_0]$　　　　　　　　　　　　　　　　　表 5-13

天然含水量 ω	36	40	45	50	55	65	75
$[\sigma_0]$（kPa）	100	90	80	70	60	50	40

注: 表内 ω 为原状土的天然含水量.

需注意: 采用式（5-13）或式（5-15）计算的软土基底容许承载力不再按基础深度和宽度进行修正。

（二）确定修正后的地基容许承载力$[\sigma]$

从影响地基承载力的因素中知道，地基的承载力不仅与地基土的种类和状态有关，还与基础的埋置深度和基础的宽度有关，上述地基容许承载力$[\sigma_0]$是在基础宽度 $b \leqslant 2m$，埋置深度 $d \leqslant 3m$ 的条件下确定的。当基础宽度 b 超过 2m，基础埋置深度 d 超过 3m，且

$d/b \leqslant 4$ 时，按上述条件确定地基的容许承载力$[\sigma_0]$应予以修正，修正后的地基容许承载力$[\sigma]$按下式计算：

$$[\sigma] = [\sigma_0] + k_1 \gamma_1 (b - 2) + k_2 \gamma_2 (d - 3) \qquad (5-16)$$

式中　$[\sigma]$——地基土修正后的容许承载力(kPa)；

$[\sigma_0]$——按表 5-2～表 5-11 查得的地基土的容许承载力（kPa）；

　　b——基础底面的最小边宽（或直径），当 $b < 2m$ 时，取 2m 计；当 $b > 10m$ 时按 10m 计算；

　　d——基础底面的埋置深度（m），对于受水流冲刷的基础，由一般冲刷线算起；不受水流冲刷的基础，由天然地面算起；位于挖方内的基础，由开挖后地面算起；当 $d < 3m$ 时，取 $d = 3m$ 计；

　　γ_1——基底以下持力层土的天然重力密度（kN/m^3）。如持力层在水面以下且为透水者，应采用浮重 γ_b；

　　γ_2——基底以上土的重力密度（kN/m^3）或不同土层的换算重力密度。如持力层在水面以下，且为不透水者，不论基底以上土的透水性质如何，应一律采用饱和重力密度；如持力层为透水者，应一律采用浮重 γ_b；

k_1、k_2——地基土容许承载力随基础宽度、深度的修正系数，按持力层土的种类查表 5-14 决定。

注 1.土体在水中的浮重，按 $\gamma' = \dfrac{1}{1+e}(\gamma_0 - \gamma_w)$ 计算。γ_0 为土的重力密度，一律采用 27～28kN/m^3；γ_w 为水的重力密度，采用 10kN/m^3；e 为天然孔隙比，如无实测数值可按第四章表 4-6 土的物理力学特征表采用

注 2.不同土层换算的平均重力密度，按 $\gamma_z = \dfrac{\sum \gamma_i h_i}{\sum h_i}$ 计算。γ_i 为各土层的重力密度（kN/m^3）；h_i 为各土层的厚度（m）；

应当指出：关于地基承载力的深、宽修正问题，应作全面分析。仅从地基承载力来考虑，基础愈宽，承载力愈大；但是，若从地基变形来考虑，在基底附加压力相同的条件下，基础愈宽，地基变形却愈大（详见例 3-12）。这在粘性土地基和黄土地基上尤为明显，故在表 5-14 中，它们的宽度修正系数均为零。

还应注意：按表 5-14 注 2.、注 3.的规定，对节理不发育或较发育的岩石及冻土，均不作深、宽修正。

由实测资料表明，当基础相对埋置深度 d/b 很大时，地基承载力并不随深度的增加而成正比地增加,所以当 $d/b > 4$ 时公式（5-16）不适用。

地基土容许承载力宽、深度修正系数　　　表5-14

系数	粘性土					黄土			砂土								碎石土			
	老粘性土	一般粘性土		新近沉积粘性土	残积粘性土	新近堆积黄土	一般新黄土	老黄土	粉砂		细砂		中砂		砾砂粗砂		碎石圆砾角砾		卵石	
		$I_L \geqslant 0.5$	$I_L < 0.5$						中密	密实	中密	密实	中密	密实	中密	密实	中密	密实	中密	密实
k_1	0	0	0	0	0	0	0	0	1.0	1.2	1.5	2.0	2.0	3.0	3.0	4.0	3.0	4.0	3.0	4.0
k_2	2.5	1.5	2.5	1.0	1.5	1.0	1.5	1.5	2.0	2.5	3.0	4.0	4.0	5.5	5.0	6.0	5.0	6.0	6.0	10.0

注：　1.对于稍松状态的砂土和松散状态的碎石土，k_1、k_2 值可采用表列中密值的50%。

2.节理不发育或较发育的岩石不作宽度、深度修正，节理发育或很发育的岩石，k_1、k_2 可参照碎石的系数。但对已风化成砂、土状者，则参照砂土、粘性土的系数。

3.冻土的 $k_1 = 0$；$k_2 = 0$。

（三）地基土容许承载力的提高

用公式（5-16）、式（5-15）、式（5-16）确定的地基土容许承载力[σ]，仅适用于受主要荷载作用时的情况，即荷载组合 I **❶** 的情况。当按其他荷载组合验算地基承载力时，容许承载力可按表 5-15 所列的系数 k 予以提高，即容许承载力为 $k[\sigma]$。当受地震作用时，应按《公路工程抗震设计规范》的规定采用。

地基土容许承载力[σ]的提高系数　　　表5-15

序号	荷载与使用情况	提高系数（k）
1	荷载组合 I	1.00
2	荷载组合 II、III、IV、V	1.25
3	经多年压实未受破坏的旧桥基	1.50

注：1.荷载组合 V 中，当承受拱施工期间的单向恒载推力时，$k=1.50$；

2.各项提高系数不得互相叠加；

3.岩石旧桥基的容许承载力不得提高；

4.容许承载力小于150kPa的地基，对于表列第二项情况，$k=1.0$；对于第三项及注1.情况，$k=1.25$；

5.表中荷载组合 I 如包括由混凝土收缩及徐变或水浮力引起的荷载效应，则与荷载组合 II 相同对待。

《公路桥涵地基与基础设计规范》(JTJ024—85)还规定:当墩台建在水中而其基底土又

---

❶ 关于荷载组合的概念，请参考第八章第二节。

为不透水层时,自平均常水位至一般冲刷线处,水深每米基底容许承载力可增加 10kPa。

【例 5-3】 某立交桥基础,底面尺寸 $b \times l$=4m × 10m,埋置深度 d=5m,持力层为一般粘性土,天然重力密度 γ_1 = 19.4kN/m³,天然孔隙比 e=0.7,塑限 ω_P=22 %,液限 ω_L = 78 %,天然含水量 ω = 50 %,基底以上回填粘性土的重力密度 γ_2 = 18.5kN/m³。试确定修正后的地基的容许承载力 $[\sigma]$。

【解】（1）确定地基容许承载力 $[\sigma_0]$

计算液性指数 I_L

$$I_L = \frac{\omega - \omega_P}{\omega_L - \omega_P} = \frac{50 - 22}{78 - 22} = 0.5$$

根据天然孔隙比 e=0.7 和液性指数 I_L = 0.5,查表 5-3 得地基容许承载力 $[\sigma_0]$=290kPa。

（2）确定修正后的地基容许承载力 $[\sigma]$

鉴于基础宽度 B=4m > 2m,基础埋深 d=5m > 3m,需进行深、宽修正,根据一般粘性土,液性指数 I_L = 0.5 查表 5-14,得 k_1=0,k_2=1.5,于是按式（5-16）得修正后的地基容许承载力 $[\sigma]$ 为:

$$\begin{aligned}
[\sigma] &= [\sigma_0] + k_1\gamma_1(b-2) + k_2\gamma_2(d-3) \\
&= 290 + 0 + 1.5 \times 18.5 \times (5-3) \\
&= 345.5 (\text{kPa})
\end{aligned}$$

五、按《建筑地基基础设计规范》(GBJ7-89)确定地基承载力设计值 f

地基土承载力设计值[1] 是指在保证地基变形和稳定的条件下,计算基底面积或复核地基承载力时地基单位面积上所能取用的最大压力值,用符号 f 表示。

确定地基土承载力设计值的方法有三种,即:

1.按《建筑地基基础设计规范》(GBJ7—89)中承载力表格确定地基土承载力设计值 f;

2.按载荷试验 p-s 曲线确定地基土承载力设计值 f;

3.按理论公式确定地基承载力设计值 f_v。

(一)按《建筑地基基础设计规范》(GBJ7—89)中的承载力表格确定地基土承载力设计值 f

目前,在设计道桥以外的市政工程时,执行《建筑地基基础设计规范》(GBJ7—89)。其确定地基承载力设计值的步骤是:先确定其标准值,然后再确定其设计值。兹分述如下。

---

[1] 《建筑地基基础设计规范》(GBJ7-89)根据《建筑结构设计统一标准》(GBJ68—84),按概率极限状态设计法,确定材料性能标准值和设计值（即承载力标准值和承载力设计值），区别于《公路桥涵地基与基础设计规范》(JTJ024—85)中的容许承载力。其原因在于桥规按安全系数法设计。表现在设计中的区别是荷载取值有别。荷载确定后的计算原则是一致的。

1.确定地基承载力标准值 f_k

地基承载力标准值是在正常情况下,可能出现的地基承载力最小值,系按标准方法进行试验,并经统计处理得到的数值。地基承载力标准值 f_k 可根据(1)野外鉴别结果确定; (2)室内物理、力学指标平均值确定; (3)根据标准贯入试验锤击数 N、轻便触探试验锤击数 N_{10} 确定。

(1)根据野外鉴别结果确定地基承载力标准值 f_k

对于岩石和碎石土可根据野外鉴别结果,分别按表 5-16 和表 5-17 确定其承载力标准值。

岩石承载力标准值 f_k(kPa)　　　　　　　　　　　　表 5-16

岩石类别	风化程度		
	强风化	中等风化	微风化
硬质岩石	500 ~ 1000	1500 ~ 2500	≥ 4000
软质岩石	200 ~ 500	700 ~ 1200	1500 ~ 2000

注: 1.对于微风化的硬质岩石,其承载力如取用大于 4000kPa 时,应由试验确定.

　　2.对于强风化的岩石,当与残积土难于区别时按土考虑.

碎石土承载力标准值 f_k(kPa)　　　　　　　　　　　　表 5-17

土的名称	密实程度		
	稍密	中密	密实
卵石	300 ~ 500	500 ~ 800	800 ~ 1000
碎石	250 ~ 400	400 ~ 700	700 ~ 900
圆砾	200 ~ 300	300 ~ 500	500 ~ 700
角砾	200 ~ 250	250 ~ 400	400 ~ 600

注: 1.表中数值适用于骨架颗粒空隙全部由中砂、粗砂或硬塑、坚硬状态的粘性土或稍湿的粉土所充填.

　　2.当粗颗粒为中等风化或强风化时可按其风化程度适当降低承载力,当颗粒间呈半胶结状时可适当提高承载力.

(2)根据室内物理、力学指标平均值确定地基承载力标准值 f_k

当根据室内物理、力学指标平均值确定地基承载力标准值时,应先按指标平均值在表 5-18 ~ 表 5-22 中查出承载力基本值 f_0。然后再计算承载力标准值。

各类土的承载基本值 f_0 表(表 5-18 ~ 表 5-22)是根据各地载荷试验资料、经回归分析、建立回归方程后编制的。由于各种指标的变异性,回归方程的方差等因素的影响,不能将承载力基本值 f_0 直接用于工程设计,而是按照《建筑结构设计统一标准》(GBJ68—84)规定的以概率论为基础的极限状态设计方法的要求,予以降低,从而得到地基承载标准值 f_k。《建筑地基基础设计规范》 (GBJ7—89) 建议按下式计算地基承载力标准值 f_k:

粉土承载力基本值 f_0(kPa)　　　　　　表 5-18

第一指标孔隙比 e	第二指标含水量 ω(%)						
	10	15	20	25	30	35	40
0.5	410	390	(365)				
0.6	310	300	280	(270)			
0.7	250	240	225	215	(205)		
0.8	200	190	180	170	(165)		
0.9	160	150	145	140	130	(125)	
1.0	130	125	120	115	110	105	(100)

注：　1.有括号者仅供内插用；

　　　2.折算系数 ξ 为 0；

　　　3.在湖、塘、沟、谷与河漫滩地段，新近沉积的粉土，其工程性质一般较差，应根据当地实践经验取值.

粘性土承载力基本值 f_0(kPa)　　　　　　表 5-19

第一指标孔隙比 e	第二指标液性指数 I_L					
	0	0.25	0.50	0.75	1.00	1.20
0.5	475	430	390	(360)		
0.6	400	360	325	295	(265)	
0.7	325	295	265	240	210	170
0.8	275	240	220	200	170	135
0.9	230	210	190	170	135	105
1.0	200	180	160	135	115	
1.1		160	135	115	105	

注：　1.有括号者仅供内插用；

　　　2.折算系数 ξ 为 0.1；

　　　3.在湖、塘、沟、谷与河漫滩地段，新近沉积的粘性土，其工程性质一般较差，第四纪晚更新世（ Q_3 ）及其以前沉积的老粘性土，其工程性能通常较好. 这些土均应根据当地实践经验取值.

沿海地区淤泥和淤泥质土承载力基本值 f_0(kPa)　　　　　　表 5-20

天然含水量 ω(%)	36	40	45	50	55	65	75
f_0	100	90	80	70	60	50	40

注：对于陆地淤泥和淤泥质土，可参照使用.

表 5-21

红粘土承载力基本值 f_0 (kPa)

土的名称	第二指标液塑比	第一指标含水比 $\alpha_w = \omega/\omega_L$					
	$I_r = \omega_L/\omega_P$	0.5	0.6	0.7	0.8	0.9	1.0
红粘土	$\leqslant 1.7$	380	270	210	180	150	140
	$\geqslant 2.3$	280	200	160	130	110	100
次生红粘土		250	190	150	130	110	100

注: 1.本表仅适用于定义范围内的红粘土;

2.折算系数 ξ 为 0.4。

表 5-22

素填土承载力基本值 f_0 (kPa)

压缩模量 E_{s1-2} (MPa)	7	5	4	3	2
f_0	160	135	115	85	65

注: 本表只适用于堆填时间超过 10 年的粘性土, 以及超过 5 年的粉土。

$$f_k = \psi_f f_0 \tag{5-17}$$

$$\psi_f = 1 - \left(\frac{2.884}{\sqrt{n}} + \frac{7.918}{n^2}\right)d \tag{5-18}$$

式中　ψ_f——回归修正系数;

n——据以查表的土性指标参加统计的数据数, $n \geqslant 6$;

δ——变异系数。

当回归修正系数 $\psi_f < 0.75$ 时,应分析 δ 过大的原因,如分层是否合理,试验有无差错等,并应同时增加试验数量 n,以减少变异系数 δ。

变异系数 δ 按下列规定计算:

第一种情况:当仅用一个指标查表确定地基承载力基本值时(如表 5-20 与表 5-22),其变异系数按下式计算:

$$\delta = \frac{\sigma}{\mu} \tag{5-19}$$

$$\mu = \frac{\sum_{i=1}^{n} \mu_i}{n} \tag{5-20}$$

$$\sigma = \sqrt{\dfrac{\sum_{i=1}^{n}\mu_i^2 - n\mu^2}{n = 1}} \qquad (5\text{-}21)$$

式中 μ——土性指标平均值,如孔隙比的平均值用 μ_e 或 e_m 表示,$\mu_e = e_m = \dfrac{\sum_{i=1}^{n} e_i}{n}$;

σ——土性指标标准差,如孔隙比标准差用 σ_e 表示,$\sigma_e = \sqrt{\dfrac{\sum_{i=1}^{n} e_i^2 - n e_m^2}{n - 1}}$。

第二种情况:当用两个指标查表确定地基承载力基本值 f_0 时,应采用由该两个指标的变异系数($\delta_1 + \delta_2$)折算后的综合变异系数 δ 代入式(5-18)计算 ψ_f,综合变异系数 δ 按下式计算:

$$\delta = \delta_1 + \xi\delta_2 \qquad (5\text{-}22)$$

式中 δ_1——第一指标的变异系数;

δ_2——第二指标的变异系数;

ξ——第二指标折算系数,参见有关承载力表的附注。

(3)根据标准贯人试验锤击数 N、轻便触探试验锤击数 N_{10} 确定地基承载力标准值 f_k

按这种方法确定地基承载力标准值 f_k 时,应先按式(5-20)和式(5-21)计算出现场锤击数的平均值 μ_N(或 N_m)、$\mu_{N_{10}}$(或 $N_{10,m}$)和标准差 σ_N、$\sigma_{N_{10}}$,然后按下式确定锤击数标准值:

$$N_k = N_m - 1.645\sigma_N \qquad (5\text{-}23a)$$

$$N_{10,k} = N_{10,m} - 1.645\sigma_{N_{10}} \qquad (5\text{-}23b)$$

需注意,计算值取至整数位。然后,根据锤击数标准值 N_k(或 $N_{10,k}$)由表 5-23 ~ 表 5-26中查得地基承载力标准值 f_k。

砂土承载力标准值 f_k(kPa)　　　　　　　　　　表 5-23

土类	标准埋人试验锤击数			
	10	15	30	50
中、粗砂	180	250	340	500
粉、细砂	140	180	250	340

142

粘性土承载力标准值 f_k (kPa)　　　　表 5-24

N	3	5	7	9	11	13	15	17	19	21	23
f_k	105	145	190	235	280	325	370	430	515	600	680

粘性土承载力标准值 f_k (kPa)　　　　表 5-25

N_{10}	15	20	25	30
f_k	105	145	190	230

素填土承载力标准值 f_k (kPa)　　　　表 5-26

N_{10}	10	20	30	4
f_k	85	115	135	160

注: 本表只适用于粘性土和粉土组成的素填土.

2.确定地基承载力设计值

在设计地基基础时,地基承载力的取用值即为其设计值。考虑到基础埋置深度与基础宽度均对地基承载力有影响,《建筑地基基础设计规范》(GBJ7—89)规定:

(1)当基础宽度 $b > 3m$,或基础埋置深度 $d > 0.5m$ 时,除岩石地基外,其地基承载力设计值 f 按下式计算:

$$f = f_k + \eta_b \gamma (b - 3) + \eta_d \gamma_0 (d - 0.5) \geqslant 1.1 f_k \tag{5-24}$$

当计算所得设计值 $f < 1.1 f_k$ 时,可取 $f = 1.1 f_k$.

(2)当基础宽度 $b \leqslant 3m$ 且埋深 $d \leqslant 0.5m$ 时,按 $f = 1.1 f_k$ 直接确定地基承载力设计值。

式中　　f——地基承载设计值(kPa)(任何情况下 $f \geqslant 1.1 f_k$);

　　　　f_k——地基承载力标准值(kPa),由表 5-16 ~ 表 5-26 确定,或据载荷试验确定;

　　　　b——基础底面宽度(m),当基础宽度小于 3m 按 3m 考虑,大于 6m 按 6m 考虑,

　　　　　　即 $3m \leqslant b \leqslant 6m$;

　　　　γ——基底以下持力层土的重力密度,地下水位以下取有效重力密度 γ' (kN / m³);

　　　　γ_0——基础底面以上土的加权平均重力密度,地下水位以下取有效重力密度,按式

　　　　　(5-25)计算;

$$\gamma_0 = \frac{\sum_{i=1}^{n} \gamma_{0i} h_i}{\sum_{i=1}^{n} h_i} (kN/m^3) \tag{5-25}$$

143

d——基础埋置深度(m)，一般自室外地面标高算起。在填方整平地区，可自填土地面标高算起，但填土在上部结构施工后完成时，应从天然地面标高算起；对于地下室，如采用箱形基础或筏基时，基础埋置深度自室外地面标高算起；在其他情况下，应从室内地面标高算起；

η_b、 η_d——基础宽度和埋深的地基承载力修正系数,按基底持力层土类查表 5-27 确定;

γ_{0i}, h_i——基础底面以上各土层的重力密度和土层厚度。

承载力修正系数 η_b、 η_d 表 5-27

土的类别		η_b	η_d
淤泥和淤泥质土	$f_k < 50\text{kPa}$	0	1.0
	$f_k \geqslant 50\text{kPa}$	0	1.1
人 工 填 土 e 或 I_L 大于等于 0.85 的粘性土 $e < 0.85$ 或 $s_r > 0.5$ 的粉土		0	1.1
红 粘 土	含水比 $\alpha_w > 0.8$	0	1.2
	含水比 $\alpha_w < 0.8$	0.15	1.4
e 及 I_L 均小于 0.85 的粘性土		0.3	1.6
$e < 0.85$ 或 $s_r \leqslant 0.5$ 的粉土		0.5	2.2
粉砂、细砂(不包括很湿与饱和时的稍密状态)		2.0	3.0
中砂、粗砂、砾砂和碎石土		3.0	4.4

注: 强风化的岩石, 可参照所风化成的相应土类取值.

地基承载力设计值需进行深宽修正的原因已在影响地基承载力的因素中予以定性解释。《建筑地基基础设计规范》(GBJ7-89)规定承载力设计值不小于其标准值的 1.1 倍是基于以下的考虑: 按《建筑结构设计统一标准》用概率理论确定地基土的抗力分项系数,目前还有一定的困难,为了与其他结构新规范配套使用,规范编写组采取了将原规范中成熟的地基承载力容许值提高 10%的过渡办法来适应极限状态设计法的要求。这是因为在按新规范进行结构设计时,荷载效应设计值等于其标准值乘以荷载分项系数,荷载与恒载的分项系数统计平均值大约为 1.27,这就是说荷载效应设计值 较原规范提高了大约 27%,地基承载力设计值也应该相应提高,才能使设计结果与原规范相协调,保证规范的连续性。为偏于安全考虑,规范取地基承载力的提高值比荷载效应提高值偏小的 1.1 来限制地基承载力设计值的最小值。以利与其他结构新规范配套使用。

(二)按载荷试验 p-s 曲线确定地基土承载力设计值

按载荷试验 p-s 曲线确定地基土承载力设计值时,首先按下述方法确定承载力基本值 f_0:

(1)当载荷试验 p-s 曲线上有明确的比例界限时,取该比例界限所对应的荷载值为基本值;

(2)当极限荷载(即极限压力)能确定,且该值小于对应比例界限的荷载值的 1.5 倍时,取荷载极限值的一半为基本值。

(3)当不能按上述两种方法确定时,如承压板面积为 0.25 ~ 0.50 m²,对低压缩性土和砂土,可取 s/b=0.01 ～ 0.015 所对应的荷载值为基本值;对中、高压缩性土,可取 s/b=0.02 所对应的荷载为基本值, 其中 s 为沉降量, b 为承压板宽度或直径.

其次,按下列原则确定地基承载标准值:

当同一土层参加统计的试验点不少于三个,且基本值的级差(即最大基本值与最小基本值之差)不超过平均值的 30%时,取此平均值作为地基承载力标准值.

最后,按公式(5-24)计算确定地基承载力设计值.

(三)按理论公式确定地基承载力设计值 f_v

据理论公式,可由土的抗剪强度指标标准值 φ_k、 c_k 确定地基承载力设计值 f(也可用符号 f_v 表示). 当偏心距 e 小于或等于 0.033 倍基础底面宽度时,地基承载力设计值为

$$f = f_v = M_b \gamma b + M_d \gamma_0 d + M_c c_k \tag{5-26}$$

式中　　　　　f_v——由土的抗剪强度指标确定的地基承载力设计值;

　　　　　b——基底宽度, 当基底宽度大于 6m 按 6m 考虑,对于砂土, 小于 3m 按 3m 考虑;

M_b、 M_d、 M_c——承载力系数, 据地基土的内摩擦角标准值 φ_k 查表 5-28 确定;

承载力系数 M_b、 M_d、 M_c 　　　　　表 5-28

土的内摩擦角标准值 φ_k (°)	M_b	M_d	M_c
0	0	1.00	3.14
2	0.03	1.12	3.32
4	0.06	1.25	3.51
6	0.10	1.39	3.71
8	0.14	1.55	3.93
10	0.18	1.73	4.17
12	0.23	1.94	4.42
14	0.29	2.17	4.69
16	0.36	2.43	5.00
18	0.43	2.72	5.30
20	0.51	3.06	5.66
22	0.61	3.44	6.04
24	0.80	3.87	6.45
26	1.10	4.37	6.90
28	1.40	4.93	7.40
30	1.90	5.59	7.95
32	2.60	6.35	8.55
34	3.40	7.21	9.22
36	4.20	8.25	9.97
38	5.00	9.44	10.80
40	5.80	10.84	11.73

c_k——基底下一倍基宽深度范围内土的粘聚力标准值。

其余符号意义同前。

【例 5-4】用轻便触探试验设备对某粘性土土层进行触探，结果如表 5-29 所示，试确定其承载力标准值。

【解】(1)计算 $N_{10,m}$(平均值)

$$N_{10,m} = \frac{\sum\limits_i^n N_{10,i}}{n} = \frac{24+27+23+20+20+22+25+21}{8} = 22.75$$

【例 5-3】表 表 5-29

试验点位编号	1	2	3	4	5	6	7	8
N_{10}	24	27	23	20	20	22	25	21

(2)计算 $\sigma_{N_{10}}$ (标准差)

$$\sigma_{N_{10}} = \sqrt{\frac{\sum\limits_{i=1}^n N_{10,i}^2 - n N_{10,m}^2}{n-1}}$$

$$= \sqrt{\frac{(24^2 + 27^2 + 23^2 + 20^2 + 20^2 + 22^2 + 25^2 + 21^2) - 8 \times 22.75^2}{8-1}}$$

$$= 2.49$$

(3)计算 $N_{10,k}$(标准值)

$$N_{10,k} = N_{10,m} = 1.645\sigma_{N_{10}} = 22.75 - 1.645 \times 2.49 = 18.65$$

根据"取至整数位"的原则，$N_{10,k}=18$。

(4)查表 5-25 内插得

$$f_k = 129\text{kPa}$$

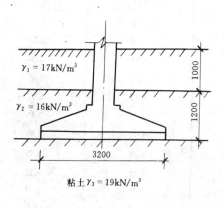

图 5-16 【例 5 - 5】示意图

【例 5-5】某工程框架柱基础底面尺寸 $b \times l = 3.2\text{m} \times 3.6\text{m}$，埋置深度 $d=2.2\text{m}$，埋深范围内有两层土(图 5-16)，它们的厚度分别为 $h_1 = 1.0\text{m}, h_2 = 1.2\text{m}$，重力密度分别为 $\gamma_1 = 17\text{kN}/\text{m}^3$，$\gamma_2 = 16\text{kN}/\text{m}^3$，持力层为粘土，重力密度 $\gamma_3 = 19\text{kN}/\text{m}^3$，该土的

孔隙比 e，液性指数 I_{L} 的试验数据见表 5-30，试确定持力层承载力设计值。

【例 5-5 表】

表 5-30

第一指标孔隙比 e	0.597	0.599	0.598	0.599	0.603	0.600
第二指标液性指数 I_{L}	0.252	0.249	0.250	0.258	0.246	0.252

【解】(1)求第一指标孔隙比 e 的变异系数 δ_e

孔隙比平均值 e_{m}

$$
\begin{aligned}
e_{\mathrm{m}} &= \frac{\sum\limits_{i=1}^{n} e_i}{n} = \frac{0.597 + 0.599 + 0.598 + 0.599 + 0.603 + 0.600}{6} \\
&= 0.599
\end{aligned}
$$

孔隙比标准差 σ_e

$$
\begin{aligned}
\sigma_e &= \sqrt{\frac{\sum\limits_{i=1}^{n} e_i^2 - n e_{\mathrm{m}}^2}{n-1}} \\
&= \sqrt{\frac{0.597^2 + 0.599^2 + 0.598^2 + 0.599^2 + 0.603^2 + 0.600^2 - 6 \times 0.599^2}{6-1}} \\
&= 0.022
\end{aligned}
$$

孔隙比变异系数 δ_e

$$
\delta_e = \frac{\sigma_e}{e_{\mathrm{m}}} = \frac{0.022}{0.599} = 0.036
$$

(2)求第二指标液性指数 I_{L} 变异系数 $\delta_{I_{\mathrm{L}}}$

液性指数平均值 $I_{\mathrm{L,m}}$

$$
\begin{aligned}
I_{\mathrm{L,m}} &= \frac{\sum\limits_{i=1}^{n} I_{\mathrm{L},i}}{n} \\
&= \frac{0.252 + 0.249 + 0.250 + 0.258 + 0.246 + 0.252}{6} \\
&= 0.251
\end{aligned}
$$

液性指数标准差 σ_{I_L}

$$\sigma_{I_L} = \sqrt{\dfrac{\displaystyle\sum_{i=1}^{n} I_{L,i}^2 - n I_{L,m}^2}{i=1}}$$

$$= \sqrt{\dfrac{0.252^2 + 0.249^2 + 0.250^2 + 0.258^2 + 0.246^2 + 0.252^2 - 6 \times 0.251^2}{6-1}}$$

$$= 0.011$$

液性指数变异系数 σ_{I_L}

$$\delta_{I_L} = \dfrac{\sigma_{I_L}}{I_{L,m}} = \dfrac{0.011}{0.251} = 0.044$$

(3)求综合变异系数 δ

查表 5-9 注 2.得 $\xi = 0.1$,则

$$\delta = \delta_e + \xi \delta_{I_L} = 0.036 + 0.1 \times 0.044 = 0.041$$

(4)查地基承载力基本值 f_0

据第一指标孔隙比平均值 $e_m = 0.599$ 和第二指标液性指数平均值 $I_{L,m} = 0.251$,查表 5-19 得持力层承载力基本值 $f_0 = 360 \mathrm{kN/m^2}$.

(5)计算地基承载力标准值 f_k

由式(5-18)计算回归修正系数 ψ_f

$$\psi_f = 1 - \left[\dfrac{2.884}{\sqrt{n}} + \dfrac{7.918}{n^2} \right] \delta = 1 - \left[\dfrac{2.884}{\sqrt{6}} + \dfrac{7.918}{6^2} \right] \times 0.041 = 0.944$$

故地基承载力标准值 f_k 为

$$f_k = \psi_f f_0 = 0.944 \times 360 = 340 (\mathrm{kN/m^2})$$

(6)求地基承载力设计值 f

由式(5-25)计算基础底面以上土的加权平均重力密度 γ_0

$$\gamma_0 = \frac{\gamma_1 h_1 + \gamma_2 h_2}{h_1 + h_2} = \frac{17 \times 1 + 16 \times 1.2}{1 + 1.2} = 16.45 (\text{kN} / \text{m}^3)$$

根据持力层为粘土且 e_m 及 $I_{L,m}$ 均小于 0.85,由表 5-27 查 $\eta_b = 0.3$, $\eta_d = 1.6$,代人公式 (5-24)得:

$$\begin{aligned} f &= f_k + \eta_b \gamma(b-3) + \eta_d \gamma_0 (d - 0.5) \\ &= 340 + 0.3 \times 19(3.2 - 3) + 1.6 \times 16.45 \times (2.2 - 0.5) \\ &= 386 \text{kN} / \text{m}^2 > 1.1 f_k = 1.1 \times 340 = 374 (\text{kN} / \text{m}^2) \end{aligned}$$

最后取持力层承载力设计值为:

$$f = 386 \text{kN} / \text{m}^2$$

六* 、地基土抗剪强度指标标准值的确定

(一)确定抗剪强度指标标准值的方法

地基土抗剪强度指标标准值 φ_k、c_k 是通过对试验数据进行统计分析、经修正后,得到的数值,确定抗剪强度指标标准值 φ_k、c_k 的方法如下:

首先,在基础底面以下一倍基宽深度土层内,同一类土至少取 6 组试样,每组按《土工试验方法标准》(GBJ123—88)进行直接剪切快剪试验或三轴不固结不排水试验, 得出抗剪强度指标基本值 φ_i、c_i。

每组试验的内摩擦角 φ_i、粘聚力基本值 c_i 分别按下式计算:

对于直接剪切试验采用以下公式:

$$\varphi_i = \text{arctg}\left[\frac{1}{\Delta}\left(\kappa \sum p\tau - \sum p \sum \tau\right)\right] \tag{5-27}$$

$$c_i = \frac{\sum \tau}{k} - \frac{\sum p}{k} \text{tg}\varphi_i = \tau_m - p_m \text{tg}\varphi_i \tag{5-28}$$

$$\Delta = k \sum p^2 - \left(\sum p\right)^2 \tag{5-29}$$

对于三轴剪切试验采用以下公式:

$$\varphi_i = \text{arcsin}\left(\frac{k \sum p\tau - \sum p \sum \tau}{\Delta}\right) \tag{5-30}$$

$$c_i = \frac{1}{\cos\varphi_i}(\tau_m - p_m \sin\varphi_i) \tag{5-31}$$

$$p = \frac{\sigma_{1f} + \sigma_3}{2} \tag{5-32}$$

$$\tau = \frac{\sigma_{1f} - \sigma_3}{2} \tag{5-33}$$

式中　　p——垂直压力(kPa);

$\quad\quad\tau$——水平剪力(kPa);

$\quad\quad k$——每组试样数;

$\quad\quad\sigma_{1f}$——剪切破坏时的最大主应力;

$\quad\quad\sigma_3$——周围压力.

其次,参照式(5-20)、式(5-21)、式(5-19)计算抗剪强度指标φ、和 c 的平均值φ_m、和 c_m、标准差σ_φ和σ_c、变异系数δ_φ和δ_c,即:

$$\varphi_m = \frac{\sum \varphi_i}{n} \tag{5-34}$$

$$c_m = \frac{\sum c_i}{n} \tag{5-35}$$

$$\sigma_\varphi = \sqrt{\frac{\sum_{i=1}^{n} \varphi_i^2 - n\varphi_m^2}{n-1}} \tag{5-36}$$

$$\sigma_c = \sqrt{\frac{\sum_{i=1}^{n} c_i^2 - nc_m^2}{n-1}} \tag{5-37}$$

$$\delta_\varphi = \frac{\sigma_\varphi}{\varphi_m} \tag{5-38}$$

$$\delta_c = \frac{\sigma_c}{c_m} \tag{5-39}$$

其中 n 为试验组数.

第三步,计算统计修正系数ψ_φ、ψ_c,抗剪强度指标φ、c的统计修正系数ψ_φ、ψ_c按下式计算:

$$\psi_\varphi = 1 - \left(\frac{1.0}{\sqrt{n}} + \frac{3.0}{n^2}\right)\delta_\varphi \qquad (5\text{-}40)$$

$$\psi_c = 1 - \left(\frac{1.0}{\sqrt{n}} + \frac{3.0}{n^2}\right)\delta_c \qquad (5\text{-}41)$$

最后,按下列公式计算抗剪强度指标标准值φ_k、c_k:

对于砂土 $\qquad\qquad\qquad\qquad \varphi_k = \psi_\varphi \varphi_m \qquad (5\text{-}42)$

粘性土 $\qquad\qquad\qquad\qquad \left.\begin{array}{l} c_k = \psi_c c_m \\ \varphi_k = \varphi_m \end{array}\right\} \qquad (5\text{-}43)$

粉土当$\delta_\varphi > \delta_c$时 $\qquad\qquad \left.\begin{array}{l} \varphi_k = \psi_\varphi \varphi_m \\ c_k = c_m \end{array}\right\} \qquad (5\text{-}44)$

当$\delta_\varphi < \delta_c$时 $\qquad\qquad \left.\begin{array}{l} \varphi_k = \varphi_m \\ c_k = \psi_c c_m \end{array}\right\} \qquad (5\text{-}45)$

值得注意的是,当变异系数δ值超过 25%时,则说明统计指标很分散,应当采取措施纠正。如砂土内摩擦角φ的变异系数δ_φ一般在 5%～ 15%之间,而粘土内摩擦角φ的变异系数可达 12%～ 56%。δ值越大,反映土性变异大,取样、试验中的问题也多,应分析原因,看看分层是否合理,检查试验有无差错,同时,应增加试验组数,以减小变异系数。

【例 5-6】建筑物持力层为粘土,其重力密度$\gamma = 19.2\text{kN}/\text{m}^3$,中心受压基础埋置深度$d$=2.5m,基底以上土层的重力密度$\gamma_0 = 17.8\text{kN}/\text{m}^3$,基础底面宽度 b=2m。对持力层取 6 组土样,按每组 4 个土样做直接剪切试验,在不同的压力 p 作用下测得的剪力 τ 列于表 5-31,试据抗剪强度指标标准值φ_k、 c_k确定地基承载力设计值f_v。

【解】(1)计算φ_i、c_i

$$\sum p = 100 + 200 + 300 + 400 = 10^3 \text{(kPa)}$$

$$p_m = \frac{\sum p}{k} = \frac{10^3}{4} = 250 \text{(kPa)}$$

$$\left(\sum p\right)^2 = 10^6 (\text{kPa})^2$$

$$\sum p^2 = 100^2 + 200^2 + 300^2 + 400^2 = 3 \times 10^5 (\text{kPa})^2$$

$$\Delta = k\sum p^2 - \left(\sum p\right)^2 = 4 \times 3 \times 10^5 - 10^6 = 2 \times 10^5 (\text{kPa})^2$$

【例 5-6】实测 τ 值表 表 5-31

p(kPa) 土样组别	100	200	300	400
1 组	52	84	123	176
2 组	50	82	110	169
3 组	55	81	111	173
4 组	61	80	113	176
5 组	52	83	127	174
6 组	53	78	121	168

第一组 τ 值及有关 φ_i、c_i 统计计算方法如下：

$$\sum \tau = 52 + 84 + 123 + 176 = 435 (\text{kPa})$$

$$\tau_{\text{m1}} = \frac{\sum \tau}{k} = \frac{435}{4} = 108.75 (\text{kPa})$$

$$\sum p \cdot \sum \tau = 10^3 \times 435 = 4.35 \times 10^5 (\text{kPa})^2$$

$$\sum p\tau = 100 \times 52 + 200 \times 84 + 300 \times 123 + 400 \times 176 = 1.293 \times 10^5 (\text{kPa})^2$$

$$\text{tg}\varphi_1 = \frac{k\sum p \cdot \tau - \sum p \cdot \sum \tau}{\Delta} = \frac{4 \times 1.293 \times 10^5 - 4.35 \times 10^5}{2 \times 10^5} = 0.411$$

$$\varphi_1 = \text{arctg}\frac{k\sum p\tau - \sum p \sum \tau}{\Delta} = \text{arctg}0.411 = 22.34°$$

$$c_1 = \tau_{\text{m1}} - p_{\text{m}}\text{tg}\varphi_1 = 108.75 - 250 \times 0.411 = 6 (\text{kPa})$$

其余各组 τ 值及 φ_i、c_i 有关统计计算结果见表 5-32。

抗剪强度指标 φ_i、c_i 基本值计算表

表 5-32

组别	$\sum \tau$ (kPa)	τ_m (kPa)	$\sum p \cdot \sum \tau$ $\times 10^5 (kPa)^2$	$\sum p\tau$ $\times 10^5 (kPa)^2$	$tg\varphi_i = \frac{1}{\Delta} \times$ $(k\sum p\tau - \sum p \cdot \sum \tau)$	$\varphi_i =$ $arctg\varphi_i$	$c_i = \tau_m -$ $p_m tg\varphi_i (kPa)$
1	435	108.75	4.35	1.293	0.411	22.34°	6
2	411	102.75	4.11	1.220	0.385	21.06°	6.5
3	420	105	4.20	1.242	0.384	21.01°	9
4	430	107.5	4.30	1.264	0.378	20.71°	13
5	436	109	4.36	1.295	0.410	22.29°	6.5
6	420	105	4.20	1.244	0.388	21.21°	8

(2)计算 φ_m、c_m、σ_φ、σ_c、δ_φ、δ_c

对于粘性土据式(5-43)不必计 ψ_φ，于是只计算下列有关统计数据:

$$\varphi_m = \frac{\sum \varphi_i}{n} = \frac{22.34° + 21.06° + 21.01° + 20.71° + 22.29° + 21.21°}{6} = 21.44°$$

$$c_m = \frac{\sum c_i}{n} = \frac{6 + 6.5 + 9 + 13 + 6.5 + 8}{6} = 8.17 (kPa)$$

$$\sigma_c = \sqrt{\frac{\sum c_i^2 - nc_m^2}{n-1}}$$

$$= \sqrt{\frac{6^2 + 6.5^2 + 9^2 + 13^2 + 6.5^2 + 8^2 - 6 \times 8.17^2}{6-1}}$$

$$= 2.61 (kPa)$$

$$\delta_c = \frac{\sigma_c}{c_m} = \frac{2.61}{8.17} = 0.319$$

(3)计算修正系数 ψ_c

$$\psi_c = 1 - \left(\frac{1.0}{\sqrt{n}} + \frac{3.0}{n^2} \right) \delta_c = 1 - \left(\frac{1}{\sqrt{6}} + \frac{3}{6^2} \right) \times 0.319 = 0.843$$

(4)计算抗剪强度指标标准值 φ_k、c_k

$$\varphi_k = \varphi_m = 21.44°$$

$$c_k = \psi_c c_m = 0.843 \times 8.17 = 6.89(\text{kPa})$$

(5)计算地基承载力设计值 f_v

据 $\varphi_k = 21.44°$，查表 5-28 内插得:

$$M_b = 0.582 \qquad M_d = 3.334 \qquad M_c = 5.934$$

于是据式(5-26)计算承载力设计值为:

$$\begin{aligned}
f_v &= M_b \gamma b + M_d \gamma_0 d + M_c c_k \\
&= 0.582 \times 19.2 \times 2 + 3.334 \times 17.8 \times 2.5 + 5.934 \times 6.89 \\
&= 211.60(\text{kPa})
\end{aligned}$$

(二)土的抗剪强度指标 φ_i、c_i 计算公式的数学推证

现用数理统计方法中一元线性回归的数学公式,推证土的抗剪强度指标 φ_i、c_i 的计算公式(5-27)、式(5-28)、式(5-30)、式(5-31)。

$$\varphi_i = \operatorname{arctg}\left[\frac{1}{\Delta}\left(k\sum p\tau - \sum p \sum \tau\right)\right] \qquad (5\text{-}27)$$

$$c_i = \frac{\sum \tau}{k} - \frac{\sum p}{k}\operatorname{tg}\varphi_i = \tau_m - p_m\operatorname{tg}\varphi_i \qquad (5\text{-}28)$$

$$\varphi_i = \arcsin\left(\frac{k\sum p\tau - \sum p \sum \tau}{\Delta}\right) \qquad (5\text{-}30)$$

$$c_i = \frac{1}{\cos\varphi_i}(\tau_m - p_m\sin\varphi_i) \qquad (5\text{-}31)$$

1.一元线性回归

(1)一元线性回归方程

自变量 x 与变量 y 对应的观测值为

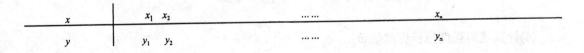

x	x_1 x_2	……	x_n
y	y_1 y_2	……	y_n

如果变量间存在着线性关系,则可用直线

$$\hat{y} = a + bx \tag{5-46}$$

来拟合它们之间的变化关系,据最小二乘法原则,a、b 应使

$$\sum_{i=1}^{n}(y_i - \hat{y})^2 = \sum_{i=1}^{n}\left[y_i - (a + bx_i)\right]^2 = \text{最小值} \tag{5-47}$$

我们称方程 $\hat{y} = a + bx$ 为回归方程(或回归直线),a、b 称为回归系数。根据已有的证明,回归系数 a 与 b 都是具有正态分布的随机变量,其数学期望为:

$$M(b^*) = b = \frac{\sum(x_i - \bar{x})(y_i - \bar{y})}{\sum(x_i - \bar{x})^2} \tag{5-48}$$

$$M(a^*) = a = \frac{\bar{y}\sum x_i^2 - \bar{x}\sum x_i y_i}{\sum(x_i - \bar{x})^2} \tag{5-49}$$

$$\bar{x} = \frac{1}{n}\sum x_i \tag{5-50}$$

$$\bar{y} = \frac{1}{n}\sum y_i \tag{5-51}$$

回归系数 a、b 的方差为

$$D(b^*) = \sigma_b^2 = \frac{\sigma^2}{n\sigma_x^2} = \frac{n\sigma^2}{\Delta} \tag{5-52}$$

$$D(a^*) = \sigma_a^2 = \frac{\sigma^2\sum x_i^2}{n^2\sigma_x^2} = \frac{\sum x_i^2}{n}\sigma_b^2 = \frac{\sum x_i^2}{\Delta}\sigma^2 \tag{5-53}$$

式中 σ_x 为变量 x 的均方差,$\sigma_x = \sqrt{\dfrac{\sum(x_i - \bar{x})^2}{n}}$ 并令

$$\Delta = n^2\sigma_x^2 = n\sum x_i^2 - \left(\sum x_i\right)^2 \tag{5-54}$$

方程的剩余方差 σ 描述回归直线的误差,其计算公式为:

$$\sigma^2 = \frac{n}{n-2} \times \frac{b^2\sigma_x^2}{\gamma^2}(1-\gamma^2) \tag{5-55}$$

(2)相关系数 γ

相关系数 γ 反映了变量 x 与 y 之间的线性关系的密切程度,其定义式为:

$$\gamma = \frac{\sum(x_i-\bar{x})(y_i-\bar{y})}{\sqrt{\sum(x_i-\bar{x})^2 \sum(y_i-\bar{y})^2}} = \frac{l_{xy}}{\sqrt{l_{xx}l_{yy}}} \tag{5-56}$$

为了计算方便,将 l_{xy}、l_{xx}、l_{yy} 改写成

$$l_{xy} = \sum(x_i-\bar{x})(y_i-\bar{y}) = \sum x_i y_i - \frac{1}{n}\sum x_i \sum y_i \tag{5-57}$$

$$l_{xx} = \sum(x_i-\bar{x})^2 = \sum x_i^2 - \frac{1}{n}(\sum x_i)^2 = \frac{1}{n}\Delta \tag{5-58}$$

$$l_{yy} = \sum(y_i-\bar{y})^2 = \sum y_i^2 - \frac{1}{n}(\sum y_i)^2 \tag{5-59}$$

2.直接剪切试验抗剪强度指标 φ_i、c_i 计算公式的推证

设第 i 组、k 个试样的直接剪切试验,垂直压应力 p(或 σ)和水平剪应力 τ 的观测值为

p	p_1 p_2	……	p_k	x
τ	τ_1 τ_2	……	τ_k	y

以垂直压应力 p 为随机变量 x,水平剪应力 τ 为随机变量 y,用线性回归方程式(5-46)做数理统计处理,求得的数学期望即为第 i 组直剪试验的抗剪强度指标 φ_i、c_i。

试验和理论分析证明,该试验所求的线性回归方程即为土的抗剪强度计算公式:

$$\tau = c_i + p\mathrm{tg}\varphi_i \tag{5-60}$$

而回归系数 b、a 分别为具有正态分布的随机变量 $\mathrm{tg}\varphi_i$ 和 c_i,即

$$b = \mathrm{tg}\varphi_i \tag{5-61}$$

$$a = c_i \tag{5-62}$$

将以上关系代入式(5-48)即得内摩擦角正切的数学期望:

$$\text{tg}\varphi_i = M(b^\cdot) = b = \frac{\sum(p - p_\text{m})(\tau - \tau_\text{m})}{\sum(p - p_\text{m})^2} \tag{5-63}$$

$$p_\text{m} = \frac{1}{k}\sum p \tag{5-64}$$

$$\tau_\text{m} = \frac{1}{k}\sum \tau \tag{5-65}$$

式中 p_m、τ_m ——分别为 p、τ 的平均值.

运用公式(5-57)、式(5-59),将式(5-63)变换为:

$$\text{tg}\varphi_i = \frac{l_\text{pr}}{l_\text{pp}} = \frac{k\sum p\tau - \sum p \sum \tau}{k\sum p^2 - (\sum p)^2} = \frac{1}{\Delta}(k\sum p\tau - \sum p \sum \tau) \tag{5-66}$$

令

$$\Delta = k\sum p^2 - (\sum p)^2$$

于是

$$\varphi_i = \text{arctg}\left[\frac{1}{\Delta}(k\sum p\tau - \sum p \sum \tau)\right] \tag{5-27}$$

同理,粘聚力的数学期望为

$$c_i = M(a^\cdot) = a = \frac{\tau_\text{m}\sum p^2 - p_\text{m}\sum p\tau}{\sum(p - p_\text{m})^2}$$

$$= \frac{1}{\frac{1}{k}\Delta}\left[\tau_\text{m}\sum p^2 - \tau_\text{m}\frac{1}{k}(\sum p^2) + \tau_\text{m}\frac{1}{k}(\sum p)^2 - p_\text{m}\sum p\tau\right] \tag{5-28}$$

$$= \tau_m - \frac{k\sum p\tau - \sum p \sum \tau}{\Delta}p_\text{m}$$

$$= \tau_\text{m} - p_\text{m}\text{tg}\varphi_i$$

3.三轴剪切试验抗剪强度指标 φ_i、c_i 计算公式的推证.

设第 i 组, k 个试样的三轴剪切试验,周围压应力 σ_3,剪切破坏时的最大主应力 σ_{1f} 的

157

观测值和 $p = \dfrac{1}{2}(\sigma_{1f} + \sigma_3), \tau = \dfrac{1}{2}(\sigma_{1f} - \sigma_3)$ 的计算值为

σ_{1f}	$\sigma_{1f,1}$	$\sigma_{1f,2}$	… …	$\sigma_{1f,k}$
σ_3	$\sigma_{3,1}$	$\sigma_{3,2}$	… …	$\sigma_{3,k}$
$p = \dfrac{1}{2}(\sigma_{1f} + \sigma_3)$	p_1	p_2	… …	p_k
$\tau = \dfrac{1}{2}(\sigma_{1f} - \sigma_3)$	τ_1	τ_2	… …	τ_k

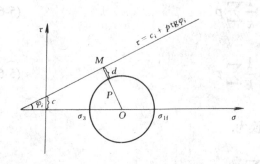

图 5-17 三轴试验结果分析图

为对该组试验观测、计算数值进行数理统计分析，求得内摩擦角和粘聚力的数学期望，先对图 5-17 进行分析：在 $\sigma - \tau$ 坐标系中绘摩尔应力圆和土的抗剪强度线性回归方程直线，$\tau = c_i + p\mathrm{tg}\varphi_i$，摩尔圆圆心横坐标 $p = \dfrac{1}{2}\big[\sigma_{1f} + \sigma_3\big]$：半径为 $\tau = \dfrac{1}{2}\big[\sigma_{1f} - \sigma_3\big]$；抗剪强度直线与 σ 轴相交的倾角为 φ，与 τ 轴相交的截距 c_i，则摩尔圆与 $\tau = c_i + p\mathrm{tg}\varphi_i$ 直线之间的距离为 d，即为图 5-17 中的线段 pM。由图中几何关系可知：

$$d = \left(\frac{c_i}{\mathrm{tg}\varphi_i} + p\right)\sin\varphi_i - \tau$$
$$= (c_i\cos\varphi_i + p\sin\varphi_i) - \tau$$

则
$$d = (a + bp) - \tau$$

式中
$$a = c \cdot \cos\varphi_i \tag{5-67}$$

$$b = \sin\varphi_i \tag{5-68}$$

对三轴试验观测数据在分析整理是为求得与一组摩尔圆"相切最好的"公共包线方程，也就是选取适当的回归系数 a、b(亦即 c_i、φ_i)值，使得各摩尔圆到公共包线距离的平方和 Q 最小，即

$$Q = \sum_{j=1}^{k} d_j^2 \tag{5-69}$$

由此,问题又归结到一般线性回归问题上来了,只需将 p、τ 视为线性回归方程的随机变量,即可得到式(5-30)和式(5-31),即

$$\sin\varphi_i = b = M(b^*) = \frac{1}{\Delta}\left(k\sum p\tau - \sum p\sum \tau\right)$$

$$\varphi_i = \arcsin\left[\frac{1}{\Delta}\left(k\sum p\tau - \sum p\sum \tau\right)\right] \tag{5-30}$$

和

$$c_i = \frac{a}{\cos\varphi_i} = \frac{1}{\cos\varphi_i}M(a^*) = \frac{1}{\cos\varphi_i}(\tau_m - bp_m)$$

$$c_i = \frac{1}{\cos\varphi_i}(\tau_m - p_m\sin\varphi_i) \tag{5-31}$$

证毕。

思 考 题

5-1 何谓土的抗剪强度?何谓土的抗剪强度指标?

5-2 何谓土的极限平衡条件?其主应力表达式有什么用途?

5-3 何谓地基的临塑压力 p_{cr}、临界压力 $p_{1/4}$、$p_{1/3}$、极限压力 p_u?

5-4 何谓地基承载力?影响地基承载力的因素是什么?

5-5 何谓地基容许承载力?如何按桥规确定地基容许承载力?

5-6 何谓地基承载力基本值、标准值、设计值?如何按建筑规范确定地基承载力的基本值、标准值、设计值?

5-7 用摩尔应力圆和土的抗剪强度曲线说明:σ_1 一定时,σ_3 愈小,地基土愈容易破坏,反之,σ_3 一定时,σ_1 愈大,地基土愈容易破坏。

习 题

5-1 试根据下列试验结果在方格纸上确定该组试验的抗剪强度指标基本值 φ_i、c_i。

表 5-33

p(kPa)	50	100	150	200	300	400
τ_f(kPa)	20	45	67	89	140	165

5-2 已知 $\varphi=30°$,$c=10$kPa,地基中一点某面上的正应力 $\sigma=100$kPa,$\tau=60$kPa,试问该面处于什么状态?

5-3 试根据下列条件确定土中一点处的状态:$c=8$kPa,$\varphi=25°$,$\sigma_1=186$kPa,$\sigma_3=82$kPa。

5-4 三轴剪切试验数据如下,试确定该组试验抗剪强度指标基本值,要求采用作图法。

表 5-34

σ_1(kPa)	50	100	150	200
Δ_σ(kPa)	70	120	165	230

5-5 若地基持力层：$\gamma = 19kN/m^3$,$\varphi = 22°$,$c=14kPa$，基底尺寸 $b \times l$=2m×2.5m，埋深 d=1.8m，基底以上填土$\gamma_0 = 18.2kN/m^3$,试计算 p_{cr}、$p_{1/4}$、$p_{1/3}$、p_u 并比较大小。

5-6 用桥规确定地基承载力[P]．已知地基土为一般粘性土，γ =29.1kN/m³，e =0.90，I_L=0.56，c_k=45.120kN/m²，φ_k=15°．方形基础宽度 b=2m,基础埋深 d=3m．

5-7 水下矩形基础，基底尺寸 4.5m×6.0m,埋深 d=3.5m,平均常水位到一般冲刷线的深度为 2m，持力层为亚粘土(粉质粘土)天然孔隙比 e=0.8，液性指数 I_L=0.45，天然重力密度$\gamma = 19.5kN/m^3$，基底以上为中密粉砂，饱和重力密度$\gamma_{sat} = 20.0kN/m^3$，试按桥规计算地基容许承载力．

5-8 矩形基础底面尺寸 3m×9m，埋深 d=2.5m，地基土为亚砂土，ω = 22.8%，$\gamma = 20.0kN/m^3$，d_s=2.70,ω_L=25.2%，ω_p=18.9%，试按桥规计算地基容许承载力．若其他资料不变，埋深为 5m，求其容许承载力？

5-9 矩形基础底面尺寸 3m×6m,埋深 d=3.5m,地基土为粘土，ω = 35%，γ = 19.0kN/m³，d_s=2.75,ω_L=44%,ω_p=26%，试按桥规计算地基容许承载力．若其他资料不变，基底尺寸变为 5m×10m，问其地基容许承载力有什么变化？

5-10 经数理统计得砂土地基φ_k=35°，c_k=0，γ =20kN/m³．基底尺寸 $b \times l$=2m×3.5m，埋深 d=1.5m，基底以上填土$\gamma_0 = $ 16.8kN/m³，试按建筑规范计算地基承载力设计值 f_v．

5-11 对淤泥地基土测得一组含水量：ω_i=58%、47%、50%、54%、57%、49%．61%、42%、52%、55%．试用建筑规范承载力表确定其标准值。

5-12 对细砂地基钻孔后作标准贯入试验，测得一组捶击数，N_i =24、23、27、26、25、27、19、24、26、26、25、22．试按建筑规范表格确定其承载力标准值。

第六章 土压力与土坡稳定

第一节 土压力种类

土压力是指土体对挡土墙或地下构筑物产生的压力。图 6-1 所示市政给排水工程中埋在地下(或半埋于土中)的管道、水池、沉井均受到土压力的作用。在设计这些构筑物时，首先要确定土压力的大小、方向和作用点。

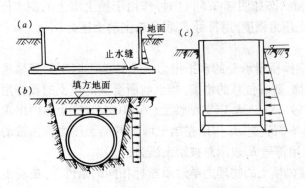

图 6-1 土压力对给排水工程结构的作用

在市政道路桥梁工程中的挡土墙和桥台均受到土压力的作用。施工中开挖基槽和在土坡附近进行工程建设时，需要研究土坡的稳定性，以保证施工人员和建筑物的安全。为了防止土体的坍塌，在土建工程中广泛采用挡土墙(图 6-2)。设计挡土墙也需要确定土压力的大小、方向和作用点，因此，研究土压力、土坡稳定是市政工程设计和施工的一个重要课题。

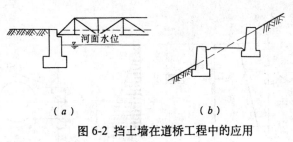

图 6-2 挡土墙在道桥工程中的应用

(a)桥台挡土；(b)道路挡土墙

一、土压力的分类

作用在构筑物上的土压力按其作用方向分为竖向(垂直)土压力和侧土压力，例如作用于图 6-1(b)地下管道顶面的土压力为竖向土压力；作用于图 6-2 挡土墙、图 6-1(a)地下水池池壁、图 6-1(c)沉井井壁的土压力为侧土压力。由于在工程结构设计中侧土压力影响较大，涉及的构筑物较多，所以习惯上将侧土压力简称为土压力。

作用于构筑物上的侧土压力，按挡土墙的位移方向、大小和墙后填土所处的应力状态，可分为以下三种：

(1)静止土压力 P_j、E_j

如果挡土墙在侧土压力作用下，墙本身不发生变形和任何位移(移动或转动)，墙后填土处于弹性平衡状态如图 6-3(a)，则这时作用在挡土墙上的土压力称为静止土压力，以符号 P_j 表示静止土压力强度，以符号 E_j 表示总静止土压力。

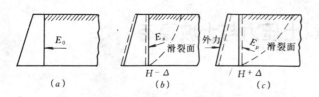

图 6-3 作用在挡土墙上的土压力分类

（a）静止土压力；（b）主动土压力；（c）被动土压力

(2)主动土压力 P_a、E_a

若挡土墙在侧土压力作用下，离开填土向前产生变形或向前发生位移(例如地下室墙在土压力作用下向前弯曲，挡土墙向前滑移等)时，随着变形或位移的增大，填土产生的侧土压力将逐渐减小，当变形或位移达到某一数值时(由试验可知，密砂: $-\Delta \approx 0.5\%h$; 密实粘性土 $-\Delta = (1\% \sim 2\%)h$，其中 h 为挡土墙高)，土体内出现滑裂面，填土达到主动极限平衡状态如图 6-3(b)，这时，作用于挡土墙上的侧土压力称为主动土压力，以符号 p_a 表示主动土压力强度，用符号 E_a 表示总主动土压力。

(3)被动土压力 P_p、E_p

如果挡土墙在外力作用下(例如拱桥桥台承受的水平推力、顶管施工时对后背墙施加的反向顶力等)，挡土墙向填土方向位移，随着位移的增加，挡土墙所受到的填土的反作用力将逐渐增大，当位移达到一定数值(密砂: $\Delta = 5\%h$; 密实粘性土: $\Delta = 10\%h$)时，土体内出现滑裂面，填土处于被动极限平衡状态(图 6-3c)，这时，作用在挡土墙上的侧土压力称为被动土压力，用符号 P_p 表示被动土压力强度，用符号 E_p 表示总被动土压力。

由上面的分析可见，在挡土墙高度、填土的物理力学性质指标相同的条件下，主动土压力最小，被动土压力最大，静止土压力居中(图 6-4)，即

$$E_a < E_j < E_p \tag{6-1}$$

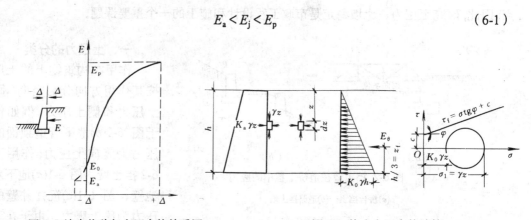

图 6-4 墙身位移与土压力的关系图   图 6-5 静止土压力的计算

二、静止土压力的计算

建造在坚硬岩石地基上的重力式挡土墙可按静止土压力计算。当挡土墙背竖直时，其受力情况与半无限体任一竖直平面受力情况相同。这时，土体处于弹性平衡状态，摩尔应力圆在抗剪强度线以下(图 6-5)，按弹性理论计算挡土墙后、填土表面下深度 z 处的静止土压力为:

$$p_j = \xi \gamma z \tag{6-2}$$

$$\xi = \frac{\mu}{1-\mu} \tag{6-3}$$

或 $$\xi = 1 - \sin\overline{\varphi} \tag{6-4}$$

式中　P_j——任一深度 z 处的静土压力强度（kPa）；

　　γ——填土的重力密度(kN/m³);

　　ξ——静止土压力系数，其经验值的范围是：粗粒土 0.18 ～ 0.43，细粒土 0.33 ～ 0.72，其参考值按表 4-3 压实土的静土压力系数见表 6-1;

　　z——填土顶面至任一点的深度（m），见图 6-6;

　　μ——土的泊松比, 按表 4-3 采用;

　　φ——土的有效内摩擦角(土中应力 σ 等于有效应力 $\overline{\sigma}$ 加孔隙水压力 u, 即 $\sigma = \overline{\sigma} + u$, 据有效应力测得有效内摩擦角, 即 $\overline{\tau}_f = \overline{\sigma} \mathrm{tg}\overline{\varphi} + \overline{c}$).

计算总静止土压力时, 取 1m 长的挡土墙进行计算, 按图 6-5 静止土压力强度呈三角形分布的应力面积计算,得每延米的总静止土压力, 即

$$E_j = \frac{1}{2}\xi\gamma h^2 \, (\mathrm{kN/m^2}) \tag{6-5}$$

式中　h——挡土墙背坡高度(m).

静止土压力合力作用方向垂直于挡土墙背, 作用点通过压力分布图形形心, 即距墙底 $z_f = \frac{1}{3}h$.

压实土的静土压力系数　　　　　　　表6 - 1

土 的 名 称	静土压力系数 ξ
砾石、卵石	0.20
砂　　土	0.25
亚砂土	0.35
亚粘土	0.45
粘　　土	0.55

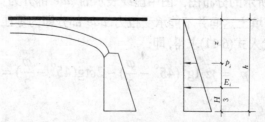

图 6-6 《桥规》关于静土压力计算示意图

第二节 朗金土压力理论

一、朗金土压力理论

朗金土压力理论假定挡土结构墙背竖直、光滑,墙后填土表面水平,并无限延伸. 因此,这时填土内任意水平面和墙的背面均为主应力面(即这两个面上的剪应力为零),作用在该平面上的法向应力均为主应力.

朗金根据挡土结构墙后填土处于极限平衡状态时的应力状态,利用极限平衡条件的主应力表达式(5-3)或式(5-5),推导出主动土压力与被动土压力计算公式.

1. 主动土压力

根据朗金土压力理论,计算主动土压力强度 p_a 的公式为:

$$p_a = \gamma z \mathrm{tg}^2\left(45° - \frac{\varphi}{2}\right) - 2c\,\mathrm{ctg}\left(45° - \frac{\varphi}{2}\right)$$
$$= \gamma z k_a - 2c\sqrt{k_a} \tag{6-6}$$

式中　　p_a——主动土压力强度(kN/m^2);

　　　　γ——填土的重力密度(kN/m^3);

　　　　z——计算主动土压力强度点至填土表面的距离(m);

　　K_a——主动土压力系数, $K_a = \mathrm{tg}^2\left(45° - \frac{\varphi}{2}\right)$, 也可由表 6-2 查得;

　　　　φ——土的内摩擦角;

　　　　c——土的粘聚力(kN/m^2), 当 $c=0$ 时为粗粒土的主动土压力.

主动土压力强度的分布图如图 6-7 所示,其强度大小与深度 z 成线性关系. 对粗粒土是挡土墙全高范围的三角形分布;对于细粒土则是$(h-z_0)$范围内的三角形分布. 原因在于细粒土的主动土压力强度由两部分组成:一部分是填土自重引起的侧土压力强度 $\gamma z \mathrm{tg}^2\left(45° - \frac{\varphi}{2}\right)$;另一部分是粘聚力 c 引起的负侧土压力强度 $-2c\,\mathrm{ctg}\left(45° - \frac{\varphi}{2}\right)$, 这两部叠加后即为图 6-7b 所示的分布图. 图中虚线表示的 ade 部分为负侧土压力,即对墙背产生拉力. 实际上,墙背与填土这间并不能承受拉力, ade 部分即为零压力区,其高度 z_0 由 a 点的主动土压力 p_a 为零代入式(6-11)求得,即:

$$p_a = \gamma z_0 \mathrm{tg}^2\left(45° - \frac{\varphi}{2}\right) - 2c\,\mathrm{ctg}\left(45° - \frac{\varphi}{2}\right) = 0$$

$$z_0 = \frac{2c}{\gamma \mathrm{tg}\left(45° - \frac{\varphi}{2}\right)} = \frac{2c}{\gamma\sqrt{K_a}} \tag{6-7}$$

因此,细粒填土对挡土墙的总主动土压力 E_a 由图 6-7(b) 中 abc 部分的面积计算而得。

产生主动土压力时,滑裂面与水平面的夹角为 $(45° + \dfrac{\varphi}{2})$ 如图 6-7(a)。

公式(6-6)是极限平衡条件主应力表达式(5-3b)在土压力计算中的应用,现考察挡土墙后填土表面下 z(m)深处的微分体的应力状态(图 6-8)。显然,作用在它上面的竖向应力为 γz(填土的自重应力)。若挡土墙不产生任何位移,则作用在它上面的水平力为 $\xi\gamma z$,即静止土压力强度 P_j。此时,大主应力 $\sigma_1 = \gamma z$,小主应力 $\sigma_3 = P_j$,应力圆在土的抗剪强度线下面,不与其相切,墙后填土处于弹性平衡状态图如图 6-7(b)。若挡土墙在土压力作用下,离开填土方向向前逐渐位移,这时,作用在微分体上的竖向应力保持不变,而水平应力逐渐减小,应力圆逐渐变大。直至墙后填土处于极限平衡状态,应力圆与土的抗剪强度线相切如图 6-7(b)。这时,竖向的自重应力 γz 仍为大主应力 σ_1,而小主应力 σ_3 则为作用于挡土墙的主动土压力 P_a。用 P_a 代替 σ_3,用 γz 代替 σ_1 则式(5-3b)应用到土压力上就形成式(6-6)。

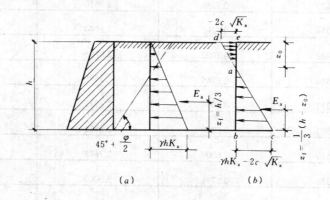

图 6-7 主动土压力强度分布图

（a）粗粒土；（b）细粒土

2. 被动土压力 P_p

根据朗金土压力理论,计算被动土压力 P_p 的公式为:

$$
\begin{aligned}
p_p &= \gamma z \mathrm{tg}^2\left(45° + \frac{\varphi}{2}\right) + 2c\,\mathrm{tg}\left(45° + \frac{\varphi}{2}\right) \\
&= \gamma z K_p + 2c\sqrt{K_p}
\end{aligned}
\tag{6-8}
$$

式中　p_p——被动土压力强度(kN/m²);

K_p——被动土压力系数, $K_p = \mathrm{tg}^2\left(45° + \dfrac{\varphi}{2}\right)$,也可由表 6-2 查得;

其余符号意义同前。

土压力系数 表6-2

φ	$K_a = \text{tg}^2(45° - \dfrac{\varphi}{2})$	$\sqrt{K_a} = \text{tg}(45° - \dfrac{\varphi}{2})$	$K_a = \text{tg}^2(45° + \dfrac{\varphi}{2})$	$\sqrt{K_a} = \text{tg}(45° + \dfrac{\varphi}{2})$
0°	1.0000	1.0000	1.0000	1.0000
2°	0.9326	0.9657	1.0723	1.0355
4°	0.8696	0.9325	1.1500	1.0724
6°	0.8107	0.9004	1.2335	1.1106
8°	0.7557	0.8693	1.3233	1.1504
10°	0.7041	0.8391	1.4203	1.1918
12°	0.6558	0.8098	1.5250	1.2349
14°	0.6104	0.7813	1.6383	1.2799
16°	0.5678	0.7536	1.7610	1.3270
18°	0.5279	0.7265	1.8944	1.3764
20°	0.4903	0.7002	2.0396	1.4281
22°	0.4550	0.6745	2.1980	1.4826
24°	0.4217	0.6494	2.3712	1.5399
26°	0.3905	0.6249	2.5611	1.6003
28°	0.3610	0.6009	2.7698	1.6643
30°	0.3333	0.5774	3.0000	1.7321
32°	0.3073	0.5543	3.2546	1.8040
34°	0.2827	0.5317	3.5371	1.8807
36°	0.2596	0.5095	3.8518	1.9626
38°	0.2379	0.4877	4.2037	2.0503
40°	0.2174	0.4663	4.5989	2.1445
42°	0.1982	0.4452	5.0447	2.2460
44°	0.1802	0.4245	5.5500	2.3559
46°	0.1632	0.4040	6.1261	2.4751
48°	0.1474	0.3839	6.7865	2.6051
50°	0.1325	0.3640	7.5486	2.7475

每延米长作用在挡土墙上的总被动土压力 E_p 仍据应力分布面积计算,合力作用点据通过应力分布面积形心确定. 图 6-9 为被动土压力强度分布图,粗粒土呈三角形线性分布,细粒土呈梯形线性分布. 其破裂面与水平线的夹角为 $(45° - \dfrac{\varphi}{2})$.

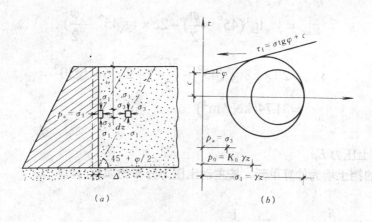

图 6-8 主动土压力的计算

（a）墙后填土微分土体的应力状态；（b）微分土体处于不同状态的应力圆

同一原理, 公式(6-8)可用式(5-3a)推导: 图 6-10 是从图 6-8 所示主动土压力极限状态继续分析的结果。当挡土墙在外力推动向填土方向位移时, 墙后填土被压缩, 作用在微分体上

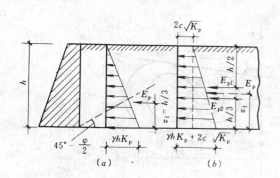

图 6-9 被动土压力强度分布图

（a）粗粒土；（b）细粒土

的竖向压应力仍为填土自重应力, 其值仍为 γz, 但是水平压应力则由主动土压力增大至静止土压力 P_j, 再逐渐增大。图 6-10 中的应力圆变小后, 再变大, 直至应力点 γz 右侧应力圆与抗剪强度线相切, 墙后填土又处于极限平衡状态。只不过这时, 自重应力 γz 变为小主应力 σ_3, 而水平应力即大主应力 σ_1 就是作用在挡土墙上的被动土压力强度 P_p。将 $\sigma_1 = P_p$、$\sigma_3 = \gamma z$ 代入式（5-3a）即得被动土压力强度 P_p 计算公式(6-8)。

【例 6-1】某重力式挡土墙(如图 6-11), 墙高 5.8m, 用粘性土回填, $\gamma=20kN/m^3$、$\varphi = 30°$、$c = 6kN/m^2$, 试计算该挡土墙上的主动土压力分布、合力的大小及其作用点位置。

【解】(1)按式(6-7)计算零压力区高度 z_0

$$z_0 = \frac{2c}{\gamma \mathrm{tg}\left(45° - \dfrac{\varphi}{2}\right)} = \frac{2 \times 6}{20 \times \mathrm{tg}\left(45° - \dfrac{30°}{2}\right)} = 1.04(\mathrm{m})$$

(2)计算挡土墙墙踵 B 点处主动土压力 $P_{a,B}$

$$p_{a,B} = \gamma z_B \operatorname{tg}^2\left(45^\circ - \frac{\varphi}{2}\right) - 2c \times \operatorname{tg}\left(45^\circ - \frac{\varphi}{2}\right)$$

$$= 20 \times 5.8 \operatorname{tg}^2\left(45^\circ - \frac{30^\circ}{2}\right) - 2 \times 6 \times \operatorname{tg}30^\circ$$

$$= 31.74 (\text{kN} / \text{m}^2)$$

(3)计算总土压力 E_a

取 1m 长的挡土墙为计算单元, 按主动土压力分布的面积, 计算

$$E_a = \frac{1}{2} p_{a,B} (z_B - z_0)$$

$$= \frac{1}{2} \times 31.74 \times (5.8 - 1.04)$$

$$= 75.54 (\text{kN} / \text{m})$$

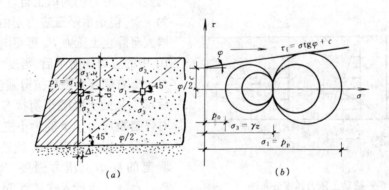

图 6-10 被动土压力的计算

(a)墙后填土微分土体的应力状态; (b)微分土体处于不同状态的应力圆

(4)计算总土压力 E_a 作用点

总土压力 E_a 作用点按土压力分布图形的形心计算,三角形分布时,重心在其高度的 $\frac{1}{3}$ 处,即

$$z_f = \frac{1}{3}(z_B - z_0) = \frac{1}{3}(5.8 - 1.04) = 1.59(\text{m})$$

计算结果如图 6-11 所示.

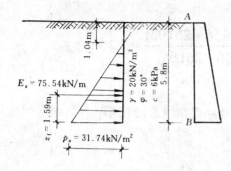

图 6-11 【例 6-1】示意图

【例 6-2】已知某市政工程采用顶管施工，其后背墙高 $h=6m$，宽 $b=4m$(见图 6-12)，墙后土体为粘土 $\gamma=19kN/m^3$、$\varphi=20°$、$c=10kN/m^2$，试绘制墙体被动土压力分布图，计算总被动土压力 E_p 大小及作用点，标出破裂面与水平面的夹角。

【解】(1)计算墙顶 A 点的被动土压力 $p_{p,A}(z_A = 0)$

$$p_{p,A} = \gamma \; z_A \operatorname{tg}^2(45° + \frac{\varphi}{2}) + 2c \times \operatorname{tg}(45° + \frac{\varphi}{2})$$

$$= 19 \times 0 \times \operatorname{tg}^2(45 + \frac{20}{2}) + 2 \times 10 \times \operatorname{tg}55°$$

$$= 28.56(kN/m^2)$$

(2)计算墙踵 B 点被动土压力 $p_{p,B}(z_B = 6m)$

$$p_{p,B} = \gamma \; z_B \operatorname{tg}^2(45° + \frac{\varphi}{2}) + 2c \times \operatorname{tg}(45° + \frac{\varphi}{2})$$

$$= 19 \times 6 \times \operatorname{tg}^2(45° + \frac{20°}{2}) + 28.56$$

$$= 261.08(kN/m^2)$$

(3)计算总被动压力 E_p

作用于后背墙上的总被动压力 E_p，需按土压力分布面积乘以墙宽 $b=4m$ 计算，即：

$$E_p = \frac{1}{2}(p_{p,A} + p_{p,B})bh$$

$$= \frac{1}{2}(28.56 + 261.08) \times 4 \times 6$$

$$= 3476(kN)$$

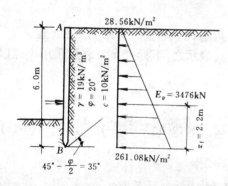

图 6-12 【例 6-2】示意图

(4)计算总被动压力 E_p 的作用点

总被动压力 E_p 的作用点即为土压力分布图形的形心，根据理论力学计算梯形面积形心的公式有：

$$z_{\mathrm{f}} = \frac{h}{3} \times \frac{2p_{\mathrm{p,A}} + p_{\mathrm{p,B}}}{p_{\mathrm{p,A}} + p_{\mathrm{p,B}}} = \frac{6 \times (2 \times 28.56 + 261.08)}{3 \times (28.56 + 261.08)} = 2.20(\mathrm{m})$$

(5)破裂面与水平面的夹角 $45° - \dfrac{\varphi}{2} = 35°$。计算结果如图 6-12 所示。

二、特殊情况下的侧土压力计算

（一）填土分层的情况

当墙后填土分层时，仍可用式(6-6)和式(6-8)计算土压力强度，但需注意两点：

(1)将式中 γz 换成计算点处的自重应力 $\Sigma \gamma_i h_i$；

(2)采用计算点所在土层的抗剪强度指标 φ、c 值进行计算。这样，在层面交界处应分别计算该点以上土层与该点以下土层的土压力。

以图 6-13 为例，欲求第 j 层上层面 m 点的主动土压力时，用 $p_{\mathrm{a,m,x}}$ 表示之，下标"x"表示采用 m 点下面土层的指标，于是

$$p_{\mathrm{a,m,x}} = \left(\sum_{i=1}^{j-1} \gamma_i h_i \right) \mathrm{tg}^2 \left(45° - \frac{\varphi_j}{2} \right) - 2c_j \times \mathrm{tg} \left(45° - \frac{\varphi_j}{2} \right) \tag{6-9}$$

欲求第 j 层下层面 k 点的主动土压力时，用 $p_{\mathrm{a,k,s}}$ 表示之，下标"s"表示采用 k 点上面土层的指标，于是

$$p_{\mathrm{a,k,x}} = \left(\sum_{i=1}^{j} \gamma_i h_i \right) \mathrm{tg}^2 \left(45° - \frac{\varphi_j}{2} \right) - 2c_j \times \mathrm{tg} \left(45° - \frac{\varphi_j}{2} \right) \tag{6-10}$$

式(6-9)与式(6-10)的区别在于计算自重应力时，$p_{\mathrm{a,m,x}}$ 比 $p_{\mathrm{a,k,s}}$ 少一个第 j 层的土重。

欲求第 $j+1$ 层上层面 k 点的主动土压力时，用 $p_{\mathrm{a,k,x}}$ 表示之，下标"x"表示采用 k 点以下土层的指标，于是

$$p_{\mathrm{a,k,x}} = \left(\sum_{i=1}^{j} \gamma_i h_i \right) \mathrm{tg}^2 \left(45° - \frac{\varphi_{j+1}}{2} \right) - 2c_{j+1} \times \mathrm{tg} \left(45° - \frac{\varphi_{j+1}}{2} \right) \tag{6-11}$$

式(6-10)与式(6-11)的区别在于 φ、c 值不同，前者为 φ_j, c_j，后者为 φ_{j+1}、c_{j+1}。

（二）墙后有地下水情况

当墙后有地下水时，应考虑水的浮力作用，故应以水下土的有效重力密度 γ' 代替公式中相应的重力密度 γ 进行计算。如图 6-14 中 $(\gamma_1 h_1 + \gamma' h_2) k_{\mathrm{a,2}}$；同时还要考虑地下水对挡土墙产生的静水压力作用，如图 6-14 中的 $\gamma_{\mathrm{w}} h_2$。

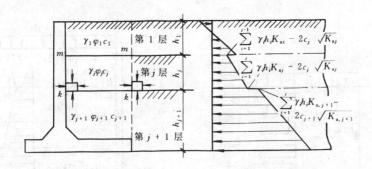

图 6-13 成层填土时土压力的计算

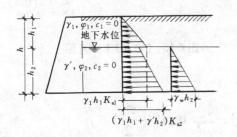

图 6-14 墙后有地下水时土压力的计算

（三）地面堆积荷载作用的情况

在设计市政工程中的挡土墙、地下构筑物、管道时，通常要考虑地面堆积荷载对其侧壁产生的侧土压力(图 6-15)。在一般情况下地面堆积荷载可按 $q=10kN/m^2$ 计算。计算堆积荷载作用下的侧土压力可将该荷载按等代的土层厚度对待。以主动土压力为例，可按下式计算：

$$p_a = (q + \gamma\ z)\text{tg}^2(45° - \frac{\varphi}{2}) - 2c \times \text{tg}(45° - \frac{\varphi}{2}) \tag{6-12}$$

当将地面堆荷载视为等代土层作用时，公式(6-12)中的 $(q + \gamma z)$ 可视为作用在深度 z 处的自重应力，q 相当于地面 $z=0$ 处的自重应力。以墙后回填砂土($c=0$)为例，挡土墙承受的主动土压力为梯形分布(见图 6-15)，其总主动土压力 E_a 作用点距墙底的距离 z_f 为：

$$z_f = \frac{h}{3} \times \frac{2p_{a,0} + p_{a,h}}{p_{a,0} + p_{a,h}} \tag{6-13}$$

式中 $p_{a,0}$ 和 $p_{a,h}$ 分别为在墙顶和墙踵处的主动土压力。

【**例 6-3**】已知沉井的地质剖面如图 6-16 所示，地面堆积荷载 $q=10kN/m^2$，第一层土为粘土，$h_1 = 3m$，$\gamma_1=18.5kN/m^3$，$\varphi_1=30°$，$c_1=6kN/m^2$；第二层为细砂，$h_2 = 4m$，$\gamma_2=19kN/m^3$，$\varphi_2=36°$，$c_2=0$；第三层为粉土，其顶面与地下水位齐平，$h_3 = 4m$，$\gamma_3 = \gamma_{sat}=21kN/m^3$，$\varphi_3=24°$，$c_3=3kN/m^2$；试绘制沉井壁承受的主动土压力 p_a 分布图。

【**解**】图中 A、B、C、D 点的主动土压力如下：

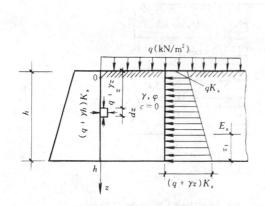

图 6-15 填土表面均布荷载
作用时主动土压力的计算

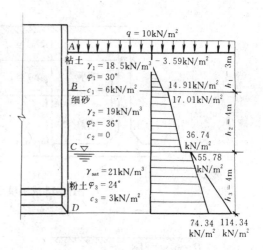

图 6-16 【例 6-3】示意图

$$p_{a,A} = (q + \gamma_1 \cdot z_A)\mathrm{tg}^2(45° - \frac{\varphi_1}{2}) - 2c_1 \cdot \mathrm{tg}(45° - \frac{\varphi_1}{2})$$

$$= (10 + 0)\mathrm{tg}^2(45° - \frac{30°}{2}) - 2 \times 6 \times \mathrm{tg}(45° - \frac{30°}{2})$$

$$= -3.59(\mathrm{kN} / \mathrm{m}^2)$$

$$p_{a,B,s} = (q + \gamma_1 \cdot h_1)\mathrm{tg}^2(45° - \frac{\varphi_1}{2}) - 2c_1 \cdot \mathrm{tg}(45° - \frac{\varphi_1}{2})$$

$$= (10 + 18.5 \times 3)\mathrm{tg}^2(45° - \frac{30°}{2}) - 2 \times 6 \times \mathrm{tg}(45° - \frac{30°}{2})$$

$$= 14.91(\mathrm{kN} / \mathrm{m}^2)$$

$$p_{a,B,x} = (q + \gamma_1 h_1)\mathrm{tg}^2(45° - \frac{\varphi_2}{2}) - 2c_2 \cdot \mathrm{tg}(45° - \frac{\varphi_2}{2})$$

$$= (10 + 18.5 \times 3)\mathrm{tg}^2(45° - \frac{36°}{2}) - 0$$

$$= 17.01(\mathrm{kN} / \mathrm{m}^2)$$

$$p_{\mathrm{a,C,s}} = (q + \gamma_1 h_1 + \gamma_2 h_2)\mathrm{tg}^2(45° - \frac{\varphi_2}{2}) - 2c_2 \cdot \mathrm{tg}(45° - \frac{\varphi_2}{2})$$

$$= (10 + 18.5 \times 3 + 19 \times 4)\mathrm{tg}^2(45° - \frac{36°}{2}) - 0$$

$$= 36.74(\mathrm{kN/m}^2)$$

$$p_{\mathrm{a,C,x}} = (q + \gamma_1 h_1 + \gamma_2 h_2)\mathrm{tg}^2(45° - \frac{\varphi_3}{2}) - 2c_3 \cdot \mathrm{tg}(45° - \frac{\varphi_3}{2})$$

$$= (10 + 18.5 \times 3 + 19 \times 4)\mathrm{tg}^2(45° - \frac{24°}{2}) - 2 \times 3 \times \mathrm{tg}(45° - \frac{24°}{2})$$

$$= 55.78(\mathrm{kN/m}^2)$$

$$p_{\mathrm{a,D}} = [q + \gamma_1 h_1 + \gamma_2 h_2 + (\gamma_{\mathrm{sat}} - \gamma_{\mathrm{w}})h_3]\mathrm{tg}^2(45° - \frac{\varphi_3}{2}) - 2c_3 \cdot \mathrm{tg}(45° - \frac{\varphi_3}{2})$$

$$= [10 + 18.5 \times 3 + 19 \times 4 + (21 - 10) \times 4]\mathrm{tg}^2(45° - \frac{24°}{2}) - 2 \times 3 \times \mathrm{tg}(45° - \frac{24°}{2})$$

$$= 74.34(\mathrm{kN/m}^2)$$

D 点处土压力与水压力之和为:

$$p_{\mathrm{a,D}} + p_{\mathrm{w,D}} = p_{\mathrm{a,D}} + \gamma_{\mathrm{w}} \times h_3 = 74.34 + 10 \times 4 = 114.34(\mathrm{kN/m}^2)$$

沉井壁主动土压力分布图见图 6-16。

第三节 库伦土压力理论

在市政工程中,有可能遇到挡土墙墙背和墙后填土倾斜或台前填土倾斜的情况,这时朗金土压力理论就不适用了,为了解决这些情况的土压力计算问题,我们介绍库伦土压力理论。

一、基本假定及计算原理

库伦土压力理论由法国著名科学家库伦于 1773 年发表。库伦在建立土压力理论时,曾作如下假定:

(1)挡土墙后填土为无粘性土($c=0$);

(2)挡土墙产生主动土压力或被动土压力时,墙后填土形成滑动土楔,其滑裂面为通过墙踵的平面;并将滑动土楔视为刚体。

库伦土压力理论是根据滑动土楔处于极限平衡状态时的静力平衡条件,求解主动土压力或被动土压力的。分析土压力时与朗金土压力理论一样,也按平面问题来考虑,即沿墙身延长方向取 1m 进行分析。

二、主动土压力 p_a、E_a 计算公式

设桥台、挡土墙背高为 H，墙背俯斜并与垂线夹角为 α，墙后填土为无粘性土，填土表面与水平线成 β 角；墙背与土的摩擦角为 δ。桥台或挡土墙在土压力作用下将向前位移（平移或转动）。当墙后填土处于极限平衡状态时，桥台或挡土墙后填土形成一滑动土楔 ABC，其滑裂面为平面 BC，滑裂面与水平线成 ρ 角，如图 6-17(a)。

为了求解主动土压力，我们取 1m 长的滑动土楔 ABC 为隔离体，现分析作用在滑动土楔的力系：土楔体的自重 $G = \triangle ABC \cdot \gamma$（$\gamma$ 为填土的重力密度），其方向竖直朝下；滑裂面 BC 上的反力 R，其大小是未知的，其方向与滑裂面 BC 的法线顺时针成 φ 角（φ 为土的内摩擦角）；桥台、挡土墙背面对土楔的反力 E，当土楔下滑时，桥台、挡土墙对土楔的阻力是向上的，E 在法线的下方，故其作用方向与桥台、挡土墙背面法线逆时针成 δ 角。显然，反力 E 就是土楔对挡土墙的土压力，但两者方向相反。

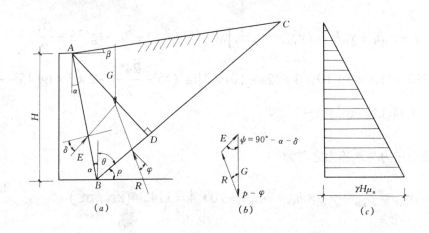

图 6-17 库仑主动土压力理论

（a）挡土墙后填土滑裂土楔；（b）力的三角形；（c）主动土压力强度分布图

滑动土楔在 G、R 和 E 三力作用下处于平衡状态，因此，三力必形成一个封闭的力三角形（图 6-17 b），由三角形边和角的关系（即正弦定律），可得：

$$\frac{E}{\sin(\rho-\varphi)} = \frac{G}{\sin[180°-(\rho-\varphi+\psi)]} = \frac{G}{\sin(\rho-\varphi+\psi)}$$

故
$$E = \frac{\sin(\rho-\varphi)}{\sin(\rho-\varphi+\psi)}G \qquad (6-14)$$

式中 $\psi = 90° - \alpha - \delta$

土楔体自重

174

$$G = \Delta ABC \times \gamma = \frac{1}{2} BC \times AD \times \gamma \qquad (6\text{-}15)$$

在 ΔABC 中，利用正弦定律，可得

$$BC = AB \cdot \frac{\sin(90° - \alpha + \beta)}{\sin(\rho - \beta)}$$

因为

$$AB = \frac{H}{\cos\alpha}$$

故

$$BC = H \frac{\cos(\alpha - \beta)}{\cos\alpha \cdot \sin(\rho - \beta)} \qquad (6\text{-}16)$$

通过 A 点作 AD 线垂直于 BC，由 ΔABC 得:

$$AD = AB \times \cos(\rho - \alpha)$$

$$= H \cdot \frac{\cos(\rho - \alpha)}{\cos\alpha} \qquad (6\text{-}17)$$

将式(6-16)和式(6-17)代入式(6-15)得:

$$G = \frac{1}{2}\gamma \ H^2 \frac{\cos(\alpha - \beta)\cos(\rho - \alpha)}{\cos^2\alpha \cdot \sin(\rho - \beta)} \qquad (6\text{-}18)$$

将式(6-18)代入(6-14)得 E 的表达式为:

$$E = \frac{1}{2}\gamma \ H^2 \frac{\cos(\alpha - \beta) \cdot \cos(\rho - \alpha) \cdot \sin(\rho - \varphi)}{\cos^2\alpha \cdot \sin(\rho - \beta) \cdot \sin(\rho - \varphi + \psi)} \qquad (6\text{-}19)$$

按式(6-19)确定的 E 值，在一般情况下，不是主动土压力 E_a，因为滑裂面 BC 是任意选定的，所以，它不一定是实际发生的滑裂面。由式(6-19)可知，在 γ、H、α、β、φ 和 Ψ 给定的条件下，土压力 E 是滑裂面与水平线夹角 ρ 的函数，E 与 ρ 之间的关系，可用图 6-18 所示的曲线表示. 当 $\rho = \varphi$，即滑裂面选在自然坡面上[注]，显然这时 $E = 0$；当 ρ

[注] 自然坡面是指在自重作用下保持稳定的坡面，根据试验知: 这时坡面与水平面成 φ 角

$= 90° + \alpha$，即滑裂面选在桥台、挡土墙背面上，这时土楔自重 $G = 0$，故 E 值也等于零．当 ρ 等于某一数值 ρ_0 时，则可得最大土压力 $E_{\max}$，这就是所要求的主动土压力 E_a，相应于 ρ_0 的滑裂面，即为填土实际发生的滑裂面．

为了确定最大的土压力 $E_{\max}$，也就是主动土压力 E_a，我们令 $\dfrac{\mathrm{d}E}{\mathrm{d}\rho} = 0$，由此求出最危险的滑裂面（即实际发生的）和相应的角 $\rho_0 = 45° + \dfrac{\varphi}{2}$，再把它代入式(6-19)，即可求出主动土压力：

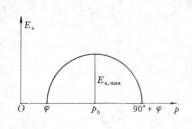

图 6-18 E 与 ρ 之间的关系曲线

$$E_a = \frac{1}{2} \gamma H^2 \frac{\cos^2(\varphi - \alpha)}{\cos^2\alpha \cdot \cos(\delta + \alpha)\left[1 + \sqrt{\dfrac{\sin(\delta + \varphi)\sin(\varphi - \beta)}{\cos(\delta + \alpha)\cos(\alpha - \beta)}}\right]^2} \qquad (6\text{-}20)$$

令
$$\mu = \frac{\cos^2(\varphi - \alpha)}{\cos^2\alpha \cdot \cos(\alpha + \delta)\left[1 + \sqrt{\dfrac{\sin(\varphi + \delta)\sin(\varphi - \beta)}{\cos(\alpha + \delta)\cos(\alpha - \beta)}}\right]^2} \qquad (6\text{-}21)$$

则式(6-20)可写成：
$$E_a = \frac{1}{2}\gamma H^2 \mu \qquad (6\text{-}20b)$$

再考虑桥台的计算宽度或挡土墙的计算长度 B，在公式(6-20b)中乘以 B，就得到在无车辆荷载时，计算作用在桥台、挡土墙前后的主动土压力 E_a 计算公式(6-22)：

$$E_a = \frac{1}{2} B \mu \gamma H^2 \qquad (6\text{-}22)$$

式中 E_a——无车辆荷载时，作用在桥台、挡土墙前后的主动土压力（kN）；

B——桥台的计算宽度或挡土墙的计算长度（m）；

μ——主动土压力系数，可查表 6-3、表 6-4、表 6-5；

γ——填土的重力密度（kN/m³）；

φ——填土的内摩擦角；

H——桥台或挡土墙高度、计算土层高度（m）；

α——桥台或挡土墙墙背与竖直面的夹角，即台背或墙背与垂线的夹角，α 角反时针为俯斜，称为俯墙背，如图 6-19 时，α 取正；反之，α 角顺时针为仰斜，称为仰墙背，α 取负；

β——填土表面与水平面的夹角，当计算台后或墙后的主动土压力时，β 按图 6-19 (a)取正值；当计算台前或墙前的主动土压力时，β 按图 6-19(b)取负值；

δ——台背或墙背与填土之间的摩擦角，其值应由试验确定，也可根据墙背粗糙度 和排水条件从 $0° \sim \dfrac{2\varphi}{3}$ 之间选取，一般采用 $\delta = \varphi/2$。

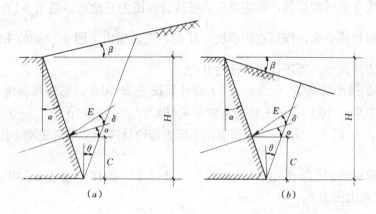

图 6-19 主动土压力图

按 $\delta = \varphi/2$ 的条件,将公式(6-21)简化为公式(6-23)

$$\mu = \frac{\cos^2(\varphi - \alpha)}{\cos^2 \alpha \cdot \cos(\alpha + 0.5\varphi)\left[1 + \sqrt{\dfrac{\sin(1.5\varphi)\sin(\varphi - \beta)}{\cos(\alpha + 0.5\varphi)\cos(\alpha - \beta)}}\right]^2} \qquad (6\text{-}23)$$

选择适当的 φ、α、δ 值，按公式(6-23)计算后，制成表 6-3 "$\delta = \varphi/2$ 时的主动土压力系数 μ 值表"和表 6-4 "$\delta = \varphi/2$ 且 $\beta = 0$ 时的主动土压力系数 μ 值表"。同理用 $\delta = 2\varphi/3$ 将式(16-21)简化后也可得表 6-5 "$\delta = 2\varphi/3$ 且 $\beta = 0$ 时的主动土压力系数 μ 值表"。于是主动土压力系数 μ，可由表 6-3、表 6-4、表 6-5 查得。

当墙背竖直($\alpha = 0$)、光滑($\delta = 0$)、填土表面水平($\beta = 0$)时，公式(6-20)与朗金主动土压力计算公式是一致的。即

$$E_a = \frac{1}{2}\gamma H^2 \mathrm{tg}^2\left(45° - \frac{\varphi}{2}\right) \qquad (6\text{-}24)$$

由此可见，在上述条件下，库伦土压力公式与朗金公式相同。

主动土压力的着力点自计算土层底面算起，$z_f = \dfrac{1}{3}H$，其理由如下：

我们知道，主动土压力 E_a 在数值上等于压力强度 P_a 分布图的面积，即

$$E_a = \int_0^h p_a dz \qquad (6-25)$$

而由式(6-20)可知，主动土压力 E_a 是墙高 h 的二次函数，故主动土压力强度 p_a 一定是所求压力强度处深度 z 的一次函数，即主动压力强度分布图为三角形，见图 6-17(c)。而其方向与墙背法线逆时针成 δ 角。作用点距墙底 $\frac{1}{3}H$ 处。应当指出，图 6-17(c)的主动土压力强度分布图只代表其大小，而不代表其作用方向。

【例 6-4】挡土墙高 $H = 5m$，挡土墙计算长度 $B=10m$，墙背倾斜角 $\alpha=10°$（俯斜）。填土坡角 $\beta = 10°$，填土重力密度 $\gamma = 18kN/m^3$，$\varphi=30°$，$c=0$，墙背与填土之间的摩擦角 $\delta = 0.5\varphi = 15°$。试按库伦土压力理论计算挡土墙后主动土压力 E_a 及作用点。

【解】根据 $\alpha=10°$，$\beta=10°$，$\varphi=30°$，$\delta=0.5$，$\varphi=15°$ 查表 6-3 得 $\mu=0.437$，由式(6-22)算得主动土压力 E_a

$$E_a = \frac{1}{2}B\mu\gamma H^2 \mu = \frac{1}{2}10 \times 0.437 \times 18 \times 5^2 = 983(kN)$$

作用点距墙底 $\frac{1}{3}H = \frac{1}{3} \times 5 = 1.67(m)$（图 6-20）。

三、被动土压力计算公式

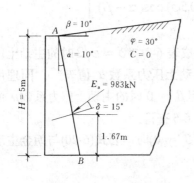

图 6-20 【例 6-1】附图

挡土墙在外力作用下向填土方向位移，直至使墙后填土沿某一滑裂面 BC 破坏，在发生破坏的瞬时，滑动土楔处于极限平衡状态。这时作用在隔离体 ABC 上仍为三个力：土楔自重 G、滑裂面 BC 上的反力 R 和墙背的反力 E 如图 6-21(a)。除 G 的作用方向为竖直外，E、R 的作用方向和相应法线夹角均与求主动土压力时相反，即均位于法线另一侧（图 6-21a）。按照求主动土压力的原理和方法，可求得被动土压力系数计算公式(6-26)：

$$\mu_p = \frac{\cos^2(\varphi+\alpha)}{\cos^2\alpha\cos(\alpha-\delta)\left[1 - \sqrt{\dfrac{\sin(\delta+\varphi)\sin(\varphi+\beta)}{\cos(\alpha-\delta)\cos(\alpha-\beta)}}\right]^2} \qquad (6-26)$$

于是，被动土压力计算公式为：

$$E_p = \frac{1}{2} B \mu_p \gamma H^2 \qquad (6\text{-}27)$$

式中 μ_p——被动土压力系数.

如墙竖直($\alpha = 0$)、光滑($\delta = 0$)、填土表面水平($\beta = 0$)，则式(6-27)变为:

$$E_p = \frac{1}{2} \gamma H^2 \mathrm{tg}^2 \left(45° + \frac{\varphi}{2}\right) \qquad (6\text{-}28)$$

因此，在上述条件下，库伦被动土压力公式与朗金公式相同.

显而易见，被动土压力强度公布图也为三角形如图 6-21(c)，土压力 E_p 的作用点距墙底 $\frac{1}{3}H$ 处，其方向与墙背法线顺时针成 δ 角.

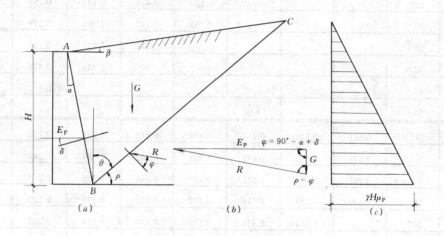

图 6-21 被动土压力的计算

（a）挡土墙后填土滑裂土楔；（b）力的三角形；（c）被动土压力强度分布图

$\delta = \varphi/2$ 时的主动土压力系数 μ 值表 表6-3

α	φ β	15°	20°	25°	30°	35°	40°	45°	50°
0°	0°	0.543	0.447	0.367	0.301	0.246	0.199	0.160	0.126
0°	5°	0.593	0.483	0.393	0.320	0.260	0.209	0.166	0.130
0°	10°	0.670	0.531	0.426	0.343	0.276	0.220	0.174	0.136
0°	15°	0.941	0.608	0.472	0.373	0.296	0.234	0.183	0.141
0°	20°		0.897	0.547	0.415	0.322	0.250	0.194	0.148
0°	25°			0.841	0.485	0.359	0.273	0.208	0.157

α	β / φ	15°	20°	25°	30°	35°	40°	45°	50°
0°	30°				0.776	0.423	0.305	0.226	0.168
0°	35°					0.704	0.362	0.254	0.183
0°	40°						0.624	0.303	0.205
0°	45°							0.541	0.246
0°	50°								0.456
5°	0°	0.575	0.482	0.404	0.338	0.282	0.234	0.193	0.157
5°	5°	0.630	0.522	0.433	0.360	0.299	0.246	0.202	0.163
5°	10°	0.713	0.576	0.471	0.387	0.318	0.260	0.212	0.170
5°	15°	1.001	0.660	0.523	0.422	0.342	0.277	0.223	0.178
5°	20°		0.973	0.607	0.471	0.374	0.298	0.238	0.188
5°	25°			0.933	0.551	0.418	0.326	0.255	0.199
5°	30°				0.881	0.494	0.366	0.279	0.214
5°	35°					0.818	0.435	0.314	0.234
5°	40°						0.746	0.375	0.263
5°	45°							0.667	0.316
5°	50°								0.582
10°	0°	0.611	0.520	0.444	0.378	0.322	0.273	0.230	0.193
10°	5°	0.671	0.565	0.478	0.405	0.342	0.289	0.242	0.201
10°	10°	0.761	0.626	0.522	0.437	0.366	0.306	0.255	0.211
10°	15°	1.073	0.720	0.581	0.478	0.395	0.327	0.270	0.222
10°	20°		1.064	0.676	0.535	0.433	0.354	0.289	0.235
10°	25°			1.041	0.627	0.486	0.388	0.312	0.250
10°	30°				1.005	0.576	0.437	0.342	0.270
10°	35°					0.955	0.520	0.386	0.296
10°	40°						0.893	0.462	0.334
10°	45°							0.820	0.403
10°	50°								0.739
15°	0°	0.653	0.564	0.489	0.424	0.368	0.318	0.274	0.235
15°	5°	0.719	0.616	0.529	0.456	0.392	0.337	0.289	0.247
15°	10°	0.819	0.684	0.579	0.494	0.421	0.360	0.306	0.260
15°	15°	1.160	0.789	0.648	0.542	0.457	0.386	0.326	0.274
15°	20°		1.174	0.756	0.609	0.503	0.419	0.349	0.291
15°	25°			1.172	0.717	0.567	0.461	0.379	0.312

α	φ / β	15°	20°	25°	30°	35°	40°	45°	50°
15°	30°				1.155	0.673	0.521	0.417	0.337
15°	35°					1.122	0.623	0.473	0.372
15°	40°						1.075	0.569	0.422
15°	45°							1.013	0.510
15°	50°								0.939
20°	0°	0.701	0.615	0.541	0.476	0.420	0.370	0.325	0.284
20°	5°	0.775	0.674	0.588	0.514	0.450	0.394	0.345	0.300
20°	10°	0.887	0.752	0.647	0.560	0.486	0.423	0.367	0.318
20°	15°	1.267	0.872	0.726	0.617	0.530	0.456	0.392	0.337
20°	20°		1.308	0.852	0.697	0.585	0.496	0.423	0.360
20°	25°			1.333	0.825	0.663	0.549	0.460	0.387
20°	30°				1.341	0.791	0.624	0.509	0.421
20°	35°					1.332	0.750	0.580	0.466
20°	40°						1.305	0.702	0.532
20°	45°							1.262	0.647
20°	50°								1.201
-5°	0°	0.515	0.415	0.334	0.268	0.214	0.168	0.130	0.099
-5°	5°	0.561	0.447	0.357	0.284	0.225	0.176	0.135	0.102
-5°	10°	0.633	0.491	0.386	0.303	0.238	0.185	0.141	0.106
-5°	15°	0.891	0.562	0.427	0.329	0.254	0.195	0.148	0.110
-5°	20°		0.831	0.493	0.365	0.276	0.208	0.156	0.115
-5°	25°			0.762	0.426	0.307	0.226	0.167	0.121
-5°	30°				0.687	0.362	0.253	0.181	0.129
-5°	35°					0.606	0.300	0.202	0.140
-5°	40°						0.522	0.241	0.156
-5°	45°							0.437	0.187
-5°	50°								0.353
-10°	0°	0.489	0.385	0.303	0.237	0.184	0.140	0.104	0.075
-10°	5°	0.532	0.414	0.323	0.250	0.192	0.146	0.108	0.078
-10°	10°	0.600	0.455	0.349	0.267	0.203	0.153	0.112	0.080
-10°	15°	0.848	0.520	0.385	0.289	0.217	0.161	0.117	0.083
-10°	20°		0.773	0.445	0.320	0.235	0.171	0.123	0.086
-10°	25°			0.693	0.374	0.261	0.185	0.131	0.090

α	φ β	15°	20°	25°	30°	35°	40°	45°	50°
-10°	30°				0.607	0.307	0.207	0.142	0.096
-10°	35°					0.520	0.245	0.158	0.104
-10°	40°						0.433	0.188	0.116
-10°	45°							0.347	0.138
-10°	50°								0.267
-15°	0°	0.464	0.357	0.274	0.208	0.156	0.114	0.081	0.055
-15°	5°	0.505	0.384	0.291	0.219	0.163	0.118	0.084	0.056
-15°	10°	0.570	0.421	0.313	0.233	0.171	0.124	0.086	0.058
-15°	15°	0.811	0.481	0.346	0.252	0.182	0.130	0.090	0.060
-15°	20°		0.722	0.400	0.279	0.197	0.138	0.094	0.062
-15°	25°			0.630	0.325	0.219	0.149	0.100	0.065
-15°	30°				0.536	0.257	0.166	0.108	0.068
-15°	35°					0.443	0.196	0.120	0.073
-15°	40°						0.354	0.143	0.081
-15°	45°							0.270	0.097
-15°	50°								0.194
-20°	0°	0.441	0.330	0.245	0.180	0.130	0.090	0.060	0.037
-20°	5°	0.480	0.354	0.260	0.189	0.135	0.093	0.062	0.038
-20°	10°	0.542	0.388	0.280	0.201	0.142	0.097	0.064	0.039
-20°	15°	0.778	0.444	0.308	0.216	0.150	0.102	0.066	0.040
-20°	20°		0.675	0.357	0.239	0.162	0.108	0.069	0.041
-20°	25°			0.571	0.280	0.179	0.116	0.073	0.043
-20°	30°				0.470	0.211	0.129	0.078	0.045
-20°	35°					0.373	0.152	0.087	0.048
-20°	40°						0.283	0.103	0.053
-20°	45°							0.202	0.063
-20°	50°								0.133

$\delta = \varphi/2$ 且 $\beta = 0$时的主动土压力系数 μ 值表   表6-4

α φ	15°	16°	17°	18°	19°	20°	21°	22°	23°	24°	25°
-20°	0.441	0.416	0.393	0.371	0.350	0.330	0.311	0.293	0.277	0.261	0.245
-18°	0.450	0.426	0.403	0.381	0.360	0.341	0.322	0.305	0.288	0.272	0.257

φ / α	15°	16°	17°	18°	19°	20°	21°	22°	23°	24°	25°
-16°	0.459	0.436	0.413	0.392	0.371	0.352	0.333	0.316	0.299	0.283	0.268
-14°	0.469	0.446	0.423	0.402	0.382	0.363	0.344	0.327	0.311	0.295	0.280
-12°	0.479	0.456	0.434	0.413	0.393	0.374	0.356	0.339	0.322	0.306	0.291
-10°	0.489	0.466	0.444	0.424	0.404	0.385	0.367	0.350	0.334	0.318	0.303
-8°	0.499	0.476	0.455	0.435	0.415	0.397	0.379	0.362	0.346	0.330	0.315
-6°	0.509	0.487	0.466	0.446	0.427	0.409	0.391	0.374	0.358	0.343	0.328
-4°	0.520	0.499	0.478	0.458	0.439	0.421	0.404	0.387	0.371	0.355	0.341
-2°	0.532	0.510	0.490	0.470	0.452	0.434	0.416	0.400	0.384	0.369	0.354
0°	0.543	0.522	0.502	0.483	0.465	0.447	0.430	0.413	0.397	0.382	0.367
2°	0.556	0.535	0.515	0.496	0.478	0.460	0.443	0.427	0.411	0.396	0.381
4°	0.569	0.548	0.529	0.510	0.492	0.474	0.458	0.441	0.426	0.411	0.396
6°	0.582	0.562	0.543	0.524	0.506	0.489	0.472	0.456	0.441	0.426	0.411
8°	0.596	0.577	0.558	0.539	0.522	0.504	0.488	0.472	0.457	0.442	0.427
10°	0.611	0.592	0.573	0.555	0.537	0.520	0.504	0.488	0.473	0.458	0.444
12°	0.627	0.608	0.589	0.572	0.554	0.537	0.521	0.505	0.490	0.476	0.461
14°	0.644	0.625	0.607	0.589	0.572	0.555	0.539	0.524	0.508	0.494	0.480
16°	0.662	0.643	0.625	0.607	0.590	0.574	0.558	0.543	0.528	0.513	0.499
18°	0.681	0.662	0.644	0.627	0.610	0.594	0.578	0.563	0.548	0.533	0.519
20°	0.701	0.682	0.665	0.648	0.631	0.615	0.599	0.584	0.569	0.555	0.541
22°	0.722	0.704	0.687	0.670	0.653	0.637	0.622	0.607	0.592	0.578	0.564
24°	0.745	0.727	0.710	0.693	0.677	0.661	0.646	0.631	0.616	0.602	0.588
26°	0.769	0.752	0.735	0.718	0.702	0.686	0.671	0.656	0.642	0.628	0.614
28°	0.796	0.778	0.761	0.745	0.729	0.713	0.698	0.684	0.669	0.655	0.642
30°	0.824	0.807	0.790	0.774	0.758	0.743	0.728	0.713	0.699	0.685	0.672

φ / α	27°	28°	30°	32°	34°	35°	36°	38°	40°	42°	45°
-20°	0.217	0.204	0.180	0.158	0.139	0.130	0.121	0.105	0.090	0.077	0.060
-18°	0.229	0.215	0.191	0.169	0.149	0.140	0.131	0.115	0.100	0.086	0.068
-16°	0.240	0.227	0.202	0.180	0.160	0.150	0.141	0.125	0.109	0.095	0.077
-14°	0.251	0.238	0.214	0.191	0.171	0.161	0.152	0.135	0.119	0.105	0.086
-12°	0.263	0.250	0.225	0.203	0.182	0.172	0.163	0.145	0.129	0.115	0.095
-10°	0.275	0.262	0.237	0.214	0.193	0.184	0.174	0.156	0.140	0.125	0.104
-8°	0.287	0.274	0.249	0.226	0.205	0.195	0.186	0.168	0.151	0.136	0.114
-6°	0.300	0.287	0.262	0.239	0.217	0.207	0.198	0.179	0.162	0.147	0.125
-4°	0.313	0.299	0.275	0.251	0.230	0.220	0.210	0.192	0.174	0.158	0.136

α \ φ	27°	28°	30°	32°	34°	35°	36°	38°	40°	42°	45°
-2°	0.326	0.313	0.288	0.265	0.243	0.233	0.223	0.204	0.187	0.170	0.148
0°	0.340	0.326	0.301	0.278	0.256	0.246	0.236	0.217	0.199	0.183	0.160
2°	0.354	0.341	0.316	0.292	0.270	0.260	0.250	0.231	0.213	0.196	0.172
4°	0.368	0.355	0.330	0.307	0.285	0.275	0.264	0.245	0.227	0.210	0.186
6°	0.384	0.371	0.346	0.322	0.300	0.290	0.279	0.260	0.242	0.224	0.200
8°	0.400	0.387	0.362	0.338	0.316	0.305	0.295	0.276	0.257	0.239	0.215
10°	0.416	0.403	0.378	0.355	0.333	0.322	0.312	0.292	0.273	0.255	0.230
12°	0.434	0.421	0.396	0.372	0.350	0.340	0.329	0.309	0.290	0.272	0.247
14°	0.452	0.439	0.414	0.391	0.369	0.358	0.348	0.327	0.308	0.290	0.265
16°	0.472	0.459	0.434	0.410	0.388	0.377	0.367	0.347	0.328	0.309	0.283
18°	0.492	0.479	0.455	0.431	0.409	0.398	0.387	0.367	0.348	0.330	0.303
20°	0.514	0.501	0.476	0.453	0.431	0.420	0.409	0.389	0.370	0.351	0.325
22°	0.537	0.524	0.500	0.476	0.454	0.443	0.432	0.412	0.393	0.374	0.348
24°	0.562	0.549	0.524	0.501	0.478	0.468	0.457	0.437	0.417	0.399	0.372
26°	0.588	0.575	0.550	0.527	0.505	0.494	0.484	0.463	0.444	0.425	0.398
28°	0.616	0.603	0.579	0.555	0.533	0.523	0.512	0.492	0.472	0.454	0.427
30°	0.646	0.633	0.609	0.586	0.564	0.553	0.543	0.522	0.503	0.484	0.458

$\delta = 2\varphi/3$且$\beta = 0$时的主动土压力系数μ值表　　　　表6-5

α \ φ	15°	16°	17°	18°	19°	20°	21°	22°	23°	24°	25°
-20°	0.427	0.403	0.380	0.358	0.338	0.319	0.301	0.283	0.267	0.252	0.237
-18°	0.437	0.413	0.390	0.369	0.349	0.330	0.312	0.295	0.278	0.263	0.248
-16°	0.446	0.423	0.401	0.380	0.360	0.341	0.323	0.306	0.290	0.274	0.260
-14°	0.456	0.433	0.411	0.390	0.371	0.352	0.334	0.317	0.301	0.286	0.271
-12°	0.466	0.443	0.422	0.401	0.382	0.363	0.346	0.329	0.313	0.298	0.283
-10°	0.476	0.454	0.433	0.413	0.393	0.375	0.358	0.341	0.325	0.310	0.295
-8°	0.487	0.465	0.444	0.424	0.405	0.387	0.370	0.353	0.337	0.322	0.308
-6°	0.498	0.476	0.456	0.436	0.417	0.399	0.382	0.365	0.350	0.335	0.320
-4°	0.509	0.488	0.467	0.448	0.429	0.412	0.395	0.378	0.363	0.348	0.333
-2°	0.521	0.500	0.480	0.461	0.442	0.425	0.408	0.392	0.376	0.361	0.347
0°	0.533	0.512	0.492	0.474	0.455	0.438	0.421	0.405	0.390	0.375	0.361
2°	0.546	0.525	0.506	0.487	0.469	0.452	0.435	0.419	0.404	0.389	0.375

φ\α	15°	16°	17°	18°	19°	20°	21°	22°	23°	24°	25°
4°	0.559	0.539	0.520	0.501	0.483	0.466	0.450	0.434	0.419	0.404	0.390
6°	0.573	0.553	0.534	0.516	0.498	0.481	0.465	0.450	0.434	0.420	0.406
8°	0.588	0.568	0.549	0.531	0.514	0.497	0.481	0.466	0.451	0.436	0.422
10°	0.603	0.584	0.565	0.547	0.530	0.514	0.498	0.483	0.468	0.453	0.440
12°	0.619	0.600	0.582	0.565	0.548	0.531	0.515	0.500	0.486	0.471	0.458
14°	0.637	0.618	0.600	0.582	0.566	0.550	0.534	0.519	0.504	0.490	0.477
16°	0.655	0.636	0.619	0.601	0.585	0.569	0.553	0.539	0.524	0.510	0.497
18°	0.674	0.656	0.639	0.622	0.605	0.589	0.574	0.559	0.545	0.531	0.518
20°	0.695	0.677	0.660	0.643	0.627	0.611	0.596	0.581	0.567	0.553	0.540
22°	0.717	0.699	0.682	0.666	0.650	0.634	0.619	0.605	0.591	0.577	0.564
24°	0.740	0.723	0.706	0.690	0.674	0.659	0.644	0.630	0.616	0.603	0.589
26°	0.765	0.748	0.732	0.716	0.700	0.685	0.671	0.657	0.643	0.630	0.617
28°	0.792	0.776	0.759	0.743	0.728	0.713	0.699	0.685	0.672	0.658	0.646
30°	0.821	0.805	0.789	0.773	0.758	0.744	0.729	0.716	0.702	0.690	0.677

φ\α	27°	28°	30°	32°	34°	35°	36°	38°	40°	42°	45°
-20°	0.210	0.197	0.174	0.153	0.135	0.126	0.118	0.102	0.088	0.076	0.059
-18°	0.221	0.209	0.185	0.164	0.145	0.136	0.128	0.112	0.098	0.085	0.068
-16°	0.233	0.220	0.197	0.175	0.156	0.147	0.138	0.122	0.107	0.094	0.076
-14°	0.244	0.232	0.208	0.187	0.167	0.158	0.149	0.132	0.117	0.104	0.085
-12°	0.256	0.243	0.220	0.198	0.178	0.169	0.160	0.143	0.128	0.114	0.095
-10°	0.268	0.255	0.232	0.210	0.190	0.180	0.171	0.154	0.139	0.124	0.104
-8°	0.281	0.268	0.244	0.222	0.202	0.192	0.183	0.166	0.150	0.135	0.115
-6°	0.293	0.281	0.257	0.235	0.214	0.205	0.195	0.178	0.162	0.146	0.126
-4°	0.306	0.294	0.270	0.248	0.227	0.217	0.208	0.190	0.174	0.158	0.137
-2°	0.320	0.307	0.283	0.261	0.240	0.231	0.221	0.203	0.187	0.171	0.149
0°	0.334	0.321	0.297	0.275	0.254	0.244	0.235	0.217	0.200	0.184	0.162
2°	0.349	0.336	0.312	0.290	0.269	0.259	0.249	0.231	0.214	0.198	0.175
4°	0.364	0.351	0.327	0.305	0.284	0.274	0.264	0.246	0.228	0.212	0.189
6°	0.379	0.367	0.343	0.321	0.300	0.290	0.280	0.261	0.244	0.227	0.204
8°	0.396	0.383	0.360	0.337	0.316	0.306	0.296	0.278	0.260	0.244	0.220
10°	0.413	0.401	0.377	0.355	0.334	0.323	0.314	0.295	0.277	0.261	0.237
12°	0.431	0.419	0.395	0.373	0.352	0.342	0.332	0.313	0.296	0.279	0.255
14°	0.451	0.438	0.414	0.392	0.371	0.361	0.351	0.333	0.315	0.298	0.274
16°	0.471	0.458	0.435	0.413	0.392	0.382	0.372	0.353	0.335	0.318	0.295

φ \ α	27°	28°	30°	32°	34°	35°	36°	38°	40°	42°	45°
18°	0.492	0.480	0.456	0.434	0.413	0.403	0.394	0.375	0.357	0.340	0.316
20°	0.515	0.503	0.479	0.457	0.437	0.427	0.417	0.398	0.381	0.364	0.340
22°	0.539	0.527	0.504	0.482	0.461	0.451	0.442	0.423	0.406	0.389	0.365
24°	0.565	0.553	0.530	0.508	0.488	0.478	0.468	0.450	0.433	0.416	0.392
26°	0.592	0.580	0.558	0.536	0.516	0.506	0.497	0.479	0.462	0.445	0.422
28°	0.621	0.610	0.588	0.566	0.547	0.537	0.528	0.510	0.493	0.477	0.454
30°	0.653	0.642	0.620	0.599	0.579	0.570	0.561	0.543	0.527	0.511	0.489

第四节 填土面上有荷载时库伦公式的应用

一、有连续均布荷载作用时引起的侧土压力

当填土面上有连续均布荷载 g 作用时如图 6-22，可以用厚为 h、重力密度(容重)γ 与填土相同的等代土层来代替，即 $q=\gamma h$，于是等代土层的厚度为 $h=q/\gamma$，同时设想墙背为 AB'，因而可绘出三角形的土压力强度分布图。但是，墙背 BB' 段是虚构的，高度 h 范围内的侧土压力不应计入，因此，作用于墙背 AB 上的侧土压力应为实际墙高 H 范围内的梯形面积。故其主动土压力为：

$$E_a = \frac{H}{2}\left[\mu_a\gamma\,h + \mu_a\gamma(h+H)\right] \tag{6-29a}$$

$$E_a = \frac{1}{2}\mu_a\gamma\,H(H+2h) \tag{6-29b}$$

主动土压力 E_a 的作用点高度等于梯形形心高度，即

$$Z_f = \frac{H}{3}\cdot\frac{H+3h}{H+2h} \tag{6-30c}$$

主动土压力 E_a 的方向与水平方向成($\alpha+\delta$)角。
主动土压力 E_a 在竖直方向和水平方向的分量为：

$$E_{ax} = E_a\cos(\alpha+\delta) \tag{6-31a}$$

$$E_{ay} = E_a \sin(\alpha + \delta) \tag{6-31b}$$

其中 E_{ax} 至墙脚 A 的距离为 $z_c = z_f$，E_{az} 至墙脚 A 的距离为 $x_c = z_c \operatorname{tg} \alpha$。

二、车辆荷载在桥台或挡土墙后填土的破坏棱体上引起的侧土压力

车辆荷载在桥台或挡土墙后填土的破坏棱体上引起的侧土压力，可按下式换算成等代均布土层厚度 (h) 计算：

$$h = \frac{\sum G}{\gamma \, B l_0} \tag{6-32}$$

式中 $\sum G$——布置在 $B \times l_0$ 面积内的车辆车轮重力之和；

γ——土的重力密度（容重）（kN/m^3）；

l_0——桥台或挡土墙后填土的破坏棱体长度(m)，对于墙顶以上有填土的挡土墙，为破坏棱体范围内的路基宽度部分，见图 6-23；

B——桥台的计算宽度或挡土墙的计算长度（m）。

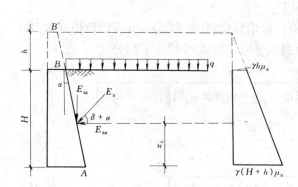

图 6-22 填土面上有连续均布荷载时用库伦理论
计算挡土墙侧土压力示意图

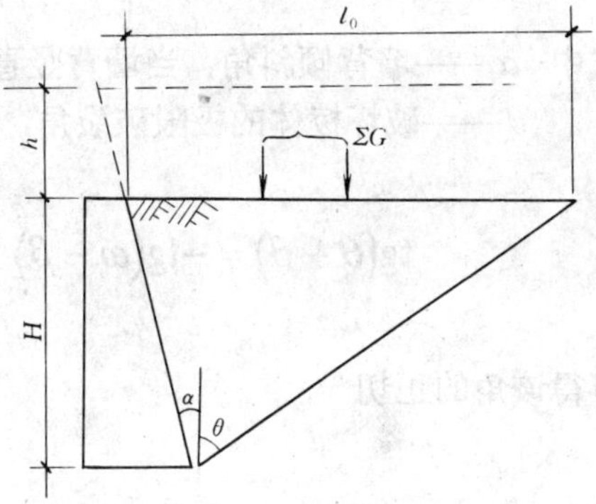

图 6-23 L_0 示意图

桥台的计算宽度或挡土墙的计算长度 B 应符合以下规定：

1. 桥台的计算宽度为桥台的横桥向全宽。

2. 挡土墙的计算长度可按以下四种情况取用：

(1)汽车-10 级或汽车-15 级作用时，取挡土墙的分段长度，但不大于 15m；

(2)汽车-20 级作用时，取重车的扩散长度。当挡土墙分段长度在 10m 及其以下时，扩散长度不超过 10m；当挡土墙分段长度在 10m 以上时，扩散长度不超过 15m；

(3)汽车-超 20 级作用时，取重车的扩散长度，但不超过 20m；

(4)平板挂车或履带车作用时，取挡土墙分段长度和车辆扩散长度两者之间的较大者，但不大于 15m。

挡土墙的分段长度系指两沉降缝、伸缩缝之间的距离。

各级汽车荷载的重车、平板挂车或履带车的扩散长度按以下方法取值。即假定荷载车辆着地面积外缘作 30°角向下扩散到挡土墙高度的 1/2 处，见图 6-24 所示的汽车的扩散长度。

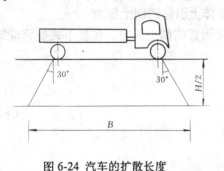

图 6-24 汽车的扩散长度

扩散长度可按下式计算：

$$B = l + a + H \operatorname{tg} 30° \qquad (6-33)$$

式中　B——辆重车的扩散长度（m）；

　　　l——汽车重车或平板挂车的前后轴轴距（履带车为零）（m）；

　　　a——车轮或履带车着地长度（m）；

　　　H——挡土墙高度（m），对于墙顶以上有填土的挡土墙为两倍墙顶填土厚度加墙高。

破坏棱体长度 l_0，由图 6-23 知其计算公式为：

$$l_0 = H(\operatorname{tg} \theta + \operatorname{tg} \alpha) \qquad (6-34)$$

式中　α——墙背倾斜角，当墙背竖直时 $\alpha=0$；若墙背仰斜(图 6-25)，α 应以负值代入；

　　　θ——破坏棱体的极限破裂角，当填土面水平时，以 $\beta=0$ 代入下列公式

$$\operatorname{tg}(\theta + \beta) = -\operatorname{tg}(\omega - \beta) + \sqrt{\left[\operatorname{tg}(\omega - \beta) + \operatorname{ctg}(\varphi - \beta)\right]\left[\operatorname{tg}\omega - \operatorname{tg}\alpha\right]}$$

可得该角的正切

$$\operatorname{tg}\theta = -\operatorname{tg}\varpi + \sqrt{\left[\operatorname{tg}\varpi + \operatorname{ctg}\varphi\right]\left[\operatorname{tg}\omega - \operatorname{tg}\alpha\right]} \qquad (6-35)$$

式中 $\omega = \alpha + \delta + \varphi$。其余符号意义同前。

计算挡土墙时，汽车荷载的布置规定如下：

纵向：当取用挡土墙分段长度时为分段长度内可能布置的车轮；当取用一辆重车的扩散长度时为一辆重车。

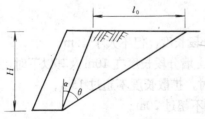

图 6-25 墙背仰斜示意图

横向：破坏棱体长度 l_0 范围内可能布置的车轮。车辆外侧车轮中线距路面(或硬路肩)或安全带边缘的距离为 0.5m。

平板挂车或履带车荷载在纵向只考虑一辆；横向为破坏棱体长度范围内可能布置的车轮或履带。车辆外侧车轮或履带车中线距路面(或硬路肩)或安全带边缘的距离为 1.0m。

《公路路基设计规范》(JTJ013—86)中规定，荷载应在路面宽度内居中行驶，其等代均布土层厚度规定如下：挂车-100 为 0.8m；挂车-80 为 0.64m；履带-50 为 0.4m(单车道路基为 0.67m)。

【例题 6-5】某钢筋混凝土梁桥桥台(见图 6-26)，桥面净宽为净=7m+2×0.25m安全带+2×0.75m人行道，汽车荷载为汽车—15 级，填土 $\gamma = 18kN/m^3$，$\varphi = 30°$，$c=0$，填土与墙背的摩擦角 $\delta = \varphi/2$，求作用于台背上的主动土压力。

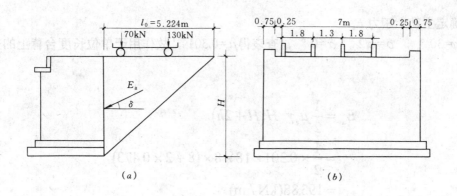

图 6-26 例题 6-5 附图

【解】1. 确定 B，l_0
由已知条件，按规定桥台计算宽度取

$$B=7+2×0.25+2×0.75=9m$$

由于台背竖直，$\alpha=0°$，所以按公式(6-34)，破坏棱体长度为 $l_0 = H \cdot tg\theta$，其中 $tg\theta$ 按公式(6-35)计算：

$$\omega = \alpha + \delta + \varphi = 0 + \frac{\varphi}{2} + \varphi = \frac{3}{2}\varphi = 45°$$

$$\begin{aligned} tg\theta &= -tg\varpi + \sqrt{[tg\varpi + ctg\varphi][tg\omega - tg\alpha]} \\ &= -tg45° + \sqrt{[tg45°+ctg30°][tg45°-tg0°]} \\ &= 0.653 \end{aligned}$$

$$l_0 = H \cdot tg\theta = 8 × 0.653 = 5.224(m)$$

2. 确定等代土层厚度 h
由图 6-26(a)中可见，在 l_0 范围内可布置一辆重车，从图 6-26(b)中可见，B 范围内了

布置两列汽车-15级汽车，由此可计算范围 $B \times l_0$ 内可能布置的车轮总重为

$$\Sigma G=2 \times (70+130)=400(kN)$$

$$h = \frac{\sum G}{\gamma \, BL_0} = \frac{400}{18 \times 9 \times 5.224} = 0.473(m)$$

3.确定主动土压力 E_a

由 $\varphi=30°$，$\delta=\varphi/2$，$\alpha=0°$，查表得 $\mu_a=0.301$，故作用于单位长度台背上的主动土压力为：

$$E_a = \frac{1}{2}\mu_a\gamma \, H(H+2h)$$
$$= \frac{1}{2} \times 0.301 \times 18 \times 8 \times (8+2 \times 0.473)$$
$$= 193.88(kN/m)$$

E_a 与水平面的夹角为 $\delta=\varphi/2=15°$，E_a 的作用点离台脚的高度为：

$$z_f = \frac{H}{3} \cdot \frac{H+3h}{H+2h} = \frac{8}{3} \times \frac{8+3 \times 0.473}{8+2 \times 0.473} = 2.81(m)$$

作用于整个桥台上的主动土压力则为：

$$B \times E_a=9 \times 193.88=1744.92(kN)$$

【例题 6-6】图 6-27 所示的挡土墙，分段长度为 10m，墙高 H=6m，填土的重力密度为 γ=18kN/m³，φ=35°，c=0，α=14°，墙背与填土之间的摩擦角 $\delta = \dfrac{2\varphi}{3}$，活载为汽车—10级。求作用于墙背上的主动土压力。

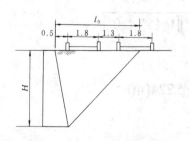

图 6-27 【例 6-6】附图

【解】1.确定填土面上荷载布置面积 $B \times l_0$

（1）确定挡土墙计算长度 B

按规定规定，汽车-10级的计算宽度应取挡土墙的分段长度，即

$$B=10m$$

（2）确定挡土墙的破坏棱体长度为 l_0

由于 $\alpha =14°$，挡土墙墙背不垂直，所以按公式(6-34)，破坏棱体长度为 $l_0 = H \cdot (tg\theta + tg\alpha)$，其中 $tg\theta$ 按公式(6-35)计算：

$$\omega = \alpha + \delta + \varphi = \alpha + \frac{2}{3}\varphi + \varphi = 14° + \frac{2}{3}35° + 35° = 72.33°$$

则
$$\begin{aligned}
tg\theta &= -tg\varpi + \sqrt{[tg\varpi + ctg\varphi][tg\omega - tg\alpha]} \\
&= -tg72.33° + \sqrt{[tg72.33° + ctg35°][tg72.33° - tg14°]} \\
&= 0.49
\end{aligned}$$

$$l_0 = H(tg\theta + tg\alpha) = 6 \times (0.49 + tg14°) = 6 \times (0.49 + 0.25) = 4.44(m)$$

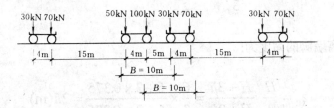

图 6-28 【例 6-6】汽车—10 级纵向排列示意图

2. 确定等代土层厚度 h

(1)确定 $B \times l_0$ 范围内的车轮总重 ΣG

纵向：$B=10m$，如图 6-28 所示，对汽车—10 级，能容纳三个车轮，按最不利情况布置为 $(100 + 30 + 70)kN$；

横向：$l_0 = 4.44m$，内可布置一辆重车，如图 6-27 所示，能布置一列半汽车—10 级车辆，由此可计算范围 $B \times l_0$ 内可能布置的车轮总重为：

$$\Sigma G = 1.5 \times (100+30+70) = 300(kN)$$

(2)计算等代土层厚度 h

$$h = \frac{\sum G}{\gamma BL_0} = \frac{300}{18 \times 10 \times 4.44} = 0.375(m)$$

3. 确定主动土压力 E_a

由 $\varphi=35°$ ，$\dfrac{\delta=2\varphi}{3}$ ，$\alpha=14°$ ，查表得 $\mu_a=0.361$ ，故作用于单位长度挡土墙上的主动土压力为：

$$E_a = \frac{1}{2} \mu_a \gamma \ H(H+2h)$$

$$= \frac{1}{2} \times 0.361 \times 18 \times 6 \times 6(8 + 2 \times 0.375)$$

$$= 131.6(\text{kN}/\text{m})$$

E_a 与水平面的夹角为：

$$\delta + \alpha = \frac{2}{3}\varphi + \alpha = 23.3° + 14° = 37.3°$$

E_a 的作用点离墙脚的高度为：

$$z_f = \frac{H}{3} \cdot \frac{H+3h}{H+2h} = \frac{6}{3} \times \frac{6+3 \times 0.375}{6+2 \times 0.375} = 2.1(\text{m})$$

第五节 土坡稳定分析

一、土坡稳定的意义

在市政工程中,常遇到土坡稳定问题．当土坡内某一滑裂面上的下滑力矩大于该面抗剪强度所决定的抗滑力矩时，坡体就会下滑．坡体下滑的现象称为土坡失稳，工程上称为塌方，较大规模的塌方也称为滑坡．防止土坡失稳属于土坡稳定问题．土坡失稳不仅影响工程进度，有时还会危及生命和财产的安全，造成工程事故，对此应有足够的重视．

基坑开挖时，什么是合理的边坡？怎样才能做到既安全又经济呢？什么条件下可以垂直开挖节省土方量？怎样才能保证邻近建筑物的安全？在山坡边构筑道路或在天然土坡坡顶建房、堆放材料时能引起坡体下滑吗？什么条件下设置挡土墙合理等，都是与土坡稳定有关的问题，因此，研究与计算土坡稳定是地基工程中的重要内容．

二、土坡稳定分析圆弧法简介

用圆弧法分析土坡稳定，是基于对失稳土坡现场观察测量得知土坡失稳时的滑动曲面接近圆弧面而形成的，因此，可根据图 6-29 中 1m 长的土体 ABD 绕圆心 O 转动时(即沿 AB 弧滑动时)，是否处于极限平衡状态，来判断土坡是否稳定．

用圆弧法分析土坡稳定时，一般将滑动土体分条编号,尽量准确计算．现取第 i 条进行分析．此条所受重力 $G_i = \gamma_i b_i h_i$ 在 mn 圆弧上分解为下滑力 $F_i = G_i \sin\theta_i$ 和正压力 $N_i = G_i \cos\theta_i$ ，下滑力 F_i 乘以滑动半径 R 形成该土条的滑动力矩

$M_{Ti} = F_iR = G_i\sin\theta_i R$，而正压力 N_i 与 mn 弧面处的抗剪强度指标 φ_i、c_i 形成抵抗滑动的抗滑力 f_i：

$$f_i = \tau_i l_i = (\sigma\text{tg}\varphi_i + c_i)l_i = \left(\frac{N_i}{l_i}\text{tg}\varphi_i + c_i\right)l_i \tag{6-36}$$

$$= N_i\text{tg}\varphi_i + c_i\frac{b_i}{\cos\theta_i} = G_i\cos\theta_i\text{tg}\varphi_i + c_i\frac{b_i}{\cos\theta_i}$$

抗滑力 f_i 乘以滑动半径 R 即形成该土条的抗滑力矩 M_{Ri}

$$M_{Ri} = f_iR = (G_i\cos\theta_i\text{tg}\varphi_i + c_i\frac{b_i}{\cos\theta_i})R.$$

所有土条的滑动力矩之和为滑动力矩 M_T；所有土条的抗滑力矩之和为抗滑力矩 M_R，对抗滑力矩 M_R 与滑动力矩 M_T 进行比较便可知土体 ABD 是否稳定，即

$$k_s = \frac{M_R}{M_T} = \frac{\sum\left(G_i\cos\theta_i\text{tg}\varphi_i + \dfrac{c_ib_i}{\cos\theta_i}\right)}{\sum G_i\sin\theta_i R} \tag{6-37}$$

k_s 为土坡稳定安全系数，其值大于 1.1～1.5 时，则认为土坡是稳定的.

应该指出，圆心位置和圆弧半径是假设的，为此需假设足够的圆心 O_i 和相应的半径 R_i，经试算，找出土坡稳定系数 k_s 最小的圆弧进行判断.

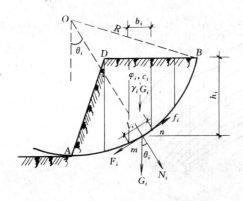

图 6-29 土坡稳定分析圆弧法

三、简单土坡稳定分析

所谓简单土坡系由均质土组成，坡面单一，其顶面与底面均为水平，且长度为无限长的土坡.

1.粗粒土简单土坡稳定计算

在土坡表面取一个土粒 m 分析(图 6-30)，土粒自重 G，其法向分力 $N = G\cos\theta$，切向分力 $F = G\sin\theta$，其中 θ 为坡角. 显然，切向分力 F 将使土粒 m 下滑，而阻止土粒下滑的力是法向分力产生的摩擦力 $f = N\text{tg}\varphi = G\cos\theta N\text{tg}\varphi$. 为了保证土坡稳定,稳定安全系数 k_s 应不小于 1.1～1.5，即

$$k_s = \frac{f}{F} = \frac{G\cos\theta \mathrm{tg}\varphi}{G\sin\theta} = \frac{\mathrm{tg}\varphi}{\mathrm{tg}\theta} \geqslant 1.1 \sim 1.5 \qquad (6\text{-}38)$$

可见，当坡角 θ 小于粗粒土(砂土)的内摩擦角 φ 时,土坡是稳定的。由试验可知自然坡面是指砂土在自重作用下的稳定斜面,此时 $\theta=\varphi$。

2.细粒土简单土坡稳定计算

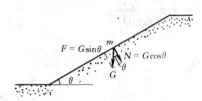

图 6-30 粗粒土土坡稳定分析

细粒土(粘性土与粉土)土坡稳定分析可按图 6-31 进行。图中曲线的横坐标轴表示坡角 θ,纵坐标轴表示 $N = \dfrac{c}{\gamma h}$。其中 c、γ 分别为土的粘聚力和重力密度,h 为土坡高度,利用此图可计算以下两类问题:

(1)已知 θ、φ、c 和 γ,求边坡最大高度 h;

根据 θ、φ 由图 6-31 查得系数 $N = \dfrac{c}{\gamma h}$,然后从中解出 h;

(2)已知 φ、c、γ、h,求边坡稳定时的最大坡角 θ。

【例 6-7】下水管道沟槽开挖深度 6m,埋深范围内土的重力密度 $\gamma = 18\mathrm{kN}/\mathrm{m}^3$,内摩擦角 $\varphi=30°$,粘聚力 $c = 10\mathrm{kN}/\mathrm{m}^2$,求沟槽边坡稳定的最大坡角 θ。

【解】$N = \dfrac{c}{\gamma h} = \dfrac{10}{18 \times 6} = 0.0926$,由图 6-31 查得，当 $N=0.0926$、$\varphi=30°$ 时,坡角 $\theta=72.5°$。

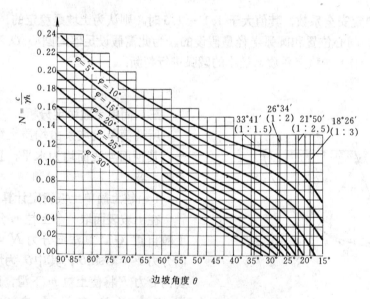

图 6-31 细粒土简单土坡计算图

四、土坡稳定因素分析和防治失稳的措施

从以上分析可知,影响土坡稳定的因素分为两方面。

194

第一方面是形成下滑现象的土体自重。影响土体自重大小的因素，除了土体种类不同、重度不同外,主要是边坡坡角 θ 和土坡高度 h。显然坡角愈小,土坡高度愈矮,土坡愈稳定。其原因在于滑动土体的自重小,下滑分力就小。

第二方面是阻止下滑的土体的抗剪强度。抗剪强度的大小主要表现在抗剪强度指标 φ、c 的大小上，土体的密实程度、地下水位的高低、地表水的渗透都将影响 φ、c 值。显然,土愈松,含水量愈多,土体的稳定性愈差。

为了保证基槽边坡、路堤边坡的稳定，防止山坡土体下滑危及坡上建筑物，首先，在设计边坡时，应符合规范的规定。《建筑地基基础设计规范》(GBJ7—89)规定：在山坡整体稳定的情况下，当地质条件良好土（岩）质比较均匀时，应使边坡坡度不超过表 6-6、表 6-7 中规定的允许值。《公路路基设计规范》(JTJ013—86)规定：土质与岩石挖方边坡坡度不应超过表 6-8、表 6-9 中规定的允许值。

图 6-32 边坡坡度

边坡坡度即坡高与坡宽之比如图 6-32 所示。设坡角为 β，则 $\mathrm{tg}\beta = 1 / m$。

《建筑地基基础设计规范》规定的土质边坡坡度允许值　　　　表 6-6

土的类别	密实度或状态	坡度允许值(高宽比)	
		坡高在 5m 以内	坡高 5 ~ 10m
碎石土	密实	1:0.35 ~ 1:0.50	1:0.50 ~ 1:0.75
	中密	1:0.50 ~ 1:0.75	1:0.75 ~ 1:1.00
	稍密	1:0.75 ~ 1:1.00	1:1.00 ~ 1:1.25
粉土	$s_r \leqslant 0.5$	1:1.00 ~ 1:1.25	1:1.25 ~ 1:1.50
粘性土	坚硬	1:0.75 ~ 1:1.00	1:1.00 ~ 1:1.25
	硬塑	1:1.00 ~ 1:1.25	1:1.25 ~ 1:1.50

《建筑地基基础设计规范》规定的岩石边坡坡度允许值　　　　表 6-7

岩石类别	风化程度	坡度允许值(高宽比)	
		坡高在 8m 以内	坡高 8 ~ 15m
硬质岩石	微风化	1:0.10 ~ 1:0.20	1:0.20 ~ 1:0.35
	中等风化	1:0.20 ~ 1:0.35	1:0.35 ~ 1:0.50
	强风化	1:0.35 ~ 1:0.50	1:0.50 ~ 1:0.75
软质岩石	微风化	1:0.35 ~ 1:0.50	1:0.50 ~ 1:0.75
	中等风化	1:0.50 ~ 1:0.75	1:0.75 ~ 1:1.00
	强风化	1:0.75 ~ 1:1.00	1:1.00 ~ 1:1.25

密实程度	边坡高度（m）	
	< 20	20 ~ 30
胶结	1:0.30 ~ 1:0.50	1:0.50 ~ 1:0.75
密实	1:0.50 ~ 1:0.75	1:0.75 ~ 1:1.00
中密	1:0.75 ~ 1:1.00	1:1.00 ~ 1:1.50
较松	1:1.00 ~ 1:1.50	1:1.50 ~ 1:1.75

压实填土土质路基边坡坡度，从路肩算起0~6m用1：1.5；6~18m用1：1.75．最大坡高超过18m应个别设计．

《公路路基设计规范》规定的岩石挖方边坡坡度允许值   表 6-9

岩石 种类	风化破碎 程 度	边坡高度（m）	
		< 20	20 ~ 30
1.各种岩浆岩	轻度	1:0.10 ~ 1:0.20	1:0.10 ~ 1:0.20
2.厚层灰岩或硅、钙质砂砾岩	中等	1:0.10 ~ 1:0.30	1:0.20 ~ 1:0.40
3.片麻、石英、大理岩	严重	1:0.20 ~ 1:0.40	1:0.30 ~ 1:0.50
	极重	1:0.30 ~ 1:0.75	1:0.50 ~ 1:1.00
1.中薄层砂、砾岩	轻度	1:0.10 ~ 1:0.30	1:0.20 ~ 1:0.40
2.中薄层灰岩	中等	1:0.20 ~ 1:0.40	1:0.30 ~ 1:0.50
3.较硬的板岩、千枚岩	严重	1:0.30 ~ 1:0.50	1:0.50 ~ 1:0.75
	极重	1:0.50 ~ 1:1.00	1:0.75 ~ 1:1.25
1.薄层砂、页岩	轻度	1:0.20 ~ 1:0.40	1:0.30 ~ 1:0.50
	中等	1:0.30 ~ 1:0.50	1:0.50 ~ 1:0.75
2.千枚岩、云母、绿泥	严重	1:0.50 ~ 1:1.00	1:0.75 ~ 1:1.25
滑石片岩及炭质页岩	极重	1:0.75 ~ 1:1.25	1:1.0 ~ 1:1.50

其次，防止边坡失稳、山体滑坡，应根据工程地质、水文地质条件及施工影响因素，认真分析土坡可能失稳的原因，采取下列一些措施：

1. 排水

对地面水，应设置排水沟，防止地面水侵入容易产生滑坡地段的土体，必要时应采取防渗措施如坡面、坡脚的保护，不得在影响边坡稳定范围内积水。在地下水影响较大的情况下，应根据地质条件，做好地下水排水工作或井点降水。

2. 卸载

减小坡顶堆载；将边坡设计成带半坡平台的折线形边坡，减少坡高或削坡使边坡放缓；减小下滑土体的自重,也是防止边坡下滑的重要措施。

3. 支挡

在以上措施都难以保证边坡稳定时，可据边坡失稳时的推力大小、方向、作用点，设置抗滑挡土墙、阻滑桩等支挡结构，并将支挡结构埋置于滑动面以下稳定的土(岩)层中。

第六节 重力式挡土墙

一、挡土墙概述

挡土墙是阻止坡体下滑、坍方的支承结构，在道路、桥梁工程中用挡土墙支挡路基、桥台填土或山坡土体，并作为减少路基占地措施的构筑物。按其结构形式可以分为以下两种主要类型：

(1)薄壁式挡土墙

用钢筋混凝土制作、依靠墙后底板上的填土重来保持稳定的挡土墙，称为薄壁挡土墙(图 6-33)。薄壁挡土墙内的拉力由钢筋承担，因此，这种挡土墙的悬壁和底板厚度可以做得很薄。薄壁挡土墙按制作方式可分现浇和预制两种。

在市政工程中，立交桥匝道两侧挡土墙、城市河道岸坡、挡水墙式水池的池壁大多采用钢筋混凝土薄壁挡土墙。当地基承载力较低、挡土高度较大时也采用薄壁挡土墙。

(2)重力式挡土墙

用砖、石或混凝土材料建造，依靠墙体自身的重量保持墙后土体稳定的挡土墙称为重力式挡土墙。重力式挡土墙结构简单，施工方便，能就地取材，因此，应用比较广泛。

重力式挡土墙的墙背，根据地形及经济比较，可做成仰斜、竖直和俯斜三种(图 6-34)。陡坡上的挡土墙宜采用陡直的墙面。设计仰斜式挡土墙时，墙背坡度一般不宜缓于 1:0.3，常用 1:0.25。俯斜墙较方便于填土作业，墙背坡度可选用 1:0.1 ~ 1:0.35。

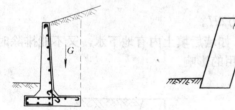

图 6-33 薄壁式挡土墙

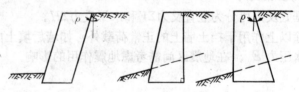

图 6-34 重力式挡土墙

(a)仰斜式；(b)竖直式；(c)俯斜式

重力式挡土墙的截面尺寸需计算确定，一般顶宽约为 1/12h，底宽为(1/2 ~ 1/3)h(h 为墙高)。在道路工程中重力式挡土墙墙顶的最小宽度按以下规定执行：浆砌时应不小于 50cm；干砌时应不小于 60cm。干砌挡土墙的高度一般不宜大于 6m。

挡土墙墙身，特别是重力式挡土墙墙身的排水很重要，排水不畅在墙后形成水压力将不利于墙体稳定。因此在挡土墙适当部位应设置排水孔。孔眼尺寸可为 50mm × 100mm、100mm × 100mm、150mm × 200mm 或不小于 ϕ 100 的圆孔,外斜5%,孔眼间距 2 ~ 3m，上下交错设置。最下排泄水孔的底部应高出底面 0.3m；当为路堑墙时，出口应高出边沟水位 0.3m；为防止排水孔堵塞，应在其入口处以粗颗料材料作反滤层(图 6-35)。

为了防止地面水渗入填土和渗入填土中水渗到墙下地基中，在地面和排水孔下部铺设粘土层，并进行夯实如图 6-35a，以利隔水。当墙后有山坡时还应在坡上设置截水沟。

挡土墙每隔 10 ～ 20m 应设置伸缩缝，当地基土质有变化时宜加沉降缝。在拐角处应适当采取加强的构造措施。

挡土墙后的填土土料应尽量选择透水性好的砂土、砾石。这些土的抗剪强度指标φ 比较稳定，易于排水。当采用粘性土、粉土作为填料时宜掺入适量块石。不应采用淤泥、膨胀土作为填料。此外冬季施工时，填料中不应夹有大块冻土。还需注意，填土应分层夯实。

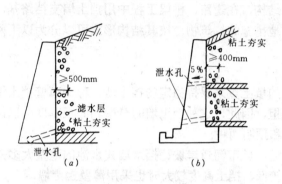

图 6-35 挡土墙的排水措施

前被动土压力忽略不计。

二、挡土墙上的作用力(图 6-36)

(1)侧土压力 E_a、E_p

侧土压力是作用在挡土墙上的主要荷载，当墙体向前位移时，在墙后作用有主动土压力 E_a；在墙前作用有被动土压力 E_p。为安全计，一般将墙

(2)墙体自重 G

计算墙体自重时取 1m 墙长为一计算单元。$G = \gamma_g A$(A 为墙体剖面面积，γ_g 为墙体重力密度，刚性材料用γ_g=22kN/m³)。

(3)基底反力ΣV、ΣH

基底反力可分为竖直反力ΣV和水平反力ΣH。

除以上作用于挡土墙上的正常荷载外，如墙后填土内有地下水，又不能排除时，应考虑静水压力 E_w；在地震区尚需考虑地震作用的影响。

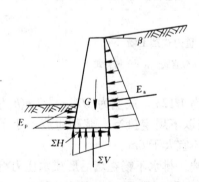

图 6-36 作用在挡土墙上的荷载

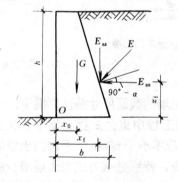

图 6-37 挡土墙稳定性验算示意图

三、挡土墙地基承载验算

挡土墙地基承载力应满足下列条件：

$$p_{max} \leqslant 1.2f \text{ 或}[\sigma] \tag{6-39}$$

$$p_m \leqslant f \text{或} [\sigma] \tag{6-40}$$

式中 p_{max}、 p_m——分别为挡土墙基底最大压力与平均压力(kN/m^2),可按第三章基底
　　　　　　　　压力公式计算;

　　　f或$[\sigma]$——地基承载力,可根据建筑工程或道桥工程从第五章中查得(kN/m^2).
　　对于道桥工程中的挡土墙,还需验算偏心距 e_0。使其符合下列要求:

土质地基	$e_0 \leqslant b/6$	(6-41a)
石质较差的岩石地基	$e_0 \leqslant b/5$	(6-41b)
坚硬岩石地基	$e_0 \leqslant b/4$	(6-41c)

四、挡土墙稳定性验算

　　挡土墙丧失稳定性通常有两种形式: 一种是在土压力 E_a 作用下绕墙趾(即图 6-37 中的 O 点)转动; 另一种是在土压力的水平分力作用下沿基底滑移(图 6-37)。因此, 挡土墙的稳定性验算包括倾覆稳定和滑动稳定两部分。

　　(1)倾覆稳定性验算

　　如图 6-37 , 将主动土压力分解为水平分力 E_{ax} 和竖直分力 E_{az}, 则挡土墙抗倾覆稳定性应满足的条件是:

$$K_0 = \frac{Gx_0 + E_{az}x_f}{E_{ax}z_f} > 1.5 \tag{6-42}$$

式中　　k_0——抗倾覆安全系数;

　　　　G——每延米挡土墙自重;

z_f、x_f、x_0——分别为 E_{ax}、 E_{az}、 G 对墙趾 O 点的力臂。

　　当不能满足式(6-42)的要求时, 可采取下列措施:

　　1)在墙趾加设台阶, 加长力臂, 使稳定力矩加大;

　　2)将墙背做成仰斜式,减小土压力;

　　3)在挡土墙后做卸荷台。由于卸荷台以上土的自重压力传不到下面的土层上去, 故土压力将减小(图 6-38)。

　　(2)滑动稳定性验算

　　挡土墙抗滑稳定性应满足以下要求。

$$K_c = \frac{(G + E_{az})\mu}{E_{ax}} > 1.3 \tag{6-43}$$

式中　k_c——抗滑安全系数;

　　　μ——基底摩擦系数, 按表 6-10 采用。

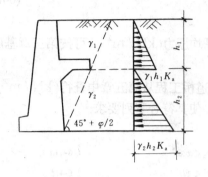

图 6-38 有卸荷台时土压力强度分布图

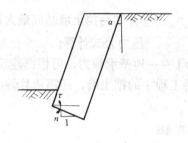

图 6-39 挡土墙基底逆坡

《建筑地基基础设计规范》关于挡土墙基底对地基的摩擦系数 μ 表 6-10

土岩的类别		摩擦系数 μ
粘性土	可塑	0.25 ~ 0.30
	硬塑	0.30 ~ 0.35
	坚硬	0.35 ~ 0.45
粉土	$s_y \leqslant 0.5$	0.30 ~ 0.40
中砂、粗砂、砾砂		0.40 ~ 0.50
碎石土		0.40 ~ 0.60
软质岩石		0.40 ~ 0.60
表面粗糙的硬质岩石		0.65 ~ 0.75

当不满足抗滑稳定要求时。可将挡土墙基底做成逆坡以增大抗滑能力(图 6-39)。基底逆坡度为 $1:n$ ，对土质地基不宜大于 $1:0.1$,对岩石地基不宜大于 $1:0.2$ 。

《公路路基设计规范》(JTJ013—86)关于挡土墙抗倾覆和抗滑动的稳定系数的规定见表 6-11；关于挡土墙与地基土间的摩擦系数可参考表 6-12 采用。

《公路路基设计规范》关于挡土墙抗倾覆和抗滑动的稳定系数表   表 6-11

荷载情况	抗倾覆稳定系数 k_0	抗滑动稳定系数 k_c
主要组合	1.5	1.3
附加组合	1.3	1.3
地震作用时	1.1	1.1

【例 6-7】试设计一浆砌块石挡土墙,墙高 $h=4m$ ，墙背光滑、竖直，墙后填土水平，土的物理力学指标： $\gamma = 19kN/m^3$ ， $\varphi=36°$ ， $c=0$ ，基底摩擦系数 $\mu=0.6$ ，地基承载力设计值 $f=200kN/m^2$ 。

【解】(1)挡土墙断面尺寸选择

顶宽采用 $0.5m > h/12=4/12=0.33m$ ，底宽取 $1.5m$ 在 $(1/2 ~ 1/3)h=2 ~ 1.33m$ 之间。

《公路路基设计规范》关于挡土墙基础与地基土间的摩擦系数表　　表 6-12

地基土名称	摩擦系数
软塑粘性土	0.25
硬塑粘性土	0.30
半干硬粘性土	0.30 ~ 0.40
轻亚粘土、亚粘土	0.30 ~ 0.40
砂类土	0.40
碎（卵）石类土	0.50
软质岩石	0.30 ~ 0.50
硬质岩石	0.60 ~ 0.70

(2)土压力计算(取 1m 墙长为计算单元)

$$E_a = \frac{1}{2}\gamma\,h\,tg^2\left(45° - \frac{\varphi}{2}\right) = \frac{1}{2}\times19\times4^2\times tg\left(45° - \frac{36°}{2}\right) = 39.5(kN\,/\,m)$$

土压力作用点距墙趾的距离：

$$z_f = \frac{1}{3}h = \frac{1}{3}\times4 = 1.33(m)$$

(3)挡土墙自重和重心距墙趾的距离

将挡土墙按图 6-40 分成一个三角形和一个矩形，浆砌块石重力密度为 $22kN\,/\,m^3$，则自重为：

$$G_1 = \frac{1}{2}\times1.0\times4\times22 = 44(kN\,/\,m)$$

$$G_2 = \frac{1}{2}\times4\times22 = 44(kN\,/\,m)$$

G_1、 G_2 作用点距墙趾 O 点的水平距离分别为：

$$x_1 = 0.67(m)$$
$$x_2 = 1.25(m)$$

(4)倾覆稳定验算

$$K_0 = \frac{G_1 x_1 + G_2 x_2}{E_a z_f} = \frac{44 \times 0.67 + 44 \times 1.25}{39.5 \times 1.33} = 1.60 > 1.5$$

(5)滑动稳定性验算

$$K_c = \frac{(G_1 + G_2)\mu}{E_a} = \frac{(44 \times 44) \times 0.6}{39.5} = 1.34 > 1.3$$

(6)地基承载力验算

作用于基底的总竖向力 Q:

$$Q = G = G_1 + G_2 = 44 + 44 = 88(\text{kN}/\text{m})$$

总竖向偏心力作用 O 点距点的距离 x:

$$x = \frac{G_1 x_1 + G_2 x_2 - E_a z_f}{Q} = \frac{44 \times 0.67 + 44 \times 1.25 - 39.5 \times 1.33}{88} = 0.36(\text{m})$$

总竖向偏心力的偏心距为:

$$e = \frac{b}{2} - x = \frac{1.5}{2} - 0.36 = 0.39 > \frac{b}{6} = 0.25(\text{m})$$

需用应力重分布的公式计算基底压力:

$$p_{\text{max}} = \frac{2Q}{3(\frac{b}{2} - e)} = \frac{2 \times 88}{3(\frac{1.5}{2} - 0.39)} = 163(\text{kN}/\text{m}^2) < 1.2f = 240(\text{kN}/\text{m}^2)$$

$$p_m = \frac{1}{2}(p_{\text{max}} + p_{\text{min}}) = \frac{1}{2}(163 + 0) = 81.5(\text{kN}/\text{m}^2) < f = 200(\text{kN}/\text{m}^2)$$

$$b' = 3(\frac{b}{2} - e) = 3(\frac{1.5}{2} - 0.39) = 1.08(\text{m})$$

(7)墙身强度验算(略)

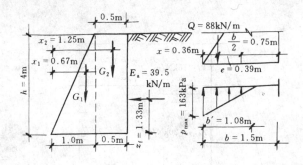

图 6-40 【例 6-7】示意图

思 考 题

6-1 简述土压力的分类和受力特点.

6-2 朗金土压力理论的基本假定是什么？其主动土压力和被动土压力强度公式是根据什么原理得到的？

6-3 简述粗粒土与细粒土的侧土压力分布图的区别.

6-4 库仑土压力理论与朗金土压力理论的联系和区别是什么？

6-5 如何确定库仑主动土压力的大小，方向和作用点？

6-6 什么叫等代土层厚度？当填土面上有连续均布荷载作用时，如何用库仑土压力理论计算挡土墙上的土压力？

6-7 当填土面上有车辆作用时，如何换算等代土层厚度？其中荷载分布面积 $B \times l_0$ 如何确定？总荷载如何确定？

6-8 如何用朗金理论计算地面有堆积荷载、填土分层、地下水位以下等各种特殊情况下的主动土压力？

6-9 地下水位下降、挡土墙上的土压力将如何变化？总侧土压力将如何变化？

6-10 土坡失稳的力学原因是什么？如何防止土坡失稳？

6-11 设计重力式挡土墙的内容是什么？试简述挡土墙设计的步骤.

习 题

6-1 挡土墙高 6m，墙背竖直光滑，粘性填土表面水平，重力密度 $\gamma = 19kN/m^3$ ，$\varphi = 28°$ ，$c = 9kN/m^2$ ，试绘制主动土压力分布图，计算总主动土压力 E_a 大小、作用点位置，滑裂面与水平面的夹角？并按上述条件计算被动土压力.

6-2 顶管施工后背墙宽 5m，墙高 7m，墙后填土水平，其上作用有均布荷载 $q = 10kN/m^2$ ，墙背竖直，光滑.墙后填土两层：

第一层为粘土，$\gamma_1 = 19.2kN/m^3$ ，$\varphi_1 = 25°$ ，$c_1 = 12kN/m^3$ ，$h_1 = 3m$.

第二层为砂土，$\gamma_2 = 20kN/m^3$ ，$\varphi_2 = 36°$ ，$c_2 = 0$ ，$h_2 = 4m$.

试确定总被动土压力大小、作用点，并绘制被动土压力分布图

6-3 试求图 6-41 中作用在挡土墙上的主动土压.填土面上作用均布荷载 10kPa.地质资料：

上层：$\gamma_1 = 18kN/m^3$ ，$\varphi_1 = 30°$ ，$c_1 = 0$ ，$h_1 = 2m$ ；

下层：$\gamma_2 = 19kN/m^3$ ，$\varphi_2 = 20°$ ，$c_2 = 10kPa$ ，$h_2 = 3m$.

6-4 试求图 6-42 中作用在挡土墙上的主动土压和静水压力.地下水位深 2m，地质资料：

上层：$\gamma_1 = 16kN/m^3$ ，$\varphi_1 = 35°$ ，$c_1 = 0$ ，$h_1 = 2m$ ；

下层：$\gamma_{sat,2} = 20kN/m^3$ ，$\varphi_2 = 30°$ ，$c_2 = 0$ ，$h_2 = 4m$.

6-5 有一边坡为粘土路堑，拟设挡土墙如图 6-43 所示，粘土采用等代内摩擦角 $\varphi = 35°$ ，试按库仑理论计算主动土压力.墙高 $H = 4m$ ，地质资料：填土重力密度 $\gamma = 20kN/m^3$.$\alpha = 14°$ ，$\beta = 30°$ ，$\delta = 18°$.

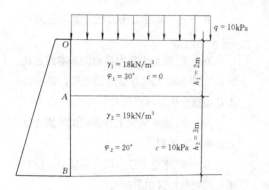

图 6-41 习题 6-3 示意图

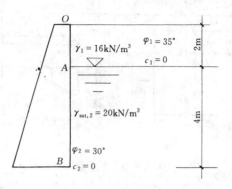

图 6-42 习题 6-4 示意图

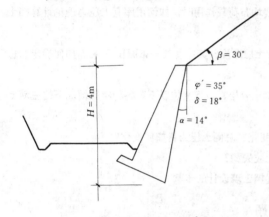

图 6-43 习题 6-5 示意图

6 - 6 如图 6-44 桥台宽度为 8.5m，汽车荷载为汽—15 级，填土的重力密度 $\gamma=18kN/m^3$，$\varphi=35°$，$c=0$，填土与墙背间的摩擦角 $\delta=\dfrac{2\varphi}{3}$，桥台高 8m，计算作用在台背上的主动土压力。

6 - 7 图 6-45 所示挡土墙，分段长度为 10m，墙高 $H=7m$，填土重力密度 $\gamma=19kN/m^3$，$\varphi=32°$，$c=0$，$\alpha=15°$，$\delta=\dfrac{2\varphi}{3}$，活载为汽—10 级，计算作用在墙背上的主动土压力。

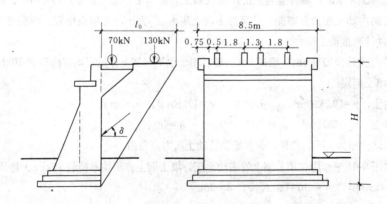

图 6-44 习题 6-6 示意图

6 - 8 挡土墙如图 6-46 所示，墙高 $H=5m$，墙背倾角 $\alpha=10°$ 填土面水平，填土重力密度 $\gamma=19kN/m^3$，$\varphi=30°$，$c=0$，$\delta=15°$，试按库仑理论计算作用在墙背上的主动土压力。

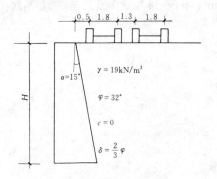

图 6-45 习题 6-7 示意图

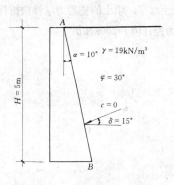

图 6-46 习题 6-8 示意图

6－9 某道路路肩挡土墙如图 6-47 所示，试用库仑理论计算作用在墙上的主动土压力．已知路面宽 7m,活载为汽-15 级．填土为中砂,填土面水平，重力密度γ=18kN/m³．φ = 35°,c=0, α = 15°，$\delta = \dfrac{2\varphi}{3}$，伸缩缝间距为 10m．墙高 H=8m．

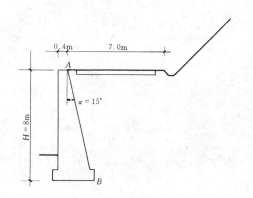

图 6-47 习题 6-9 示意图

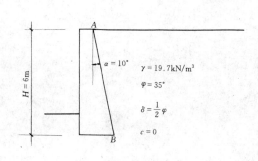

图 6-48 习题 6-10 示意图

6－10 用库仑土压力理论计算图 6-48 所示挡土墙的主动土压力．墙高 H=6m,填土面水平 $\beta = 0$，c=0，重力密度γ=19.7kN/m³．φ = 35°,α = 10°，$\delta = \varphi/2$．

6－11 用库仑土压力理论计算图 6-49 所示挡土墙的主动土压力，墙高 H=5m，填土重力密度 γ=19.7kN/m³．φ = 30°，α = 10°，β = 20°，δ=15°，c=0．

6－12 地下方形沟沟底埋深 5m，沟壁墙高 1.5m,填土为一层粉质粘土,γ=18.9kN/m³．φ = 26°，c=5kN/m²，试绘制沟壁承受的主动土压力分布图．

6－13 简单土坡重力密度γ=18kN/m³，内摩擦角φ = 25°，粘聚力 c=8kN/m²，若(1)沟槽挖深 h=4m，需多大的坡角? (2)若不放坡，即垂直开挖最大能挖多深?

6－14 若用圆弧法分析土坡稳定时，圆弧半径 R=15m，坡体土质物理力学指标为: γ=19kN/m³，φ = 23°，c=16kN/m²，条分时每条宽 b=1m，其中第 5 条底面与竖直方向的夹角θ_5 = 30°，高度 h_5=4.8m，试计算第 5 土条的滑动力矩和抗滑力矩．

6－15 试验算一浆砌块石(重力密度 22kN/m³)挡土墙，h=5m，顶宽 0.6m，底宽 1.8m，墙背竖直、光滑，墙后填土水平，填土的物理力学性质指标为：$\gamma=18kN/m^3$，$\varphi=38°$，$c=0$，基底摩擦系数 $\mu=0.6$，地基承载力设计值 $f=200kN/m^2$。

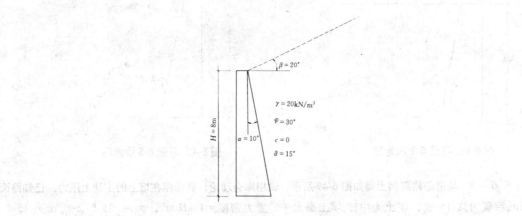

图 6-49 习题 6-11 示意图

第七章　工程地质勘察

一、工程地质勘察的目的和内容

工程地质勘察的目的就在于以各种勘察手段和方法，调查研究和分析评价建筑场地和地基的工程地质条件，为设计和施工提供所需的工程地质资料，从而保证工程的经济合理和安全可靠。

从事工程建设，必须先了解建设地点的自然环境，要分析掌握建筑场地的工程地质条件，才能从场地稳定性以及地基的承载力和变形等方面保证建筑物的安全和正常使用。在建筑工程史上，由于没有进行工程地质勘察，或勘察欠周密而盲目进行设计和施工，造成工程事故的例子不少。因此我国早就规定基本建设的四个程序：规划、勘察、设计和施工。没有勘察报告不能设计，没有设计图纸不能施工。

市政工程地质勘察为与工程设计阶段相配合，通常分为可行性研究勘察、初步勘察、详细勘察三个阶段：

1.可行性研究勘察(也称选址勘察)，应符合可行性研究方案设计的要求；

2.初步勘察，应符合初步设计或扩大初步设计的要求；

3.详细勘察，应符合施工详图设计的要求。

简单的小型市政工程的勘察阶段则可适当简化。

现将工程地质勘察三个阶段的内容分述如下：

（一）可行性研究勘察（选址勘察）

可行性研究勘察的目的是为了取得几个场址方案的主要工程地质资料，并对拟选场地的稳定性和适宜性作出工程地质评价。

选址阶段的勘探内容，主要侧重于收集和分析区域地质、地形地貌、地震、矿产和附近地区的工程地质资料及当地的建筑经验，并在搜集和分析已有资料的基础上，抓住主要问题，通过踏勘，了解场地的地层岩性、地质构造、岩石和土的性质、地下水情况以及不良地质现象等工程地质条件。在收集的资料不能满足要求或工程地质条件复杂的条件下，也可进行工程地质测绘并辅以必要的勘探工作。

选择场址的原则之一是避开下列工程地质条件恶劣的地区地段：

1.不良地质现象发育且对建筑物构成直接危害或潜在威胁的场地；

2.设计地震烈度为8度或9度的发震断裂带；

3.受洪水威胁或地下水的不利影响严重的场地；

4.在可开采的地下矿床或矿区的未稳定的采空区上的场地。

(二)初步勘察

在选定场址的方案被批准后，可进行初步勘察，勘察内容应符合初步设计或扩大初步设计阶段的要求。

在选址勘察阶段对场地的全局稳定性作出评价之后，初步勘察阶段应对场地内各建筑地段的稳定性作出局部性的评价，从而为确定市政构筑物、桥址或道路线形布置及地基基础方案提供资料，同时对不良地质现象的防治方案提供资料和建议。

初步勘察的任务还在于初步查明：

1.地层及其构造；

2.岩石和土的物理力学性质；

3.地下水埋藏条件；

4.土的冻结深度；

5.不良地质现象的成因、分布范围、对场地稳定性的影响及其发展趋势；

6.对地震设防烈度为7度及7度以上的建筑物，应判定场地和地震的地震效应。

(三)详细勘察

详细勘察的目的是对建筑地基作出工程地质评价，为地基基础设计、地基处理和加固以及不良地质现象的防治提供工程地质资料。

经过选址和初步勘察之后，场地工程地质条件已基本查明，详细勘察的任务就在于针对具体建筑物地基或具体的地质问题，为进行施工图设计和施工提供可靠的依据或设计计算参数。因此必须查明。

1.建筑物范围内地层结构、岩石和土的物理力学性质；

2.对地基的稳定性及承载能力作出评价；

3.提供不良地质现象的防治工程所需的计算指标及资料；

4.有关地下水的埋藏条件和侵蚀性，地层的透水性和水位变化规律等情况；

5.地基岩土和地下水在建筑物施工和今后使用中可能产生的变化及影响，

6.基坑发生涌水和流砂的可能性，并提供防治建议。

二、勘探准备工作和布置

工程地质勘探工作主要在野外现场进行。为使现场勘探工作有计划、有目的地进行，避免窝工、返工，必须在出发前做好充分的准备。各项准备工作可按不同的勘探阶段由粗到细地进行。

（一）收集资料

收集资料的工作十分主要，不能忽视。尤其是对城市道路和桥梁，由于地下管线密布，如果不认真收集当地资料而盲目钻孔，将会造成严重事故。需要收集的主要资料，见表7-1。

（二）钻孔布置要求

1.道路工程

道路工程勘察应查明沿线地形、地貌特征、基底一定深度内的地层结构、土层性质、地下水位及不良地质现象的分布及影响。

道路勘察一般在沿线两侧带状范围内进行，其宽度以能满足各项设计要求为度。但对有影响的不良地质现象、特殊性岩土、地质构造等工程地质条件复杂的地段，应结合工程情况扩大勘察范围，取得必要的资料，以满足对稳定性的分析、评价优选方案和落实工程措施的要求。

填方路基工程勘探试验应符合下列要求：

勘探点应根据工程地质条件确定，一般路基每公里宜有一个探点，深度1.5～2.0m，或达地下水位处。

需收集的主要资料

表7-1

资料名称	选址勘察	初步勘察	详细勘察
地形图	区 域	1∶1000~1∶5000 带坐标	1∶500，附初步总平面布置图，带坐标
建筑物	性质,用途,平面尺寸,高度,结构形式,荷载大小,有无地下室及深度等		
已有资料	大面积普查、地质、地形、地貌、地震、矿产等	邻近钻孔及试验资料、建筑经验	
现场条件	历史变迁、古河道、塘、沟、井、坟、填土等	地下管道、结构物、地下电缆、水管、煤气管位置	

高填路基和陡坡路堤，为查明基底或斜坡的稳定性，应进行代表性地质横断面勘探，每个横断面上的勘探点不应少于2个，深度应满足稳定性分析和工程处理的要求。

2.桥梁工程

小型桥涵工程勘察应着重判明地基不均匀沉降和斜坡不稳引起桥涵变形的可能性。勘察测试工作应符合下列要求：每个桥涵不宜少于1个勘探孔,当桥跨较大、涵洞较长或地形地质条件复杂时，应适当增加勘探孔，勘探孔深度可按表7-2采用。

小型桥涵勘探深度(m)

表7-2

桥涵类别	碎石土	砂土、一般粘性土及粉土	软土、松砂等
拱涵、板涵	3~6	4~8	6~15
小桥	4~8	6~12	12~20

注: 表列深度自沟底或拟挖沟底算起.

道路桥位工程勘探孔宜在基础轮廓线的周边或中心布置，当有岩溶等不良地质现象需探明方可最终确定基础类型及尺寸时，可在基础轮廓线外布置勘探点。勘探孔的数量视工程地质条件和基础类型确定。在工程地质条件简单处，每个墩、台宜布置1个勘探孔；当桥跨小，桥墩多或采用群桩基础的特殊大桥，可采用隔墩或隔柱布置勘探孔；在工程地质条件复杂处，每个墩、台可布置2~3个勘探孔。对调治构筑物及附属工程应根据实际情况适当布置勘探孔。

道路桥位工程勘探遇到下列情况之一时，应适当增加勘探孔：

(1)岩溶发育地段或有人工洞穴时；

(2)墩台基底建于承载力差异较大的地层时；

(3)基础位于隐伏的基岩面上需查明基岩面的起伏、倾斜情况时；

(4)为查明涌砂、大漂石、地震液化土层和断层破碎带的影响时；

(5)河床冲刷深度突变的地段。

勘探深度应根据河床地质条件和基础类型按下列原则确定：

(1)一般情况下，应钻入可能的持力层以下 5 ~ 10m 或墩台基础底面宽度的 2.5 ~ 4.0 倍。覆盖层较薄的基岩地基，应钻入持力层下 3 ~ 5m；

(2)深基础（沉井或桩基），勘探孔应钻入可能的持力层或桩尖下 3 ~ 5m；

(3)当河床有大漂石、块石，钻入基岩的深度应超过当地漂石、块石的最大直径，防止把大漂石、块石误判为基岩。

（三）现场勘探定位

完成上述准备工作后，勘察工程主持人应到勘察现场踏勘，了解现场情况与收集的资料是否相符。

现场工作主要任务是钻孔定位。当遇到各种障碍物，如旧房屋、大树、高压线等时，则需将钻孔移位。孔位需钉桩，并应测量孔口标高。

三、勘探方法

勘探是工程地质勘察过程中查明地下地质情况的一种必要手段，它是在地面的地质测绘和调查所取得的各项定性资料的基础上，进一步对场地的工程地质条件进行定量的评价。常用的勘探方法有掘探法、钻探法和触探法三种。

（一）掘探法

掘探法是一种不必使用专门机具的常用的勘探方法。它采用现场开挖探坑、探槽或探井，直接观察土层分布情况。必要时可以从探井中取得原状土做试验或在探坑内做现场载荷试验。

掘探法适应土层中含有块石，钻探困难或土层很不均匀时。掘探法具有操作简单、直观的优点，缺点是勘探深度不大，一般为 5 ~ 6m，土质疏松时或较深的探井，必须做支撑，以保安全。勘探完成后，回填探坑必须分层压实，工作量较大，进度慢，费用较高。同时，掘探法不能用于水下。

（二）钻探法

用钻机在地层中钻孔，分层取土进行鉴别和试验的方法称为钻探法。这种方法国内外广泛使用。钻探主要设备有工程钻机、手摇钻和原状取土器等。

1.工程钻机

工程钻机种类较多，其中 SH-30 型钻探机最为常用，其构造如图 7-1 所示。SH-30 型钻机的最大钻探深度可达 30m，可采取原状土样，供土工试验用。故 SH-30 型钻机可适用于道路、桥梁工程地质勘探。它允许使用冲击、回转两种钻进方式，钻机适应性强，可钻粘性土、砂卵石、大漂石及浅层基岩。钻机解体性好，便于拆装和搬运。

2.手摇钻

手摇钻是人力钻进的麻花小钻，其构造及操作示意如图 7-2 所示。手摇钻的钻探深度一般可达 10m 左右，且只能采取扰动土样，供现场鉴别，故往往作为辅助机具配合工程钻机使用，可供钻探时钻勘探孔之用。对于规模不大的小型工程也可结合地区经验单独使用。

3.原状取土器

为研究地基土的工程性质，需要从钻孔中取原状土样送到试验室，进行土的各项物理力学性能试验。试验数据的可靠性，关键一环是土样保持原状，不经扰动。

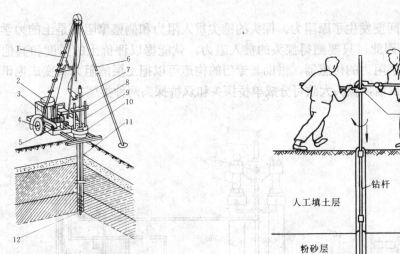

图 7-1 SH-30 型钻机图

1—钢丝绳； 2—汽油机； 3—卷扬机； 4—车轮；

5—变速箱及操纵把； 6—四腿支架； 7—钻杆；

8—钻头； 9—拨棍； 10—转盘； 11—钻孔；

12—螺旋钻头； 13—抽筒； 14—劈土钻； 15—劈石钻

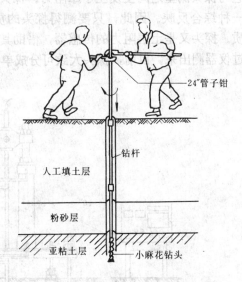

图 7-2 手摇麻花小钻钻进示意

一般来说，取土器的结构、规格、取土方法和取样长度需加以注意。原状取土器的内径不宜小于 89mm，对软土宜采用薄壁取土器。取土器的人土长度，对老粘土和一般粘性土，不宜大于其直径的 3 倍；对软土和新近沉积粘性土不宜大于其直径的 4 倍。土样的长度，一般为其直径的 1.5 ~ 3.0 倍。

目前常用的取土方法有击人法和压人法，按不同土质选取不同方法。一般击人法以重锤轻击效果较好；压人法以快速压人为宜，这样可以减少取土过程中土样的扰动。

（三）触探法

触探法是将带有探头的触探杆贯人土层中，根据贯人时阻力的大小，间接获得地基土的有关资料来鉴别土的性质的勘探方法。

触探可分为静力触探和动力触探两大类。

1.静力触探

静力触探借静压力将触探头压人土层，利用电测技术测得贯人阻力来判定土的力学性质。静力触探能快速、连续地探测土层及其性质的变化，同时又可用来解决桩基础的勘察问题，例如判定桩基土层的分布、选择桩基持力层及预估单桩承载力等。但静力触探还存在某些缺陷，它不适用于难于贯人的坚硬土层，一般适用于粘性土、粉土和砂土，而且方法本身及其应用还在继续研究改进。应用时，要和钻探相配合，以期取得良好的效果。

按照提供静压力的方法，常用的静力触探仪可分为机械式和油压式两类。油压式静力触探仪的主要组成部分如图 7-3 所示。

静力触探设备中的核心部分是触探头，探头圆锥截面 $10cm^2$ 为宜，也可使用 $15cm^2$。触探杆将触探头贯人土层时，首先引起尖锥以下局部土层的压缩，于是，土对尖锥产生了阻力，由于贯人力超过土的阻力，土向探头周边挤压，使孔壁周围形成一圈挤实的薄层，它与探头侧壁之间便发生了摩阻力。探头的锥尖贯入阻力和侧壁摩阻力是土的力学强度的一种综合反映。因此，只要测得探头的贯入阻力，就能据以评价土的强度和其他工程性质。探头又是土层阻力的传感器，借助其专门的构造可以把土层的阻力转变成电讯号并通过仪器测出来。目前，探头大致可分成单桥探头和双桥探头两种类型。

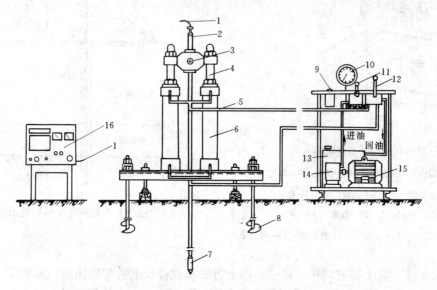

图 7-3 双缸油压式静力触探仪

1—电缆；2—触探杆；3—卡杆器；4—活塞杆；5—油管；6—油缸；7—触探头；8—地锚；9—倒顺开关；10—压力表；11—节流阀；12—换向阀；13—油箱；14—油泵；15—马达；16—记录器

单桥探头是一种带有侧壁的锥头，它所测到的是包括锥尖阻力和侧壁的摩阻力在内的总贯入阻力 P(kN)，通常用比贯入阻力 P_s(kPa)表示，即

$$p_s = \frac{P}{A} \tag{7-1}$$

式中 A——探头截面积的(m²)。

双桥探头则是一种可以同时分别测得锥尖阻力以及侧壁摩阻力的传感器。由于要测得两个参数，因此结构上比单桥探头要复杂些。

2.动力触探

动力触探是将一定重量的穿心锤，以一定的高度（落距）自由下落，将探头贯土中，然后记录贯入一定深度所需的锤击次数，并以此判断土的性质的一种探测方法。

动力触探可分为轻型（轻便触探）、重型（标准贯入试验）二种。

(1)标准贯入试验

标准贯入试验应与钻探工作相配合，并以钻机为基础，加上标准贯入器、触探杆和穿心锤等设备进行。试验时，将质量为 63.5kg 的穿心锤以 760mm 的落距自由下落，将贯人器垂直打入土层中 150mm（此时不计锤击数），然后打入土层 300mm 的锤击数，即为实测的锤击数，然后拔出贯人器，取出其中的土样进行鉴别描述。

标准贯人试验中，随着钻杆人土长度的增加，杆侧土层的摩阻力以及其他形式的能量消耗也增大了，因而使测得的锤击数 N 偏大。当钻杆长度大于 3m 时，锤击数应按下式校正：

$$N_{63.5} = \alpha N \qquad\qquad (7-2)$$

式中 $N_{63.5}$——标准贯人试验锤击数；

　　　α——触探杆长度校正系数，按表 7-3 确定。

由标准贯人试验测得的锤击数 $N_{63.5}$，可用于确定地基土的容许承载力、估计土的抗剪强度和粘性土的变形指标，判别粘性土的稠度和砂土的密实度以及估计地震时粉砂土液化的可能性。

触探杆长度校正系数 表7-3

触探杆长度(m)	3	6	9	12	15	18	21
α	1.00	0.92	0.86	0.81	0.77	0.73	0.70

（2）轻便触探试验

轻便触探试验设备简单，操作方便，适用于一般粘性土和粘性素填土地基的勘察，但触探深度限于 4m 以内。试验时，先用轻便钻具开孔至被试土层，然后用手提高质量为 10kg 的穿心锤，使其以 50cm 的落距自由下落，这样，连续冲击，把尖锥头竖直打入土层，每贯人 30cm 的捶击数为 N_{10}。

应用轻便触探指标 N_{10}，可确定一般粘性土和粘性素填土的容许承载力，并可按不同位置的 N_{10} 值的变化情况判定地基持力层的均匀程度。使用轻便触探指标，宜参照当地经验，如有疑问，应以其他方法校核。

四、地质勘察报告

勘察报告是汇总主要勘察成果的最后文件。勘察成果是指工程地质勘察工作所获得的各项原始资料，经过归纳、整理、分析后，绘制成图表和文字说明，并对勘察场地及地基作出工程地质评价。工程地质勘察报告将作为地基基础设计和施工的依据。

(一)地质勘察报告的基本内容

勘察报告应根据勘察阶段，场地与地基的工程地质,水文地质条件，并针对工程性质及设计、施工的具体要求进行编写。勘察报告一般应包括文字、图表两部分内容。

关于文字部分包括：

1.工程简介，勘察任务的要求及勘察工作概况；

2.场地位置、地形、地貌、地质构造、不良地质现象及基本地震烈度；

3.场地的地层分布、岩土描述、均匀性、物理力学性质,地基承载力等指标；

4.地下水的埋藏条件、侵蚀性以及土层的冻结深度;

5.对各层土作为天然地基的稳定性与适宜性作出评价,推荐一个最佳方案。

关于图表部分:

对于一般工程的图表应包括:

1.勘探点平面布置图;

2.工程地质剖面图;

3.土的物理力学性质指标试验结果总表。

重大工程则根据需要,绘制综合工程地质图或工程地质分区图,地质柱状图或综合地质柱状图和有关试验曲线。

（二）勘探报告的阅读及其应用

工程地质勘察报告是地基基础设计和施工依据的重要文件,因此,设计、施工人员必须学会正确使用勘察报告,防止工程事故的发生,下面简单介绍阅读的步骤及重点:

1.首先要全面细致地阅读报告及附件内容,对建筑场地的地形地貌、地质构造、不良地质现象、地基成层条件及岩土物理力学性质、水文地质条件等,有一个总的概念。

2.根据工程的特点和要求,全面核对钻孔布置、钻孔深度、取土数量、地质剖面图是否有代表性及土工试验等工作是否合理,能否满足地基基础设计及施工的要求,以及这些资料是否与调查的情况相符。

3.结合拟建工程项目的具体情况,认真分析和研究勘察报告中的结论和建议。

4.从承载力和变形两个角度,结合上部结构类型具体情况,对持力层和下卧层进行认真分析,慎重选取地基的承载力、上部结构类型和确定地基计算类别。

5.在天然地基不能满足工程要求时,根据勘察报告所提供的情况,提出人工地基及基础处理的各种可行方案,以便比较。

6 在阅读勘察报告过程中,应按工程的不同部位、地基的不同层位,随时摘录有关的各项重要计算指标,以便在设计和施工时使用。若发现有疑问之处,应向勘察单位查询。

7.如发现现场工程地质条件与勘察报告不符时,应及时向勘察单位联系,并会同有关部门进行鉴定。在遗漏或不能满足设计要求时,应申请进行补充勘察。

8.若建筑场地或工程地点因某种原因需改变时,原勘察报告不能盲目套用。只有当地点改变不大,且对该地区的工程地质情况已相当了解,经有关部门同意,方能套用或仅做必要的补充勘察。

五、验槽

验槽是勘察工作中的最后一个环节,为了保证对基槽的检验,在基础施工图上常常注明"待基槽挖至设计标高后,请通知勘察和设计部门,经会同验槽合格后,方可再进行基础工程施工"。这是因为建筑地基基础的设计主要是以工程地质勘察资料为依据,而工程地质勘察的钻探工作又只能在构筑物周边地基的几个点实施。所以两钻孔间的地层变化规律是无法准确无误地加以描述的。因此,为了以下目的需在基础工程施工前进行验槽。

(1)普遍探明基槽内持力层土质变化的情况,检验有限的钻孔资料与实际全面开挖的地基情况是否一致;

(2)探明局部特殊地基(如松软土质、老房基、路基、孤石、坑、沟、坟穴、枯井等),提出处理方案,解决勘察报告遗漏的问题;

(3)核对构筑物位置、平面尺寸、沟槽深宽是否与图纸相符。

验槽的方法主要是以细致观察、量测为主,并辅以钎探与之配合。其中钎探的标准设备为轻便触探器。因为观察验槽虽能比较直观地对槽底进行详细检查,但只能观察槽底表土,而对槽底以下主要受力层深度范围内土的变化和分布情况还不清楚。钎探能探明地基的均匀程度和有无软弱下卧层。

如发现局部特殊地基,需及时处理.处理的方法很多,但应遵循的原则是:使建筑物的各个部位沉降尽量趋于一致,以减小地基不均匀沉降。具体处理方法请参阅第九章人工地基有关内容。

六、勘察报告实例—上海青浦天白路东大盈港桥梁工程地质勘察报告

（一）工程概况

上海青浦天白路东大盈港桥梁位于上海市郊区青浦县境内,勘察设计院受青浦县政府委托,对拟建桥址按一般中小桥要求进行勘察。

本次野外勘察工作自 1990 年 8 月 13 日至 1990 年 8 月 14 日进行,共完成技术孔 2 孔,累计进尺 53.5m,共取土样 31 个,全部土样进行了常规物理力学性质试验,查明工程地质情况。

（二）地基土层情况

根据钻孔等资料,勘察场地在钻探深度内土层可分为如表 7-4 所示几层:

表7-4

层序	土层名称	一般厚度(m)	埋藏标高(m)	土层描述及其他
2_1	黄色亚粘土	1.9	3.90～2.00	含氧化铁斑点,软塑,中压缩性
2_2	黄灰～灰色亚砂土	2.7	3.80～1.10	夹片层状粘土,中压缩性
3	青灰色亚粘土	1.1～1.7	2.0～0.0	软塑,有小空洞,高压缩性
4_1	褐黄色粘土、亚粘土	3.6～4.1	0.3～4.1	含铁锰质,硬塑,中压缩性
4_2	黄色亚砂土	11.4～11.5	－3.3～15.6	土质不均匀,局部夹亚粘土,中压缩性
5	黄灰～灰色亚粘土	4.1～5.2	－14.7～19.9	土质不均匀,局部夹亚砂土,中压缩性
6	暗绿～黄色亚粘土	未穿	－19.7～23.1	硬塑,中压缩性

（三）建议与说明

1.拟建桥址处,在勘探深度内,土层分布基本均匀,自上而下可分为 5 层（另包括两个亚层）。6 层暗绿～黄色亚粘土属晚更新世(Q_3)沉积层,其以上各土层属全新世(Q_4)沉积层。土层分布除 2_1 层黄色亚粘土仅在 1 孔钻及、2_2 层黄灰～灰色亚砂土仅在 2 孔钻分布外,其余各层基本均匀。

2.从勘探查明拟建处的工程地质条件: 3 层青灰色亚粘土,有小空洞,为高压缩性土,不宜作为桥台的天然地基。4_1 层褐黄色粘土、亚粘土,土质较好,层厚 3.6~4.1m,下卧的 4_2 层、5 层、6 层各土层均为中压缩性土,故 4_1 层可作为桥台的天然地基.如采用桩基时,有两个桩基持力层可供选择:

(1)埋藏在标高 - 3.30～- 15.6m 的 4_2 层黄色亚砂土。

(2)埋藏在标高 - 19.7 ～ - 19.9m 以下的暗绿、黄色亚粘土层。

选用(1)时，由于该层埋藏较浅，设计时应考虑保证桩身的稳定，同时还要根据荷载的要求以及桥墩跨径等因素综合确定。

选用(2)时桩需穿越厚度 11.4~11.5m 的黄色亚砂土层，给沉桩带来困难。因此，对桩锤和桩的截面要慎重选择。

3.当估算单桩承载力时，建议：

(1)桩周各层土的极限摩阻力 f：

2_1 层黄色亚粘土	15kPa
2_2 层黄灰～灰色亚砂土	15kPa
3 层青灰色亚粘土	15kPa
4_1 层褐黄色粘土、亚粘土	30kPa
15m 以上	40kPa
4_2 层黄色亚砂土（地面下）	
15m 以下	50kPa
5 层黄灰～灰色亚粘土	40kPa
6 层暗绿、黄色亚粘土	70kPa

(2)桩尖处土的的极限端承力 R_j：

12~15m	1500kPa
4_2 层黄色亚砂土（地面下）	
16m 以下	2000kPa
6 层暗绿、黄色亚粘土	2000kPa

4.对 4_2 层黄色亚砂土，根据标准贯入击数($N_{63.5}$)进行地震液化判别，认为该层土在经受 7 度地震影响时基本不液化。

5.2_2 层黄灰～灰色亚砂土开挖揭露时，在一定水头的动水压力作用下易产生流砂现象，希施工时采取降水措施。

6.本工程地基承载力根据有关公式计算（计算时抗剪强度 ψ、 c 值按峰值 0.7 折减，并假设基础埋深 1.5m，地下水位 0.5m）及查表和结合经验值综合确定。

7.本次提供的标准贯入试验锥击数未经钻杆长度修正。

8.勘察期间测得的地下水位标高为 2.60m。

9.勘探孔孔口标高系根据(0+210 桩)标高为 4.074m 引测而得。

10.本工程采用法定计算单位。

附：

1.土层物理力学性质指标简表，

土层物理力学性质指标简表，见表 7-5 。

2.钻孔位置平面图(如图 7-4)。

3.工程地质剖面图(如图 7-5)。

4.静力触探贯入阻力曲线图（略）。

5.钻孔记录及试验数据（略）。

6.土层压缩曲线（略）。

青浦天白路东大盈桥土层物理力学性质表

表 7-5

序号	土层名称	埋藏深度 (m)	孔隙比 e	含水量 ω (%)	天然重力密度 γ (kN/m³)	塑性指数 I_P	液性指数 I_L	压缩系数 α_{1-2} (MPa⁻¹)	压缩模量 E_s (MPa)	标贯击数 $N_{63.5}$	抗剪强度指标(固结快剪) ϕ	抗剪强度指标 c (kPa)	地基设计强度 f(kPa)
2_1	黄色亚粘土	3.90~2.00	0.90	31.5	18.5	11.8	0.65	0.27	3.20				
			0.96	31.7	18.8	13.0	0.75	0.36	5.11		20	19.0	120
			0.93	31.6	18.6	12.4	0.70	0.30	4.03				
2_2	黄灰-灰色亚砂土	3.80~1.10	0.86	31.0	19.0	11.0	0.27	0.15	8.24				
			0.88	31.8	19.0	11.2	0.36	0.20	12.21		20	19.0	100
			0.87	31.5	19.0	11.1	0.30	0.17	10.78				
3	青灰色亚粘土	2.00~0.00	0.86	31.3	18.8	14.6	0.83	0.53	2.30				
			0.95	35.0	19.3	15.0	1.00	0.58	3.62		16	19.0	100
			0.90	33.1	19.1	14.7	0.91	0.55	3.46				
4_1	褐黄色粘土、亚粘土	0.30~-4.10	0.63	22.2	19.2	10.1	0.08	0.14	8.29				
			0.87	30.6	20.4	10.8	0.39	0.22	11.91		21	58.0	220
			0.71	28.0	20.0	10.6	0.26	0.17	10.80				
4_2	黄色亚砂土	-3.30~-15.6	0.80	28.2	20.0	10.8	0.24	0.16	9.80	20.0			
			0.83	30.0	20.6	12.0	0.38	0.24	11.28	22.0	18	60.0	230
			0.81	29.0	20.3	11.2	0.30	0.20	10.00	21.0			
5			0.83	30.2	18.8	11.2	1.00	0.25	5.11				

序号	土层名称	埋藏深度(m)	孔隙比 e	含水量 ω (%)	天然重力密度 γ (kN/m³)	塑性指数 I_P	液性指数 I_L	压缩系数 α_{1-2} (MPa⁻¹)	压缩模量 E_s (MPa)	标贯击数 $N_{63.5}$	抗剪强度指标(固结快剪) ϕ	抗剪强度指标 c (kPa)	地基设计强度 f(kPa)
5	黄灰-灰色亚粘土	-14.7 ~ -19.9	0.97	36.2	19.4	12.9	1.12	0.37	7.06		20	19.0	100
			0.90	32.2	19.0	12.1	1.06	0.31	6.08				
			0.60	21.9	20.0	11.5	0.19	0.13	7.66				
6	暗绿、黄色亚粘土	-19.7 ~ -23.1 未钻透	0.70	25.0	20.8	12.7	0.28	0.22	12.27		17	68.0	240
			0.65	23.5	20.4	12.0	0.24	0.16	10.48				

工程负责人　　　制表　　　审核

思 考 题

7-1 工程地质勘察的目的是什么?

7-2 工程地质勘察的方法是什么?

7-3 工程地质勘察报告的基本内容有哪些?

7-4 工程地质勘察报告与土的物理力学性质指标、土的压缩性指标、地基承载力的关系是什么?

7-5 验槽的意义是什么?

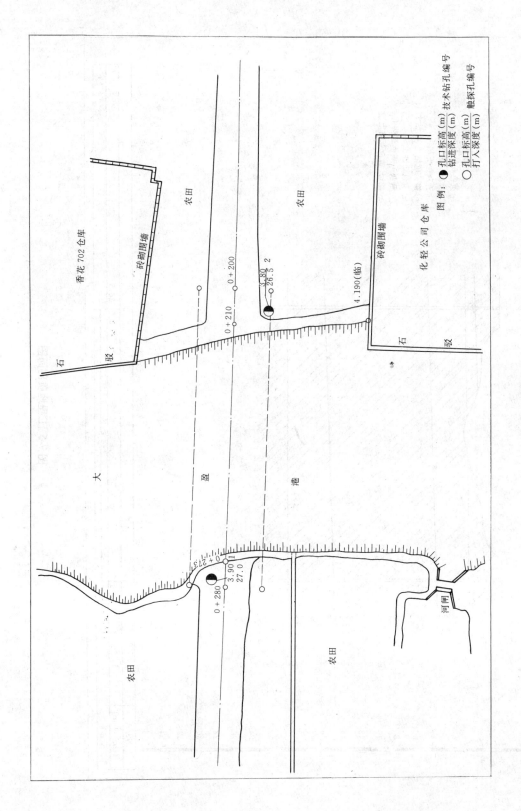

图 7-4 钻孔位置平面图

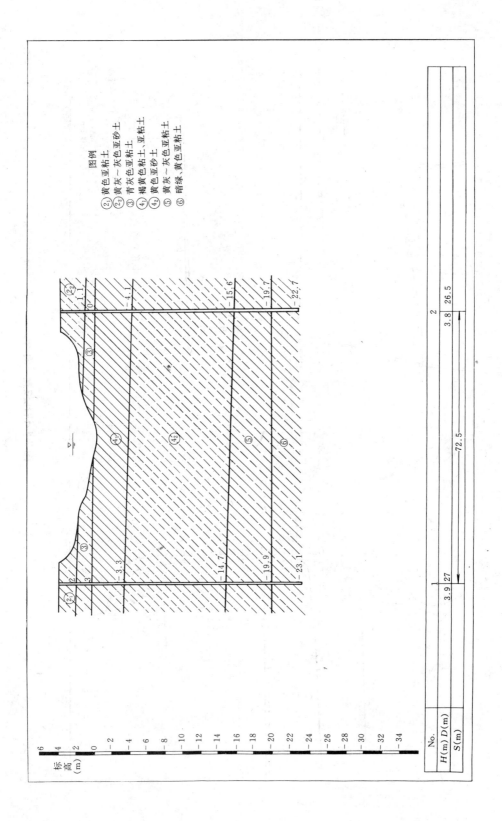

图 7-5 工程地质剖面图

图例

$②_1$ 黄色亚粘土
$②_2$ 黄灰～灰色亚砂土
③ 青灰色亚粘土、亚粘土
$④_1$ 褐黄色粘土、亚砂土
$④_2$ 黄色亚砂土
⑤ 黄灰～灰色亚粘土
⑥ 暗绿、黄色亚粘土

No.	1		2	
H(m) D(m)	3.9 27		3.8 26.5	
S(m)	72.5			

第八章 天然地基上刚性浅基础

天然地基上的浅基础一般是指建造在未经人工处理的地基上、埋深较浅的基础。它比深基础、人工地基施工简单，不需要复杂的施工设备，因此可以缩短工期、降低工程造价。是市政工程结构优先选用的基础方案。

浅基础分类的方法较多，例如按基础材料可分为砖基础、灰土基础、石砌体基础、混凝土基础如图 8-1、片石混凝土基础如图 8-2 和钢筋混凝土基础如图 8-3；按构造类型可分为单独基础、条形基础、筏形基础，其中单独基础又可分为正方形基础、矩形基础、端圆基础、圆板基础、环板基础、薄壳基础；按组合方式可分为整体式基础和分离式基础；按与上部结构连接的施工方式可分为现浇式和装配式(即杯口基础或杯槽基础)；按受力特点可分为柔性基础(即钢筋混凝土基础)和刚性基础(即用砖、灰土、石料、混凝土等抗压极限强度较大，而受弯、受拉极限强度较小的材料建造的基础)。以上所说各种基础均可作为市政工程结构的基础。

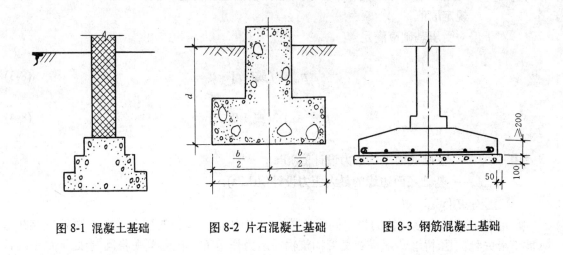

图 8-1 混凝土基础　　　　图 8-2 片石混凝土基础　　　　图 8-3 钢筋混凝土基础

第一节 基础设计原则

一、市政工程建筑物对地基基础设计的要求

根据《建筑结构设计统一标准》的规定,市政工程建筑物在规定的时间内，在正常的条件下，均应满足预定的功能要求，即安全性、适用性和耐久性。

建筑地基承受上部结构及基础传来的荷载作用，基础承受上部荷载和地基反力的共同作用，因此，地基基础的设计原则也应从建筑物的可靠性来考虑。

根据《建筑结构设计统一标准》采用以概率为基础的极限状态设计方法，在进行地基基础计算设计时应满足式(8-1)的要求：

$$S \leqslant R \tag{8-1}$$

式中　S——结构的作用效应；

　　　R——结构的抗力。

公式(8-1)的意义是结构的作用效应 S 不大于结构构件的抗力 R。具体而言，应从承载力极限状态和正常使用极限状态两个方面来满足上述条件。地基的承载力极限状态包括强度与稳定两方面；地基正常使用极限状态主要指地基变形条件。

(1)强度条件

对于中心受压基础应满足：

$$p \leqslant f 或 [\sigma] \tag{8-2}$$

式中　p——基础底面压力设计值(kPa)；

　　　f——地基承载力设计值(kPa)，按《建筑地基基础设计规范》(GBJ7—89)规定取值；

　　[σ]——地基的容许承载力(kPa)，按《公路桥涵地基与基础设计规范》(JTJ024—85)规定取值。

对于偏心受压基础应满足：

$$p_m \leqslant f 或 [\sigma] \tag{8-3}$$

$$p_{max} \leqslant 1.2f 或 1.0[\sigma] \tag{8-4}$$

式中　p_m——基础底面平均压力设计值(kPa)；

　　　p_{max}——基础底面边缘的最大压力设计值(kPa)。

(2)稳定条件

市政工程结构建筑物的稳定问题比较突出,例如建在岸边的桥台或取水泵站就存在边坡下滑失稳问题;桥墩、水塔等高耸构筑物在风力作用下存在倾覆失稳问题;处于水中的桥墩、沉井、水池在浮力作用下存在抗浮稳定问题。因此,在设计市政工程建筑物的地基基础时,应根据不同的受力特点分别验算其稳定性。

1)抗倾稳定应满足的条件是

$$K_0 \geqslant [K_0] \tag{8-5}$$

式中　K_0——抗倾覆稳定系数；

　　　$[K_0]$——抗倾覆稳定系数容许值。

2)抗滑稳定应满足的条件是

$$K_c \geqslant [K_c] \qquad (8\text{-}6)$$

式中　K_c——滑动稳定系数；

　　　$[K_c]$——滑动稳定系数容许值。

3)抗浮稳定应满足的条件

$$K_f \geqslant [K_f] \qquad (8\text{-}7)$$

式中　K_f——抗浮稳定系数；

　　　$[K_f]$——抗浮稳定系数容许值。

(3)变形条件

基础的沉降或地基的变形应满足下列条件：

$$S \leqslant [S] \qquad (8\text{-}8)$$

式中　S——基础的总沉降量或地基的总变形量；

　　　$[S]$——基础沉降量容许值或地基沉降量容许值。

二、地基基础设计的准备工作

设计地基基础前，应准备下列所需的资料：

1. 建筑场地地形图；

2. 工程地质勘察报告；

3. 气象水文资料；

4. 所建市政工程建筑物初步设计的平面、立面、剖面图,设备、管道布置图以及使用要求、荷载大小；

5. 建筑材料供应情况；

6. 施工单位的设备和技术力量。

三、地基基础设计的步骤

1. 选择基础的材料和构造形式；

2. 确定基础的埋置深度 d；

3. 确定地基持力层的承载力（容许承载力$[\sigma]$或承载力设计值 f），如有必要，还需确定软弱下卧层的承载力；

4. 拟定刚性扩大基础的底面、剖面尺寸 $b \times l \times h$；

5. 验算基底合力偏心距；

6. 验算地基持力层和软弱下卧层的承载力；

7. 验算地基变形,按第四章变形计算公式计算地基变形；

8. 验算基础稳定性（抗倾、抗滑、抗浮）；

9. 根据以上计算结果和构造要求绘制基础施工图,并编制施工说明。

第二节 作用于基础上的荷载

市政工程结构的地基与基础承受着整个结构的自重及所传递来的各种荷载。鉴于各种荷载出现的概率不一样，故需将荷载作用进行分类，并将实际可能同时出现的荷载组合起来，以便确定设计时取用的荷载设计值。

国家标准《建筑结构设计统一标准》(GBJ68—84)称施加在结构上的集中或分布荷载，以及引起结构外加变形或约束的原因为结构上的作用。引起结构外加变形或约束的原因系指地震、基础沉降、温度变化、焊接等作用。

一、荷载的分类

根据国家标准《建筑结构设计统一标准》(GBJ68—84)的规定，按随时间的变异原则，可将结构上的作用分为：永久作用、可变作用、偶然作用三类。

1. 永久作用

永久作用习惯上称为恒载或永久荷载。在设计基准期（或称设计适用期）内，其值不随时间变化，或其变化与平均值相比可以忽略不计的作用称为永久作用。例如结构的自重、施加的预应力、土的重力及土的侧压力、混凝土收缩及徐变影响力、基础变位影响力、水的浮力等均属于永久作用。

2. 可变作用

可变作用习惯上称为活载或可变荷载。在设计基准期（或称设计适用期）内，其值随时间变化，且其变化与平均值相比不可忽略的作用称为可变作用。例如安装荷载、人群荷载、车辆荷载、楼面荷载、风荷载、温度影响力等均属于可变作用。

《公路桥涵设计通用规范》(JTJ021—89)，按可变作用对桥涵结构的影响程度，又将其分为基本可变荷载（活载）和其他可变荷载。

例如汽车重力、汽车冲击力、离心力、人群荷载、汽车引起的土侧压力、平板挂车或履带车的重力、平板挂车或履带车引起的土侧压力等均称为基本可变荷载（活载）；

例如风荷载、汽车制动力、流水压力、冰压力、温度影响力、支座摩阻力等均属于其它可变荷载。

3. 偶然作用

偶然作用系指在设计基准期（或称设计适用期）内不一定出现，但是，一旦出现，其量值很大且持续时间很短的荷载。例如地震作用、爆炸力、船舶或漂流物的撞击力等。

二、荷载的组合

《公路桥涵设计通用规范》(JTJ021—89)规定在设计桥涵时应根据可能同时出现的荷载作用选择下列 6 种荷载组合：

组合Ⅰ：基本可变荷载（平板挂车或履带车除外）的一种或几种与永久荷载的一种或几种相组合。简单说就是基本可变荷载与永久荷载的组合，也称为主要组合；

组合Ⅱ：基本可变荷载（平板挂车或覆带车除外）的一种或几种与永久荷载的一种或几种相组合后再与其它可变荷载的一种或几种相组合；

组合Ⅲ：平板挂车或履带车与结构重力、预应力、土的重力及土侧压力中的一种或几种相组合；

组合Ⅳ：基本可变荷载（平板挂车或履带车除外）的一种或几种与永久荷载的一种或

几种相组合后再与偶然荷载中的船舶或漂流物的撞击力相组合；

组合Ⅴ：桥涵在进行施工阶段的验算时，根据可能出现的施工荷载（如结构重力、脚手架、材料机具、人群、风荷载以及拱桥的单向推力等）进行组合；

组合Ⅵ：结构重力、预应力、土的重力及土侧压力中的一种或几种与地震力相组合。

组合Ⅱ、Ⅲ、Ⅳ、Ⅴ、Ⅵ习惯上称为附加组合。当组合Ⅰ中包括混凝土收缩、徐变影响力、水的浮力引起的荷载效应时也称为附加组合。因为附加组合中所考虑的荷载出现的概率比主要组合小些，设计时的安全储备不必过大，因此，设计规范在取安全系数时均比组合Ⅰ小些，即当按容许应力计算时材料的容许应力及地基的容许承载力均允许提高一定的数值。例如在表 5-15 中给出了相应的地基土容许承载力提高系数，在表 6-11 中给出了稳定系数相应的降低值，在表 8-5 中通过放宽对偏心距的限制体现了对附加组合安全度要求较小的原则。

第三节 基础的埋置深度

从设计地面到基础底面的距离称为基础埋置深度。

基础埋置深度的大小，对市政工程结构的正常使用、安全和造价都有很明显的影响。以桥墩这类高耸构筑物为例，基础埋深了，稳定性好，但会增加造价；若埋浅了，又不能保证稳定。因此确定一个合理的埋深是基础设计中的一个重要问题。一般情况下在满足使用、稳定、变形要求的前提下，应尽量浅埋，除岩石地基外，埋置深度不得小于 0.5m，且基顶距设计地面的距离不小于 100mm。如市政桥梁的墩台基础顶面不宜高于道路路面；如地面高于最低水位且不受冲刷时，则不宜高于地面。

在确定基础埋置深度时，应按下列条件综合考虑：

一、建筑物或构筑物的用途

市政构筑物基础的埋深，与其用途关系密切，例如市政立交桥的基础必须置于下层路面以下，从而保证道路的通畅；沉井泵房、取水构筑物应深入到水源附近，以便取水、输送水；水池、管道埋于地下，应保证其正常运行；污水管置于给水管之下，才能防止给水被偶然污染；自流管道出口低于进口才能保证输、排水流畅。因此，市政工程基础的埋置深度应满足市政设施的功能要求。

二、作用在基础上的荷载

作用在基础上的荷载大小和性质问题是一个涉及建筑物安全、稳定问题.跨度大的桥梁，传至基础的荷载就大，因此基础埋置就深；在风载较大的地区，为保证桥墩、水塔的抗倾覆稳定，也需将基础深埋，又如对经常受水平力作用的挡土墙最少埋于墙前地面线以下不小于 1m；而管道的埋深要考虑地面荷载的大小,防止被外部压力损坏，故在一般情况下,管顶的埋深不宜小于 0.7m。故在确定基础埋深时应考虑荷载的大小和性质。

三、工程地质和水文地质条件

工程地质和水文地质条件是影响基础埋深的重要因素。一般情况宜将基础置于深度较浅而承载力较高的土层，因此，持力层的深浅将直接影响基础的埋置深度。在《公路桥涵地基与基础设计规范》（JTJ024—85）中关于桥梁基础埋置深度有以下规定：

1.设置在岩石上的一般桥梁墩台，如风化层较厚，河流冲刷又不太大，全部清除风化层有困难时，在保证安全条件下，基础可考虑设在风化层内，其埋置深度可根据风化程度、冲刷情况及其相应的承载力确定。

2. 对于大桥的墩台基础，如建筑在岩石上且河流冲刷又较严重时，除应清除风化层外，尚应根据基岩强度嵌入岩层一定深度，或采用其他锚固措施，使基础与岩石连成整体。

3. 小桥涵基础，在无冲刷处，除岩石地基外，应在地面或河床底以下至少埋深 1m，如有冲刷，基底埋深应在局部冲刷线以下不少于 1m；

4. 小桥、涵洞的基础底面，如河床上有铺砌层时，宜设置在铺砌层顶面以下 1m。

5. 在有冲刷处，大、中桥基底埋置在局部冲刷线以下的安全值应按表 8-1 的规定选用。

大、中桥基底最小埋置深度安全值   表 8-1

冲刷总深度（m）		0	< 3	≥ 3	≥ 8	≥ 15	≥ 20
安全值(m)	一般桥梁	1.0	1.5	2.0	2.5	3.0	3.5
	技术复杂修复困难的大桥和重要大桥	1.5	2.0	2.5	3.0	3.5	4.0

注： 1. 冲刷总深度，即一般冲刷（不计水深）加局部冲刷深度，由河床面算起；

2. 表列数值为最小值，如水文资料不足，且河床为变迁性、游荡性等不稳定河段时，安全值应适当加大；

3. 建于抗冲刷能力强的岩石上的基础，不受上表数值限制。

在市政给排水工程结构中，地基土质的好坏，岸边取水构筑物在水流作用下的冲刷现象，将直接影响到基础的埋置深度。在一般情况下，应将基础置于承载力较高、变形小的土层，否则应作人工地基。当上层地基的承载力大于下层土时，宜利用上层土作持力层。岸边取水构筑物宜置于水流冲刷线以下才能保证稳定。

四、相邻建筑物基础的埋深

在确定基础埋深时，应考虑已有相邻建筑物的基础稳定问题，特别是城市里大量的市政工程建筑是在原有房屋之间施工，相距很近，原有建筑的基础稳定问题显得特别重要。因此，新建市政工程的基础埋深不宜大于原有建筑物的基础埋深。如埋深大于原有建筑基础时，两基础间应保持一定净距，其数值应根据荷载大小和土质情况而定，一般取相邻两基础底面高差的 1 ~ 2 倍(图 8-4)。如上述要求不能满足时，应采取分段施工、设临时加固支撑、打板桩、地下连续墙等施工措施，或加固原有建筑物地基的措施。

五、地基土冻胀和冻融的影响

在地下水位较高的地区，冬季地基土冻胀、春季地基土冻融，都会引起基础不均匀沉降，导致建筑物开裂或损坏。对于市政工程中的地下给排水构筑物(如水池、水管)还有一个保温防冻问题，需要进行热力计算,保证冻结时间内，管内水流能顺畅通过而无结冰现象。因此，一般情况下应将基础或管顶置于冻结深度线以下，或将水池置于热力计算确定的深度以下,否则就需对地基及基础采取防止冻胀的措施。

《公路桥涵地基与基础设计规范》（ JTJ024—85 ）根据地基土冻胀、冻融的规律规定桥涵墩台明挖基础和沉井基础的基底埋置深度应符合下列要求：

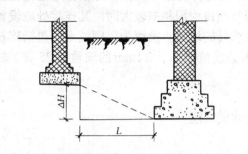

图 8-4 相邻两基础间距与基底标高差的关系

$$l \geqslant (1 \sim 2)\Delta H$$

1. 当墩台基底设置在不冻胀土层中，基底埋深可不受冻深的限制；

2. 当上部为超静定结构的桥涵基础，其地基为冻胀性土时，均应将基底埋入冻结线以下不小于 0.25m；

3. 当墩台基础设置在季节性冻胀土层中时，基底的最小埋置深度可按下式确定：

$$d = z_0 m_t - h_d \qquad (8\text{-}9a)$$

式中 d——基础最小埋置深度（m）。对于弱冻胀土和冻胀土的基底埋深，也可根据标准冻深值 z_0，从图 8-5 查得；

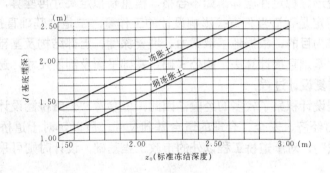

图 8-5 基础最小埋置深度与标准冻深关系图

z_0——标准冻深（m）可采用地表无积雪和草皮等覆盖条件下多年实测最大冻深的平均值。当无实测资料时，可参照《公路桥涵地基与基础设计规范》(JTJ024—85)中标准冻深线图 3.1.1-2，结合实地调查确定。也可根据当地气象观测资料按下式估算：

$$z_0 = 0.28 \sqrt{\sum T + 7} - 0.5 \text{（m）} \qquad (8\text{-}9b)$$

ΣT——低于 0℃的月平均气温的累积值(取连续 10 年以上的年平均值)，以正号代入；

m_t——标准冻深修正系数，可取 1.15；

h_d——基底下容许残留冻土层厚度（m）。

当为弱冻胀土时 $h_d = 0.24z_0 + 0.31$ （m）

当为冻胀土时 $h_d = 0.22z_0$ （m）

当为强冻胀土和特强冻胀土时 $h_d = 0$ （m）

4. 涵洞基础设置在季节性冻土地基上时，出入口和自两端洞口向内各 2m 范围内涵身基底的埋置深度可按式（8-9a)计算确定．涵洞中间部分的基础埋深，可根据地区施工经验确定．严寒地区，当涵洞中间部分基础的埋深与洞口埋深相差较大时，其连接处应设置过渡段．冻结较深地区，也可采用将基底至冻结线处的地基土换填为粗颗粒土（包括碎石土、砾砂、粗砂、中砂，但其中粉粒含量≤15％，或粒径小于0.1mm的颗粒≤25％）的措施．

第四节 基础尺寸的拟定

选择确定市政工程结构基础的材料和尺寸，是基础设计的目的，最终将基础设计的成果——材料和尺寸绘制在图纸上，作为施工的依据．市政工程结构刚性基础常用的材料有砖、片石、块石、粗料石、混凝土预制块和混凝土及片石混凝土．其基础尺寸系指：基础埋置深度 d、基础底面及顶面尺寸、基础的高度和剖面尺寸（如台阶尺寸）．

确定基础尺寸有两种方法：一是"拟定基础尺寸法"：即先拟定基础的所有尺寸，然后进行承载力、变形、稳定性验算．如不合格，需重新拟定尺寸再验算，直至满足要求为止．可见，尺寸拟定是否恰当将直接影响设计的工作量；二是"基础直接计算法" ❶：即以满足承载力要求为目的，根据地基承载力、埋置深度、上部结构及基础自身传至基础底面的荷载，运用"基础直接计算法"的公式确定基础平面及剖面尺寸，避免假设、验算再假设、再验算的重复设计过程．

鉴于桥梁工程设计积累了较多的经验，因此，可参考"公路桥涵设计手册"《墩台与基础》卷，拟定出经济、安全、合理的墩台基础尺寸，所以，对于道桥工程基础多采用"拟定基础尺寸法"．对于道桥工程以外的市政工程基础，设计时则可采用"基础直接计算法"．

一、拟定基础尺寸法

拟定市政桥梁基础的尺寸，一般要考虑桥梁的结构形式、荷载的大小、初步拟定的基础埋置深度、地基的承载力和墩台底面的形状和尺寸等因素．

图8-6即为"公路桥涵设计手册"《墩台与基础》卷提供的浆砌片石混凝土重力式桥墩刚性扩大基础的参考尺寸．它适用于车辆荷载为汽车－超20级、挂车－120的高等级公路中小桥梁．其设计资料为：跨径为 l=16m，桥面净宽2×净10.75m，桥墩高 H=10m，地基容许承载力为200kPa，桥墩下为C20号混凝土基础，地震设防烈度7度、8度．

1.基础的高度

为保护基础不受外力损坏和桥梁的美观，规范要求墩台基础不准外露．即墩台基础顶面不宜高出地面（或立交桥下层路面）和最低水位线．因此在基础埋深确定了基础底面标高后基础的总高是基顶标高与基底标高之差．在一般情况下，大、中桥墩，台混凝土基础的高度在1.0～2.0m左右．

2.基础平面尺寸

---

❶ 关于"基础直接计算法"的详细内容，请参考郭继武主编的"建筑结构教学丛书"《建筑地基基础》（高等教育出版社）或张述勇、郭秋生主编的《土力学及地基基础》（中国建筑工业出版社）．

桥梁刚性扩大基础的平面形式、尺寸应考虑到墩台的底面形状和尺寸，实体墩身的截面常用圆端形，相应的基础平面大都采用矩形。基础顶面尺寸应大于墩台底面尺寸，基础顶面边缘到墩台底面边缘的距离称为基础的襟边，如图8-6中所示的c。襟边宽度不得小于200～500mm。其作用是：调整基础施工时形成的误差，保证墩台放线时正确定位和预留搭设墩台模板所需的位置。因此，基础顶面最小尺寸为：

$$B_1 = b_0 + 2c \tag{8-10a}$$

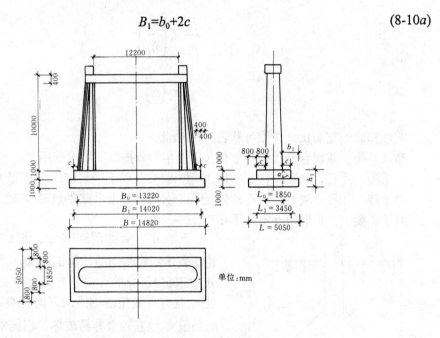

图 8-6 桥墩刚性扩大基础拟定尺寸实例

$$L_1 = l_0 + 2c \tag{8-10b}$$

式中　B_1、l_1——基础顶面最小宽度、长度；

　　　B_0、l_0——墩台底面宽度、长度；

　　　c——基础顶面襟边宽度。

基础底面最小尺寸为：

$$B = B_1 + 2h_1 \mathrm{tg}\ \alpha \tag{8-11a}$$

$$L = L_1 + 2h_1 \mathrm{tg}\ \alpha \tag{8-11b}$$

式中　B_1、l_1——基础顶面最小宽度、长度；

　　　L、l——基础底面宽度、长度；

　　　α——刚性基础的压力扩散角；

h_1——刚性基础的高度.

3.基础剖面尺寸

刚性扩大基础的剖面尺寸,是依据"刚性基础台阶的宽高比b_1/h_1不大于宽度比的允许值b_1/h_1"确定的,根据$\mathrm{tg}\alpha = b_1/h_1$,也可依据"刚性基础的压力扩散角$\alpha$不大于基础的刚性角$[\alpha]$"确定,即

$$\frac{b_1}{h_1} \leqslant \left[\frac{b_1}{h_1}\right] \tag{8-12a}$$

或

$$\alpha \leqslant [\alpha] \tag{8-12b}$$

刚性基础的宽高比允许值可从表8-2中查得。

市政桥梁实体墩台基础的扩散角(刚性角)α按以下要求选用:

对于砖、片石、块石、料石砌体,当用5号M5及以下砂浆砌筑时,扩散角α不大于30°;

对于砖、片石、块石、料石砌体,当用5号M5及以上砂浆砌筑时,扩散角α不大于35°;

对于混凝土,扩散角α不大于40°。

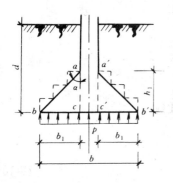

图 8-7 刚性扩大基础的刚性角

b_1、h_1、α如图8-7所示。图8-7所示的基础实线轮廓表示刚性基础的计算剖面,基础部分abc(即挑出部分)在基底反力p的作用下有向上弯曲的趋势,如果弯曲过大,就有可能使基础沿ca方向开裂。显然,p和b_1/h_1的数值愈大,基础愈容易破坏。根据实验研究和建筑实践证明,当基础材料的强度等级和基础底面反力确定后,只要b_1/h_1小于允许值$[b_1/h_1]$,就可保证基础不会破坏。b_1/h_1的数值也可以用基础斜面ab与铅直线的夹角α(即压力扩散角)来表示。与$[b_1/h_1]$相对应的角度$[\alpha]$称为基础的刚性角。

为了方便施工,基础通常做成台阶状剖面,如图8-7虚线轮廓所示。对于每一个台阶的宽度与高度之比也应满足式(8-12)的要求。为了保证基础的质量,基础台阶的尺寸除满足表8-2中所规定的数值外,尚需满足构造要求。

刚性基础台阶宽度比的允许值　　　　　　　　　　表 8-2

基础材料	质量要求	台阶宽度比的允许值		
		$p \leqslant 100$	$100 < p \leqslant 200$	$200 < p \leqslant 300$
混凝土基础	C10混凝土	1:1.00	1:1.00	1:1.00
	C7.5混凝土	1:1.00	1:1.25	1:1.50
片石混凝土基础	C7.5~C10混凝土	1:1.00	1:1.25	1:1.50

基础材料	质量要求		台阶宽度比的允许值		
			$p \leqslant 100$	$100 < p \leqslant 200$	$200 < p \leqslant 300$
砖基础	砖不低于MU7.5	M5砂浆	1:1.50	1:1.50	1:1.50
		M2.5砂浆	1:1.50	1:1.50	
片石基础	M2.5~5砂浆		1:1.25	1:1.50	
	M1砂浆		1:1.50		
灰土基础	体积比3:7或2:8的灰土,其最小干密度				
	粉土1.55t/m³				
	粉质粘土1.50t/m³		1:1.25	1:1.50	
	粘土1.45t/m³				
三合土基础	体积比为1:2:4~1:3:6(石灰:砂:骨料)		1:1.50	1:2.00	
	每层约虚铺220mm,夯至150mm				

注: p 为基底压力.

二、基础的直接计算法

在已知基础埋深、地基承载力、和上部结构传至 ± 0.00处的荷载后，即可用下列"基础的直接计算法"的公式设计基础尺寸。

1.中心受压基础

对于中心受压基础的底面面积A，可按下式计算：

$$A = \frac{F}{f - \overline{\gamma} H} \tag{8-13a}$$

或

$$A = \frac{F}{[\sigma] - \overline{\gamma} H} \tag{8-13b}$$

式中　H——基础自重计算高度，对于一般情况取基础埋置深度d；

F——上部结构传至 ± 0.00的荷载；

$\overline{\gamma}$——基底以上基础及填土的平均重力密度，一般取20kN/m³。

其余符号意义同前。

对于正方形基础的底面面积$A = b^2$，可按下式计算：

$$b = \sqrt{\frac{F}{f - \overline{\gamma} H}} \tag{8-14a}$$

或
$$b = \sqrt{\frac{F}{[\sigma] - \overline{\gamma}H}} \qquad (8\text{-}14b)$$

对于矩形基础的底面面积A，在设定 $n = l/b$ 后，可按下式计算：

$$b = \sqrt{\frac{F}{n(f - \overline{\gamma}H)}} \qquad (8\text{-}15a)$$

或
$$b = \sqrt{\frac{F}{n([\sigma] - \overline{\gamma}H)}} \qquad (8\text{-}15b)$$

对于圆形基础的底面面积 $A = \pi r^2$，可按下式计算：

$$r = \sqrt{\frac{F}{\pi(f - \overline{\gamma}H)}} \qquad (8\text{-}16a)$$

或
$$r = \sqrt{\frac{F}{\pi([\sigma] - \overline{\gamma}H)}} \qquad (8\text{-}16b)$$

对于条形基础，取 $l = 1$m 作为计算单元，F为上部荷载每延长米的设计值（kN/m）。则基础宽度为：

$$b = \frac{F}{f - \overline{\gamma}H} \qquad (8\text{-}17a)$$

或
$$b = \frac{F}{[\sigma] - \overline{\gamma}H} \qquad (8\text{-}17b)$$

2.单向偏心受压基础直接计算法简介

（1）公式推演

以圆形基础为例，当 $e \leqslant r/4$ 时，基底边缘的最大和最小应力分别按下式计算：

$$p_{max} = \frac{F}{A} + \frac{M}{W} + \overline{\gamma}H \qquad (8\text{-}18)$$

$$p_{min} = \frac{F}{A} - \frac{M}{W} + \overline{\gamma}H \qquad (8\text{-}19)$$

将式(8-18)与(8-19)相加得：

$$p_{max} = 2(\frac{F}{A} + \overline{\gamma}H) - p_{min}$$

令 $p_{min} = \xi \, p_{max}$ （即 $\xi = \dfrac{p_{min}}{p_{max}}$ ）代入上式,经整理得:

$$p_{max} = 2(\frac{F}{A} + \overline{\gamma}H) \times \frac{1}{1+\xi} \tag{8-20}$$

根据 $p_{max} \leqslant 1.2f$, 可得基础底面面积计算公式:

$$A \geqslant \frac{F}{0.6(1+\xi)f - \overline{\gamma}H} = \frac{F}{f\left[0.6(1+\xi) - \dfrac{\overline{\gamma}H}{f}\right]} \tag{8-21a}$$

令 $\Delta = \dfrac{\overline{\gamma}H}{f}$,则有

$$r^2 \geqslant \frac{F}{\pi \, f\left[0.6(1+\xi) - \Delta\right]} \tag{8-21b}$$

下面根据力矩引起的应力求 r

$$p_{max} - p_m = \frac{M}{W} \tag{8-22}$$

其中

$$P_m = \frac{1}{2}(1+\xi)p_{max} \tag{8-23}$$

$$W = \frac{1}{4}\pi \, r^3 \tag{8-24}$$

将式(8-23)、(8-24)代入式(8-22)可得基底边缘的最大应力的另一表达式,并令 $p_{max} \leqslant$ 1.2f,于是

$$p_{max} = \frac{8M}{(1-\xi)\pi r^3} \leqslant 1.2f$$

$$r^3 \geqslant \frac{M}{3(1-\xi)\pi\,f} \tag{8-25}$$

比较式(8-21b)和式(8-25)可得：

$$\frac{140 e_0^2 f}{F} = \frac{(1-\xi)^2}{\left[0.6(1+\xi)-\Delta\right]^3} \tag{8-26}$$

令

$$\Omega = \frac{140 e_0^2 f}{F}$$

式中 $e_0 = \dfrac{M}{F}$。

由公式(8-26)制成 "偏心距在截面核心以内时 Ω-ξ、Δ 函数表"（即表8-3）,用相应的公式制成 "偏心距在截面核心以外时 Ω-ξ、Δ 函数表"（即表8-4）。这样即可运用函数表直接计算基础的底面尺寸。

（2）"基础直接计算法" 的使用方法

第一种情况,对于不限制基础偏心程度的基础,可先计算 Δ 与 Ω 值,即

$$\Delta = \frac{\overline{\gamma}H}{f} \tag{8-27a}$$

或

$$\Delta = \frac{\overline{\gamma}H}{[\sigma]} \tag{8-27b}$$

对于矩形基础（可先假定$n=l/b$）用式(8-28)计算Ω值

$$\Omega = \frac{100 e_0^2 f}{nF} \tag{8-28}$$

或

$$\Omega = \frac{100 e_0^2 [\sigma]}{nF} \tag{8-28}$$

对于圆板基础用式(8-29)计算Ω值

$$\Omega = \frac{140 e_0^2 f}{F} \tag{8-29a}$$

或
$$\Omega = \frac{140e_0^2[\sigma]}{F} \tag{8-29b}$$

然后据 Δ、Ω 查表8-3得 ξ 值,按下式计算基础底面积 A:

$$A = \frac{F}{0.6(1+\xi)f - \overline{\gamma}H} \tag{8-30}$$

或
$$A = \frac{F}{0.6(1+\xi)[\sigma] - \overline{\gamma}H} \tag{8-30}$$

第二种情况,限制基础偏心程度时,即 ξ 已知,则对于圆形基础直接用式(8-30)求得基础半径 r,对于矩形基础,由式(8-30)算得面积 A 后,需根据 Δ、ξ 查出 Ω 值,然后据 $\Omega = \dfrac{100e_0^2 f}{nF}$ (或 $\Omega = \dfrac{100e_0^2[\sigma]}{nF}$)解得 $n = l/b$ 值,以确定矩形基础的长边 l 与短边 b 尺寸。

(3)两点注意事项

当 $\xi > 2/3$ 时,由中心受压时的受力状态控制基底尺寸(即按式(8-13)设计基底面积)。

当在"偏心距在截面核心以内时 Ω-ξ、Δ 函数表"(即表8-3)中查不着 ξ 值时,说明 $e > l/6$(或 $r/4$),这时应在表8-4(即"偏心距在截面核心以内时 Ω-ξ、Δ 函数表")中查找 ρ 值(即这时出现零压力区,$\rho = b'/b$。b' 是基底压力区宽度;b 是基底宽度)。注意:对于圆形基础,此表不能应用,对于矩形基础,则可在查出比值 ρ 以后,用下式计算基底面积,即

$$A = \frac{F}{0.6\rho f - \overline{\gamma}H} \tag{8-31a}$$

或
$$A = \frac{F}{0.6\rho[\sigma] - \overline{\gamma}H} \tag{8-31b}$$

【例8-1】试设计混凝土刚性扩大基础。

已知某水塔设计中基础底面的一种荷载组合为 $M = 1750$ kN·m,$F = 3430$ kN,$d = 2.7$m,$f = 117$ kN/m²,f 是宽度按8.5m、深度按2.7m修正后的地基承载力设计值,试按此荷载组合计算此圆形基础底面尺寸。

【解】用直接计算法设计

$$H = d = 2.7\text{m}$$

$$\Delta = \frac{\overline{\gamma}H}{f} = \frac{20 \times 2.7}{117} = 0.46$$

$$\Omega = \frac{140e_0^2 f}{F} = 140 \left(\frac{1750}{3430}\right)^2 \times 117 \times \frac{1}{3430} = 1.243$$

查表8-2内插得 $\xi = 0.6036$,于是

$$r = \sqrt{\frac{F}{\pi(0.6(1+\xi)f - \overline{\gamma}H)}}$$

$$= \sqrt{\frac{3430}{3.14(0.6(1+0.6036) \times 117 - 20 \times 2.7)}} = 4.317(\text{m})$$

验算:

$$p_{max} = \frac{F}{\pi r^2} + \overline{\gamma}H + \frac{M}{W}$$

$$= \frac{3430}{3.14 \times 4.317^2} + 20 \times 2.7 + \frac{1750}{\frac{1}{4} \times 3.14 \times 4.317^3}$$

$$= 140.28(\text{kN}/\text{m}^2)$$

$$\approx 1.2f = 1.2 \times 117 = 140.4(\text{kN}/\text{m}^2)$$

$$p_{min} = \frac{F}{\pi r^2} + \overline{\gamma}H - \frac{M}{W}$$

$$= \frac{3430}{3.14 \times 4.317^2} + 20 \times 2.7 - \frac{1750}{\frac{1}{4} \times 3.14 \times 4.317^2}$$

$$= 84.88(\text{kN}/\text{m}^2) > 0$$

$$\xi = \frac{p_{min}}{p_{max}} = \frac{84.88}{140.28} = 0.6050 \approx 0.6036(\text{无误})$$

最后取 $r = 4.32\text{m}$。

（注：基底截面尺寸确定后，即可根据埋置深度和刚性角的要求，确定基础高度和剖面形式与尺寸．本题仅算至基底尺寸，基础高和剖面尺寸略．）

偏心距在截面核心以内时 $\Omega-\xi$、$\triangle$ 函数表

表 8-3

$\xi = \dfrac{p_{min}}{p_{max}}$	$\triangle = \dfrac{\gamma H}{f}$										
	0.10	0.12	0.14	0.16	0.18	0.20	0.22	0.24	0.26	0.28	0.30
0.66	0.161	0.172	0.184	0.198	0.213	0.229	0.247	0.268	0.290	0.315	0.343
0.64	0.188	0.201	0.216	0.232	0.249	0.269	0.291	0.315	0.341	0.371	0.405
0.62	0.218	0.233	0.251	0.270	0.291	0.314	0.340	0.368	0.400	0.436	0.476
0.60	0.252	0.270	0.290	0.313	0.337	0.364	0.395	0.429	0.466	0.509	0.557
0.58	0.289	0.311	0.334	0.361	0.389	0.421	0.457	0.497	0.542	0.592	0.648
0.56	0.331	0.356	0.384	0.414	0.448	0.486	0.527	0.574	0.627	0.686	0.753
0.54	0.378	0.407	0.439	0.474	0.514	0.558	0.606	0.661	0.723	0.792	0.871
0.52	0.430	0.464	0.501	0.542	0.587	0.638	0.695	0.759	0.831	0.913	1.005
0.50	0.488	0.527	0.570	0.617	0.670	0.729	0.795	0.870	0.954	1.049	1.157
0.48	0.553	0.597	0.646	0.701	0.762	0.830	0.907	0.994	1.092	1.203	1.330
0.46	0.624	0.675	0.731	0.794	0.865	0.944	1.033	1.133	1.248	1.377	1.526
0.44	0.703	0.761	0.826	0.899	0.980	1.071	1.174	1.291	1.423	1.574	1.748
0.42	0.791	0.858	0.932	1.015	1.109	1.214	1.333	1.468	1.621	1.797	2.000
0.40	0.888	0.965	1.050	1.145	1.252	1.373	1.511	1.667	1.845	2.050	2.286
0.39	0.941	1.022	1.113	1.215	1.330	1.460	1.608	1.775	1.968	2.188	2.444
0.38	0.996	1.083	1.180	1.290	1.413	1.552	1.710	1.891	2.098	2.336	2.611
0.37	1.055	1.147	1.251	1.368	1.500	1.649	1.819	2.013	2.236	2.493	2.790
0.36	1.116	1.215	1.326	1.451	1.592	1.752	1.935	2.143	2.383	2.660	2.981
0.35	1.180	1.286	1.405	1.538	1.690	1.861	2.057	2.281	2.539	2.838	3.185
0.34	1.248	1.361	1.488	1.631	1.793	1.977	2.187	2.428	2.706	3.028	3.402
0.33	1.320	1.440	1.576	1.729	1.902	2.099	2.325	2.584	2.883	3.230	3.635
0.32	1.395	1.524	1.668	1.832	2.017	2.229	2.471	2.749	3.071	3.445	3.883
0.31	1.475	1.612	1.766	1.941	2.139	2.366	2.626	2.925	3.271	3.675	4.148
0.29	1.646	1.802	1.978	2.178	2.405	2.666	2.965	3.310	3.712	4.182	4.733
0.28	1.739	1.905	2.093	2.307	2.550	2.829	3.150	3.522	3.954	4.461	5.057
0.27	1.837	2.014	2.214	2.443	2.703	3.002	3.347	3.747	4.212	4.759	5.404

$\xi =$	$\Delta = \dfrac{\gamma H}{f}$										
$\dfrac{p_{min}}{p_{max}}$	0.10	0.12	0.14	0.16	0.18	0.20	0.22	0.24	0.26	0.28	0.30
0.26	1.940	2.129	2.343	2.587	2.865	3.186	3.556	3.986	4.488	5.077	5.775
0.25	2.048	2.250	2.478	2.739	3.037	3.381	3.778	4.240	4.781	5.418	6.173
0.24	2.163	2.377	2.621	2.900	3.220	3.588	4.015	4.512	5.094	5.782	6.599
0.23	2.283	2.512	2.773	3.070	3.413	3.807	4.266	4.801	5.429	6.171	7.056
0.22	2.410	2.654	2.932	3.251	3.617	4.041	4.533	5.109	5.786	6.588	7.546
0.21	2.544	2.804	3.101	3.442	3.834	4.288	4.817	5.437	6.167	7.035	8.073
0.20	2.685	2.963	3.280	3.644	4.064	4.552	5.120	5.787	6.575	7.513	8.638
0.19	2.834	3.130	3.469	3.859	4.309	4.831	5.442	6.161	7.011	8.026	9.246
0.18	2.992	3.307	3.669	4.086	4.568	5.129	5.786	6.560	7.478	8.576	9.900
0.17	3.158	3.495	3.881	4.327	4.843	5.446	6.152	6.986	7.978	9.167	10.604
0.16	3.333	3.692	4.105	4.582	5.136	5.782	6.542	7.442	8.513	9.801	11.362
0.15	3.518	3.901	4.343	4.853	5.447	6.141	6.959	7.929	9.087	10.483	12.180
0.14	3.713	4.122	4.594	5.140	5.777	6.523	7.404	8.450	9.703	11.216	13.062
0.13	3.920	4.356	4.861	5.446	6.128	6.930	7.878	9.008	10.364	12.006	14.014
0.12	4.138	4.604	5.143	5.770	6.502	7.364	8.386	9.605	11.073	12.856	15.043
0.11	4.368	4.866	5.443	6.114	6.900	7.827	8.928	10.246	11.836	13.773	16.156
0.10	4.612	5.144	5.761	6.480	7.324	8.322	9.509	10.933	12.656	14.762	17.361
0.09	4.870	5.438	6.098	6.869	7.776	8.849	10.130	11.670	13.539	15.830	18.667
0.08	5.143	5.750	6.456	7.283	8.257	9.413	10.796	12.462	14.490	16.984	20.083
0.07	5.432	6.081	6.837	7.724	8.771	10.016	11.509	13.313	15.516	18.232	21.622
0.06	5.738	6.431	7.241	8.193	9.319	10.661	12.274	14.229	16.622	19.584	23.294
0.05	6.062	6.804	7.671	8.693	9.904	11.351	13.095	15.214	17.817	21.050	25.113
0.04	6.405	7.199	8.128	9.225	10.529	12.091	13.976	16.276	19.109	22.640	27.096
0.03	6.769	7.618	8.615	9.794	11.198	12.883	14.924	17.421	20.507	24.367	29.259
0.02	7.156	8.064	9.133	10.400	11.912	13.733	15.944	18.656	22.020	26.244	31.622
0.01	7.565	8.538	9.685	11.048	12.678	14.645	17.042	19.991	23.661	28.289	34.206
0.00	8.000	9.042	10.274	11.739	13.497	15.625	18.224	21.433	25.443	30.518	37.037

$\xi =$	$\Delta = \dfrac{\overline{\gamma}H}{f}$									
$\dfrac{p_{min}}{p_{max}}$	0.31	0.32	0.33	0.34	0.35	0.36	0.37	0.38	0.39	0.40
0.66	0.358	0.374	0.391	0.409	0.429	0.449	0.471	0.495	0.519	0.546
0.64	0.423	0.443	0.463	0.485	0.509	0.533	0.560	0.588	0.618	0.651
0.62	0.498	0.521	0.546	0.572	0.600	0.630	0.662	0.696	0.732	0.772
0.60	0.583	0.610	0.640	0.671	0.705	0.741	0.779	0.820	0.864	0.911
0.58	0.679	0.712	0.747	0.785	0.825	0.868	0.914	0.963	1.015	1.072
0.56	0.789	0.828	0.870	0.914	0.962	1.013	1.068	1.126	1.189	1.257
0.54	0.914	0.960	1.010	1.062	1.119	1.179	1.244	1.314	1.390	1.471
0.52	1.056	1.110	1.169	1.231	1.298	1.370	1.447	1.530	1.620	1.717
0.50	1.217	1.281	1.350	1.424	1.503	1.588	1.679	1.778	1.885	2.000
0.48	1.400	1.476	1.556	1.643	1.736	1.837	1.945	2.063	2.189	2.327
0.46	1.608	1.697	1.791	1.894	2.004	2.122	2.251	2.390	2.540	2.704
0.44	1.844	1.948	2.059	2.180	2.309	2.450	2.601	2.766	2.945	3.139
0.42	2.113	2.234	2.365	2.506	2.659	2.825	3.004	3.199	3.411	3.643
0.40	2.418	2.560	2.714	2.880	3.060	3.255	3.467	3.699	3.951	4.226
0.39	2.586	2.740	2.906	3.087	3.282	3.494	3.725	3.976	4.251	4.552
0.38	2.766	2.932	3.112	3.308	3.520	3.750	4.001	4.275	4.575	4.903
0.37	2.957	3.137	3.333	3.544	3.774	4.025	4.298	4.596	4.923	5.281
0.36	3.162	3.357	3.568	3.798	4.048	4.320	4.617	4.942	5.298	5.690
0.35	3.380	3.591	3.820	4.069	4.341	4.636	4.960	5.314	5.703	6.130
0.34	3.613	3.842	4.090	4.360	4.655	4.977	5.329	5.715	6.139	6.606
0.33	3.863	4.110	4.379	4.673	4.992	5.342	5.726	6.146	6.610	7.120
0.32	4.129	4.397	4.689	5.007	5.355	5.735	6.153	6.612	7.118	7.676
0.31	4.414	4.705	5.021	5.367	5.744	6.158	6.613	7.114	7.667	8.278
0.29	5.046	5.387	5.759	6.167	6.613	7.104	7.645	8.242	8.903	9.636
0.28	5.396	5.765	6.169	6.612	7.098	7.633	8.223	8.875	9.598	10.402
0.27	5.771	6.171	6.610	7.091	7.620	8.203	8.847	9.560	10.352	11.234

$\xi =$	$\Delta = \dfrac{\overline{\gamma} H}{f}$									
$\dfrac{p_{min}}{p_{max}}$	0.31	0.32	0.33	0.34	0.35	0.36	0.37	0.38	0.39	0.40
0.26	6.172	6.607	7.083	7.606	8.182	8.818	9.521	10.301	11.169	12.137
0.25	6.603	7.075	7.592	8.162	8.789	9.483	10.251	11.105	12.056	13.120
0.24	7.066	7.578	8.140	8.760	9.444	10.201	11.041	11.976	13.020	14.189
0.23	7.562	8.118	8.730	9.404	10.150	10.978	11.897	12.922	14.068	15.354
0.22	8.096	8.700	9.365	10.100	10.914	11.818	12.825	13.950	15.209	16.626
0.21	8.669	9.326	10.050	10.852	11.741	12.729	13.833	15.067	16.453	18.014
0.20	9.286	10.000	10.789	11.664	12.635	13.717	14.927	16.283	17.809	19.531
0.19	9.950	10.727	11.587	12.542	13.604	14.790	16.117	17.609	19.290	21.192
0.18	10.665	11.512	12.450	13.492	14.655	15.955	17.413	19.055	20.910	23.013
0.17	11.437	12.359	13.382	14.522	15.795	17.222	18.825	20.634	22.683	25.011
0.16	12.269	13.274	14.392	15.639	17.035	18.601	20.366	22.361	24.626	27.207
0.15	13.167	14.264	15.486	16.851	18.382	20.105	22.049	24.252	26.759	29.624
0.14	14.138	15.335	16.672	18.169	19.850	21.745	23.890	26.325	29.104	32.288
0.13	15.188	16.496	17.960	19.601	21.449	23.537	25.905	28.602	31.686	35.229
0.12	16.324	17.756	19.359	21.162	23.195	25.498	28.115	31.104	34.532	38.482
0.11	17.556	19.123	20.882	22.863	25.103	27.645	30.543	33.860	37.675	42.086
0.10	18.892	20.609	22.539	24.719	27.189	30.000	33.212	36.899	41.152	46.086
0.09	20.343	22.225	24.347	26.748	29.476	32.587	36.152	40.256	45.006	50.534
0.08	21.919	23.986	26.321	28.968	31.984	35.432	39.395	43.971	49.285	55.491
0.07	23.635	25.906	28.478	31.401	34.739	38.567	42.979	48.091	54.046	61.027
0.06	25.504	28.002	30.838	34.071	37.771	42.027	46.947	52.667	59.354	67.223
0.05	27.542	30.294	33.426	37.004	41.112	45.852	51.348	57.760	65.285	74.176
0.04	29.768	32.804	36.266	40.233	44.801	50.088	56.239	63.441	71.927	81.997
0.03	32.203	35.555	39.388	43.793	48.881	54.788	61.686	69.793	79.385	90.818
0.02	34.868	38.575	42.826	47.725	53.401	60.014	67.765	76.911	87.780	100.78
0.01	37.792	41.896	46.617	52.075	58.419	65.836	74.565	84.907	97.254	112.12

続表

$\xi =$	$\Delta = \dfrac{\overline{\gamma}H}{f}$									
$\dfrac{p_{min}}{p_{max}}$	0.41	0.42	0.43	0.44	0.45	0.46	0.47	0.48	0.49	0.50
0.00	41.002	45.554	50.805	56.896	64.000	72.338	82.190	93.914	107.98	125.00
0.66	0.574	0.605	0.638	0.673	0.710	0.751	0.794	0.841	0.892	0.947
0.64	0.685	0.722	0.762	0.805	0.851	0.901	0.954	1.012	1.075	1.143
0.62	0.814	0.859	0.907	0.959	1.015	1.076	1.141	1.212	1.290	1.373
0.60	0.962	1.016	1.075	1.138	1.206	1.280	1.360	1.447	1.541	1.644
0.58	1.133	1.198	1.269	1.346	1.428	1.518	1.615	1.721	1.836	1.962
0.56	1.330	1.409	1.494	1.587	1.687	1.795	1.913	2.042	2.182	2.336
0.54	1.558	1.653	1.755	1.866	1.987	2.118	2.261	2.418	2.588	2.776
0.52	1.821	1.935	2.058	2.191	2.336	2.495	2.668	2.858	3.066	3.295
0.50	2.125	2.261	2.408	2.568	2.743	2.935	3.144	3.374	3.627	3.906
0.48	2.476	2.638	2.815	3.007	3.218	3.449	3.702	3.981	4.289	4.629
0.46	2.882	3.075	3.287	3.518	3.772	4.050	4.357	4.696	5.070	5.486
0.44	3.351	3.583	3.836	4.114	4.420	4.756	5.127	5.538	5.995	6.502
0.42	3.896	4.173	4.476	4.810	5.178	5.585	6.035	6.535	7.091	7.713
0.40	4.528	4.859	5.223	5.625	6.069	6.561	7.107	7.716	8.397	9.159
0.39	4.882	5.244	5.643	6.084	6.572	7.113	7.715	8.388	9.141	9.987
0.38	5.263	5.660	6.097	6.581	7.117	7.713	8.378	9.121	9.955	10.893
0.37	5.675	6.109	6.589	7.120	7.710	8.367	9.100	9.922	10.846	11.888
0.36	6.120	6.596	7.122	7.705	8.354	9.078	9.889	10.798	11.822	12.981
0.35	6.602	7.123	7.700	8.341	9.056	9.854	10.750	11.757	12.894	14.182
0.34	7.122	7.693	8.327	9.032	9.819	10.701	11.691	12.807	14.070	15.505
0.33	7.685	8.311	9.008	9.784	10.652	11.625	12.721	13.959	15.364	16.963
0.32	8.295	8.982	9.747	10.602	11.560	12.636	13.850	15.225	16.788	18.572
0.31	8.956	9.711	10.552	11.494	12.551	13.742	15.088	16.616	18.358	20.352
0.29	10.452	11.363	12.383	13.529	14.821	16.283	17.943	19.837	22.007	24.506
0.28	11.298	12.301	13.425	14.691	16.121	17.742	19.589	21.701	24.129	26.932

241

$\xi =$	$\Delta = \dfrac{\overline{\gamma}H}{f}$									
$\dfrac{p_{min}}{p_{max}}$	0.41	0.42	0.43	0.44	0.45	0.46	0.47	0.48	0.49	0.50
0.27	12.218	13.322	14.562	15.962	17.546	19.348	21.404	23.763	26.481	29.631
0.26	13.220	14.436	15.806	17.354	19.112	21.115	23.408	26.046	29.095	32.640
0.25	14.312	15.652	17.166	18.882	20.833	23.064	25.624	28.578	32.004	36.000
0.24	15.502	16.982	18.657	20.559	22.729	25.216	28.079	31.392	35.247	39.761
0.23	16.802	18.437	20.292	22.404	24.820	27.596	30.802	34.524	38.871	43.980
0.22	18.223	20.032	22.089	24.437	27.130	30.233	33.829	38.018	42.928	48.722
0.21	19.778	21.782	24.065	26.678	29.684	33.160	37.199	41.923	47.481	54.067
0.20	21.483	23.704	26.241	29.155	32.515	36.413	40.960	46.296	52.601	60.105
0.19	23.353	25.818	28.643	31.895	35.658	40.038	45.165	51.206	58.375	66.947
0.18	25.408	28.148	31.296	34.932	39.153	44.083	49.877	56.731	64.902	74.720
0.17	27.670	30.719	34.233	38.305	43.048	48.608	55.169	62.965	72.302	83.580
0.16	30.162	33.561	37.490	42.057	47.397	53.681	61.127	70.016	80.715	93.711
0.15	32.913	36.707	41.107	46.240	52.264	59.382	67.853	78.015	90.313	105.336
0.14	35.954	40.196	45.133	50.913	57.723	65.804	75.467	87.118	101.296	118.725
0.13	39.322	44.074	49.623	56.145	63.861	73.058	84.110	97.509	113.911	134.208
0.12	43.059	48.391	54.641	62.016	70.779	81.275	93.953	109.411	128.455	152.188
0.11	47.213	53.208	60.262	68.621	78.599	90.610	105.199	123.095	145.292	173.163
0.10	51.840	58.594	66.574	76.071	87.464	101.250	118.093	138.889	164.869	197.754
0.09	57.005	64.630	73.678	84.497	97.542	113.417	132.932	157.194	187.738	226.736
0.08	62.783	71.412	81.697	94.056	109.039	127.380	150.078	178.504	214.587	261.090
0.07	69.263	79.051	90.773	104.933	122.197	143.467	169.973	203.433	246.283	302.065
0.06	76.547	87.679	101.077	117.351	137.315	162.076	193.166	232.746	283.921	351.268
0.05	84.758	97.452	112.813	131.579	154.750	183.696	220.337	267.407	328.899	410.787
0.04	94.038	108.556	126.223	147.941	174.942	208.935	252.337	308.642	383.026	483.367
0.03	104.557	121.213	141.602	166.834	198.434	238.546	290.241	358.019	448.656	572.661
0.02	116.519	135.690	159.308	188.741	225.895	273.477	335.419	417.571	528.899	683.594

$\xi =$	$\Delta = \dfrac{\overline{\gamma}H}{f}$									
$\dfrac{p_{min}}{p_{max}}$	0.41	0.42	0.43	0.44	0.45	0.46	0.47	0.48	0.49	0.50
0.01	130.167	152.311	179.776	214.262	258.165	314.928	389.631	489.958	627.909	822.911
0.00	145.794	171.468	203.542	244.141	296.296	364.431	455.166	578.704	751.315	999.999

偏心距在截面核心以外时 Ω-ξ、Δ 函数表   表 8-4

$\rho = \dfrac{b'}{b}$	$\Delta = \dfrac{\overline{\gamma}H}{f}$										
	0.10	0.12	0.14	0.16	0.18	0.20	0.22	0.24	0.26	0.28	0.30
1.00	8.0	9.0	10.3	11.7	13.5	15.6	18.2	21.4	25.4	30.5	37.0
0.99	8.5	9.6	10.9	12.5	14.4	16.7	19.5	23.0	27.4	32.9	40.1
0.98	8.9	10.1	11.6	13.2	15.3	17.8	20.8	24.6	29.4	35.6	43.5
0.97	9.4	10.7	12.2	14.1	16.3	19.0	22.3	26.4	31.7	38.4	47.1
0.96	10.0	11.3	13.0	14.9	17.3	20.2	23.8	28.3	34.1	41.4	51.1
0.95	10.5	12.0	13.7	15.8	18.4	21.6	25.5	30.4	36.7	44.8	55.5
0.94	11.1	12.7	14.5	16.8	19.6	23.0	27.2	32.6	39.5	48.4	60.2
0.93	11.7	13.4	15.4	17.8	20.8	24.5	29.1	35.0	42.5	52.3	65.5
0.92	12.3	14.1	16.3	18.9	22.1	26.1	31.1	37.5	45.7	56.6	71.2
0.91	13.0	14.9	17.2	20.0	23.5	27.8	33.3	40.2	49.3	61.3	77.5
0.90	13.7	15.7	18.2	21.3	25.0	29.7	35.6	43.2	53.1	66.4	84.4
0.89	14.4	16.6	19.3	22.5	26.6	31.6	38.1	46.4	57.3	71.9	92.0
0.88	15.2	17.5	20.4	23.9	28.3	33.7	40.8	49.8	61.9	78.1	100.5
0.87	16.0	18.5	21.6	25.3	30.0	36.0	43.6	53.6	66.8	84.8	109.8
0.86	16.8	19.5	22.8	26.9	31.9	38.4	46.7	57.6	72.2	92.2	120.2
0.85	17.7	20.6	24.1	28.5	34.0	41.0	50.1	62.0	78.1	100.4	131.8
0.84	18.6	21.7	25.5	30.2	36.1	43.8	53.7	66.8	84.6	109.4	144.8
0.83	19.6	22.9	27.0	32.0	38.5	46.7	57.6	72.0	91.8	119.4	159.4
0.82	20.6	24.2	28.5	34.0	40.9	50.0	61.8	77.7	99.6	130.5	175.7
0.81	21.7	25.5	30.2	36.1	43.6	53.4	66.4	83.9	108.2	142.9	194.2
0.79	24.1	28.4	33.8	40.6	49.5	61.2	76.8	98.2	128.4	172.4	238.9
0.78	25.3	29.9	35.8	43.2	52.8	65.5	82.7	106.4	140.2	189.9	266.1
0.77	26.6	31.6	37.9	45.9	56.4	70.3	89.2	115.5	153.3	209.6	297.3
0.76	28.0	33.4	40.1	48.8	60.2	75.4	96.3	125.5	168.0	232.1	333.3
0.75	29.5	35.2	42.5	51.9	64.3	81.0	104.0	136.7	184.5	257.6	375.0

$\rho = \dfrac{b'}{b}$	$\Delta = \dfrac{\bar{\gamma}H}{f}$									
	0.31	0.32	0.33	0.34	0.35	0.36	0.37	0.38	0.39	0.40
1.00	41.0	45.6	50.8	56.9	64.0	72.3	82.2	93.9	108.0	125.0
0.99	44.5	49.6	55.4	62.2	70.2	79.6	90.7	104.0	120.1	139.7
0.98	48.3	54.0	60.5	68.1	77.1	87.6	100.3	115.4	133.8	156.3
0.97	52.5	58.8	66.1	74.6	84.7	96.6	111.0	128.3	149.4	175.4
0.96	57.1	64.1	72.2	81.8	93.1	106.7	123.0	142.8	167.1	197.2
0.95	62.1	69.9	79.0	89.8	102.6	117.9	136.5	159.2	187.2	222.3
0.94	67.6	76.3	86.5	98.6	113.1	130.6	151.8	177.9	210.4	251.3
0.93	73.7	83.4	94.8	108.5	124.9	144.8	169.2	199.3	237.1	285.0
0.92	80.4	91.2	104.1	119.5	138.2	160.9	188.9	223.8	267.9	324.3
0.91	87.7	99.9	114.4	131.9	153.1	179.2	211.5	252.1	303.7	370.5
0.90	95.9	109.5	125.9	145.8	170.1	200.0	237.4	284.8	345.6	425.1
0.89	104.9	120.3	138.9	161.5	189.3	223.8	267.3	322.8	394.8	490.0
0.88	114.9	132.3	153.4	179.2	211.1	251.1	301.9	367.3	453.1	567.8
0.87	126.1	145.8	169.8	199.3	236.2	282.6	342.2	419.7	522.5	661.8
0.86	138.6	160.9	188.3	222.3	264.9	319.2	389.4	481.7	605.8	776.3
0.85	152.6	178.0	209.4	248.5	298.1	361.8	445.0	555.8	706.6	917.4
0.84	168.4	197.4	233.4	278.7	336.6	411.7	511.0	644.8	829.8	
0.83	186.2	219.3	260.9	313.6	381.6	470.7	589.8	752.9	982.0	
0.82	206.3	244.4	292.5	354.1	434.4	540.7	684.9	885.2		
0.81	229.2	273.2	329.1	401.5	496.7	624.6	800.5			
0.79	285.3	344.6	421.4	523.0	660.0	849.4				
0.78	319.8	389.2	480.0	601.6	767.8					
0.77	359.9	441.4	549.5	696.0	899.6					
0.76	406.5	503.0	632.5	810.5						
0.75	461.2	576.1	732.4	950.9						

$\rho = \dfrac{b'}{b}$	$\Delta = \dfrac{\bar{\gamma}H}{f}$									
	0.41	0.42	0.43	0.44	0.45	0.46	0.47	0.48	0.49	0.50
1.00	145.8	171.5	203.5	244.1	296.3	364.4	455.2	578.7	751.3	1000.0
0.99	163.7	193.6	231.2	279.2	341.5	423.8	534.8	688.3	906.5	
0.98	184.2	219.1	263.4	320.4	395.3	495.3	632.2	824.6		
0.97	207.8	248.7	301.0	369.2	459.7	582.2	752.5	996.2		

$\rho = \dfrac{b'}{b}$	$\Delta = \dfrac{\bar{\gamma}H}{f}$									
	0.41	0.42	0.43	0.44	0.45	0.46	0.47	0.48	0.49	0.50
0.96	235.0	283.1	345.4	427.3	537.4	688.7	902.6			
0.95	266.6	323.6	398.0	497.1	632.0	820.5				
0.94	303.5	371.2	460.7	581.3	748.1	985.4				
0.93	346.7	427.7	536.0	684.1	892.3					
0.92	397.8	495.2	627.2	810.7						
0.91	458.4	576.4	738.7	968.1						
0.90	530.9	675.0	876.3							
0.89	618.4	795.8								
0.88	724.7	945.2								
0.87	855.3									

第五节　地基与基础的验算

在拟定了桥梁墩台的基础尺寸之后，应进行在修建和使用期间实际可能发生的各种作用力进行验算。验算的内容和步骤叙述如下。

一、验算合力偏心距 e_0

基底以上外力合力作用点对基底重心的偏心距 e_0 为：

$$e_0 = \frac{\sum M}{F} \leqslant [e_0] \tag{8-32}$$

式中　$\sum M$——作用于墩台的水平力和竖向力对基底重心轴的弯矩；

　　　F——作用在基底的合力的竖向分力；

　　$[e_0]$——容许偏心距, 按表8-5的规定取值。表8-5中 ρ 为墩台基底截面核心半径，按下式计算：

$$\rho = \frac{W}{A} \tag{8-33}$$

式中　W——相应于应力较小基底边缘的截面抵抗矩；

　　　A——基底截面面积。

墩台基础的合力偏心距 e_0 的限制			表8-5
荷载情况	地基条件	合力偏心距	备　注
墩台仅受 恒载作用时	非岩石地基	桥墩 $e_0 \leqslant 0.1\rho$ 桥台 $e_0 \leqslant 0.75\rho$	对于拱桥墩台，其合力作用点 应尽量保持在基底中线附近
墩台受荷载组合 Ⅱ、Ⅲ、Ⅳ	非岩石地基	$e_0 \leqslant \rho$	
	石质较差的岩石地基	$e_0 \leqslant 1.2\rho$	
	坚密岩石地基	$e_0 \leqslant 1.5\rho$	
荷载组 Ⅵ	坚密岩石地基	$e_0 \leqslant 2.0\rho$	

注：建筑在岩石地基上的单向推力墩，当满足强度和稳定性要求时，合力偏心距不受限制.

二、地基承载力验算

当不考虑嵌固作用时，基础底面地基土的承载力验算，可按下式验算,需注意地基土的承载力验算可按顺桥向与横桥向分别计算，不予叠加。

1.当基础只承受中心荷载时：

$$\sigma = \frac{F}{A} \leqslant [\sigma] \tag{8-34}$$

2.当基础受竖向力 F 和弯矩 M 共同时：

$$\begin{matrix}\sigma_{max} \\ \sigma_{min}\end{matrix} = \frac{F}{A} \pm \frac{\sum M}{W} \leqslant [\sigma] \tag{8-35}$$

式中　$[\sigma]$——地基土修正后的容许承载力，按第五章取用；
　　其余符号意义同前。

　　当设置在岩石上的墩台基底的合力偏心距 e_0 超出核心半径 ρ 时，仅按受压区计算基底最大压应力（不考虑基底承受拉力）。墩台基底为矩形的最大压应力 σ_{max} 按下式计算：

$$\sigma_{max} = \frac{2F}{3dB} = \frac{2F}{3\left(\frac{l}{2} - e_0\right)b} \leqslant [\sigma] \tag{8-36}$$

式中　l——沿偏心方向基础底面的边长；
　　　b——垂直于 l 边基础底面的边长；
　　　$d = l/2 - e$。
　　其余符号意义同前。

需注意：当桥台台背填土的高度在5m以上时，应考虑台背填土对桥台基底或桩尖平面处的附加竖向压应力，附加竖向压应力的大小按第三章第三节的公式计算。对软土地基，如相邻墩台的距离小于5m时，应考虑邻近墩台对软土地基所引起的附加竖向压应力。

当墩台、桩基础位于冻胀土中时，应进行抗冻拔稳定计算 计算方法可参照《公路桥涵地基与基础设计规范》(JTJ024—85)中，附录五介绍的方法计算。同时应验算基础最薄弱截面的抗拉强度。

三、软弱下卧层的承载力验算

如果在基础底面下或基桩桩尖下有软弱土层时，应按下式验算软土层的承载力：

$$\sigma_{d+z} = \gamma_1(d+z) + (p - \gamma_2 d) \leqslant [\sigma]_{d+z} \qquad (8\text{-}37)$$

式中　　d——基底或桩尖处的埋置深度（m）。当基础受水流冲刷时，由一般冲刷线算起；当不受水流冲刷时，由天然地面算起；如位于挖方内，则由开挖后地面算起；

z——从基础底或基桩桩尖处到软土层顶面的距离(m)；

γ_1——深度（$d+z$）之间各土层的换算重力密度（kN/m³）；

γ_2——深度d之间各土层的换算重力密度（kN/m³）；

α——土中附加压应力系数，按第四章理论公式计算或查相应的附加应力表；

p——由使用荷载产生的基底压应力（kPa），当$z/b > 1$或$z/D > 1$时，p采用基底平均压力；当$z/b \leqslant 1$或$z/D \leqslant 1$时，p按基底应力图形采用距最大压力点$b/3 \sim b/4$处的压力（b为矩形基底的短边长度，d为圆形基底的直径）；

$[\sigma]_{d+z}$——软土层顶面土的容许承载力（kPa）。

四、地基变形或基础沉降验算

《公路工程地基与基础设计规范》(JTJ024—85)规定：

在一般地质情况的地基上，对于跨径不大的桥梁可不进行地基沉降计算。

对于超静定体系的桥梁，当墩台建筑在地质情况复杂、土质不均匀及承载力较差的地基上，以及相邻跨径差别悬殊而必须计算沉降差或跨线桥净高需预先考虑沉降量时，均应计算其沉降及位移。需验算基础沉降时，按第四章分层总和法公式计算总沉降量，并符合规范规定。即简支梁桥的墩台沉降和位移的容许极限值（mm），不宜超过下列规定：

（1）墩台均匀总沉降值(不包括施工中的沉降)〔S〕= $20\sqrt{L}$；

（2）相邻墩台均匀总沉降差值（不包括施工中的沉降）〔ΔS〕= $10\sqrt{L}$；

（3）墩台顶面水平位移值〔Δ〕= $5\sqrt{L}$

五、基础稳定性验算

1. 土坡稳定性

对于桥台基础，当台背填土较高且地基土质不良时，应验算桥台与路堤可能一起沿圆弧面滑动的稳定性。

2. 抗倾覆稳定性

2. 抗倾覆稳定性

桥涵墩台基础的抗倾覆稳定性系数k_0，可参考图8-8计算，并满足以下公式的要求。

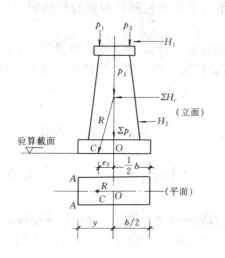

图 8-8 墩台基础抗倾覆稳定验算示意图

图中　O—截面重心；C—合力作用点；R—所有外力的合
力；ΣF_i—各竖向力的合力；ΣH_i—各水平力的合力；
F_1,F_2,F_3—各竖向力；H_1,H_2—各水平力；A-A—验算截面的
最大受压边缘.

$$k_0 = \frac{y}{e_0} \geqslant [k_0] \tag{8-38}$$

式中　y——基底截面重心轴至截面最大
受压边缘的距离；

e_0——所有外力的合力R的竖向分力
F对基底重心轴的偏心距；

$[k_0]$——抗倾覆稳定系数容许值表8-6。

3.抗滑动稳定性验算

桥涵墩台基础的抗滑动稳定性系数k_c应满足下式要求：

$$k_c = \frac{\mu \sum F_i}{\sum H} > [k_c] \tag{8-39}$$

式中　$[k_c]$——抗滑动稳定性系数容许值，按表8-6取用；

$\sum F_i$——竖向力总和；

$\sum H_i$——水平力总和；

μ——基础底面与地基土之间的摩擦系数。当缺乏实际资料时，可参照表8-7采用。

墩台基础的抗倾覆和抗滑动稳定系数容许值　　　　表8-6

荷 载 情 况	验算项目	稳定系数
荷载组合 I	抗倾覆	1.5
	抗滑动	1.3
荷载组合 II、III、IV	抗倾覆	1.3
	抗滑动	1.3
荷载组合 V	抗倾覆	1.2
	抗滑动	1.2

注: 表中荷载组合 I 如包括由混凝土收缩、徐变和水的浮力引起的效应，限额应采用荷载组合 II 时的稳定系数.

当基础采取了抗滑动的措施后（基础底面做成阶梯、齿坎或设置防滑锚栓等措施），对滑动验算，除考虑基底的摩阻力外，并应考虑由上述措施所产生的阻力。

基底摩擦系数

表8-7

地 基 土 分 类	μ
软塑粘土	0.25
硬塑粘土	0.30
亚砂土、亚粘土、半干硬的粘土	0.30 ~ 0.40
砂类土	0.40
碎石类土	0.50
软质岩石	0.40 ~ 0.60
硬质岩石	0.60 ~ 0.70

【例8-2】 试设计天然地基上重力式桥墩刚性扩大基础。

（一）设计资料

1. 上部结构为装配式混凝土空心板，上部结构恒载支点反力为3291.12kN；

标准跨径：L_k=16m；

预制板长：l_b=15.96m；

计算跨径：l_j=15.60m；

桥面净宽：净 – 11.25m。

2. 支座形式：板式橡胶支座。

3. 设计活载：汽车 – 超20级；挂车 – 120级。

4. 地震设防烈度：8度。

5. 桥墩高度：H=8m。

7. 桥墩材料：墩帽用C25钢筋混凝土，墩身和基础用C20片石混凝土。

8. 基础埋置深度：3.5m；

9. 地基承载力：基础座落在岩石上地基容许承载力为[σ] = 2000kPa(不需深宽修正)。

（二）拟定桥墩尺寸

1. 墩帽尺寸

按照上部结构的布置，相邻两孔支座中心距离为0.4m，支座顺桥向宽度为0.2m，支座边缘离墩身的最小距离为0.15m；若墩帽挑檐宽为0.1m，则满足以上要求的墩帽最小宽度为1.1m。根据《公路抗震设计规范》第4.4条要求考虑8度抗震区要求梁端至墩台帽边缘最小距离$a \geqslant 50+L$=50+15.6=65.6cm。墩帽宽度2 × 0.656+0.04=1.352m。最后取同时满足上述要求的墩帽宽度为1.40m。墩帽厚度取0.40m。

上部结构为12片空心板，边板宽1.025m，中板宽1.02m，整个板宽为1.025 × 2+1.02 × 10=12.25m。两边各加0.05m，台帽矩形部分长度为12.35m。两端各加直径为1.40m的圆端头，高出墩帽顶面0.30m作为防震挡块，墩帽全长13.75m。

2. 墩身顶部尺寸

因墩帽宽度为1.40m，两边挑檐宽度采用各0.10m，则墩身顶部宽1.20m。墩身顶部矩形部分长度采用12.35m，两端各加直径为1.20m的半圆形端部，则墩身顶部全长为13.55m。

3. 墩身底部尺寸

墩身侧面按25:1向下放坡，墩身底部宽度为1.81m。长度为12.35+1.81=14.16m（其中1.81m是底部两端两个半圆半径之和）。

4. 基础尺寸

基础采用两层台阶式片石混凝土基础，每层厚度0.75m，每层四周放出0.25m，故基础顶面（即上层平面）尺寸为3.31m×14.66m，基础底面（即下层平面）尺寸为2.81m×15.16m。

校核刚性角：

$\alpha = \operatorname{arctg}(0.25/0.75) = 18° < [\alpha] = 40°$ 符合要求。如图8-9。

（三）荷载计算

经荷载计算，作用在基础底面顺桥方向的内力及组合结果详见表8-8(计算过程与横桥方向的内力及组合略去)。

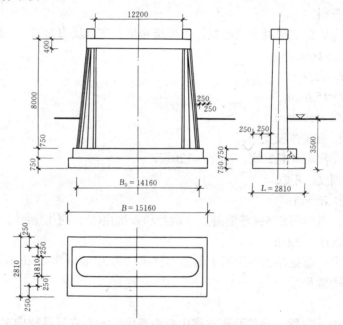

图 8-9 【例8-2】桥墩基础尺寸图

基础底面顺桥方向的内力及组合　　　　　　　　　　表8-8

	项　目	$Q=F+G$（kN）	H（kN）	M（kN·m）
①	上部结构	3291.12		0.00
②	桥　墩	5416.23		0.00
③	汽车超-20级单跨布载	758.42		151.68
④	汽车超-20级双跨布载	854.22		48.70
⑤	挂车-120级单跨布载	967.80		193.56
⑥	挂车-120级双跨布载	1015.80		0.00

	项　目	$Q=F+G$（kN）	H（kN）	M（kN·m）
⑦	汽车制动力		165	1577.40
⑧	地震作用		802.97	6252.01
	（Ⅰ）A①＋②＋③	9465.77	0.00	151.68
	（Ⅰ）B①＋②＋④	9561.57	0.00	48.07
	（Ⅱ）A①＋②＋③＋⑦	7572.62	132.00	1383.26
	（Ⅱ）B①＋②＋④＋⑦	7649.26	132.00	1300.80
	（Ⅲ）A①＋②＋⑤	7740.12	0.00	154.85
	（Ⅲ）B①＋②＋⑥	7778.52	0.00	0.00
	（Ⅵ）①＋②＋⑧	5833.92	537.99	4188.85

（四）合力偏心距验算

计算基底截面核心半径

$$\rho = \frac{W}{A} = \frac{\frac{1}{6}BL^2}{BL} = \frac{L}{6} = \frac{2.81}{6} = 0.468\text{m}$$

基底截面合力偏心距验算表　　　　　　　　　　　　　表8-9

项　目	Q(kN)	M(kNm)	e_0(m)	容许值(m)	结论
仅受恒载时①＋②	8707.35	0.00	0.000	0.1 ρ=0.047	满足
（Ⅱ）A①＋②＋③＋⑦	7572.62	1383.26	0.183	1.5 ρ=0.703	满足
（Ⅱ）B①＋②＋④＋⑦	7649.26	1300.80	0.170	1.5 ρ=0.703	满足
（Ⅲ）A①＋②＋⑤	7740.12	154.85	0.020	1.5 ρ=0.703	满足
（Ⅲ）B①＋②＋⑥	7778.52	0.00	0.000	1.5 ρ=0.703	满足
（Ⅵ）①＋②＋⑧	5833.92	4188.85	0.718	2.0 ρ=0.937	满足

注：《公路抗震设计规范》(JTJ004—89)规定岩石地基的合力偏心距容许值为2.0 ρ。

（五）地基承载力验算

偏心距小于截面核心半径时，按公式 $\genfrac{}{}{0pt}{}{\sigma_{max}}{\sigma_{min}} = \frac{Q}{A} \pm \frac{\sum M}{W} \leqslant [\sigma]$ 计算，计算结果见表8-10。

荷载组合Ⅵ的偏心距e_0 = 0.718m＞ ρ=0.468m。基底出现零压力区，需按以下公式验算。

$$\sigma_{max} = \frac{2Q}{3dB} = \frac{2Q}{3\left(\frac{L}{2} - e_0\right)B} \leqslant k[\sigma]$$

地基承载力计算表

表8-10

荷载	Q	M	e_0	ρ	Q/A	M/W	σ_{max}	σ_{min}	提高系数k	$k[\sigma]$
组合ⅠA:	9465.77	151.68	0.016	0.468	222	8	230	215	1.00	2000
组合ⅠB	9561.57	48.70	0.005	0.468	224	2	227	222	1.00	2000
组合ⅡA:	7572.62	1383.26	0.183	0.468	178	69	247	108	1.25	2500
组合ⅡB	7649.26	1300.80	0.170	0.468	180	65	245	114	1.25	2500
组合ⅢA	7740.12	154.85	0.020	0.468	182	8	189	174	1.25	2500
组合ⅢB	7778.52	0.00	0.000	0.468	183	0	183	183	1.25	2500

$$\begin{aligned}
\sigma_{max} &= \frac{2Q}{3dB} = \frac{2Q}{3\left(\frac{L}{2} - e_0\right)B} \\
&= \frac{2 \times 5833.92}{3 \times \left(\frac{2.81}{2} - 0.718\right) \times 15.16} \\
&= 363(kPa) \leqslant k[\sigma] = 1.5 \times 2000 \\
&= 3000(kPa)
\end{aligned}$$

承载力满足要求。

注： 1.《公路桥涵地基与基础设计规范》(JTJ024—85)规定，仅在岩石地基上才允许基底出现零应力区.

2.《公路抗震设计规范》(JTJ004—89)规定岩石地基的承载力提高系数值为1.5.

（六）抗倾覆稳定性验算

抗倾覆稳定性按以下公式验算，验算结果见表8-11。

$$k_0 = \frac{y}{e_0} > [k_0]$$

（七）抗滑动稳定性验算

抗滑动稳定性按以下公式验算，据基底摩擦系数表取 $\mu = 0.60$。验算结果见表8-12。

$$k_c = \frac{\mu \sum F_i}{\sum T_i} = \frac{\mu Q}{H} > [k_c]$$

基础抗倾覆稳定性验算计算表　　　　　　　　　　表8-11

荷载	Q	M	e_0	y	y/e_0	$[k_0]$	结论
组合ⅠA:	9465.77	151.68	0.016	1.405	87.8	1.3	安全
组合ⅠB	9561.57	48.70	0.005	1.405	281.0	1.3	安全
组合ⅡA:	7572.62	1383.26	0.183	1.405	7.68	1.3	安全
组合ⅡB	7649.26	1300.80	0.170	1.405	8.26	1.3	安全
组合ⅢA	7740.12	154.85	0.020	1.405	70.3	1.3	安全
组合ⅢB	7778.52	0.00	0.000	1.405	∞	1.3	安全
组合Ⅵ	5833.92	4188.85	0.718	1.405	1.96	1.2	安全

注:《公路抗震设计规范》(JTJ004-89)规定抗倾覆稳定系数容许值为1.2.

基础抗滑动稳定性验算表　　　　　　　　　　表8-12

项　目	Q（kN）	H（kN）	$\mu Q/H$	$[k_c]$	结论
（Ⅰ）A①+②+③	9465.77	0.00	∞	1.3	安全
（Ⅰ）B①+②+④	9561.57		∞	1.3	安全
（Ⅱ）A①+②+③+⑦	7572.62	132.00	34.42	1.3	安全
（Ⅱ）B①+②+④+⑦	7649.26	132.00	34.77	1.3	安全
（Ⅲ）A①+②+⑤	7740.12	0.00	∞	1.3	安全
（Ⅲ）B①+②+⑥	7778.52	0.00	∞	1.3	安全
（Ⅵ）①+②+⑧	5833.92	537.99	6.50	1.1	安全

注:《公路抗震设计规范》(JTJ004—89)规定基础的抗滑稳定系数容许值为1.1.

思 考 题

8-1 地基基础设计的原则要求是什么?

8-2 地基基础设计的步骤是什么?

8-3 桥涵地基基础设计的荷载组合与承载力提高系数是什么关系?

8-4 基础尺寸的拟定要考虑哪些因素?

8-5 什么是基础的襟边?为什么要设置襟边?

8-6 什么是基础埋置深度?确定基础埋深与什么因素有关?

8-7 如何计算基础底面的尺寸?

8-8 什么是刚性角?为什么刚性基础的压力扩散角不应大于刚性角?

8-9 当桥台台背填土高度大于5m时,如何考虑填土对桥台基础底面（或桩尖平面处）附加应力的影响?

8-10 当按桥规计算下卧层顶面应力时,基础底面压应力如何选取?在软弱下卧层顶面应力计算及其容许承载力的计算中,埋置深度和土的重度是如何选取的?

8-11 什么情况下需验算基础沉降？桥规规定的墩台容许沉降值和相邻墩台容许沉降差是什么？

8-12 建筑规范与桥涵规范关于软弱下卧层验算的联系和区别是什么？

8-13 简述桥涵刚性基础验算的步骤。

习　题

8-1 试设计天然地基上重力式桥墩刚性扩大基础

设计资料为：上部结构为装配式T型简支梁，上部结构恒载支点反力为3291.12kN；标准跨径：l_k=17.5m；桥面净宽：净7+2×0.75m。支座形式：板式橡胶支座。设计活载：汽车－20级；桥墩高度：H=8.4m。桥墩材料：墩帽用C20钢筋混凝土，墩身和基础用C20片石混凝土。基础埋置深度2m；地基持力层为粘土层，地基容许承载力为$[\sigma_0]$ = 315kPa，相关尺寸有：墩身底部为端圆形，其尺寸为：1.48m×4.28m；基础为两层台阶襟边宽0.3m，层高0.75m，详见图8-10；地质资料见表8-13；荷载组合资料见表8-14。

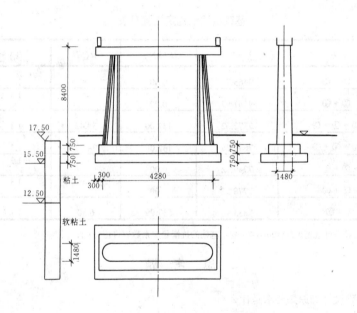

图 8-10 习题8-1示意图

表8-13

土层	层顶标高	γ	d_s	ω	ω_L	ω_p	e
粘土	17.5	19.8	2.74	22	33.9	10.1	0.65
软粘土	12.5	17.9	2.72	35	36.0	11.5	0.92

8-2 试设计埋置式桥台刚性扩大基础(要求验算沉降)。

设计资料为：桥跨度20m，桥面宽度净7+2×1.0m，双车道。设计荷载为汽—20级，验算荷载为挂—100，人群荷载350kN/m²，桥台基础材料C15混凝土，台后及锥坡填土φ = 35°，c=0，重力密度γ=17kN/m³，桥台尺寸如见图8-11．地质资料见表8-15．荷载组合见表8-16．

表8－14

	项　目	$Q=F+Q$（kN）	H（kN）	M（kN·m）
①	上部结构	7126		0.00
②	桥　墩	2438		0.00
③	汽车-20级单跨布载	1044		365
④	汽车-20级双跨布载	1342		82
⑤	挂车-100级单跨布载	1136		373
⑥	挂车-100级双跨布载	1254		0.00
⑦	汽车制动力		125	573

表8-15

土层	层顶标高	γ(kN/m³)	γ_d(kN/m³)	d_s	ω	ω_L	ω_p	e	c(kPa)	φ	a_{1-2}(mm²/N)
粘土	11.5	19.7	15.6	2.72	26	41	21	0.74	55	20°	0.15
亚粘土	5.0	19.1	14.9	2.71	28	19	15	0.82	20	16°	0.25

表8-16

	项　目	H（kN）	Q（kN）	M（kNm）
①	主要组合（一）	1179	8129	2371
②	附加组合（一）	1221	8129	2740
③	主要组合（二）	1421	7854	3683
④	附加组合（二）	1468	7854	4051
⑤	主要组合（三）	1421	7620	3835
⑥	附加组合（三）	1463	7620	4204
⑦	荷载组合（四）	1482	7460	4110
⑧	荷载组合（五）	1179	8380	2208
⑨	荷载组合（六）	1179	6696	3302

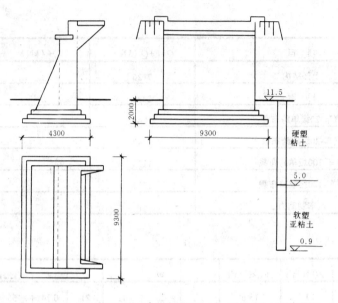

图8-11 习题8-2示意图

第九章 人工地基

第一节 人工地基分类

一、概念

当地基强度不足或压缩性很大，不能满足设计要求时，可以针对不同情况，对地基进行处理，处理的目的是增加地基的承载力和稳定性，减少地基的变形。经过处理后的地基称为人工地基。

当地基土为淤泥土、软粘土等软土地基，垃圾杂填土，未夯实的粘性土、粉土、松散的砂石等回填土地基，大孔土、湿陷性黄土或膨胀土等特殊土地基以及土质、厚度相差较大的非均匀质土地基时，在这些地基上建造桥涵浅埋式基础或填筑道路、路基，往往由于表层地基土的承载力不足，沉降量较大或有不均匀沉降以及滑动稳定性差而不能按天然地基处理时，为确保工程的质量，必须对地基进行加固处理。

软土地基指含水量高、孔隙比大、强度低、透水性小、压缩性高的淤泥、淤泥质土、软粘性土。

特殊土地基系指湿陷性黄土、冻土等构成的地基。

二、分类

人工地基按不同的加固方法，可分为四类：

1.换土法：在一定范围内将软土挖除，换填承载力高、无侵蚀性、低压缩性的砂砾材料，分层夯实作为地基的持力层。其中砂砾垫层应用较为广泛。

2.深层密实法：通过夯实、碾压、振动等人工方法增大土的密度，提高承载力。常用的有强力夯实法、砂桩挤密法等。一般适用于人工杂填土和松散砂土。

3.排水固结法：处理原理是用排水，预压等方法减少孔隙水压力，加速固结。有堆载预压法、砂井排水法、塑料板排水法等。此种方法可适用于淤泥土和饱和软粘性土地基。

4.浆液灌注法：在土中注入掺和料或添加物，使土固化，改变颗粒组成，使土体达到稳定。有注浆法、深层搅拌法、旋喷法等。注浆法适用于无粘性土和湿陷性黄土，深层搅拌法适用于各类地基土，旋喷法适用于淤泥软粘性土。

上述方法均应按因地制宜、就地取材、技术上可能和经济上合理的原则选用，尤其必须结合具体情况与其他设计方案（如桩基础和其他实体深基础等），经过比较后采用最优处理方案。

现将人工地基处理方法归纳如下：

换土法	砂砾垫层
深层密实法	砂桩挤密法

$$
\left.
\begin{array}{l}
打小木桩 \\
重锤夯实 \\
振动压实 \\
强力夯实
\end{array}
\right.
$$

排水固结法 　　　砂井排水法

　　　　　　　　　堆载预压法

　　　　　　　　　塑料板排水法

浆液灌注法 　　　注浆法

　　　　　　　　　深层搅拌法

　　　　　　　　　旋喷法

第二节　砂砾垫层

一、砂砾垫层的作用

在无冲刷或采取一定的措施不致被冲刷的软弱地基上修筑中小桥梁、或不宜将基础直接放于软土层上的道路构筑物时，如地基承载力不够，采用砂砾垫层法进行浅层地基处理是较经济、简单的。

砂砾垫层是指：将浅基础底面、设计标高以下一定范围内软土挖除，另行换填经分层夯实砂砾料的人工地基。如图9-1所示。

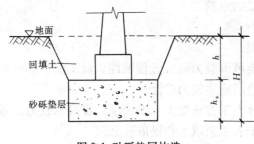

图9-1　砂砾垫层构造

砂砾垫层的作用主要在于：

1.提高地基承载能力。由于挖除原来的软土，换填承载力高、压缩性低的砂层，必然提高地基承载力。

2.减少沉降量。通过砂砾层的应力扩散作用，减少了垫层下天然软弱土层所受到的附加应力，因而减少了基础的沉降量。

3.加速软土的排水固结。砂砾层透水性大，软弱土层受压后，砂砾层作为良好的排水面，使孔隙水压力迅速消散，从而加速了软土固结过程。

4.防止冻胀。因为粗颗粒垫层材料孔隙大，切断毛细水，因此可以防止冬季结冰造成基础的冻胀。

二、砂砾垫层的设计和计算

(一)砂砾垫层尺寸的确定

设计砂砾垫层包括确定垫层的厚度及其平面尺寸。

1.垫层换土厚度 h_s 的确定

根据地基强度条件，主要是考虑软弱下卧层顶面的承载力要求，即作用于软土层顶面（也即垫层底面）上的计算压力 σ_H 不超过软土层的容许承载力 $[\sigma_H]$，即

$$\sigma_H \leqslant [\sigma_H] \qquad\qquad (9\text{-}1)$$

(1) σ_H 的计算

设基础底面的压应力 σ 为均匀分布，通过砂砾垫层扩散作用分布到下面较大的软土层上的压应力为，扩散角 φ 一般假定为 35°～45°（见图 9-2），再计人由砂砾垫层和回填土重量所引起的应力，即为软土层顶面上的计算压力 σ_H

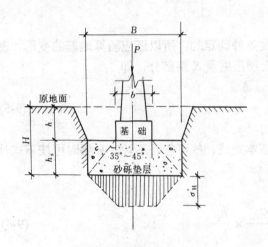

图 9-2 砂砾垫层应力分布图

$$\sigma_H = \sigma_h + \gamma_s h_s + \gamma h \qquad (9\text{-}2)$$

式中　σ_h——基底压应力通过砂砾垫层以角度 φ 向下扩散，扩散至砂砾垫层底面（下卧层顶面）压应力（或称附加应力）；

γ_s、γ——砂砾垫层及回填土的重力密度，在水下时应扣除浮力；

h_s、h——砂砾垫层及回填土的厚度。

当基底截面为矩形，基底的平均压应力为 σ，通过砂砾垫层扩散到软弱下卧层顶面的应力假定呈梯形分布，该处的附加应力为

$$\sigma_h = \frac{ab\sigma}{ab + (a + b + \frac{4}{3}h_s \mathrm{tg}\varphi)h_s \mathrm{tg}\varphi} \qquad (9\text{-}3)$$

式中　a——基础的长度；

　　　b——基础的宽度；

　　　σ——基底平均压应力；

　　　φ——砂砾垫层的应力扩散角，一般取为 35°～45°，根据垫层材料强度选用；

其他符号意义同前。

(2) $[\sigma_H]$ 的计算

$[\sigma_H]$ 为埋置深度 H 处软弱地基的容许承载力，具体计算方法可参见第五章。

(3) h_s 的确定

由式(9-1)、式(9-2)可得砂砾垫层所需的厚度 h_s，可用试算法确定。砂砾垫层的厚度一般不宜小于 1m 或超过 3m。如需要的厚度超过 3m 时，可根据具体情况与其他加固法(如砂桩等)结合使用。

2.砂砾垫层平面尺寸的确定

对矩形基础，在砂砾垫层厚度 h_s 确定后，可以按下式算得砂砾垫层底面的长度和宽

度：

$$A = a+2h_s \text{tg}\varphi \tag{9-4a}$$

$$B = b+2h_s \text{tg}\varphi \tag{9-4b}$$

式中　A、B——分别为砂砾垫层的长度和宽度；
其他符号意义同前。

（二）基础最终沉降量的计算

如上所述，砂砾垫层的尺寸是按地基强度条件确定的，所以还应验算地基的变形。基础最终沉降量 S 包括砂砾垫层压缩量 S_s 和软土层压缩量 S_c 两部分，即

$$S = S_s + S_c \tag{9-5}$$

砂砾垫层的沉降量 S_s，通常在施工阶段基本完成，故可忽略不计。必要时可按下式计算：

$$S_s = \frac{\sigma + \sigma_H}{2} \times \frac{h_s}{E_s} \tag{9-6}$$

式中　$\dfrac{\sigma + \sigma_H}{2}$——砂砾垫层的平均压应力；

E_s——砂砾垫层的变形模量，如无实测资料时，可采用 12~24MPa。

地基变形主要是垫层下的软土部分。S_c 的计算采用分层总和法，但在计算垫层下土中应力时，垫层底面视为假定的基础底面，其长度和宽度分别为 A 和 B，垫层底面的计算应力为 σ_H,按式(9-2)算得;自重应力为 γH，附加应力为 $\sigma_H - \gamma H$，其中 γ 为原软土的重力密度，H 为原地面至垫层底面的深度。垫层底面中点下深为处的附加应力为 $\sigma_z = \alpha(\sigma_H - \gamma H)$。其中 α 为附加应力系数。软土层的应力分布曲线见图 9-3，图中为砂砾垫层下的土的压缩层厚度，压缩层底面位置可按附加应力不超过 0.2 倍的自重应力条件确定。

S 的计算值应符合上部结构允许沉降的要求，否则可加厚垫层，但垫层厚不宜大于 3m，或考虑其他方案，如对深厚的软土可采用砂井法或砂砾垫层与砂井组合等方案。

（三）砂砾垫层施工要点

1.砂料选择选用　垫层材料要就地取材，同时必须符合质量要求。一般以级配良好、质地较硬、稳定性较好的中砂、粗砂、砾砂和碎(卵)石为好，粘土含量不应大于 3%~5%,粉土含量不应大于 25%，砾料粒径以小于 50mm 为宜。

2.施工方法　施工的主要关键是砂砾料应分层填筑，分层厚度约 200mm 左右，并经压实。压实过程中酌量洒水，以利达到最大的紧密度。压实方法可用振动法、碾压法和夯实法等。如用人工夯实，一般用质量为 70~80kg 的石夯，夯底为 30cm 宽的正方形，举高

0.6~0.7m，通常夯打 4 ~ 5 遍，发现石夯有回弹时即可。

砂砾垫层的优点是便于就地取材，方法简单，没有机械设备也能施工。但有显著冲刷的软土地基的地基不适用，且垫层厚度不超过 3m，否则施工困难，用料过多，反而不经济。

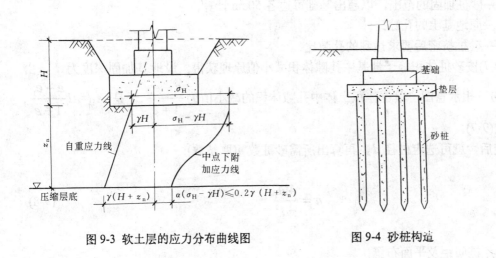

图 9-3 软土层的应力分布曲线图　　　　图 9-4 砂桩构造

第三节 砂桩与砂井

一、砂桩

（一）砂桩的作用

砂桩挤密法是通过用打桩机械锤击或振动带桩头的空心钢管桩，管中灌填中、粗砂，轻击并拔出钢管桩身使桩身砂土密实，同时挤密地基土。形成的砂桩，增大了地基土的密度，提高地基土的承载力，降低了压缩性。一般适用于松砂地基和粘土粒含量较小、孔隙比大的粘性土及人工堆填土地基。在泥炭土地基上使用，也有成功的经验。

在缺乏砂砾地区，可采用石灰或石灰和砂的混合料，称为石灰桩或石灰砂桩，石灰有吸水的性能，可加速减少土中的含水量，同时石灰吸水后膨胀，还有进一步挤密地基的作用。在湿陷性黄土地区可采用碳桩压实法或强夯法，使地基土孔隙比减小，提高地基承载力。

（二）砂桩的设计计算

砂桩加固的范围一般比路基和基础宽一些，不小于基础宽度的 1.2 倍，且每边至少需放出 0.5m。

砂桩的桩径可采用 20~40cm，砂桩间的中心距规定为桩径的 3~5 倍，砂桩的排列可按等距离的梅花形布置，纵横两方向均不宜小于 3 排，在全部砂桩顶面须铺设砂砾垫层。距边排桩周边宽度和厚度不小于 0.5m，以利排水。

砂桩的长度应穿透软土层，如软土层较薄，软土层厚度即为砂桩的长度。如软土层很厚，其长度按桩底承载力和沉降量的要求确定。

加固区所需砂桩面积 A_1 按下式计算：

$$A_1 = \frac{e - e_1}{1 + e} A \qquad (9\text{-}7)$$

式中 A——砂桩加固的范围，以超出基础每边各 50cm 计算；

      e——原地基土的孔隙比；

      e_1——砂桩挤密后要求达到的孔隙比。

公式(9-7)按砂桩体积等于地基中孔隙体积减小值原理获得。设地基加固深度为 l，由图 9-5 土的三相示意图，单位体积土体中孔隙体积的减小值为 $\dfrac{e - e_1}{1 + e}$，于是 $A_1 l = Al \dfrac{e - e_1}{1 + e}$，由此可得式(9-7)。

A_1 确定后，就可选定桩径 d，再算出所需砂桩数 n(取整数):

$$n = \frac{4 A_1}{\pi d^2} \qquad (9\text{-}8)$$

最后确定桩间距及平面布置。

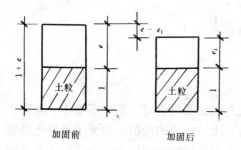

图 9-5 地基土加固前后的三相示意图

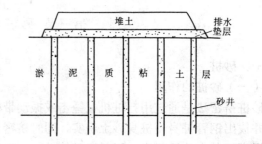

图 9-6 砂井堆载预压法加固地基示意图

（三）砂桩的施工要点

砂桩填料可选用天然级配的中砂或粗砂，粒径为 0.3~10mm,小于 0.3mm 部分应筛除，含泥量不应超过 2%。

施工中应注意:

(1)先将基础底面标高以上 0.5~1.0m 的土挖除，再设砂桩，待所有砂桩都填满夯实到桩顶（即高出基础底面标高 0.5~1.0m ）后，再将高出砂垫层底标高的土层挖去，砂垫层面按基底标高整平夯实;

(2)为了增加挤密效果,砂桩应从基坑外围向内圈施打。

二、砂井

（一）砂井的作用

对于饱和粘性土的地基，其透水性很小，可通过设置砂井来加速土中孔隙水的排除，加快土的固结，达到提高地基土承载力的目的。为了缩短预压时间，在砂井上部铺设砂垫层，使砂井与砂垫层构成地基的排水系统，再配合堆载预压方法，利用填土荷载的自重作用加速排水固结效果更好。在路基工程中，采用砂井方案，不设反压护道，可节省土方，起到较好的经济效果。

（二）砂井的构造

按排水固结的要求，砂井的直径不需要很大，但为了便于施工和保证质量，直径也不宜过小，一般可采用 100~300mm。

砂井的间距为两相邻砂井中心间的距离，这是影响固结速率最主要的因素之一，井距愈小，固结愈快；反之，则固结愈慢。因此，当填土高、地基土的固结系数小和施工期短时，应采用较小的间距；反之，可采用较大的间距，一般为(7~10)d。d 为砂井直径。

砂井在平面上可布置成梅花形或正方形。

砂井的深度一般应穿透软土层。若软土层很厚，其深度可按桩底承载力的要求确定。

砂井的用砂，以中粗粒径为宜，含泥量不宜大于 3%，灌砂量（按重量计）应大于井管外径所形成体积的 95%。

第四节　加固地基的其他方法

随着我国市政建设的不断发展，软弱地基的处理技术也有不断提高，除了以上介绍的砂砾垫层、砂桩、砂井之外，还有深层搅拌法、反压护道、土工织物等等，下面简单介绍在道路、桥梁工程中采用的一些地基加固的方法。

一、深层密实法

除砂桩外，常用的深层密实法有以下几种：

1.打小木桩：在松土地基中，打入大量小木桩，可以将土挤紧，减小孔隙比，从而提高地基的承载能力。注意，小木桩本身不起承载作用，与一般桩基础有本质区别；

2.重锤夯实：利用起重机将重锤吊起，然后让锤自由下落夯实地基。一般重锤为钢筋混凝土截头圆锥体，质量不小于 1.5t，落距 2.5 ~ 4.5m，一般夯打 6 ~ 8 遍，击实有效深度可达 1.0 ~ 1.5m；

3.振动压实：用振动机振动松散地基，以减小土的孔隙比，增加土的密实度。振动机质量 2t 左右，振动力可达 50 ~ 100kN，有效振实密度为 1.2 ~ 1.5m；

4.强力夯实：用起重机将质量为 5 ~ 40t 的巨型锤吊起，以高落差 16 ~ 40m 自由下落，压实地基，此法的夯实原理不同于上述的重锤夯实，由于强力夯实的锤重和落距远大于重锤夯实，故在夯实地基时，除产生强大的冲击能外，还能在受击土体中形成强大的冲击波，使土体在夯实点周围产生裂隙，强迫孔隙水逸出，促使土体迅速固结和压密。因此可用于加固高含水量的软粘土地基，而不会出现橡皮土现象。其加固的有效深度一般可达10m 以上，效果显著。

二、排水固结法

砂井排水法与堆载预压法都属排水固结法，之外还有塑料排水板法。

塑料排水板法是带有孔道的板状物件，插入土中形成竖向排水通道（图 9-7 ），因其施工简单、快捷，目前国内广泛应用，效果亦佳。

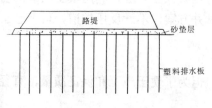
图 9-7 塑料排水板加固软土地基

三、浆液灌注法

浆液灌注法是利用化学溶液或流质胶结剂，通过压力灌入或搅拌混合等措施，把松土颗粒胶结起来，用以提高地基承载力的地基处理方法。常用的胶结浆液有：

1.水泥浆液：以高标号的硅酸盐水泥和速凝剂组成的浆液,适用于最小粒径为 0.4mm 的砂砾地基,目前应用较多;

2.以硅酸钠(水玻璃 $Na_2O \cdot nSiO_2$)为主的浆液：由于这种浆液价格昂贵，故使用受到了一定的限制，适用于土粒较细的地基土。

浆液灌注法从加固处理的施工工艺分类有注浆法、深层搅拌法、旋喷法、下面扼要介绍。

(一)注浆法

注浆法是机械(泵或压缩空气)压力把浆液通过注浆管，均匀地注入地基中，浆液以填充、切割和渗透等方式，赶走土粒间或岩石裂缝中的水分和空气并占据其位置。经过一定时间后，浆液凝固，把原来松散的土粒或裂隙固结在一起，形成一种高强、防水、防渗的"人造石"结构。

注浆法加固从灌注的材料可分为水泥浆液和化学浆液。

注浆法加固作用快、工期短，但造价贵。

(二)深层搅拌法

深层搅拌法是利用水泥或石灰作为固化剂，采用一种特别的深层搅拌机械，在地基深部将软粘土与水泥或石灰强制拌和，使软粘土硬结成具有一定强度的柱状、壁状或块状固体。

深层搅拌法按固化剂的材料不同可分为水泥搅拌法和石灰搅拌法。

深层搅拌法与灌注桩相比造价低、设备简单、没有噪声和震动。

(三)旋喷法

旋喷法是用钻机钻孔至预定的地基加固深度，用高压泵通过安装在钻孔底端的喷嘴向四周喷射化学浆液，同时钻杆旋转上提，高压射流使土体结构破坏并与化学浆液混合，胶结硬化，形成具有一定强度的人工地基。

旋喷法可应用于粘性土、砂土、砾砂等地层的土体加固工程。

旋喷法能任意控制浆液的喷射方向和范围，可根据不同的施工对象、用途，调整灌入材料的用量、浓度，使加固土体满足工程所需要的各种强度，同时，旋喷法具有灵活性高的特点。

四、其他方法

除了上述方法外，在道路和桥梁工程中还采用反压护道、土工织物、加筋法等，现简述如下：

（一）反压护道

反压护道（图 9-8 ）是为了防止地基在路堤荷载作用下遭到破坏而采取的一项保证地基稳定的措施，它是在路堤两侧填筑一定高度和一定宽度的填土。

反压护道施工简易，不需特殊材料，适用于对变形要求不高的公路工程，但占地多，需较多的填料来源，且只解决稳定问题，可能还会增大沉降量。

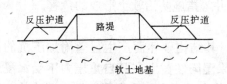
图9-8 反压护道图

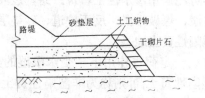
图9-9 土工织物加固软土地基

（二）土工织物法

在软土地基表层铺设一层或多层土工织物（图9-9），可以减少地基不均匀沉降，又可提高地基的承载力，同时也不影响排水。目前在桥台、挡土墙及公路路堤等工程中采用。

土工织物是应用在岩土工程中的合成纤维材料的总称,是一种新型的工程材料，具有重量轻、整体性好、施工方便、抗拉强度较高、耐腐蚀性和抗微生物侵蚀性好等优点.

土工织物对沉降量无多大影响，但能明显地改善地基的稳定性及沉降的均匀性。

（三）加筋法

加筋法是指在土中加入一种能够承受拉力的材料(如铁条、钢条等)，使之与土交叉一层一层填筑起来，土能抗压抗剪，筋材抗拉，通过筋材与土之间的摩擦作用，改善土体的变形条件和提高土体的承载能力。

加筋法结构轻巧、耗材省、施工设备简单、全部构件可预制，因此施工简单，工期短；减少放坡，节省用地；可提高地基承载力，能适应较大的地基变形；整体性校好，抗震性能强。由于加筋法具有以上的优点，因而得到广泛应用，已在桥台、驳岸、堤坝的挡土结构、路基等工程中使用，其效果甚为显著。

第五节　特殊土地基

一、软弱土地基

以下各类高压缩性土均属于软弱地基:

1.淤泥、淤泥质土、泥炭土层;

2.呈软塑或流塑状的粉土和粘性土层;

3.松散的粉土、粉砂、细砂土层;

4.初始回填时未经夯(压)实的杂填土层;

5.含有大量腐殖质土料回填的杂填土层;

6.土质软弱、龄期较短的冲填土层。

由于地基基础和上部结构是共同工作的一个整体，因此解决软弱土地基的承载力和变形问题的基本原则，要从加强上部结构及地基、基础两方面入手。例如可以适当扩大基底面积，减小基底压力，也可以设置沉降缝，将泵房与控制室等毗连建筑分开，也可以按上述的处理方法，对软弱地基进行处理。

《公路路基设计规范》(JTJ013—86)规定跨越泥沼或软土地段的道路，宜以路堤通过，并应尽可能采用渗水性土填筑。路基边坡外 5 ~ 10m 处应设排水沟。同时也可采用换填、抛石挤淤、爆破排淤、反压护道、砂垫层与砂井等措施防治软土形成的危害。

二、湿陷性黄土地基

在自重或一定荷重作用下，受水浸湿的土体，其结构破坏而产生显著附加下沉的黄土，称为湿陷性黄土，否则称为非湿陷性黄土。如果湿陷性黄土在其自重压力下受水浸湿不发生湿陷的，称为非自重湿陷性黄土；如果在土的自重压力下受水浸湿发生湿陷的，称为自重湿陷性黄土。由于我国各地黄土堆积环境、地理、地质和气候条件不同，致使其在沉积厚度、土的物理力学性质等方面都有的差别，如湿陷性具有自西向东和自北向南逐渐减弱的规律。非湿陷性黄土可按一般粘性土设计、施工。湿陷性黄土上的建筑物会因地基湿陷而遭到破坏，因此应先评价黄土湿陷性并确定湿陷等级。

黄土的湿陷性用在一定压力下所测定的湿陷系数 δ_s 判定。

$$\delta_s = \frac{h_p - h_p'}{h_0} \tag{9-9}$$

式中　h_p——保持天然湿度和结构的土样，加压至一定压力时，下沉稳定后的高度(cm)；

　　　h_p'——上述加压稳定后的土样，在浸水作用下，下沉稳定后的高度(cm)；

　　　h_0——土样的原始高度(cm)。

确定湿陷系数 δ_s 的压力，应自基础底面(初步勘察时，自地面下 1.5m)算起，10m 以内的土层应用 200kPa，10m 以下至非湿陷性土层顶面，应用其上覆土的饱和自重压力(当大于 300kPa 时，仍应用 300kPa)。

建筑场地的湿陷类型，应按自重湿陷量 Δ_{zs} 判定。自重湿陷量按下式计算：

$$\Delta_{zs} = \beta_0 \sum_{i=1}^{n} \delta_{zsi} h_i \tag{9-10}$$

$$\delta_{zs} = \frac{h_z - h_z'}{h_0} \tag{9-11}$$

式中　β_0——因土质地区而异的系数，陇西地区取 1.5；陇东、陕北地区取 1.2；关中地区取 0.7；其他地区取 0.5；

　　　h_i——第 i 层土的厚度(cm)；

　　　δ_{zsi}——第 i 层土在上覆土的饱和($S_r > 0.85$)自重压力下的自重湿陷系数；

　　　h_z——保持天然的湿度和结构的土样，加压至土的饱和自重压力，下沉稳定后的高度(cm)；

h'_z——上述加压稳定后的土样，在浸水作用下，下沉稳定后的高度(cm)。

黄土的湿陷性按湿陷系数 δ_s 判定，湿陷性黄土按自重湿陷量 Δ_{zs} 分类，详见表9-1。

判断黄土湿陷性及其分类表　　　　　　　　表 9-1

分类		δ_s	Δ_{zs}(cm)
非湿陷性黄土		< 0.015	
湿陷性土	非自重湿陷性黄土	≥ 0.015	≤ 7
	自重湿陷性黄土	≥ 0.015	> 7

湿陷性黄土地基,受水浸湿饱和至下沉稳定为止的总湿陷量 Δ_s,按下式计算:

$$\Delta_s = \sum_{i=1}^{n} \beta \delta_{si} h_i \tag{9-12}$$

式中　δ_{si}——第 i 层土的湿陷系数;

　　　β——考虑地基土侧向挤出和浸水机率等因素的修正系数。基底下5m深度内可取 1.5; 5m 以下,对非自重湿陷性黄土可不计,对自重湿陷黄土按 β_0 取用.

湿陷性黄土地基的湿陷等级,应根据表9-2判定。

湿陷性黄土地基的湿陷等级　　　　　　　　表 9-2

湿陷类型 总湿陷量　计算自重湿陷量	非自重湿陷性地基	自重湿陷性地基	
	$\Delta_{zs} < 7$	$7 < \Delta_{zs} < 35$	$\Delta_{zs} > 35$
$\Delta_{zs} < 30$	I (轻微)	II (中等)	—
$30 < \Delta_{zs} < 60$	II (中等)	II 或 III	III (严重)
$\Delta_{zs} > 30$	—	III (严重)	IV (很严重)

湿陷性黄土地基常用的处理方法有换土垫层法、重夯、强力夯法、挤密法、桩基础、单液硅化或碱液加固法以及预浸水法。

建造在黄土地区的路基,应注意设置排水与防护工程,以防止路基被冲蚀。例如可在路堑边坡以外设置截水沟,将水流引离路基;在高路堤上,为避免路面水冲刷边坡,可在路基边缘设置护墙或砌拦水带,将水引入挖方边沟等。

建在湿陷性黄土地区埋在地下的管道,排水沟,雨水明沟和水池等市政工程设施与建筑物之间的防护距离不小于表 9-3 规定。若不满足时,应采取与建筑物相应的防水措施。地下管道及其附属构筑物如检漏井、阀门井、检查井、管沟等的地基设计应符合下列要求:

1.在自重湿陷性黄土地基应设 150 ～ 300mm 厚的土垫层,对埋设的重要管道或大型压力管及其附属构筑物,尚应在土垫层上设300mm厚的灰土垫层;

防护距离(m)   表 9-3

地基湿陷等级 建筑类别	I	II	III	IV
甲类:$h>40$m的高层,$h>50$m的构筑物, $h>100$m的高耸结构,等	—	—	8 ~ 9	11 ~ 12
乙类:$h=24$ ~ 40m的高层,$h=30$ ~ 50m的构筑物, $h=50$ ~ 100m的高耸结构	5	6 ~ 7	8 ~ 9	10 ~ 12
丙类:一般建筑及构筑物	4	5	6 ~ 7	8 ~ 9
丁类:次要建筑	--	5	6	7

2.对埋置的非金属自流管道,除符合上述地基处理要求外,尚应设置混凝土条形基础。

对水池类构筑物的地基,宜采用整片垫层。在非自重湿陷性黄土内,灰土垫层的厚度不宜小于 300mm,土垫层厚不宜小于 500mm 。在自重湿陷性黄土内,对一般水池,宜设 1.0 ~ 2.5m 厚的土或灰土垫层,对特别重要的水池,宜消除地基的全部湿陷量。土或灰土垫层的压实系数不得小于 0.93 。

对于高度不超过 50m 的水塔,可采用消除地基部分湿陷量的措施来达到地基处理的要求。消除地基部分湿陷量的最小处理厚度按表9-4采用。

$h\leqslant50$m 水塔消除地基部分湿陷量的最小处理厚度(m)   表 9-4

湿陷类型 湿陷等级	非自重湿陷性地基	自重湿陷性地基
II	2.0	2.0
III	—	3.0
IV	—	4.0

水塔四周应做散水坡,其半径大于基础径且有一定坡度;管道穿越基础处应设槽形断面的现浇钢筋混凝土防漏水沟。

三、冻土地基

凡具有负温度或零温度,其中含有冰的各种土称为冻土.只有负温或零温、但不含不冰的土称为寒土;冬季冻结、夏季融化的土层为季节性冻土;冻结状态持续三年以上的土层为多年冻土。

地基土产生冻胀有三要素:水、土质、负温度。水分由下部土体向冻结锋面聚集的重分布现象称为水分迁移。迁移的结果在冻结面上形成冰夹层和冰透镜体,导致冻层膨胀;路面隆起,建筑物开裂。含水愈多,温度愈低,冻胀愈盛.粉土的冻胀率最大。水分迁移的说法不一,有毛细水迁移说,也有弱结合水迁移说。但结论一样,冻结界面上的冰层积聚越多,冻胀力越大。

地基冻胀性分类见表 2-21 和表 2-22 。

对市政工程结构基础,考虑冻结深度影响的基础最小埋深按下式计算:

$$d_{min} = 1.1z_0 - d_{fr} \qquad (9-13)$$

式中 z_0——标准冻深,系采用在地表无积雪和草皮等覆盖条件下多年实测最大冻深的平均值。在无实测资料时,按地基基础新规范中季节冻土标准冻深线图采用。

d_{fr}——市政工程结构基础底面下允许残留冻土厚度,对弱冻胀土 $d_{fr} = 0.17z_0 + 0.26$ 冻胀土,$d_{fr}=0.15z_0$;强冻胀土,$d_{fr}=0$。

在多年冻土地区建造的路基,应尽量设计成路堤形式,在多年冻土融化后不致引起路基病害的路段,允许采用路堑形式,多年冻土地区的排水设施,一般应尽量远离路基坡脚,以防止水流及其渗流影响冻土上限的变化,当不能远离时,应注意采取适当的防护措施。例如可在边坡坡脚设置保温护道及护脚,并在填方基底设置保温层等。

在有冻胀性土的地区的市政工程结构,宜采用下列防冻措施:

1.应尽量选择地势高、地下水位低、地表排水良好和土冻胀性小的建筑场地。对低洼场地,宜在沿建筑物四周向外一倍冻深范围内,使室外地坪至少高出自然地面 300 ~ 500mm;

2.为了防止施工和使用期间的雨水、地表水、生产废水和生活污水浸入地基,应做好排水设施.在山区必须做好截水沟或在建筑物下设置暗沟,以排走地表水和潜水流,避免因基础堵水而造成冻害;

3.在冻深和土冻胀性均较大的地基上,宜采用独立基础、桩基础、自锚式基础(冻层下有扩大板或扩底短桩)。当采用条基时,宜设置非冻胀性垫层,其底面深度应满足基础最小埋深的要求;

4.对标准冻深大于 2m,基底以上为强冻胀土的采暖建筑及标准冻深大于 1.5m、基底以上为冻胀土和强冻胀土的非采暖建筑,为防止冻切力对基础侧面的作用,可在基础侧面回填粗砂、中砂、炉渣等非冻胀性散粒材料或采取其他有效措施;

5.在冻胀和强冻胀性地基上,宜设置钢筋混凝圈梁和基础联系梁,并控制建筑物的长高比,增强房屋的整体刚度;

6.当基础联系梁下有冻胀性土时,应在梁下填以炉渣等松散材料,根据土的冻胀性大小可预留 50 ~ 150mm 空隙,以防止因土冻胀将基础联系梁拱裂;

7.外门斗、室外台阶和散水坡等宜与主体结构断开。散水坡分段不宜过长,坡度不宜过小,其下宜填以非冻胀性材料;

8.按采暖设计的建筑物,如冻前不能交付正常使用。或使用中因故冬季不能采暖时,应对地基采取相应的过冬保温措施;对非采暖建筑的跨年度工程,入冬前基坑应及时回填。

思 考 题

9 - 1 人工地基如何分类?

9 - 2 砂砾垫层应用广泛的原因是什么?

9 - 3 砂桩与砂井的区别在那里?

9 - 4 重锤夯实与强力夯实的区别是什么?

9 - 5 反压护道的利弊是什么?

9 - 6 地基土冻胀的机理是什么? 如何防治?

第十章 桩 基 础

第一节 桩与桩基础的分类

一、桩基础概述

在修造市政工程建筑物时,若地基表层的土质较差,而深处有较好的土层可作持力层,采用浅基础不能满足地基承载力和变形的要求、又没有条件做其他人工地基或经济条件受到限制时,常常采用桩基础。桩基础具有承载力高、沉降量小的特点,既能适应不同结构形式、地基条件、荷载性质的要求,又有利于结构的防震抗灾,加之机械施工较为方便,因而桩基的应用较为广泛。一般在河道上架桥、在城市修建立交桥、在软弱地基上建造储水构筑物(如水池、水塔)及其附属构筑物(如泵房、管道)时,常采用桩基础。如图 1-1a 所示的桥墩下桩基础和图 1-2a 所示的水塔桩基础。在市政管道施工中,当混凝土管基落在软土层上,或因施工排水不当造成地基土扰动或遇超挖较大的情况时,常采用短木桩或钢筋混凝土预制短桩、现浇混凝土短桩处理 2m 深度以内的软土地基。混凝土管道短桩桩基的应用情况详见表 10-1。

二、桩基础的分类

桩基础的类型比较多,现按主要区别介绍如下:

(一)按力的传递方式分类

桩基础承受由承台传来的荷载,并传给深层较坚实的地基。按照将荷载传递给地基的方式,可将桩基础分为摩擦桩和柱桩（端承桩）❶(图 10-1)。上部结构的荷载依靠桩周围的摩擦力和桩端阻力共同承担并传递荷载给地基的桩称为摩擦桩❷；上部结构的荷载主要通过桩端传递给极软弱土下坚硬土层或弱风化、微风化的基岩的桩称为柱桩（端承桩）。

摩擦桩适用于软弱土层较厚,下部有中等压缩性的土层,而坚硬土层或基岩距地表很深的情况。其受力特点是上部荷载由桩侧摩擦力(或称摩阻力)和桩端阻力共同承受。

柱桩（端承桩）适用于表层极软弱土层不太厚,而下部为坚硬土层或基岩的情况。这时上部荷载主要由桩端阻力承受,而且桩基沉降极少,桩身只有弹性变形,桩侧承受的向上的摩擦力较小,可忽略不计。

应当指出,在特殊情况下存在负摩擦力问题。对一般桩而言,在荷载作用下,桩相对于桩周土体向下移动,桩周表面承受向上的摩擦力,称为正摩擦力。有时与上述情况相反,发生土

---

❶ 按桥规对柱桩的阐述,柱桩应是支承或嵌固在基岩上的沉桩或钻孔桩,对于特大桥应采用管柱并且要嵌入基岩中。至于沉入坚硬土层中的柱桩,是很少见的。除非桩身通过淤泥、泥炭等极软弱土层,而桩尖击入 $N > 50$ 的坚硬土层。沉降极小时才可视为端承桩。

❷ 从理论上分析应该还有纯摩擦桩。不过现实很少用。因为失败多于成功的经验证明是不可行的。

层相对于桩体向下位移,因而对桩产生向下的摩擦力,即负摩擦力。

混凝土管道短桩桩基一览表　　　　　　表 10-1

项目	说明	项目	说明
短木桩	1.深度不大于 2m; 2.桩以梅花形布置,桩尖必须打入密实的下卧层; 3.木桩一般长 2～3m,平均直径 100mm,间距 500～700mm; 4.桩与桩之必须用块石挤严	预制钢筋 混凝土桩 (一)	1.适用于深度 3m 以上; 2.断面尺寸不宜小于 250mm×250mm; 3.混凝土强度等级不低于 C30; 4.桩长度不小于 4m
现浇混 凝土短 桩	1.适用深度 2m; 2.桩径不宜小于 200mm,长度 2.5～3m,间距 500～700mm; 3.混凝土强度等级不低于 C25	预制钢筋 混凝土桩 (二)	1.适用于深度 4m 以上; 2.桩径一般为 600～1000mm; 3.桩长一般不宜小于 8m; 4.桩距不宜小于 3 倍桩径; 5.混凝土强度等级不低于 C20
预制钢 筋混凝 土短桩	1.适用于深度 2m 以上; 2.断面尺寸不宜小于 200mm×200mm,长度 3～4m,间距 500～700mm; 3.混凝土强度不低于 C20～C30	钢筋混凝 土爆扩桩	1.长度不宜小于 2.5m,也不宜超过 7m; 2.桩径一般采用 200～250mm;扩大头直径可取 2.5～3.5 倍桩径; 3.混凝土强度等级不宜低于 C20

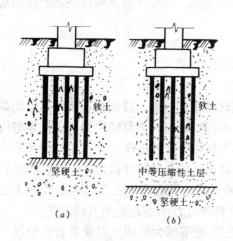

图 10-1 摩擦桩和柱桩(端承桩)

(a)摩擦桩;(b)柱桩(端承桩)

负摩擦力的存在无疑增加了桩身的轴向力,因而降低了桩的承载力,增大了桩基沉降,严重时会造成桩身拉裂,应引起足够的重视。为此了解负摩擦力的产生条件是十分必要的。负摩擦力的产生条件有以下几种情况:

(1)桩周欠固结的软土或新近填土在自重作用下固结;

(2)桩周地面有大面积堆载,使桩周土层进一步被压密;

(3)在桩周土层中大量抽取地下水,地下水位下降而使土层有效应力增加,地面产生附加沉降;

(4)湿陷性黄土浸水沉陷等。

应当指出,负摩擦力的产生只有在桩周土的沉降大于桩基础的沉降时,或者柱桩桩基,本身不沉降而桩身上部欠固结土层沉降才会出现。此时,固然应不考虑欠固结土范围内的桩周向上的摩阻力,还要估算向下的由负摩擦力产生的下拉力。

(二)按桩身材料分类

按桩身制作的材料可将桩基础分为以下几种:

1.木桩　木桩一般较短,需注意防腐。

2.钢桩　钢桩可分为钢板桩、钢管桩等。

3.混凝土或钢筋混凝土桩　这类桩目前应用最广泛。

4.合成桩　由两种材料组合而成的桩基础。例如钢管－混凝土桩。

（三）按施工方法分类

1.预制桩

预制桩中钢筋混凝土预制桩最为普遍。其施工方法是选用合适的机械将桩沉入土中，沉桩的方法可用锤击、静力压桩或振动沉桩等。

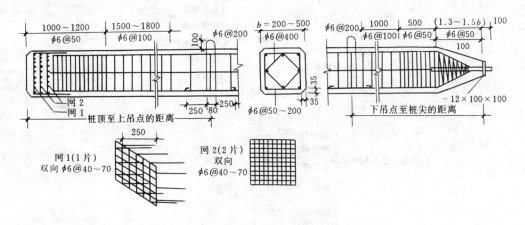

图10-2　钢筋混凝土预制桩的构造示意图

　　钢筋混凝土预制桩最小断面尺寸为 200mm × 200mm,桩长一般不超过 12m(若需要长桩，可分段预制)。《建筑地基基础设计规范》(GBJ7—89)规定桩基础的混凝土强度等级不低于 C30,桩内主筋应按计算确定,配筋率不宜小于 0.8%。配筋时注意：纵筋最小直径 ϕ 12,箍筋直径 6 ~ 8mm,间距不大于 200mm,并在桩顶与桩尖将箍筋加密,桩顶处设置三片钢筋网,以增强局部抗冲击的能力,在桩尖处将所有纵向钢筋都焊在一根芯棒上,以增大桩尖强度(图 10-2)。

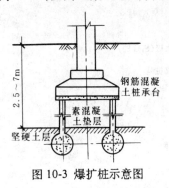

图 10-3　爆扩桩示意图

2.灌注桩

灌注桩因现场成孔,现场浇灌混凝土而得名。用于灌注桩的混凝土强度等级不低于 C15 （或 15 号）,若在水下灌注,则不低于 C20 （或 20 号）,有时桩内需加一定数量的钢筋。灌注桩按成孔方式可分为机械钻孔灌注桩、冲孔式灌注桩、沉管灌注桩、钻孔扩底灌注桩以及人工挖孔灌注桩等。

3.爆扩桩

爆扩桩是用钻机成孔,桩下端爆扩成扩大头的现场灌注混凝土短桩。桩体包括桩柱和扩大头两部分,用桩基承台把爆扩桩连成整体基础。桩柱直径 250 ~ 350mm,扩大头直径为桩柱直径的 2.5 ~ 3.5 倍。混凝土强度等级不低于 C15 。当地表为软弱土层,且在 2.5 ~ 7m 深度以内有较好的地基持力层时，可采用爆扩桩(图 10-3)。

现将桩的类型归纳如下：

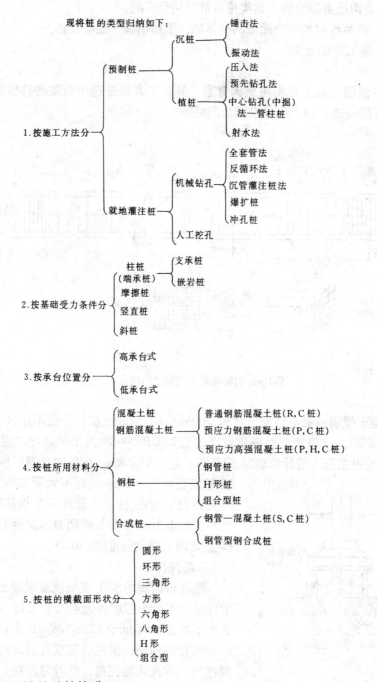

1. 按施工方法分
  - 预制桩
    - 沉桩
      - 锤击法
      - 振动法
    - 植桩
      - 压入法
      - 预先钻孔法
      - 中心钻孔(中掘)法—管柱桩
      - 射水法
  - 就地灌注桩
    - 机械钻孔
      - 全套管法
      - 反循环法
      - 沉管灌注桩法
      - 爆扩桩
      - 冲孔桩
    - 人工挖孔

2. 按基础受力条件分
  - 柱桩(端承桩)
    - 支承桩
    - 嵌岩桩
  - 摩擦桩
  - 竖直桩
  - 斜桩

3. 按承台位置分
  - 高承台式
  - 低承台式

4. 按桩所用材料分
  - 混凝土桩
    - 钢筋混凝土桩
      - 普通钢筋混凝土桩(R,C 桩)
      - 预应力钢筋混凝土桩(P,C 桩)
      - 预应力高强混凝土桩(P,H,C 桩)
  - 钢桩
    - 钢管桩
    - H 形桩
    - 组合型桩
  - 合成桩
    - 钢管—混凝土桩(S,C 桩)
    - 钢管型钢合成桩

5. 按桩的横截面形状分
  - 圆形
  - 环形
  - 三角形
  - 方形
  - 六角形
  - 八角形
  - H 形
  - 组合型

三、市政桥涵桩基础的构造

桩基础通常由若干根桩及将其连成一体的承台组成。由于一般桥梁的跨度大，荷载重，常常采用桩基础。《公路桥涵地基与基础设计规范》(JTJ024—85)关于桥涵桩基础的构造从以下 6 个方面作了规定。

（一）基桩的直径

关于基桩的直径要求，因施工方法的区别而不一致。钻孔桩的设计直径（即钻头直径）不宜小于 800mm ，而挖孔桩的直径或最小边宽度不宜小于 1200mm ，钢筋混凝土管桩直径可则可采用 400 ~ 500mm，管壁最小厚度不宜小于 80mm，管柱直径不宜小于 1500mm，管壁厚度为 80 ~ 140mm。

（二）混凝土桩的构造

桩身混凝土的强度等级也因施工方法而异。对于钻（挖）孔桩要求不低于 C15，而水下混凝土不应低于 C20；对于沉桩或管柱则不低于 C25，管桩、柱填心混凝土要求不低于 C15。

钢筋混凝土沉桩（即预制桩）的桩身配筋应按运输、沉入和使用各阶段内力要求通长配筋。桩的两端或接桩区箍筋或螺旋筋的间距须加密，可采用 50mm。

钻（挖）孔桩应按桩身内力大小分段配筋；当内力计算表明不需要配筋时，应在桩顶 3 ~ 5m 内设置构造钢筋。桩内钢筋的主筋直径不宜小于 14mm，每个桩的主筋不宜少于 8 根，其净距不得小于 80mm，保护层净距不宜小于 50mm。箍筋直径不小于 8mm，箍筋中距为 200 ~ 400mm。对于直径较大的桩，为了增加钢筋骨架的刚度，可在钢筋骨架上每隔 2000 ~ 2500mm 设置直径 14 ~ 18mm 的加劲箍一道。为了确保主筋有足够的保护层厚度，钢筋笼四周可设置凸出的定位钢筋、定位弧形混凝土块或采用其他定位措施。钢筋笼底部的主筋宜稍向内弯曲，作为导向。

钢筋混凝土管柱的管壁主筋宜采用螺纹钢筋，其直径不大于 20mm，主筋截面面积不宜小于管壁混凝土截面面积的 1.8%，主筋布置按周长均匀排列。当管壁较厚时，采用双层主筋。箍筋直径不应小于 8mm，其配置密度以保证管壁不出现纵向裂缝为准。当管柱入土深度大于 25m 时，应采用预应力混凝土管柱。

预制钢筋混凝土桩、管柱的分节长度应根据施工条件决定，并应尽量减少接头数量。接头强度不应低于桩身或管节强度，并应具有一定的刚度，以减少振动能量的损失。在沉桩和使用过程中接头不得松动和开裂，接头法兰盘不得突出管壁之外。

管柱底节的钢刃脚，其高度应与嵌入风化岩石的深度相适应。需要钻岩嵌固的管柱，在钻头运动高度范围内的管柱内壁应用周圈钢板保护。

河床岩层有冲刷时，管柱必须采用钻孔桩支承，钻孔桩有效深度应考虑岩层最低冲刷标高。其钻孔内应设置钢筋笼，并伸入管柱底部。钢筋笼直径至少比钻头直径小 100mm，并从其底部约 500mm 高度处开始，将钢筋末端主筋稍向内弯作为导向。

（三）桩的布置和间距

承台下的桩群，可采用对称形布置、梅花形布置或环形布置。而桩与桩之间的中距（或称轴距）因施工方法而异：

1.对于摩擦桩的要求是：锤击沉桩，在桩尖处的中距不得小于桩径（或边长）的 3 倍，对于软土地基宜适当增大；震动沉入砂土内的桩，在桩尖处的中距不得小于桩径（或边长）的 4 倍。桩在承台底面处的中距均不得小于桩径（或边长）的 1.5 倍。

钻孔桩的的中距不得小于成孔直径的 2.5 倍。此处所说的成孔直径按第二节"单桩轴向容许承载力"的规定计算。管柱的中距可采用管柱外径的 2.5 ~ 3.0 倍。

2.对于柱桩（端承桩）的要求是：支承在基岩上的沉桩中距，不宜小于桩径（或边长）的 2.5 倍；支承或嵌固在基岩中的钻孔桩中距，不得小于实际桩径的 2.0 倍。

嵌入基岩中的管柱中距，不得小于管柱外径的 2.0 倍。但在计算管柱内力不考虑覆盖层的抗力作用时，其中距可酌情减小。

挖孔桩的摩擦桩和柱桩（端承桩）中距，按钻孔桩的规定执行。

3.对于边桩外侧与承台边缘的距离的要求是：边桩外侧与承台边缘的距离要求分为以下两种情况：

对于直径（或边长）不大于 1m 的桩，不得小于 0.5 倍桩径（或边长）并不小于250mm；

对于直径大于 1m 的桩，不得小于 0.3 倍桩径（或边长）并不小于 500mm。

注意：桩柱外侧与盖梁边缘的距离可不受此限。

（四）摩擦桩入土深度的限值

对于摩擦桩，其入土深度不得小于 4m；如有冲刷时，桩入土深度应自设计冲刷线起算。

（五）承台和横系梁的构造要求

对于承台的要求是：承台的厚度不宜小于 1.5m，混凝土强度等级不低于 C15。承台在桩身混凝土顶端平面内须设一层钢筋网，在每 1m 宽度内（按每一方向）钢筋量 1200 ～ 1500mm²，钢筋直径采用 14 ～ 18mm。当基桩桩顶主筋伸入承台连接时，此项钢筋须通过桩顶不得截断。当桩顶直接埋入承台连接时，桩顶作用于承台的压应力超过承台混凝土容许压应力时，应在桩顶面上增设 1 ～ 2 层钢筋网。

注意：对于实体墩台的承台，当边桩桩顶位于墩台身底面以外时，应验算承台襟边的强度。对于空心墩台、柱式墩台的承台，应验算承台强度并设置必要的钢筋。

对于横系梁的要求是：当用横系梁加强桩（柱）之间的整体性时，横系梁的高度可取为 0.8 ～ 1.0 倍桩（柱）的直径，宽度可取为 0.6 ～ 1.0 倍桩（柱）的直径。混凝土的强度等级不低于 C15。

（六）桩与承台、盖梁或横系梁连接的要求

当用桩顶主筋伸入承台或盖梁连接时的要求是：桩身嵌入承台内的深度可采用 150 ～ 200mm；对于盖梁，桩身可不嵌入。伸入承台或盖梁内的桩顶主筋做成喇叭形（大约与竖直线倾斜 15°；盖梁若受构造限制，部分主筋可不做成喇叭形）。伸入承台或盖梁内的主筋长度，光圆钢筋不小于 30d（设弯钩），螺纹钢筋不小于 40d（不设弯钩），d 为主筋直径；伸入承台的光圆钢筋与螺纹钢筋均不宜小于 600mm。承台或盖梁内主筋应设箍筋或螺旋筋，其直径与桩身箍筋直径相同，间距为 100 ～ 200mm。

桩顶直接埋入承台连接时分以下叁种情况：当桩径（或边长）小于 0.6m 时，埋入长度不小于 2 倍桩径（或边长）；当桩径（或边长）为 0.6 ～ 1.2m 时，埋入长度不应小于 1.2m；当桩径（或边长）大于 1.2m 时，埋入长度不应小于桩径（或边长）。

对于管柱的要求是：应将管壁中的螺纹主钢筋伸入承台长度不小于 50d（不设弯钩）；承受拉力的管柱，其与承台的连接和主筋的伸入长度应符合受力要求。

对横系梁的要求是：横系梁的主钢筋应伸入桩内与桩内主筋连接，钢筋数量可按横系梁截面面积的 0.10%设置。

第二节 单桩轴向承载力

单桩的轴向承载力是指一根桩所承受的由外荷载产生的最大轴向压力,用符号 P 表示．对于自身结构强度足够的基桩,其容许承载力决定于地基土对桩的阻力．在市政工程中确定单桩轴向容许承载力的依据分别是：桥涵工程的桩基执行《公路桥涵地基与基础设计规范》(JTJ024—85)；其他市政工程（桥涵除外）的桩基执行《建筑地基基础设计规范》(GBJ7—89)．现将两本规范确定单桩轴向承载力的方法分述如下．

一、《公路桥涵地基与基础设计规范》(JTJ024—85)关于确定桥涵桩基础单桩轴向承载力的规定

《公路桥涵地基与基础设计规范》(JTJ024—85)根据大量的单桩静载试验资料，经统计分析，得到了在各类土中、各种基桩的单桩侧摩阻力和桩尖承载力数据，给出了简便准确的确定单桩容许承载力的经验公式．鉴于规范给定的经验公式具有一定的理论根据和实践基础，因此，在市政桥涵工程的设计中可直接运用经验公式确定单桩的容许承载力．然后即可根据单桩的轴向压力P不大于单桩的轴向容许承载力$k[P]$进行桩基的轴向承载力验算．即

$$P \leqslant k[P] \tag{10-1}$$

式中　P——单桩承受的全部轴向力(kN)；

$\quad\quad [P]$——单桩的轴向容许承载力(kN)；

$\quad\quad k$——桩基承载力提高系数，对荷载组合 I，取$k = 1$；对其他荷载组合(包括荷载组合 I 中含有收缩、徐变或水浮力的荷载效应)，取$k = 1.25$．

（一）摩擦桩的单桩轴向容许承载力

摩擦桩的单桩轴向受压容许承载力$[P]$由桩侧摩阻力和桩尖承载力两部分组成．由于灌注桩与沉桩的施工方法不同，由试验所得的桩侧摩阻力和桩尖承载力的数据与计算公式均有区别，故应分别按下列方法计算．

1.钻（挖）孔灌注桩的容许承载力

$$[P] = \frac{1}{2}\left(Ul\tau_\mathrm{p} + A\sigma_\mathrm{R}\right) \tag{10-2}$$

式中　$[P]$——单桩轴向受压容许承载力（kN），当按表10-2中的桩周极限摩阻力τ_l值计算时，在局部冲刷线以下，桩身重力的1/2作为外力考虑；当荷载组合 II 或组合III或组合IV或组合V作用时，容许承载力可提高25%（荷载组合 I 中如含有收缩、徐变或水浮力的荷载效应，也应同样提高）；

$\quad\quad 2$——安全系数；

$\quad\quad U$——桩的周长（m），按成孔直径计算，当无试验资料时，成孔直径可按下列规定采用：

旋转钻按钻头直径增大30~50mm；

冲击钻按钻头直径增大50~100mm；

冲抓钻按钻头直径增大100~200mm；

$\quad\quad l$——桩在承台底面或局部冲刷线以下的有效长度（m）；

A——桩底横截面面积（m），用设计直径（钻孔直径）计算；但当采用换浆法施工（即成孔后，钻头在孔底继续旋转换浆）时，则按成孔直径计算；

τ_p——桩壁土的加权平均极限摩阻力（kPa），可按下式计算

$$\tau_p = \frac{1}{l}\sum_{i=1}^{n}\tau_i\, l_i \qquad (10\text{-}3)$$

n——土层的层数；

l_i——承台底面或局部冲刷线以下各土层的厚度（m）；

τ_i——与l_i对应的各土层与桩壁的极限摩阻力（kPa），按表10-2采用；

σ_R——桩尖处土的极限承载力（kPa），可按下列公式计算：

$$\sigma_R = 2m_0\lambda\left\{[\sigma_0] + k_2\gamma_2(h-3)\right\} \qquad (10\text{-}4)$$

$[\sigma_0]$——桩尖处土的容许承载力（kPa），按第五章第三节中所列各表的数值采用；

h——桩尖的埋置深度（m），对于有冲刷的基础，埋深由一般冲刷线起算；对无冲刷的基桩，埋深由天然地面线或实际开挖后的地面起算；h的计算值不大于40m，当大于40m时，按40m计算，或按试验确定其承载力；

k_2——地基土容许承载力随深度的修正系数，据桩尖处持力层土类按表5-14选用；

γ_2——桩尖以上土的加权平均重力密度（kN/m³），可参考表4-6确定；

λ——修正系数，见表10-3；

m_0——清底系数，见表10-4。

2.沉桩的容许承载力

$$[P] = \frac{1}{2}\left(U\sum\alpha_i l_i \tau_i + \alpha A\sigma_R\right) \qquad (10\text{-}5)$$

式中　$[P]$——单桩轴向受压容许承载力（kN），当荷载组合Ⅱ或组合Ⅲ或组合Ⅳ或组合Ⅴ作用时，容许承载力可提高25%（荷载组合Ⅰ中如含有收缩、徐变或水浮力的荷载效应，也应同样提高）；

　　2——安全系数

U——桩的周长（m）；

l_i——承台底面或局部冲刷线以下各土层的厚度（m）；

τ_i——与l_i对应的各土层与桩壁的极限摩阻力（kPa），按表10-5采用；

σ_R——桩尖处土的极限承载力(kPa),按表10-6采用；

α_I、α——分别为震动沉桩对各土层桩周摩擦力和桩底承压力的影响系数，按表10-7采用．对于锤击沉桩其值均取为1.0.

其他符号同钻孔桩.

土　类	极限摩阻力τ_i（kPa）
回填的中密炉渣、粉煤灰	40 ~ 60
流塑粘土、亚粘土、亚砂土	20 ~ 30
软塑粘土	30 ~ 50
硬塑粘土	50 ~ 80
硬粘土	80 ~ 120
软塑亚粘土、亚砂土	35 ~ 55
硬塑亚粘土、亚砂土	55 ~ 85
粉砂、细砂	35 ~ 55
中砂	40 ~ 60
粗砂、砾砂	60 ~ 140
砾石（圆砾、角砾）	120 ~ 180
碎石、卵石	160 ~ 400

注：1.漂石、块石（含量占40% ~ 50%，粒径一般为300 ~ 400mm）可按600kPa采用.

2.砂土可根据密实度选用其大值或小值.

3.圆砾、角砾、碎石和卵石可根据密实度和填充材料选用其大值或小值.

4.挖孔桩的极限摩阻力可参照本表采用.

《公路桥涵地基与基础设计规范》修正系数 λ 值　　　表 10 - 3

l/d 桩底土情况	4 ~ 20	20 ~ 25	> 25
透水性土	0.70	0.70 ~ 0.85	0.85
不透水性土	0.65	0.65 ~ 0.72	0.72

《公路桥涵地基与基础设计规范》清底系数 m_0 值　　　表 10-4

t/d	0.6 ~ 0.3	0.3 ~ 0.1
m_0	0.25 ~ 0.70	0.70 ~ 1.00

注：1.设计时,宜限制$t/d \leqslant 0.4$,不得已才可采用$0.4 < t/d \leqslant 0.6$;

2. t、d为桩底沉淀土厚度和桩的直径.

土　类	状　态	极限摩阻力 τ_i（kPa）
粘性土	$1.50 \geqslant I_L \geqslant 1.00$	15 ~ 30
	$1.00 > I_L \geqslant 0.75$	30 ~ 45
	$0.75 > I_L \geqslant 0.50$	45 ~ 60
	$0.50 > I_L \geqslant 0.25$	60 ~ 75
	$0.25 > I_L \geqslant 0.00$	75 ~ 85
	$0.00 > I_L$	85 ~ 95
粉砂、细砂	稍　松	20 ~ 35
	中　密	35 ~ 65
	密　实	65 ~ 80
中　砂	中　密	55 ~ 75
	密　实	75 ~ 90
粗　砂	中　密	70 ~ 90
	密　实	90 ~ 105

注：表中为土的液性指数，系按76g平衡锥测定的数值.

土　类	状　态	桩尖处土的极限承载力 σ_R（kPa）		
粘性土	$I_L \geqslant 1.00$	1000		
	$1.00 > I_L \geqslant 0.65$	1600		
	$0.65 > I_L \geqslant 0.35$	2200		
	$0.35 > I_L$	3000		
		桩尖进入持力层的相对深度		
		$1 > h'/d$	$4 > h'/d \geqslant 1$	$h'/d \geqslant 4$
粉　砂	中　密	2500	3000	3500
	密　实	5000	6000	7000
细　砂	中　密	3000	3500	4000

土　类	状　态	桩尖处土的极限承载力 σ_R（kPa）		
细　砂	密　实	5500	6500	7500
中　砂	中　密	3500	4000	4500
粗　砂	密　实	6000	7000	8000
圆砾石	中　密	4000	4500	5000
	密　实	7000	8000	9000

注：表中 h' 为桩尖进入持力层的深度（不包括桩靴）；d 为桩的直径或边长.

《公路桥涵地基与基础设计规范》系数 α_i、α 值　　　　　表 10-7

土类 α_i、α 桩径或边宽 d	粘 土	亚粘土	亚砂土	砂 土
0.8 ≥ d	0.6	0.7	0.9	1.1
2.0 ≥ d > 0.8	0.6	0.7	0.9	1.0
d > 2.0	0.5	0.6	0.7	0.9

沉桩当采用静力触探试验测定时，容许承载力计算中的 τ_i 和 σ_R 的取值请按《公路桥涵地基与基础设计规范》(JTJ024—85)执行。

（二）端承桩

桥涵工程中，支承在基岩上或嵌入基岩内的灌注桩、沉桩、及管桩属于端承桩，其单桩轴向受压容许承载力取决于桩底处岩石的强度与嵌入基岩的深度，可按下式计算

$$[P] = \left(c_1 A + c_2 Uh\right)R_a \qquad (10-6)$$

式中　[P]——单桩轴向受压容许承载力(kPa)，当荷载组合Ⅱ或组合Ⅲ或组合Ⅳ或组合Ⅴ
　　　　　　　作用时，可提高25%；

　　　R_a——天然湿度的岩石单轴极限抗压强度(kPa)，试件直径为70～100mm，试件高
　　　　　　　与试件直径相等；

　　　h——桩嵌入基岩深度(m)，不包括风化层；

　　　U——桩嵌入基岩部分的横截面周长(m)，对于钻孔桩和管柱按设计直径采用；

　　　A——桩底横截面面积(m²)，对于钻孔桩和管柱按设计直径采用；

　　　c_1、c_2——根据清孔情况、岩石破碎程度等因素而定的系数，按表10-8采用。

条 件	c_1	c_2
良好的	0.6	0.05
一般的	0.5	0.04
较差的	0.4	0.03

注：1.当$h \leqslant 0.5$m时，c_1采用表列数值的0.75倍，$c_2 = 0$；

    2.对于钻孔桩，系数c_1、c_2值可降低20％采用.

【例10-1】已知某市政桥涵工程桩基础的地质资料如表10-9所示,承台底埋深1.5m,桩长13.5m,钻孔灌注桩（使用冲抓锥钻孔）设计直径1.65m,桩的重力密度为25kN/m³。

1.试按《公路桥涵地基与基础设计规范》确定该灌注桩的单桩轴向容许承载力[P]。

2.已知荷载组合Ⅰ算至桩顶的轴向力为$P_0 = 1667.50$kN、弯矩为$M_0 = 249.08$kNm、横向水平力为$Q_0 = 107.53$kN，试验算单桩轴向承载力。

3.若单桩轴向承载力不满足要求，试重新确定桩基的入土深度。

【例10-1】附表一   工程地质资料表   表 10-9

土层编号	土 类	土层顶面坐标z_i (m)	γ (kN/m³)	ω (%)	ω_L (%)	ω_P (%)	e	a_{1-2} (MPa⁻¹)	c (kPa)	φ
1	填土	0	18.2	—	—	—	—	—	—	—
2	粘土	1.5	18.2	41	48	23	1.09	0.49	2.1	18°
3	淤泥(亚粘土)	5.3	17.1	47	39	21	1.36	0.94	1.4	11°
4	淤泥质(亚粘土)	8.7	19.1	42	45	22	1.13	0.58	1.9	14°
5	粉质粘土(亚粘土)	13.5	20.5	14	25	11	0.90	0.10	6.7	20°
6	砂土	26.5	—	—	—	—	—	—	—	—

【解】（一）确定单桩轴向容许承载力[P]

灌注桩的单桩轴向容许承载力按公式（10-2）计算

$$[R] = \frac{1}{2}\left(Ul\tau_p + A\sigma_R\right)$$

1.计算桩周极限摩阻力

由于使用冲抓锥，成孔直径按规范"冲抓钻按钻头直径增大100～200mm"的规定取为1.65+0.15=1.80m,故周长$U = \pi \times 1.8 = 5.65$m。

各土层的桩周摩阻力计算过程详见表10-10,各土层的极限摩阻力按液性指数插值确定。

土层编号	土层名称	土层厚度l_i(m)	I_L	状态	规范值 τ_i (kPa)	取值 τ_i (kPa)	$Ul_i\tau_i$ (kN)
2	粘土	3.8	0.72	软塑 1~0.5	35~50	43.4	933
3	淤泥(亚粘土)	3.4	1.44	流塑 >1	20~30	20.0	385
4	淤泥质(亚粘土)	4.8	0.87	软塑 1~0.5	35~55	41.0	1113
5	粉质粘土(亚粘土)	1.5	0.21	硬塑 0.5~0	55~85	72.4	613
		Σ 13.5		$\Sigma Ul_i\tau_i$=3044（kN）			

2.计算桩尖极限承载力

桩尖深入在第五层硬塑粉质粘土（亚粘土）层上。桩尖处的极限承载力 σ_R 按公式(10-4)计算。

$$\sigma_R = 2m_0\lambda\left\{[\sigma_0] + k_2\gamma_2(h-3)\right\}$$

其中[σ_0]是硬塑粉质粘土（亚粘土）层的容许承载力，按一般粘性土查表5-3。根据I_L=0.21、e=0.9查得[σ_0]=258kPa。

h是桩尖的埋置深度，从天然地面算起。h=13.5+1.5=15m<40m。按15m计算。

γ_2桩尖以上土的加权平均重度，按下列方法计算

$$\gamma_2 = \frac{\sum\gamma_i l_i}{\sum l_i} = \frac{18.2\times1.5 + 18.2\times3.8 + 17.1\times3.4 + 19.1\times4.8 + 20.5\times1.5}{1.5 + 3.8 + 3.4 + 4.8 + 1.5}$$
$$= 18.5(\text{kN}/\text{m}^3)$$

k_2是地基承载力修正系数，应据桩尖处持力层土的种类由表5-14查得。本工程桩尖处土的种类为一般性粘土、且I_L=0.21<0.5，故查得k_2=2.5。

m_0是清底系数，按一般要求，据表10-4取m_0=0.6。

λ是考虑桩入土深度影响的修正系数，根据桩的入土深度l与桩的直径d之比（l/d=15/1.65=9.1在4~20之间）和桩底按不透水性土考虑，查表10-3取λ=0.65。

于是桩尖处的极限承载力 σ_R 为：

$$\sigma_R = 2\times0.6\times0.65\{258 + 2.5\times18.5(15-3)\}$$
$$= 201.24 + 36.08(15-3) = 634(\text{kPa})$$

桩尖处横截面面积A按设计直径（钻头直径）计算，故有A=（1/4）$\pi \times 1.65^2$=2.138m²。则有：

$$[P]=\frac{1}{2} \times (3044+2.138 \times 634)=2200(kN)$$

（二）验算单桩轴向承载力

在《公路桥涵地基与基础设计规范》(JTJ024—85)中规定，对于钻孔桩，当采用表10-2中 τ_i 值计算[P]时，局部冲刷线以下，桩身重力的1／2作为外力考虑。本工程为城市道路立交工程，无冲刷问题，故应取桩身的全部重力作为外力考虑。则有

$$P=P_0 + G=P_0 + \gamma_1 A=1667.50+25 \times 13.5 \times 2.138=2389.08(kN)$$
$$> [P] = 2200(kN)$$

结论是不满足轴向承载力的要求。

（三）确定桩基的入土深度h

确定桩基的入土深度h，可按桩底全部轴向力等于单桩轴向承载力的关系计算。

1.确定单桩承受的全部轴向力P

鉴于该桩需加长部分在第五土层中，故设该桩在第五层中的长度为l_5，于是有桩长 $l=12+l_5$m

$$P=P_0 + \gamma (12+l_5)A = 1667.50+25 \times (12+l_5) \times 2.138=2308.90+53.45l_5。$$

2.确定单桩轴向容许承载力[P]

$$[P] = \frac{1}{2}\left(Ul\tau_p + A\sigma_R\right) = \frac{1}{2}\left\{Ul\tau_p + A \times 2m_0\lambda\left([\sigma_0] + k_2\alpha_2[h-3]\right)\right\}$$

据表10-2和本题的计算表10-10可得极限桩侧摩阻力为：

$$\sum Ul_i \tau_i = 343.0+5.65 \times l_5 \times 72.4 = 343.0+409.06l_5$$

假定桩底以上土层的重力密度仍为18.5kN/m³，则桩尖极限承载力为：

$$\sigma_R=201.24+36.08(1.5+12+l_5 - 3)=580.08 + 36.08l_5$$

于是有：

$$[P]=0.5[343.0+409.06l_5+2.138 \times (580.08 + 36.08l_5)]=791.6+243.1l_5$$

3.确定桩基的入土深度h

令P=[P]，则有：

$$2308.90+53.45l_5=791.6+243.1l_5$$
$$l_5=8(m)$$

桩基的长度 l 为：

$$l=12 + 8=20(m)$$

桩尖的入土深度 h 为（其中1.5m是承台底面埋置深度）：

$$h=20 + 1.5=21.5(m)$$

4.校核

计算桩底处全部轴向力 P

$$P=2308.90+53.45l_5==2308.90+53.45 × 8=2736.5(kN)$$

计算单桩轴向容许承载力

$$\gamma_2 = \frac{\sum \gamma_i l_i}{\sum l_i} = \frac{18.2 \times 1.5 + 18.2 \times 3.8 + 17.1 \times 3.4 + 19.1 \times 4.8 + 20.5 \times 8.0}{1.5 + 3.8 + 3.4 + 4.8 + 8.0}$$
$$= 19.1(kN/m^3)$$

$$\sigma_R = 2 \times 0.6 \times 0.65\{258 + 2.5 \times 19.1(21.5 - 3)\} = 890.27(kPa)$$

$$[P]=0.5[343.0+409.06 × 8+2.138 × 890.27]==2759.44(kN)$$

判断 $\qquad P=2736.5kN < [P]=2759.44(kN)$

结论桩长20m时，单桩轴向容许承载力满足要求。

二、《建筑地基基础设计规范》(GBJ7—89)关于确定建筑桩基单桩轴向承载力的规定

《建筑地基基础设计规范》(GBJ7—89)关于确定建筑桩基单桩轴向承载力的规定适用于桥涵桩基础以外的其他市政工程桩基础设计。其确定办法如下。

（一）按单桩轴向静载荷试验确定❶

静载试验能较好地反映单桩的实际承载力。地基基础规范规定：对重要的一级建筑物必须通过现场静载试验确定单桩承载力;对于一般的二级建筑物,可参照地质条件相同的试验资料,根据具体情况确定。

---

❶ 可参考《建筑桩基技术规范》(TGJ94—94)中相关内容。

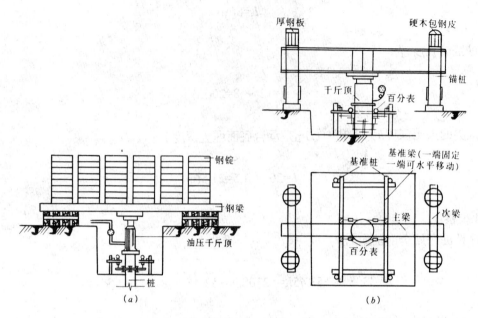

图 10-4 单桩静载荷试验

(a)压重平台反力装置; (b)锚桩横梁反力装置

静载荷试验通常采用油压千斤顶加载,千斤顶的加载反力装置如图10-4所示。图10-4(a)为压重平台反力装置;图10-4(b)是锚桩横梁反力装置。加载时应分级进行，每级荷载值约为单桩承载力设计值的1/5~1/8。开始试桩的时间：对于砂土,不少7d; 如为粘性土,应视土的强度恢复而定,一般不得少于15d; 对于饱和粘土不得少于25d。灌注桩应在桩身混凝土达到设计强度后才能进行。在加载过程中,要测出每级荷载下桩的稳定沉降量。当在每级荷载作用下,桩的沉降量在每小时内小于时0.1mm,则认为沉降稳定可加下一级荷载。为此,每级加载后,隔5、10、15min各测读一次,以后每隔15min测读一次,累计1h以后每隔半小时读一次。终止加载的条件是:

(1)当荷载-沉降(Q-s)曲线上有可判定极限承载力的陡降段,且桩顶总沉降量超过40mm时;

(2)桩顶沉降量达到40mm后,继续增加二级或二级以上荷载仍无陡降段时。

最后将试验的结果绘制成荷载-沉降(Q-s)曲线(图10-5)。

在根据荷载-沉降(Q-s)曲线确定单桩轴向承载力之前,首先应按下述规定确定单桩极限承载力Q_u:

(1)当陡降段明显时,取相应于陡降段起点的荷载值为Q_u(图10-5中Q_u=910kN)。

(2)对于直径或桩宽在550mm以下的预制桩,当某级荷载Q_{i+1}作用下,其沉降增量Δ_{si+1}与相应荷载增量($\Delta Q_{i+1} = Q_{i+1} - Q_i$)的比值$\left(\dfrac{\Delta_{si+1}}{\Delta Q_{i+1}}\right) \geqslant 0.1$mm/kN时,取前一级荷载$Q_i$之值为$Q_u$,即$Q_u = Q_i$。

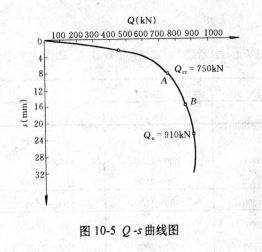

图 10-5 Q-s 曲线图

(3)当符合终止加载条件第(2)点时,在(Q-s)曲线上取桩顶总沉降量s为40mm时的相应荷载值为Q_u。

应当指出,参加统计的试桩,当满足其极差不超过平均值的30%时,可取其平均值为单桩轴向极限承载力Q_u。若桩数为3根及3根以下的柱下桩台,取最小值为其极限承载力Q_u。当极差超过时,应查明原因,必要时宜增加试桩数。

其次,将单桩轴向极限承载力Q_u除以安全系数K=2,以确定该结果为单桩轴向承载力标准值,用符号表示R_k,即

$$R_k = \frac{Q_u}{K} = \frac{Q_u}{2} \tag{10-7}$$

最后,确定单桩轴向承载力设计值R。一般情况下单桩轴向承载力设计值按1.2倍标准值确定,即

$$R = 1.2R_k \tag{10-8}$$

对桩数为3根及3根以下的柱下桩台,取1.1倍标准值为设计值,即

$$R = 1.1R_k \tag{10-9}$$

（二）按经验公式确定单桩轴向承载力

初步设计时,可用下列经验公式估算单桩轴向承载力标准值R_k,其设计值按式(10-8)或式(10-9)确定。

摩擦桩
$$R_k = q_p A_p + u_p \sum q_{si} l_i \tag{10-10}$$

端承桩
$$R_k = q_p A_p \tag{10-11}$$

式中　q_p——桩端土(岩)的承载力标准值,可按地区经验确定,对于预制桩也可按表10-11选用;

　　A_p——桩身的横截面面积;

　　u_p——桩身周边长度;

　　q_s——桩周土摩擦力标准值可按地区经验确定,对于预制桩可按表10-12选用;

l_i——按土层划分的各段桩长。

《建筑地基基础设计规范》预制桩桩端土(岩)承载力标准值 q_p (kPa)　　表 10-11

土的名称	土的状态	桩的人土深度（m）		
		5	10	15
粘性土	$0.5 < I_L \leqslant 0.75$	400~600	700~900	900~1100
	$0.25 < I_L \leqslant 0.5$	800~1000	1400~1600	1600~1800
	$0.00 < I_L \leqslant 0.25$	1500~1700	2100~2300	2500~2700
粉土	$e < 0.7$	1100~1600	1300~1800	1500~2000
粉砂	中密、密实	800~1000	1400~1600	1600~1800
细砂		1100~1300	1800~2000	2100~2300
中砂		1700~1900	2600~2800	3100~3300
粗砂		2700~3000	4000~4300	4600~4900
砾砂	中密、密实		3000~5000	
角砾、圆砾			3500~5500	
碎石、卵石			4000~6000	
软质岩石	微风化		5000~7500	
硬质岩石			7500~10000	

《建筑地基基础设计规范》预制桩桩周土摩擦力标准值 q_s (kPa)　　表 10-12

土的名称	土的状态	q_s
填土		9~13
淤泥		5~8
淤泥质土		9~13
粘性土	$I_L > 1$	10~17
	$0.75 < I_L \leqslant 1$	17~24
	$0.5 < I_L \leqslant 0.75$	24~31
	$0.25 < I_L \leqslant 0.5$	31~38
	$0 < I_L \leqslant 0.25$	38~43
	$I_L \leqslant 0$	43~48
红粘土	$0.75 < I_L \leqslant 1$	6~15
	$0.25 < I_L \leqslant 0.75$	15~35
粉土	$e > 0.9$	10~20
	$e = 0.7 \sim 0.9$	20~30
	$e < 0.7$	30~40

土的名称	土的状态	q_s
	稍密	10~20
粉细砂	中密	20~30
	密实	30~40
中砂	中密	25~35
	密实	35~45
粗砂	中密	35~45
	密实	45~55
砾砂	中密、密实	55~65

【例10-2】已知某市政给水工程桩基础的工程地质资料如表10-13所示,承台底埋深1.5m,桩长13.5m,预制桩截面350mm×350mm,试估算单桩轴向承载力标准值R_k。

【解】列表计算桩周摩擦力,详见表10-14。表中q_{si}据表10-12查得。据粉质粘土,I_L=0.21,入土深13.5+1.5=15m,查表10-11,q_p=2532kPa。于是单桩承载力标准值为:

$$R_k = q_p A_p + u_p \sum q_{si} l_i = 2532 \times (0.35)^2 + 312.6 = 622.8 (kN)$$

【例10-2】附表一 工程地质资料表   表 10-13

土层编号	土类	土层顶面坐标 z_i(m)	γ (kN/m³)	ω (%)	ω_L (%)	ω_P (%)	e	a_{1-2} (MPa⁻¹)	c (kPa)	φ
1	填土	0	18.2							
2	粘土	1.5	18.2	41	48	23	1.09	0.49	2.1	18°
3	淤泥	5.3	17.1	47	39	21	1.36	0.94	1.4	11°
4	淤泥质	8.7	19.1	42	45	22	1.13	0.58	1.9	14°
5	粉质粘土	13.5	20.5	14	25	11	0.90	0.10	6.7	20°
6	砂土	26.5								

【例10-2】附表二 桩周摩擦力计算表   表 10-14

土层编号	土层厚度 l_i (m)	桩周长 u_p (m)	I_L	q_{si} (kPa)	$q_{si} u_p l_i$ (kN)
2	3.8	1.4	0.72	25	133
3	3.4	1.4	1.44	5	23.8
4	4.8	1.4	0.87	11	73.9
5	1.5	1.4	0.21	39	81.9
	Σ 13.5				Σ 312.6

第三节 桩的内力和变形计算

为解决桩身的强度计算问题和桩基变形计算问题，需掌握桩与桩侧土体共同承受轴向力、横向力和弯矩作用下的内力计算问题。本节着重介绍在横向力作用下的内力计算问题。

桩基础承受由桩顶承台传来的荷载，并将其传给地基土层。一般将桩基承受的荷载分为轴向力和横向力两部分，并按轴向力和横向力分别进行验算。上一节已经解决了轴向承载力问题。埋置在土中的桩基础在横向力作用下产生的内力和变形受到了周围土体的约束。因此在计算横向力时，不仅应包括作用于桩顶的横向力及弯矩、还应考虑桩侧土体的横向抗力。现在的问题是需明确桩侧土体的横向力的分布，才能计算单桩的内力和变形。而桩侧土体的横向抗力分布规律是一个复杂的问题。我们仅介绍与《公路桥涵地基与基础设计规范》(JTJ024—85)所采用的与"m"法有关的知识，为计算桩的内力和桩顶变位作准备。

一、桩的内力和变形计算的理论与规定

为了使计算结果尽量符合实际又使计算方法简便快捷，需对桩身内力和变形计算基本理论和规定有所了解。这些理论与规定从以下四方面来叙述，即：弹性桩计算（"m"法)理论；单桩、单排桩与多排桩的荷载分配规定；桩的计算宽度规定；划分刚性构件与弹性构件的界限等。

（一）弹性桩计算（"m"法）理论

弹性桩计算（"m"法）理论在考虑了桩与桩侧土体共同承受外荷载作用之后，作了一些必要的假定，即

第一，将土体视为弹性变形介质，它具有随深度z成正比例增长的地基系数c（即$c=mz$），其中m即为地基土的比例系数；

第二，土的应力应变关系符合文克尔假定；

第三，计算公式推导时，不考虑桩与土之间的摩擦力和粘结力；

第四，桩与桩侧土体在受力前后始终紧密贴靠；

第五，认为桩是一个弹性体构件。

《公路桥涵地基与基础设计规范》(JTJ024—85)采用的"m"法是在弹性地基梁计算理论的基础上建立起来的。"m"法的理论基础是认为m是地基系数c随深度而成正比例变化的比例系数。

"m"法研究的对象是弹性桩。弹性桩在横向力的作用下，将发生挠曲变形，随着桩身的横向变位，桩侧土体随之将产生横向抗力。显然桩身的横向变位与桩侧土体的抗力是互相影响的。按照文克尔弹性地基梁理论的假定，桩侧土体的横向抗力与桩侧土体的横向变位成正比，而桩侧土体的横向变位等于桩身在横向力作用下的横向变位。若已知在深度z处桩身的横向位移为x，则该处土体的横向抗力σ_{zx}应为：

$$\sigma_{zx}=cx_z \ (\text{kPa}) \tag{10-12}$$

式中 σ_{zx}——在深度z处的土体横向抗力，下标z表示深度，x表示横向坐标;

c——地基系数（kN/m^3）;

x_z——桩身z处（或桩侧土体）的横向位移（m）。

地基系数c表示的是单位面积的土体在弹性范围内产生单位变形所需施加的力，其物理意义是使地基土体产生单位变形所需的压力强度，换言之，也是桩侧 某点发生单位横向位移时，土体对桩身产生的横向抗力。因此地基系数是c反映地基土抗力性质的指标，在横向位移x一定的条件下，地基系数c愈大，则说明土体的横向抗力愈大。经研究可知，地基系数c的大小与地基土的类别、物理状态和物理力学性质有关，而且是随深度变化的。地基系数c值的大小可以通过试验方法测得。

"m"法认为地基系数c与深度z成正比例关系，而m则是该正比关系的比例系数。即"m"法认为m是地基系数c随深度而成正比例变化的比例系数。这样，相应于深度z处的桩侧土体的地基系数c_z可按公式（10-13）确定，即

$$c_z=mz \qquad (10\text{-}13)$$

相应于深度h处的桩基底面土的竖向地基系数c_z可按公式(10-14)确定，注意c_0不得小于$10m_0$，这是因为据研究分析认为自地面至10m深度处土的竖向抗力几乎没有什么变化。当$h>10m$时、土的竖向抗力几乎与水平抗力相等, 则有

$h \leqslant 10m$ 时 $\qquad c_0=10m_0 \qquad (10\text{-}14a)$

$h > 10m$ 时 $\qquad c_0=m_0h=mh \qquad (10\text{-}14b)$

式中 c_z——相应于深度Z处的桩侧土体的地基系数(kN/m^3);

c_0——相应于深度h处的桩基底面土的地基系数(kN/m^3);

m、m_0——地基土的比例系数(kN/m^4),其值可参照表10-15采用;

z——地基土的深度（m）;

h——桩基底面的深度（m）。

《公路桥涵地基与基础设计规范》非岩石类地基土的比例系数 m、m_0值表 表 10-15

序号	土的名称	m、m_0(kN/m^4)
1	流塑粘性土$I_L \geqslant 1$、淤泥	3000～5000
2	软塑粘性土$1>I_L \geqslant 0.5$、粉砂	5000～10000
3	硬塑粘性土$0.5>I_L \geqslant 0$、细砂、中砂	10000～20000
4	坚硬、半坚硬粘性土$I_L<0$、粗砂	20000～30000
5	砾砂、角砾、圆砾、碎石、卵石	30000～80000
6	密实卵石夹粗砂、密实漂卵石	80000～120000

注: 本表用于桩在地面处最大位移不超过6mm, 位移较大时表列数值适当降低。

（二）单桩、单排桩与多排桩的荷载分配规定

为了确定单桩承受的荷载大小，需要明确承台荷载的分配原则。即需要明确如何根据承台承受的轴向力P、水平力H和弯矩M，计算出作用于每根桩上的轴向力P_i、水平力H_i和弯矩M_i。显然，这与基桩的数量和排列有关。为此按横向作用力与基桩的排列方式分为下述两种类型。

1. 单桩和单排桩

单排桩是指与横向力作用方向垂直的平面内仅有一排桩的排列方式。单桩和单排桩的荷载分配比较简单。

对于单桩，则有单桩的荷载等于桩顶帽上的所有外力；

对于单排桩，当一般的横向力作用在对称轴平面上时，各桩变形相等，受力也相等，所以可将作用于承台上的外力平均分配给每根桩。

2. 多排桩

多排桩或顺横向力方向的单排桩的荷载分配是一个复杂的问题。由于承台的刚度比基桩的刚度大很多，当一般的桩顶与承台的连接符合桩头嵌入承台深度的规定时，可视为刚性连接。而刚性连接的承台将桩群构成平面或空间的超静定问题，应按结构力学的要求进行分配计算，例如在本节"三、多排桩的内力和变形计算"中将按结构力学中的位移法进行分配计算。

（三）桩的计算宽度规定

基桩在外力作用下，除了桩身宽度范围内的桩侧土体受到挤压外，在桩身宽度以外一定的范围内的土体也都受到一定程度的影响，即属于空间受力。为了简化空间受力为平面受力，将基桩的设计宽度（直径）换算成相当实际工作条件下，矩形截面桩的宽度b_1。这样就称b_1为桩的计算宽度。经试验研究认为：影响桩的计算宽度的因素有桩的截面形式和群桩间的相互遮蔽作用。

根据对资料的分析和研究，《公路桥涵地基与基础与基础设计规范》(JTJ024—85)采用下列换算方法，确定桩的计算宽度。

$$b_1 = k_\varphi \cdot k_0 \cdot k \cdot b \qquad (10\text{-}15)$$

式中　b_1——桩的计算宽度(m)；

b——与横向外力H作用方向垂直平面上桩的宽度，圆形基桩$b = d$；

k_φ——形状换算系数，即在受力方向将各种不同截面形状的桩宽度，乘以k_φ换算为相当于矩形截面的宽度，其值查表10-16；

k_0——受力换算系数，考虑到实际上桩侧土体在承受水平荷载时为空间受力问题，k_0是简化为平面受力时所需的修正系数。具体而言是将桩身宽度以外一定范围内的受压土体的宽度折算到桩身的宽度中去。其值见表10-16；

k——桩间的相互影响系数。当桩基础有承台连接，且在外力作用平面内有数根桩时，各桩间的受力将会相互影响，其影响与桩间的净距L_1的大小有关，现将桩的实际宽度乘以系数k，作为互相遮蔽作用的修正方法。

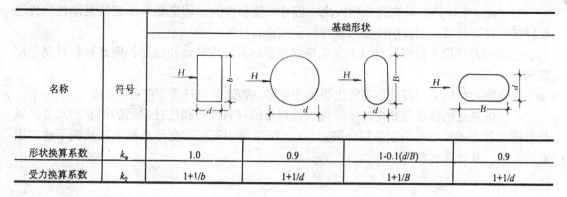

名称	符号	基础形状			
形状换算系数	k_φ	1.0	0.9	1-0.1(d/B)	0.9
受力换算系数	k_0	1+1/b	1+1/d	1+1/B	1+1/d

当 $L_1 \geqslant 0.6h_1$ 时 $\qquad\qquad k = 1.0$ (10-16a)

$$k = b' + \frac{(1-b')L_1}{0.6h_1}$$

当 $L_1 < 0.6h_1$ 时 (10-16b)

式中　L_1——桩间净距；

　　　h_1——桩在地面或最大冲刷线下的计算深度，可按下式计算

$$h_1 = 3(d+1) \text{（m）}$$ (10-17)

该计算深度不得大于桩的实际埋深 h。关于直径 d 的取值，对于钻孔桩为成孔直径；对于矩形桩可采用受力面桩的边宽；

　　　b'——与外力作用平面相互平行所验算的一排桩数（n）有关的系数

当 $n=1$ 时　$b'=1.00$

当 $n=2$ 时　$b'=0.60$

当 $n=3$ 时　$b'=0.50$

当 $n \geqslant 4$ 时　$b'=0.45$

当桩径 $d < 1$m 时，可不考虑相互影响系数。

　　注意：每个墩台基础的每一排桩的 n 根桩的计算总宽度 nb_1 不得大于 $(B+1)$。当 nb_1 大于 $(B+1)$ 时，取 $(B+1)$。B 为边桩外侧边缘的距离。

　　对于单桩或与横向外力作用面相垂直的单排桩，公式 $b_1 = k_\varphi k_0 kb$ 中，$k = 1.0$，$k_0 = 1+1/b$，于是 $b_1 = k_\varphi(1+1/b)b = k_\varphi(b+1)$，所以计算宽度 b_1 可按下式简便计算确定：

矩形截面桩柱 $\qquad\qquad b_1 = (b+1)$ (10-18a)

圆形截面桩柱 $\qquad\qquad b_1 = 0.9(b+1)$ (10-18b)

（四）划分刚性构件与弹性构件的界限

在"m"法计算中需要区分埋入土中桩柱的变形性能。即需要判断桩柱是刚性构件还是弹性构件，然后分别按刚性公式或弹性公式进行计算。

在横向力作用下，桩柱自身不发生挠曲变形，只发生转动和位移，则这种桩柱属于刚性构件；

在横向力作用下，桩柱自身将出现挠曲变形，则这种桩柱属于弹性构件。

判断桩柱是刚性还是弹性，要依据桩柱自身的材料性质和桩柱截面的形状和尺寸，以及桩侧地基土的性质等因素来综合确定。在"m"法中基桩的变形系数 α 则反映了这些因素的影响，其计算式如下：

$$\alpha = \sqrt[5]{\frac{mb_1}{EI}} \qquad\qquad (10\text{-}19)$$

式中　　α——基桩的变形系数 $\alpha(\text{m}^{-1})$；

　　　　m——土的地基系数随深度变化的比例系数(kN/m^4)；

　　　　b_1——桩柱的计算宽度(m)；

　　　　E——桩柱的弹性模量(kPa)；

　　　　I——桩柱的截面惯性矩(m^4)。

"m"法判断桩柱，是刚性构件还是弹性构件的界限是 $\alpha h = 2.5$。其中h是桩柱底面置于地面或局部冲刷线以下的入土有效深度。

　　　　若 $\alpha h > 2.5$时　桩柱按弹性构件计算；

　　　　若 $\alpha h \leqslant 2.5$时　桩柱按刚性构件计算。

例如桥梁桩基础大多属于弹性构件，一般打入桩和钻孔桩也多属于弹性构件；沉井基础属于刚性构件。

二、单桩、单排桩的内力和位移计算

（一）单桩、单排桩的内力和位移计算公式

根据桩柱的挠曲微分方程和边界条件，用高等数学的方法，可解得桩身任意截面上变位（水平位移x_z、转角φ_z）和内力（弯矩M_z、剪力Q_z）计算公式。即

$$x_z = \frac{Q_0}{\alpha^3 EI} A_x + \frac{M_0}{\alpha^2 EI} B_x \qquad\qquad (10\text{-}20a)$$

$$\varphi_z = \frac{Q_0}{\alpha^2 EI} A_\varphi + \frac{M_0}{\alpha EI} B_\varphi \qquad\qquad (10\text{-}20b)$$

$$M_z = \frac{Q_0}{\alpha} A_M + M_0 B_M \qquad\qquad (10\text{-}20c)$$

$$Q_z = Q_0 A_Q + \alpha M_0 B_Q \qquad\qquad (10\text{-}20d)$$

式中 x_z、φ_z、M_z、Q_z——深度z处桩身截面的水平位移x_z(m)、转角φ_z

（rad）以及截面上的内力弯矩M_z(kN·m)、

剪力Q_z（kN）；

A_x、B_x、A_φ、B_φ、A_M、B_M、A_Q、B_Q——均为无量纲系数。可根据αz和αh从有关资料

中查表确定，A_M、B_M可根据αz和αh从表10-17

中查得；

Q_0——作用在地面处的水平荷载（kN）；

M_0——作用在地面处的弯矩（kN·m）；

z——所求截面的深度坐标（m）；

h——桩尖的埋置深度（m），即桩的入土有效深度。

对于高桩承台桩从底面或局部冲刷线算至桩尖

处、对于低桩承台从承台底面算至桩尖处。

    高桩承台中，桩顶露出地面或局部冲刷线的长度为l_0，可用公式(10-21)进一步计算桩顶的水平位移x_1和转角φ_1。即

$$x_1 = \frac{Q}{\alpha^3 EI} A_{x_1} + \frac{M}{\alpha^2 EI} B_{x_1} \qquad (10\text{-}21a)$$

$$\varphi_1 = -\left(\frac{Q}{\alpha^2 EI} A_{\varphi_1} + \frac{M}{\alpha EI} B_{\varphi_1} \right) \qquad (10\text{-}21b)$$

式中 x_1、φ_1——桩顶的水平位移x_1（m）和转角φ_1（rad）；

M、Q——作用于桩顶上的弯矩（kN·m）和剪力（kN），在群桩中用M_i、

Q_i表示作用于第i根桩桩顶的弯矩和剪力；

A_{x1}、B_{x1}、$A_{\varphi1}$、$B_{\varphi1}$——无量纲系数，按αl_0和αh查表10-18确定；

l_0——桩顶至地面或局部冲刷线的长度；

其余符号意义同前。

    以上关于桩柱的位移和内力的正负号规定：Q和x以顺x轴的正方向为正；φ以逆时针转为正；M以使桩左侧纤维受拉时为正；相反则为负。

    （二）单桩、单排桩的内力和位移计算步骤

    在一般情况下，计算桩的内力和位移是在通过单桩轴向承载力验算之后。这时已知的资料有：

    1.作用在每根桩顶上的轴向力P_i、水平力Q_i、弯矩M_i；

    2.墩柱和桩身的材料性能指标：强度等级、弹性模量E；

    3.相关的尺寸如桩尖埋深h、墩柱高度l_1和截面尺寸d、地面以下桩身长度l（或h）、地面以上桩身长度l_0、和桩身截面尺寸d，基桩的排列情况及单排桩桩间的净距L_1等；

    4.地基土的类别和地基系数随深度变化的比例系数m等。

    根据以上资料，计算单桩、单排桩桩身内力和桩顶位移的步骤是：

    1.计算地面或局部冲刷线处的横向荷载：水平力Q_0、弯矩M_0。

在桩顶横向荷载（水平力Q_i、弯矩M_i）已知的条件下，计算桩在地面或局部冲刷线处的水平力Q_0、弯矩M_0可按下式进行

$$Q_0 = Q_i \qquad\qquad (10\text{-}22)$$

$$M_0 = M_i + Q l_0 \qquad\qquad (10\text{-}23)$$

注意：按规范将分别验算桩的轴向承载力与横向承载力，所以在计算轴向荷载与横向荷载时均应选最不利荷载组合。

2. 确定桩的计算宽度b_1和基桩的变形系数α，并判断是否属于弹性桩。

如为弹性桩则可按本节公式继续进行计算。

3. 计算桩身内力

首先计算αz和αh，其次由表10-17查出无量纲系数A_M、B_M，然后按公式（10-20）计算桩身的内力（弯矩M_z），并绘出内力（弯矩M_z）分布图，确定最大内力（弯矩）值及其截面位置，最后验算截面承载力或计算配置钢筋。

4. 计算墩（台）顶的位移

计算墩（台）顶位移可分为以下两种情况：

第一种情况：若桩柱与墩柱的材料和截面尺寸一样，则桩顶即为墩顶，因而按公式（10-21）计算的桩顶位移x_1即为墩顶位移Δ，即有$\Delta = x_1$。

第二种情况：若桩顶上有截面不同于桩身的墩（台）柱（图10-6）则可按下式计算墩台顶的水平位移：

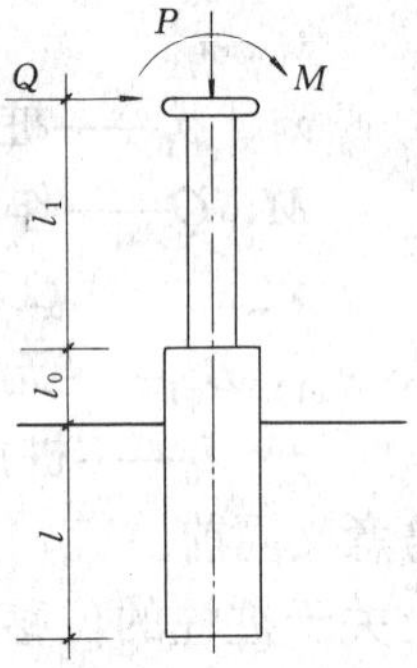

$$\Delta = x_1 + \varphi_1 l_1 + \Delta_0 \qquad\qquad (10\text{-}24)$$

式中　Δ——墩顶水平位移（m）；

　　　x_1——桩顶水平位移（m）；

　　　φ_1——桩顶截面转角（rad）；

　　　l_1——墩（台）顶到桩顶的高度（m）；

　　　Δ_0——墩柱部分由弹性挠曲所引起的墩顶水平位移（m），一般按桩顶处为固定。

图10-6 桩顶水平位移示意图

端的悬臂梁计算（图10-6），其计算公式为

$$\Delta_0 = \frac{Q l_1^2}{3 E_1 I_1} + \frac{M l_1^2}{2 E_1 I_1} \qquad\qquad (10\text{-}25)$$

式中　E_1——墩柱材料的弹性模量(kN/m^2)；

　　　I_1——墩柱截面的惯性矩(m^4)；

　　　Q——分配到每根墩柱顶端的剪力（kN）；

　　　M——分配到每根墩柱顶端的弯矩（kN·m）。

桩置于土中($\alpha h > 2.5$)或基岩上($\alpha h \geqslant 3.5$)弯矩系数 A_M 表 10-17a

az	$\alpha h=4$	$\alpha h=3.8$	$\alpha h=3.6$	$\alpha h=3.5$	$\alpha h=3.4$	$\alpha h=3.2$	$\alpha h=3$	$\alpha h=2.8$	$\alpha h=2.6$	$\alpha h=2.5$
0.0	0.0000	0.0000	0.0000	0.0000	0.0000	0.0000	0.0000	0.0000	0.0000	0.0000
0.1	0.0996	0.0996	0.0996	0.0996	0.0996	0.0996	0.0996	0.0995	0.0995	0.0995
0.2	0.1970	0.1969	0.1969	0.1969	0.1968	0.1968	0.1966	0.1964	0.1961	0.1959
0.3	0.2901	0.2900	0.2899	0.2898	0.2897	0.2894	0.2889	0.2882	0.2871	0.2865
0.4	0.3774	0.3773	0.3770	0.3768	0.3765	0.3758	0.3746	0.3730	0.3706	0.3691
0.5	0.4575	0.4572	0.4567	0.4563	0.4558	0.4544	0.4523	0.4491	0.4447	0.4419
0.6	0.5294	0.5289	0.5281	0.5274	0.5266	0.5242	0.5206	0.5153	0.5080	0.5034
0.7	0.5923	0.5915	0.5902	0.5892	0.5879	0.5842	0.5787	0.5707	0.5595	0.5525
0.8	0.6457	0.6446	0.6426	0.6411	0.6392	0.6339	0.6259	0.6145	0.5986	0.5887
0.9	0.6893	0.6878	0.6850	0.6829	0.6803	0.6729	0.6620	0.6464	0.6249	0.6115
1.0	0.7231	0.7210	0.7173	0.7145	0.7110	0.7013	0.6868	0.6664	0.6384	0.6211
1.1	0.7472	0.7445	0.7396	0.7360	0.7315	0.7189	0.7005	0.6745	0.6393	0.6176
1.2	0.7619	0.7584	0.7522	0.7477	0.7420	0.7262	0.7032	0.6712	0.6281	0.6017
1.3	0.7676	0.7633	0.7556	0.7500	0.7430	0.7237	0.6957	0.6570	0.6056	0.5744
1.4	0.7650	0.7597	0.7503	0.7435	0.7350	0.7118	0.6785	0.6328	0.5728	0.5368
1.5	0.7547	0.7483	0.7369	0.7288	0.7187	0.6913	0.6523	0.5995	0.5308	0.4902
1.6	0.7374	0.7297	0.7163	0.7068	0.6949	0.6631	0.6182	0.5581	0.4812	0.4363
1.7	0.7139	0.7048	0.6891	0.6781	0.6644	0.6279	0.5771	0.5099	0.4254	0.3769
1.8	0.6850	0.6744	0.6563	0.6436	0.6281	0.5868	0.5301	0.4562	0.3653	0.3142
1.9	0.6515	0.6393	0.6187	0.6043	0.5868	0.5407	0.4783	0.3986	0.3028	0.2503
2.0	0.6143	0.6003	0.5770	0.5610	0.5414	0.4908	0.4231	0.3386	0.2400	0.1878
2.1	0.5741	0.5583	0.5323	0.5145	0.4930	0.4379	0.3658	0.2778	0.1793	0.1295
2.2	0.5318	0.5141	0.4853	0.4658	0.4425	0.3834	0.3077	0.2182	0.1231	0.0783
2.3	0.4880	0.4684	0.4369	0.4157	0.3907	0.3282	0.2502	0.1616	0.0741	0.0373
2.4	0.4436	0.4219	0.3878	0.3651	0.3386	0.2735	0.1948	0.1100	0.0352	0.0100
2.5	0.3990	0.3754	0.3388	0.3148	0.2870	0.2204	0.1431	0.0657	0.0094	0.0000
2.6	0.3549	0.3294	0.2906	0.2656	0.2370	0.1702	0.0967	0.0310	0.0000	
2.7	0.3119	0.2846	0.2440	0.2183	0.1894	0.1241	0.0574	0.0082		
2.8	0.2704	0.2415	0.1995	0.1737	0.1450	0.0832	0.0268	0.0000		

αz	$\alpha h=4$	$\alpha h=3.8$	$\alpha h=3.6$	$\alpha h=3.5$	$\alpha h=3.4$	$\alpha h=3.2$	$\alpha h=3$	$\alpha h=2.8$	$\alpha h=2.6$	$\alpha h=2.5$
2.9	0.2308	0.2007	0.1580	0.1324	0.1049	0.0490	0.0071			
3.0	0.1935	0.1624	0.1199	0.0954	0.0698	0.0228	0.0000			
3.1	0.1588	0.1273	0.0860	0.0632	0.0408	0.0060				
3.2	0.1270	0.0957	0.0568	0.0368	0.0189	0.0000				
3.3	0.0984	0.0679	0.0329	0.0169	0.0049					
3.4	0.0731	0.0444	0.0151	0.0044	0.0000					
3.5	0.0513	0.0255	0.0039	0.0000						
3.6	0.0331	0.0116	0.0000							
3.7	0.0188	0.0030								
3.8	0.0084	0.0000								
3.9	0.0021									
4.0	0.0000									

桩置于土中（$\alpha h > 2.5$）或基岩上（$\alpha h \geqslant 3.5$）剪力系数 A_Q　　　表 10-17b

αz	$\alpha h=4$	$\alpha h=3.8$	$\alpha h=3.6$	$\alpha h=3.5$	$\alpha h=3.4$	$\alpha h=3.2$	$\alpha h=3$	$\alpha h=2.8$	$\alpha h=2.6$	$\alpha h=2.5$
0.0	1.0000	1.0000	1.0000	1.0000	1.0000	1.0000	1.0000	1.0000	1.0000	1.0000
0.1	0.9883	0.9883	0.9881	0.9880	0.9879	0.9875	0.9870	0.9861	0.9849	0.9841
0.2	0.9555	0.9552	0.9547	0.9543	0.9538	0.9524	0.9501	0.9469	0.9422	0.9392
0.3	0.9047	0.9041	0.9030	0.9021	0.9010	0.8979	0.8930	0.8860	0.8760	0.8697
0.4	0.8390	0.8380	0.8360	0.8345	0.8326	0.8272	0.8190	0.8071	0.7903	0.7797
0.5	0.7614	0.7598	0.7569	0.7546	0.7518	0.7436	0.7314	0.7137	0.6890	0.6734
0.6	0.6749	0.6726	0.6684	0.6653	0.6613	0.6501	0.6332	0.6091	0.5757	0.5547
0.7	0.5820	0.5790	0.5734	0.5693	0.5640	0.5494	0.5276	0.4966	0.4540	0.4274
0.8	0.4853	0.4813	0.4743	0.4691	0.4625	0.4441	0.4171	0.3790	0.3272	0.2952
0.9	0.3869	0.3821	0.3733	0.3670	0.3589	0.3368	0.3044	0.2593	0.1986	0.1615
1.0	0.2891	0.2832	0.2727	0.2651	0.2556	0.2295	0.1918	0.1399	0.0711	0.0295
1.1	0.1934	0.1864	0.1741	0.1653	0.1543	0.1243	0.0815	0.0233	-0.0526	-0.0978
1.2	0.1016	0.0934	0.0792	0.0691	0.0566	0.0228	-0.0247	-0.0884	-0.1699	-0.2175
1.3	0.0148	0.0054	-0.0107	-0.0220	-0.0360	-0.0734	-0.1251	-0.1932	-0.2784	-0.3270
1.4	-0.0658	-0.0765	-0.0945	-0.1070	-0.1224	-0.1630	-0.2183	-0.2895	-0.3759	-0.4238

αz	$\alpha h=4$	$\alpha h=3.8$	$\alpha h=3.6$	$\alpha h=3.5$	$\alpha h=3.4$	$\alpha h=3.2$	$\alpha h=3$	$\alpha h=2.8$	$\alpha h=2.6$	$\alpha h=2.5$
1.5	-0.1394	-0.1514	-0.1712	-0.1850	-0.2017	-0.2451	-0.3030	-0.3756	-0.4604	-0.5054
1.6	-0.2055	-0.2187	-0.2403	-0.2552	-0.2730	-0.3186	-0.3780	-0.4501	-0.5298	-0.5696
1.7	-0.2635	-0.2780	-0.3013	-0.3171	-0.3358	-0.3830	-0.4425	-0.5116	-0.5825	-0.6142
1.8	-0.3133	-0.3290	-0.3539	-0.3703	-0.3898	-0.4375	-0.4957	-0.5590	-0.6165	-0.6370
1.9	-0.3549	-0.3717	-0.3978	-0.4148	-0.4346	-0.4819	-0.5367	-0.5911	-0.6301	-0.6359
2.0	-0.3883	-0.4061	-0.4332	-0.4504	-0.4702	-0.5158	-0.5649	-0.6068	-0.6215	-0.6086
2.1	-0.4137	-0.4324	-0.4600	-0.4772	-0.4964	-0.5388	-0.5798	-0.6050	-0.5890	-0.5530
2.2	-0.4316	-0.4509	-0.4786	-0.4952	-0.5134	-0.5507	-0.5806	-0.5845	-0.5307	-0.4667
2.3	-0.4423	-0.4620	-0.4890	-0.5047	-0.5211	-0.5515	-0.5669	-0.5443	-0.4447	-0.3474
2.4	-0.4463	-0.4660	-0.4918	-0.5059	-0.5197	-0.5407	-0.5380	-0.4830	-0.3289	-0.1927
2.5	-0.4441	-0.4634	-0.4870	-0.4989	-0.5092	-0.5183	-0.4931	-0.3993	-0.1814	0.0000
2.6	-0.4363	-0.4547	-0.4751	-0.4839	-0.4898	-0.4838	-0.4315	-0.2919	0.0000	
2.7	-0.4235	-0.4403	-0.4563	-0.4612	-0.4614	-0.4370	-0.3524	-0.1593		
2.8	-0.4062	-0.4207	-0.4309	-0.4308	-0.4240	-0.3774	-0.2548	0.0000		
2.9	-0.3850	-0.3963	-0.3991	-0.3928	-0.3775	-0.3045	-0.1377			
3.0	-0.3603	-0.3674	-0.3611	-0.3472	-0.3218	-0.2178	0.0000			
3.1	-0.3327	-0.3344	-0.3168	-0.2939	-0.2565	-0.1165				
3.2	-0.3025	-0.2975	-0.2663	-0.2328	-0.1814	0.0000				
3.3	-0.2701	-0.2568	-0.2095	-0.1637	-0.0960					
3.4	-0.2358	-0.2126	-0.1464	-0.0862	0.0000					
3.5	-0.1999	-0.1648	-0.0766	0.0000						
3.6	-0.1625	-0.1135	0.0000							
3.7	-0.1237	-0.0586								
3.8	-0.0837	0.0000								
3.9	-0.0424									
4.0	0.0000									

桩置于土中（$\alpha h > 2.5$）或基岩上（$\alpha h \geqslant 3.5$）弯矩系数 B_M　　表 10-17c

αz	$\alpha h=4$	$\alpha h=3.8$	$\alpha h=3.6$	$\alpha h=3.5$	$\alpha h=3.4$	$\alpha h=3.2$	$\alpha h=3$	$\alpha h=2.8$	$\alpha h=2.6$	$\alpha h=2.5$
0.0	1.0000	1.0000	1.0000	1.0000	1.0000	1.0000	1.0000	1.0000	1.0000	1.0000
0.1	0.9997	0.9997	0.9997	0.9997	0.9997	0.9997	0.9997	0.9997	0.9997	0.9997
0.2	0.9981	0.9981	0.9980	0.9980	0.9980	0.9980	0.9979	0.9978	0.9975	0.9974
0.3	0.9938	0.9938	0.9938	0.9937	0.9937	0.9935	0.9933	0.9928	0.9921	0.9916
0.4	0.9862	0.9862	0.9861	0.9860	0.9859	0.9855	0.9849	0.9838	0.9822	0.9811
0.5	0.9746	0.9745	0.9743	0.9742	0.9740	0.9733	0.9721	0.9701	0.9670	0.9649
0.6	0.9586	0.9585	0.9582	0.9580	0.9576	0.9564	0.9544	0.9512	0.9461	0.9426
0.7	0.9382	0.9380	0.9376	0.9372	0.9366	0.9348	0.9317	0.9267	0.9190	0.9138
0.8	0.9133	0.9130	0.9124	0.9118	0.9110	0.9084	0.9039	0.8968	0.8858	0.8783
0.9	0.8841	0.8838	0.8828	0.8820	0.8809	0.8773	0.8712	0.8615	0.8465	0.8365
1.0	0.8509	0.8505	0.8492	0.8482	0.8467	0.8419	0.8338	0.8210	0.8016	0.7886
1.1	0.8141	0.8135	0.8119	0.8105	0.8086	0.8024	0.7921	0.7759	0.7514	0.7352
1.2	0.7742	0.7734	0.7714	0.7696	0.7672	0.7595	0.7467	0.7266	0.6967	0.6770
1.3	0.7316	0.7307	0.7282	0.7260	0.7230	0.7135	0.6979	0.6737	0.6380	0.6147
1.4	0.6870	0.6858	0.6828	0.6801	0.6765	0.6651	0.6465	0.6180	0.5763	0.5494
1.5	0.6408	0.6395	0.6358	0.6326	0.6282	0.6149	0.5931	0.5600	0.5124	0.4820
1.6	0.5937	0.5921	0.5877	0.5840	0.5789	0.5633	0.5383	0.5007	0.4474	0.4138
1.7	0.5463	0.5443	0.5392	0.5349	0.5290	0.5112	0.4828	0.4408	0.3822	0.3460
1.8	0.4989	0.4967	0.4908	0.4858	0.4791	0.4590	0.4273	0.3812	0.3181	0.2799
1.9	0.4522	0.4496	0.4429	0.4373	0.4297	0.4073	0.3725	0.3226	0.2562	0.2170
2.0	0.4066	0.4036	0.3961	0.3898	0.3814	0.3566	0.3189	0.2661	0.1978	0.1588
2.1	0.3625	0.3592	0.3507	0.3438	0.3345	0.3076	0.2674	0.2124	0.1442	0.1070
2.2	0.3203	0.3165	0.3072	0.2996	0.2895	0.2607	0.2185	0.1626	0.0967	0.0633
2.3	0.2803	0.2761	0.2659	0.2576	0.2468	0.2163	0.1729	0.1176	0.0570	0.0296
2.4	0.2427	0.2381	0.2270	0.2182	0.2067	0.1750	0.1311	0.0783	0.0265	0.0078
2.5	0.2077	0.2027	0.1908	0.1815	0.1695	0.1370	0.0940	0.0458	0.0069	0.0000
2.6	0.1756	0.1702	0.1576	0.1478	0.1355	0.1029	0.0620	0.0211	0.0000	
2.7	0.1463	0.1405	0.1273	0.1173	0.1049	0.0731	0.0360	0.0055		
2.8	0.1200	0.1139	0.1003	0.0902	0.0778	0.0478	0.0165	0.0000		

αz	αh=4	αh=3.8	αh=3.6	αh=3.5	αh=3.4	αh=3.2	αh=3	αh=2.8	αh=2.6	αh=2.5
2.9	0.0966	0.0902	0.0764	0.0664	0.0546	0.0274	0.0042			
3.0	0.0761	0.0696	0.0558	0.0463	0.0353	0.0125	0.0000			
3.1	0.0585	0.0519	0.0385	0.0297	0.0200	0.0032				
3.2	0.0436	0.0370	0.0245	0.0167	0.0090	0.0000				
3.3	0.0313	0.0249	0.0137	0.0074	0.0023					
3.4	0.0214	0.0154	0.0060	0.0019	0.0000					
3.5	0.0137	0.0084	0.0015	0.0000						
3.6	0.0080	0.0036	0.0000							
3.7	0.0041	0.0009								
3.8	0.0016	0.0000								
3.9	0.0003									
4.0	0.0000									

桩置于土中 (αh > 2.5) 或基岩上 (αh ≥ 3.5) 剪力系数 B_0 表 10-17d

αz	αh=4	αh=3.8	αh=3.6	αh=3.5	αh=3.4	αh=3.2	αh=3	αh=2.8	αh=2.6	αh=2.5
0.0	0.0000	0.0000	0.0000	0.0000	0.0000	0.0000	0.0000	0.0000	0.0000	0.0000
0.1	-0.0075	-0.0075	-0.0076	-0.0076	-0.0077	-0.0079	-0.0082	-0.0087	-0.0096	-0.0102
0.2	-0.0280	-0.0280	-0.0282	-0.0283	-0.0285	-0.0293	-0.0305	-0.0326	-0.0358	-0.0380
0.3	-0.0582	-0.0583	-0.0587	-0.0590	-0.0595	-0.0610	-0.0637	-0.0681	-0.0751	-0.0798
0.4	-0.0955	-0.0958	-0.0964	-0.0970	-0.0978	-0.1004	-0.1050	-0.1125	-0.1241	-0.1321
0.5	-0.1375	-0.1378	-0.1388	-0.1397	-0.1409	-0.1449	-0.1517	-0.1628	-0.1800	-0.1916
0.6	-0.1819	-0.1824	-0.1837	-0.1850	-0.1867	-0.1922	-0.2016	-0.2167	-0.2399	-0.2556
0.7	-0.2269	-0.2275	-0.2293	-0.2310	-0.2332	-0.2404	-0.2526	-0.2720	-0.3015	-0.3213
0.8	-0.2708	-0.2717	-0.2740	-0.2760	-0.2789	-0.2878	-0.3029	-0.3267	-0.3627	-0.3866
0.9	-0.3124	-0.3135	-0.3163	-0.3188	-0.3223	-0.3331	-0.3512	-0.3794	-0.4215	-0.4492
1.0	-0.3506	-0.3518	-0.3553	-0.3582	-0.3623	-0.3751	-0.3961	-0.4286	-0.4764	-0.5074
1.1	-0.3844	-0.3859	-0.3899	-0.3934	-0.3981	-0.4128	-0.4366	-0.4730	-0.5257	-0.5595
1.2	-0.4133	-0.4151	-0.4197	-0.4236	-0.4291	-0.4455	-0.4721	-0.5119	-0.5684	-0.6040
1.3	-0.4369	-0.4389	-0.4441	-0.4486	-0.4546	-0.4728	-0.5017	-0.5443	-0.6034	-0.6397
1.4	-0.4549	-0.4571	-0.4630	-0.4679	-0.4745	-0.4944	-0.5252	-0.5697	-0.6296	-0.6654

αz	$\alpha h=4$	$\alpha h=3.8$	$\alpha h=3.6$	$\alpha h=3.5$	$\alpha h=3.4$	$\alpha h=3.2$	$\alpha h=3$	$\alpha h=2.8$	$\alpha h=2.6$	$\alpha h=2.5$
1.5	-0.4671	-0.4697	-0.4761	-0.4815	-0.4887	-0.5099	-0.5422	-0.5876	-0.6463	-0.6799
1.6	-0.4738	-0.4766	-0.4836	-0.4894	-0.4971	-0.5194	-0.5525	-0.5975	-0.6528	-0.6824
1.7	-0.4749	-0.4780	-0.4856	-0.4918	-0.4998	-0.5228	-0.5561	-0.5992	-0.6482	-0.6719
1.8	-0.4710	-0.4743	-0.4824	-0.4888	-0.4972	-0.5205	-0.5529	-0.5924	-0.6321	-0.6474
1.9	-0.4622	-0.4658	-0.4743	-0.4809	-0.4894	-0.5125	-0.5430	-0.5769	-0.6038	-0.6081
2.0	-0.4491	-0.4529	-0.4617	-0.4684	-0.4769	-0.4991	-0.5265	-0.5525	-0.5625	-0.5528
2.1	-0.4321	-0.4361	-0.4450	-0.4517	-0.4600	-0.4806	-0.5034	-0.5190	-0.5076	-0.4806
2.2	-0.4117	-0.4158	-0.4248	-0.4313	-0.4391	-0.4573	-0.4738	-0.4760	-0.4383	-0.3904
2.3	-0.3885	-0.3927	-0.4015	-0.4076	-0.4146	-0.4293	-0.4378	-0.4234	-0.3538	-0.2811
2.4	-0.3630	-0.3672	-0.3755	-0.3810	-0.3870	-0.3971	-0.3954	-0.3607	-0.2532	-0.1514
2.5	-0.3358	-0.3398	-0.3474	-0.3521	-0.3565	-0.3608	-0.3465	-0.2875	-0.1356	0.0000
2.6	-0.3073	-0.3111	-0.3177	-0.3211	-0.3236	-0.3205	-0.2911	-0.2033	0.0000	
2.7	-0.2780	-0.2815	-0.2866	-0.2885	-0.2886	-0.2765	-0.2290	-0.1077		
2.8	-0.2485	-0.2515	-0.2547	-0.2546	-0.2517	-0.2287	-0.1599	0.0000		
2.9	-0.2191	-0.2214	-0.2222	-0.2197	-0.2131	-0.1772	-0.0837			
3.0	-0.1903	-0.1917	-0.1895	-0.1840	-0.1731	-0.1220	0.0000			
3.1	-0.1624	-0.1626	-0.1567	-0.1478	-0.1316	-0.0629				
3.2	-0.1358	-0.1346	-0.1243	-0.1112	-0.0890	0.0000				
3.3	-0.1108	-0.1078	-0.0922	-0.0743	-0.0451					
3.4	-0.0876	-0.0825	-0.0607	-0.0372	0.0000					
3.5	-0.0666	-0.0589	-0.0300	0.0000						
3.6	-0.0478	-0.0371	0.0000							
3.7	-0.0316	-0.0175								
3.8	-0.0181	0.0000								
3.9	-0.0075									
4.0	0.0000									

桩置于土中($\alpha h > 2.5$) 或基岩上($\alpha h \geqslant 3.5$) 桩顶位移系数 A_{x1}　　　　表 10-18a

αz	$\alpha h=4$	$\alpha h=3.8$	$\alpha h=3.6$	$\alpha h=3.5$	$\alpha h=3.4$	$\alpha h=3.2$	$\alpha h=3$	$\alpha h=2.8$	$\alpha h=2.6$	$\alpha h=2.5$
0.0	2.4406	2.4544	2.4812	2.5018	2.5286	2.6062	2.7266	2.9054	3.1628	3.3291
0.2	3.1617	3.1767	3.2072	3.2311	3.2627	3.3562	3.5050	3.7314	4.0653	4.2849
0.4	4.0388	4.0551	4.0894	4.1169	4.1537	4.2647	4.4449	4.7245	5.1449	5.4253
0.6	5.0880	5.1056	5.1440	5.1753	5.2178	5.3477	5.5623	5.9007	6.4174	6.7661
0.8	6.3252	6.3442	6.3869	6.4223	6.4708	6.6211	6.8731	7.2759	7.8990	8.3233
1.0	7.7665	7.7869	7.8341	7.8739	7.9288	8.1010	8.3934	8.8663	9.6057	10.1131
1.2	9.4278	9.4497	9.5017	9.5461	9.6077	9.8033	10.1392	10.6877	11.5534	12.1512
1.4	11.3252	11.3486	11.4056	11.4548	11.5237	11.7442	12.1265	12.7562	13.7581	14.4538
1.6	13.4746	13.4996	13.5618	13.6161	13.6926	13.9394	14.3713	15.0879	16.2358	17.0369
1.8	15.8921	15.9187	15.9864	16.0460	16.1306	16.4052	16.8895	17.6985	19.0026	19.9165
2.0	18.5936	18.6219	18.6953	18.7605	18.8534	19.1574	19.6972	20.6043	22.0744	23.1085
2.2	21.5951	21.6252	21.7045	21.7756	21.8773	22.2121	22.8104	23.8212	25.4672	26.6289
2.4	24.9127	24.9446	25.0300	25.1072	25.2182	25.5853	26.2450	27.3652	29.1971	30.4938
2.6	28.5624	28.5961	28.6879	28.7714	28.8920	29.2929	30.0171	31.2522	33.2800	34.7192
2.8	32.5601	32.5957	32.6941	32.7842	32.9148	33.3510	34.1427	35.4984	37.7320	39.3210
3.0	36.9218	36.9594	37.0646	37.1616	37.3026	37.7756	38.6378	40.1196	42.5690	44.3153
3.2	41.6636	41.7032	41.8155	41.9196	42.0714	42.5826	43.5184	45.1319	47.8070	49.7181
3.4	46.8014	46.8431	46.9627	47.0741	47.2371	47.7881	48.8004	50.5513	53.4620	55.5453
3.6	52.3513	52.3951	52.5222	52.6413	52.8158	53.4081	54.4999	56.3938	59.5501	61.8129
3.8	58.3292	58.3752	58.5100	58.6370	58.8236	59.4585	60.6329	62.6753	66.0872	68.5370
4.0	64.7512	64.7994	64.9422	65.0773	65.2762	65.9554	67.2154	69.4120	73.0894	75.7336
4.2	71.6332	71.6836	71.8347	71.9781	72.1899	72.9148	74.2633	76.6198	80.5726	83.4186
4.4	78.9913	79.0440	79.2035	79.3556	79.5806	80.3527	81.7927	84.3146	88.5528	91.6081
4.6	86.8414	86.8965	87.0647	87.2256	87.4642	88.2850	89.8196	92.5125	97.0461	100.3181
4.8	95.1995	95.2571	95.4342	95.6042	95.8568	96.7278	98.3600	101.2295	106.0684	109.5645
5.0	104.0817	104.1418	104.3280	104.5074	104.7744	105.6970	107.4298	110.4816	115.6357	119.3633
5.2	113.5040	113.5666	113.7621	113.9512	114.2329	115.2087	117.0451	120.2848	125.7641	129.7307
5.4	123.4823	123.5475	123.7526	123.9515	124.2485	125.2789	127.2219	130.6551	136.4695	140.6824
5.6	134.0326	134.1005	134.3154	134.5245	134.8370	135.9236	137.9762	141.6085	147.7679	152.2347

αz	$\alpha h=4$	$\alpha h=3.8$	$\alpha h=3.6$	$\alpha h=3.5$	$\alpha h=3.4$	$\alpha h=3.2$	$\alpha h=3$	$\alpha h=2.8$	$\alpha h=2.6$	$\alpha h=2.5$
5.8	145.1710	145.2415	145.4666	145.6860	146.0145	147.1587	149.3240	153.1609	159.6754	164.4033
6.0	156.9134	156.9867	157.2220	157.4521	157.7970	159.0003	161.2812	165.3285	172.2079	177.2045
6.2	169.2759	169.3520	169.5978	169.8388	170.2004	171.4643	173.8639	178.1271	185.3814	190.6541
6.4	182.2744	182.3534	182.6100	182.8620	183.2409	184.5668	187.0881	191.5728	199.2120	204.7682
6.6	195.9250	196.0069	196.2744	196.5379	196.9343	198.3238	200.9697	205.6816	213.7156	219.5627
6.8	210.2436	210.3284	210.6072	210.8823	211.2967	212.7513	215.5249	220.4695	228.9082	235.0537
7.0	225.2463	225.3341	225.6243	225.9113	226.3441	227.8652	230.7695	235.9525	244.8059	251.2571
7.2	240.9490	241.0399	241.3417	241.6408	242.0924	243.6816	246.7195	252.1465	261.4246	268.1890
7.4	257.3678	257.4618	257.7755	258.0870	258.5578	260.2165	263.3911	269.0677	278.7804	285.8653
7.6	274.5186	274.6157	274.9416	275.2657	275.7561	277.4858	280.8001	286.7319	296.8892	304.3021
7.8	292.4174	292.5178	292.8560	293.1931	293.7034	295.5056	298.9626	305.1553	315.7670	323.5154
8.0	311.0803	311.1840	311.5348	311.8850	312.4156	314.2919	317.8946	324.3537	335.4298	343.5211
8.2	330.5233	330.6303	330.9939	331.3574	331.9089	333.8606	337.6121	344.3432	355.8937	364.3353
8.4	350.7623	350.8726	351.2493	351.6265	352.1991	354.2278	358.1310	365.1398	377.1746	385.9739
8.6	371.8133	371.9271	372.3170	372.7081	373.3023	375.4095	379.4675	386.7594	399.2886	408.4530
8.8	393.6924	393.8097	394.2131	394.6184	395.2345	397.4217	401.6373	409.2182	422.2516	431.7886
9.0	416.4155	416.5364	416.9535	417.3732	418.0117	420.2803	424.6567	432.5321	446.0796	455.9966
9.2	439.9987	440.1231	440.5543	440.9886	441.6499	444.0013	448.5416	456.7170	470.7886	481.0930
9.4	464.4579	464.5860	465.0313	465.4805	466.1650	468.6009	473.3079	481.7890	496.3947	507.0940
9.6	489.8092	489.9410	490.4007	490.8651	491.5731	494.0949	498.9717	507.7642	522.9139	534.0153
9.8	516.0685	516.2040	516.6784	517.1582	517.8902	520.4994	525.5489	534.6584	550.3620	561.8732
10.0	543.2519	543.3912	543.8805	544.3759	545.1322	547.8303	553.0557	562.4877	578.7552	590.6835

桩置于土中($\alpha h > 2.5$)或基岩上($\alpha h \geqslant 3.5$)桩顶位移系数、桩顶转角系数 $A_{\varphi1}=B_{x1}$ 表 10-18b

αz	$\alpha h=4$	$\alpha h=3.8$	$\alpha h=3.6$	$\alpha h=3.5$	$\alpha h=3.4$	$\alpha h=3.2$	$\alpha h=3$	$\alpha h=2.8$	$\alpha h=2.6$	$\alpha h=2.5$
0.0	1.6210	1.6240	1.6327	1.6408	1.6523	1.6903	1.7575	1.8695	2.0483	2.1725
0.2	1.9911	1.9942	2.0035	2.0122	2.0248	2.0665	2.1412	2.2672	2.4709	2.6136
0.4	2.4012	2.4045	2.4144	2.4237	2.4372	2.4826	2.5649	2.7049	2.9335	3.0948
0.6	2.8513	2.8547	2.8652	2.8751	2.8897	2.9388	3.0286	3.1826	3.4360	3.6159
0.8	3.3415	3.3450	3.3560	3.3666	3.3821	3.4350	3.5323	3.7003	3.9786	4.1770

αz	$\alpha h=4$	$\alpha h=3.8$	$\alpha h=3.6$	$\alpha h=3.5$	$\alpha h=3.4$	$\alpha h=3.2$	$\alpha h=3$	$\alpha h=2.8$	$\alpha h=2.6$	$\alpha h=2.5$
1.0	3.8716	3.8752	3.8868	3.8980	3.9145	3.9711	4.0760	4.2581	4.5612	4.7782
1.2	4.4417	4.4455	4.4577	4.4695	4.4870	4.5473	4.6597	4.8558	5.1838	5.4193
1.4	5.0518	5.0557	5.0685	5.0809	5.0994	5.1635	5.2834	5.4935	5.8464	6.1005
1.6	5.7019	5.7060	5.7193	5.7324	5.7519	5.8196	5.9470	6.1712	6.5490	6.8216
1.8	6.3920	6.3962	6.4101	6.4238	6.4443	6.5158	6.6507	6.8889	7.2916	7.5828
2.0	7.1222	7.1265	7.1410	7.1553	7.1768	7.2520	7.3944	7.6467	8.0742	8.3839
2.2	7.8923	7.8967	7.9118	7.9267	7.9492	8.0282	8.1781	8.4444	8.8967	9.2250
2.4	8.7024	8.7069	8.7226	8.7382	8.7617	8.8443	9.0018	9.2821	9.7593	10.1062
2.6	9.5525	9.5572	9.5734	9.5896	9.6141	9.7005	9.8655	10.1598	10.6619	11.0273
2.8	10.4426	10.4474	10.4642	10.4811	10.5066	10.5967	10.7692	11.0775	11.6045	11.9885
3.0	11.3727	11.3777	11.3951	11.4125	11.4390	11.5328	11.7129	12.0353	12.5871	12.9896
3.2	12.3429	12.3479	12.3659	12.3840	12.4115	12.5090	12.6966	13.0330	13.6097	14.0308
3.4	13.3530	13.3582	13.3767	13.3954	13.4239	13.5252	13.7203	14.0707	14.6723	15.1119
3.6	14.4031	14.4084	14.4275	14.4469	14.4764	14.5813	14.7840	15.1484	15.7748	16.2330
3.8	15.4932	15.4987	15.5184	15.5383	15.5688	15.6775	15.8876	16.2661	16.9174	17.3942
4.0	16.6233	16.6289	16.6492	16.6698	16.7013	16.8137	17.0313	17.4238	18.1000	18.5953
4.2	17.7934	17.7992	17.8200	17.8412	17.8737	17.9899	18.2150	18.6216	19.3226	19.8365
4.4	19.0035	19.0094	19.0308	19.0527	19.0862	19.2060	19.4387	19.8593	20.5852	21.1176
4.6	20.2537	20.2597	20.2816	20.3041	20.3386	20.4622	20.7024	21.1370	21.8878	22.4388
4.8	21.5438	21.5499	21.5725	21.5956	21.6311	21.7584	22.0061	22.4547	23.2304	23.7999
5.0	22.8739	22.8802	22.9033	22.9270	22.9635	23.0945	23.3498	23.8124	24.6130	25.2011
5.2	24.2440	24.2504	24.2741	24.2985	24.3360	24.4707	24.7335	25.2102	26.0355	26.6422
5.4	25.6541	25.6607	25.6849	25.7099	25.7484	25.8869	26.1572	26.6479	27.4981	28.1233
5.6	27.1042	27.1109	27.1358	27.1614	27.2009	27.3430	27.6209	28.1256	29.0007	29.6445
5.8	28.5944	28.6012	28.6266	28.6528	28.6933	28.8392	29.1246	29.6433	30.5433	31.2056
6.0	30.1245	30.1314	30.1574	30.1843	30.2258	30.3754	30.6682	31.2010	32.1259	32.8068
6.2	31.6946	31.7017	31.7282	31.7557	31.7982	31.9516	32.2519	32.7988	33.7485	34.4479
6.4	33.3047	33.3119	33.3391	33.3672	33.4107	33.5677	33.8756	34.4365	35.4111	36.1291
6.6	34.9548	34.9622	34.9899	35.0186	35.0631	35.2239	35.5393	36.1142	37.1136	37.8502
6.8	36.6449	36.6524	36.6807	36.7101	36.7556	36.9201	37.2430	37.8319	38.8562	39.6113

续表

αz	$\alpha h=4$	$\alpha h=3.8$	$\alpha h=3.6$	$\alpha h=3.5$	$\alpha h=3.4$	$\alpha h=3.2$	$\alpha h=3$	$\alpha h=2.8$	$\alpha h=2.6$	$\alpha h=2.5$
7.0	38.3751	38.3827	38.4115	38.4416	38.4880	38.6562	38.9867	39.5896	40.6388	41.4125
7.2	40.1452	40.1529	40.1823	40.2130	40.2604	40.4324	40.7704	41.3874	42.4614	43.2536
7.4	41.9553	41.9631	41.9932	42.0245	42.0729	42.2486	42.5941	43.2251	44.3240	45.1348
7.6	43.8054	43.8134	43.8440	43.8759	43.9253	44.1048	44.4578	45.1028	46.2266	47.0559
7.8	45.6955	45.7036	45.7348	45.7674	45.8178	46.0009	46.3615	47.0205	48.1692	49.0171
8.0	47.6256	47.6339	47.6656	47.6988	47.7502	47.9371	48.3051	48.9782	50.1517	51.0182
8.2	49.5958	49.6041	49.6365	49.6703	49.7227	49.9133	50.2888	50.9760	52.1743	53.0593
8.4	51.6059	51.6144	51.6473	51.6817	51.7351	51.9294	52.3125	53.0137	54.2369	55.1405
8.6	53.6560	53.6646	53.6981	53.7332	53.7876	53.9856	54.3762	55.0914	56.3395	57.2616
8.8	55.7461	55.7549	55.7889	55.8246	55.8800	56.0818	56.4799	57.2091	58.4821	59.4228
9.0	57.8762	57.8851	57.9198	57.9561	58.0125	58.2179	58.6236	59.3668	60.6647	61.6239
9.2	60.0463	60.0554	60.0906	60.1275	60.1849	60.3941	60.8073	61.5645	62.8873	63.8651
9.4	62.2564	62.2656	62.3014	62.3390	62.3974	62.6103	63.0310	63.8023	65.1499	66.1462
9.6	64.5066	64.5159	64.5522	64.5904	64.6498	64.8665	65.2947	66.0800	67.4524	68.4674
9.8	66.7967	66.8061	66.8430	66.8819	66.9423	67.1626	67.5984	68.3977	69.7950	70.8285
10.0	69.1268	69.1364	69.1739	69.2133	69.2747	69.4988	69.9421	70.7554	72.1776	73.2296

桩置于土中（$\alpha h > 2.5$）或基岩上（$\alpha h \geqslant 3.5$）桩顶转角系数 $B_{\varphi 1}$ 表 10-18c

αz	$\alpha h=4$	$\alpha h=3.8$	$\alpha h=3.6$	$\alpha h=3.5$	$\alpha h=3.4$	$\alpha h=3.2$	$\alpha h=3$	$\alpha h=2.8$	$\alpha h=2.6$	$\alpha h=2.5$
0.0	1.7506	1.7512	1.7541	1.7573	1.7622	1.7809	1.8185	1.8886	2.0129	2.1057
0.2	1.9506	1.9512	1.9541	1.9573	1.9622	1.9809	2.0185	2.0886	2.2129	2.3057
0.4	2.1506	2.1512	2.1541	2.1573	2.1622	2.1809	2.2185	2.2886	2.4129	2.5057
0.6	2.3506	2.3512	2.3541	2.3573	2.3622	2.3809	2.4185	2.4886	2.6129	2.7057
0.8	2.5506	2.5512	2.5541	2.5573	2.5622	2.5809	2.6185	2.6886	2.8129	2.9057
1.0	2.7506	2.7512	2.7541	2.7573	2.7622	2.7809	2.8185	2.8886	3.0129	3.1057
1.2	2.9506	2.9512	2.9541	2.9573	2.9622	2.9809	3.0185	3.0886	3.2129	3.3057
1.4	3.1506	3.1512	3.1541	3.1573	3.1622	3.1809	3.2185	3.2886	3.4129	3.5057
1.6	3.3506	3.3512	3.3541	3.3573	3.3622	3.3809	3.4185	3.4886	3.6129	3.7057
1.8	3.5506	3.5512	3.5541	3.5573	3.5622	3.5809	3.6185	3.6886	3.8129	3.9057
2.0	3.7506	3.7512	3.7541	3.7573	3.7622	3.7809	3.8185	3.8886	4.0129	4.1057

αz	$\alpha h=4$	$\alpha h=3.8$	$\alpha h=3.6$	$\alpha h=3.5$	$\alpha h=3.4$	$\alpha h=3.2$	$\alpha h=3$	$\alpha h=2.8$	$\alpha h=2.6$	$\alpha h=2.5$
2.2	3.9506	3.9512	3.9541	3.9573	3.9622	3.9809	4.0185	4.0886	4.2129	4.3057
2.4	4.1506	4.1512	4.1541	4.1573	4.1622	4.1809	4.2185	4.2886	4.4129	4.5057
2.6	4.3506	4.3512	4.3541	4.3573	4.3622	4.3809	4.4185	4.4886	4.6129	4.7057
2.8	4.5506	4.5512	4.5541	4.5573	4.5622	4.5809	4.6185	4.6886	4.8129	4.9057
3.0	4.7506	4.7512	4.7541	4.7573	4.7622	4.7809	4.8185	4.8886	5.0129	5.1057
3.2	4.9506	4.9512	4.9541	4.9573	4.9622	4.9809	5.0185	5.0886	5.2129	5.3057
3.4	5.1506	5.1512	5.1541	5.1573	5.1622	5.1809	5.2185	5.2886	5.4129	5.5057
3.6	5.3506	5.3512	5.3541	5.3573	5.3622	5.3809	5.4185	5.4886	5.6129	5.7057
3.8	5.5506	5.5512	5.5541	5.5573	5.5622	5.5809	5.6185	5.6886	5.8129	5.9057
4.0	5.7506	5.7512	5.7541	5.7573	5.7622	5.7809	5.8185	5.8886	6.0129	6.1057
4.2	5.9506	5.9512	5.9541	5.9573	5.9622	5.9809	6.0185	6.0886	6.2129	6.3057
4.4	6.1506	6.1512	6.1541	6.1573	6.1622	6.1809	6.2185	6.2886	6.4129	6.5057
4.6	6.3506	6.3512	6.3541	6.3573	6.3622	6.3809	6.4185	6.4886	6.6129	6.7057
4.8	6.5506	6.5512	6.5541	6.5573	6.5622	6.5809	6.6185	6.6886	6.8129	6.9057
5.0	6.7506	6.7512	6.7541	6.7573	6.7622	6.7809	6.8185	6.8886	7.0129	7.1057
5.2	6.9506	6.9512	6.9541	6.9573	6.9622	6.9809	7.0185	7.0886	7.2129	7.3057
5.4	7.1506	7.1512	7.1541	7.1573	7.1622	7.1809	7.2185	7.2886	7.4129	7.5057
5.6	7.3506	7.3512	7.3541	7.3573	7.3622	7.3809	7.4185	7.4886	7.6129	7.7057
5.8	7.5506	7.5512	7.5541	7.5573	7.5622	7.5809	7.6185	7.6886	7.8129	7.9057
6.0	7.7506	7.7512	7.7541	7.7573	7.7622	7.7809	7.8185	7.8886	8.0129	8.1057
6.2	7.9506	7.9512	7.9541	7.9573	7.9622	7.9809	8.0185	8.0886	8.2129	8.3057
6.4	8.1506	8.1512	8.1541	8.1573	8.1622	8.1809	8.2185	8.2886	8.4129	8.5057
6.6	8.3506	8.3512	8.3541	8.3573	8.3622	8.3809	8.4185	8.4886	8.6129	8.7057
6.8	8.5506	8.5512	8.5541	8.5573	8.5622	8.5809	8.6185	8.6886	8.8129	8.9057
7.0	8.7506	8.7512	8.7541	8.7573	8.7622	8.7809	8.8185	8.8886	9.0129	9.1057
7.2	8.9506	8.9512	8.9541	8.9573	8.9622	8.9809	9.0185	9.0886	9.2129	9.3057
7.4	9.1506	9.1512	9.1541	9.1573	9.1622	9.1809	9.2185	9.2886	9.4129	9.5057
7.6	9.3506	9.3512	9.3541	9.3573	9.3622	9.3809	9.4185	9.4886	9.6129	9.7057
7.8	9.5506	9.5512	9.5541	9.5573	9.5622	9.5809	9.6185	9.6886	9.8129	9.9057
8.0	9.7506	9.7512	9.7541	9.7573	9.7622	9.7809	9.8185	9.8886	10.0129	10.1057

续表

αz	$\alpha h=4$	$\alpha h=3.8$	$\alpha h=3.6$	$\alpha h=3.5$	$\alpha h=3.4$	$\alpha h=3.2$	$\alpha h=3$	$\alpha h=2.8$	$\alpha h=2.6$	$\alpha h=2.5$
8.2	9.9506	9.9512	9.9541	9.9573	9.9622	9.9809	10.0185	10.0886	10.2129	10.3057
8.4	10.1506	10.1512	10.1541	10.1573	10.1622	10.1809	10.2185	10.2886	10.4129	10.5057
8.6	10.3506	10.3512	10.3541	10.3573	10.3622	10.3809	10.4185	10.4886	10.6129	10.7057
8.8	10.5506	10.5512	10.5541	10.5573	10.5622	10.5809	10.6185	10.6886	10.8129	10.9057
9.0	10.7506	10.7512	10.7541	10.7573	10.7622	10.7809	10.8185	10.8886	11.0129	11.1057
9.2	10.9506	10.9512	10.9541	10.9573	10.9622	10.9809	11.0185	11.0886	11.2129	11.3057
9.4	11.1506	11.1512	11.1541	11.1573	11.1622	11.1809	11.2185	11.2886	11.4129	11.5057
9.6	11.3506	11.3512	11.3541	11.3573	11.3622	11.3809	11.4185	11.4886	11.6129	11.7057
9.8	11.5506	11.5512	11.5541	11.5573	11.5622	11.5809	11.6185	11.6886	11.8129	11.9057
10.0	11.7506	11.7512	11.7541	11.7573	11.7622	11.7809	11.8185	11.8886	12.0129	12.1057

【例 10-3 】 试计算某城市立交桥(跨度 30m)双柱式桥墩低桩承载灌注桩基桩的内力和变位。

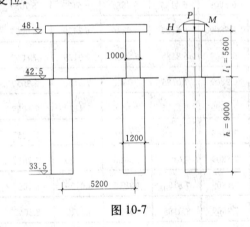

图 10-7

一、设计资料

1.墩柱、基桩的材料和相关尺寸

该城市立交桥采用双柱式桥墩（图 10-7），墩下采用旋转钻孔灌注桩。墩柱和基桩均采用 C25 混凝土浇筑,混凝土重力密度 γ =25kN/m³,弹性模量 E_h=2.85 × 10^7(kPa),基桩设计直径 1.2m，成孔直径 1.25m，墩柱直径 1.0m，其余相关尺寸见表 10-19。

2.地质水文资料

地基土为中砂,其相关指标见表 10-20。

【例 10-3 】桩基础相关标高资料表   表 10-19

墩柱顶标高	墩柱直径	桩基直径	桩顶标高	地面标高	桩尖埋深
48.60(m)	1.00(m)	1.20(m)	42.50	42.50(m)	33.50

【例 10-3 】地基土部分性质指标资料表   表 10-20

地基比例系数	桩侧摩阻力	内摩擦角	粘聚力	容许承载力	重力密度
m(kN/m⁴)	τ(kPa)	φ	c(kPa)	[σ_0](kPa)	γ(kN/m³)
15000	40	29°	0	400	19.8

3.荷载情况

桥面宽 7m，两侧人行道宽度各为 1.5m。设计荷载汽－超 20 级，人行荷载 $3kN/m^2$。按最不利荷载组合计算的,作用于一根墩顶和桩顶的横向力(水平力和弯矩)见表 10-21。

【例 10-3 】作用于墩顶的最不利横向力数值　　　　　　　　　　　　　表 10-21

横向力	Q(kN)	M(kN · m)
作用于一根墩柱顶	Q_1=35.7	M_1=226.56

二、计算桩的内力

1.计算基础变形系数

计算基础变形系数 α 前，先作以下准备工作:

确定圆柱桩的计算宽度

$$b_1=0.9(d+1)=0.9(1.25+1)=2.025(m);$$

计算圆柱桩的惯性矩

$$I=(\pi/64)d^4=(\pi/64)\times 1.25^4=0.120(m^4);$$

确定基桩的弹性模量

$$E=2.85\times 10^7（kPa）;$$

确定地基系数随深度变化的比例系数

$$m=15000(MN/m^4);$$

于是有基础变形系数 α

$$\alpha=\sqrt[5]{\frac{mb_1}{EI}}=\sqrt[5]{\frac{15000\times 2.025}{28500000\times 0.120}}=0.389(1/m)$$

2.判断基桩是刚性构件还是弹性构件

本例桩身的长度 h 应从地面算至桩尖，即 h=42.5 － 33.5=9(m),根据 αh=0.389 × 9=3.50 > 2.5，故可按弹性构件计算。

3.计算桩身内力

在本例中 "地面或冲刷线处的水平力 Q_0 与弯矩 M_0" 就是桩顶的水平力和弯矩，于是有:

桩顶承受的水平力

$$Q_0 = Q = 35.70 \text{kN}$$

桩顶承受的弯矩

$$M_0 = M + Hl_0 = 226.56 + 35.7 \times (48.1 - 42.5) = 226.56 + 35.7 \times 5.6 = 426.48 (\text{kN} \cdot \text{m})$$

桩身的内力（弯矩）可将 Q_0、M_0、α 代入公式（10-20c）后,简化成下式进行计算，其中无量纲系数可根据 αz 和 $\alpha h = 3.5$ 查表10-17得到。计算结果见表10-22。

$$\begin{aligned} M_z &= \frac{Q_0}{\alpha} A_\text{M} + M_0 \times B_\text{M} \\ &= \frac{35.7}{0.389} A_\text{M} + 426.48 \times B_\text{M} \\ &= 91.77 A_\text{M} + 426.48 B_\text{M} \end{aligned}$$

【例 10-3】桩身内力（弯矩）计算表　　　　　　　　表 10-22

$z' = \alpha z$	$z = z'/\alpha$	$h' = \alpha h$	A_M	B_M	$\dfrac{Q_0 A_\text{M}}{\alpha}$	$M_0 B_\text{M}$	M_z（kN·m）
0.0	0.00	3.50	0	1	0.000	426.475	426.48
0.2	0.51	3.50	0.1969	0.9980	18.076	425.622	443.70
0.4	1.03	3.50	0.3768	0.9860	34.591	420.504	455.10
0.5	1.29	3.50	0.4563	0.9742	41.890	415.472	457.36
0.6	1.54	3.50	0.5274	0.9580	48.417	408.563	456.98
0.7	1.80	3.50	0.5892	0.9372	54.090	399.692	453.78
0.8	2.06	3.50	0.6411	0.9118	58.855	388.860	447.71
1.0	2.57	3.50	0.7145	0.8482	65.593	361.736	427.33
1.4	3.60	3.50	0.7435	0.6801	68.255	290.046	358.30
1.8	4.63	3.50	0.6436	0.4858	59.084	207.182	266.27
2.2	5.66	3.50	0.4658	0.2996	42.762	127.772	170.53
2.6	6.69	3.50	0.2656	0.1478	24.383	63.033	87.42
3.0	7.71	3.50	0.0954	0.0463	8.758	19.746	28.50

三、计算墩顶水平位移

计算墩顶水平位移前，应按下式计算出桩顶的位移

$$x_1 = \frac{Q}{\alpha^3 EI} A_{x_1} + \frac{M}{\alpha^2 EI} B_{x_1}$$

$$\varphi_1 = -(\frac{Q}{\alpha^2 EI}A_{\varphi_1} + \frac{M}{\alpha EI}B_{\varphi_1})$$

然后按下式计算墩顶的位移

$$\Delta = x_1 + \varphi_1 l_1 + \Delta_0$$

其中Δ_0下式计算

$$\Delta_0 = \frac{Q l_1^3}{3E_1 I_1} + \frac{M l_1^2}{2E_1 I_1}$$

1.准备计算所需的数据

基桩的弹性模量：

$$E = 2.85 \times 10^7 \, (\text{kPa})$$

墩柱的弹性模量：

$$E_1 = 2.85 \times 10^7 \, (\text{kPa})$$

圆柱即桩的惯性矩：

$$I = (\pi/64)d^4 = (\pi/64) \times 1.25^4 = 0.120(\text{m}^4)$$

圆形墩柱的惯性矩：

$$I_1 = (\pi/64)d^4 = (\pi/64) \times 1.0^4 = 0.0491(\text{m}^4)$$

基桩露出地面的长度：

$$l_0 = 0.00\text{m}$$

墩柱的高度：

$$l_1 = 48.1 - 42.5 = 5.60(\text{m})$$

桩顶承受的水平力：

$$Q_1 = Q = 35.70 \text{(kN)}$$

桩顶承受的弯矩:

$$M_1 = M + Ql_0 = 226.56 + 35.7 \times 5.6 = 426.48 \text{(kN} \cdot \text{m)}$$

公式中所需的相关数据:

$$\alpha EI = 0.389 \times 2.85 \times 10^7 \times 0.120 = 1330 \text{(kN} \cdot \text{m)}$$
$$\alpha^2 EI = 0.389^2 \times 2.85 \times 10^7 \times 0.120 = 517 \text{(kN)}$$
$$\alpha^3 EI = 0.389^3 \times 2.85 \times 10^7 \times 0.120 = 201 \text{(kN/m)}$$

根据 $\alpha l = 3.50 > 2.5$ 和 $\alpha l_0 = 0.00$ 查表 10-18 得无量纲系数:
$A_{x1} = 2.5018$; $A_{\varphi 1} = B_{x1} = 1.6408$; $B_{\varphi 1} = 1.7573$

2.计算桩顶位移 x_1、φ_1

$$x_1 = \frac{35.70 \times 2.5018}{0.389^3 \times 2.85 \times 10^7 \times 0.120} + \frac{426.48 \times 1.6408}{0.389^2 \times 2.85 \times 10^7 \times 0.120}$$
$$= 0.0027 \text{m} < 0.006 \text{m}$$

$$\varphi_1 = -\left(\frac{35.70 \times 1.6408}{0.389^2 \times 2.85 \times 10^7 \times 0.120} + \frac{426.48 \times 1.7573}{0.389 \times 2.85 \times 10^7 \times 0.120} \right)$$
$$= -0.00101 \text{(rad)}$$

3.计算墩顶位移

$$\Delta = x_1 + l_1 \times \varphi_1 + \frac{Ql_1^3}{3E_1 I_1} + \frac{Ml_1^2}{2E_1 I_1}$$

$$= 0.00269 + 5.6 \times 0.00101 + \frac{35.7 \times 5.6^3}{3 \times 2.85 \times 10^7 \times 0.0491} + \frac{226.56 \times 5.6^2}{2 \times 2.85 \times 10^7 \times 0.0491}$$

$$= 0.0124 \text{(m)} = 12.4 \text{(mm)}$$

根据《公路砖石及混凝土桥涵设计规范》(JTJ022—85)的规定,简支梁桥墩台顶面水平位移不得超过 $5\sqrt{l} = 5\sqrt{30} = 27.4 \text{(mm)}$，本例符合要求。其中 l 是相邻墩台间最小跨径长度,本例 $l = 30 \text{m} > 25 \text{m}$，故取 30m 计算。

三、多排桩的内力和变位计算

计算多排桩内力和变位的思路是：将承台承受的荷载（P、Q、M）合理地分配给每根桩，在确定了每根桩桩顶的荷载（P_i、Q_i、M_i）后即可验算该桩的承载力，并可按前述单桩的计算方法确定桩身的内力并验算桩身强度或进行配筋计算。

现在问题的关键是：如何确定每根桩桩顶的荷载。解决这个超静定问题，需要运用结构力学中的位移法理论。先求出承台中心点在荷载（P、Q、M）作用下的水平位移a、竖向位移b、转角β（图10-8），然后求出各个桩顶处的水平位移a_i、竖向位移b_i、转角β_i，最后即可按求得的a_i、b_i、β_i值计算每根桩桩顶上的轴向力P_i、横向力Q_i、弯矩M_i。

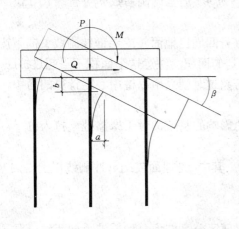

图 10-8 多排桩承台变位示意图

现将求解各桩顶所受荷载（P_i、Q_i、M_i）的步骤与公式叙述如下：

第一步：计算桩顶刚度系数ρ_{Pb}、ρ_{Qa}、ρ_{Ma}、$\rho_{Q\varphi}$、$\rho_{M\varphi}$。

桩顶刚度系数是指在桩顶产生单位位移或单位转角时桩顶的内力,用符号ρ_{Pb}、ρ_{Qa}、ρ_{Ma}=$\rho_{Q\varphi}$、$\rho_{M\varphi}$表示之，其中主体符号ρ代表刚度系数，具体涵义是：

ρ_{Pb}——表示桩顶仅产生单位轴向位移b_i=1时在桩顶处引起的轴向压力，其下标P表示轴向压力，b表示轴向位移；

ρ_{Qa}——表示桩顶仅产生单位横向位移a_i=1时在桩顶处引起的横向剪力，其下标Q表示横向剪力，a表示横向位移；

ρ_{Ma}——表示桩顶仅产生单位横向位移a_i=1时在桩顶处引起的弯矩，其下标M表示弯矩，a表示横向位移；

$\rho_{Q\varphi}$——表示桩顶仅产生单位转角φ_i=1时在桩顶处引起的剪力,其下标Q表示剪力,φ表示转角,并有$\rho_{Ma}=\rho_{Q\varphi}$；

$\rho_{M\varphi}$——表示桩顶仅产生单位转角φ_i=1时在桩顶处引起的弯矩,其下标M表示弯矩,φ表示转角；

桩顶刚度系数ρ_{Pb}、ρ_{Qa}、ρ_{Ma}、$\rho_{Q\varphi}$、$\rho_{M\varphi}$的计算公式如下：

$$\rho_{Pb} = \frac{1}{\dfrac{l_0 + \xi\,h}{AE} + \dfrac{1}{C_0 A_0}} \qquad (10\text{-}26a)$$

$$\rho_{Qa} = \alpha^3 EIx_Q \qquad (10\text{-}26b)$$

$$\rho_{Ma} = \rho_{Q\varphi} = \alpha^2 EIx_M \qquad (10\text{-}26c)$$

$$\rho_{M\varphi} = \alpha \quad EI\varphi_M \qquad (10\text{-}26d)$$

式中　　E——桩的弹性模量（kPa）；

　　　　A——桩身的横截面面积（m^2）；

　　　　l_0——桩露出地面（或局部冲刷线）的长度（m）；

　　　　h——桩的人土有效长度（m），即h是地面或局部冲刷线以下桩的有效长度；

　　　　c_0——桩底处的地基系数（kN/m^3），$c_0 = m_0 h$，地基比例系数m_0可查表10-15，其值不得小于$10 m_0$；

　　　　A_0——桩底面积（m^2）。对于摩擦桩为桩身四周自地面（或局部冲刷线）向下按内摩擦角φ的1／4扩散到桩底平面处的面积。注意这个面积不得超过桩底面以相邻桩中心距计算的面积，若超过时则采用以桩中心距计算的面积；对于柱桩则为桩底的截面面积；

　　　　ξ——考虑桩侧土摩擦阻力对桩身轴向力影响的系数，对于摩擦桩：打入桩 ξ=2/3、钻孔桩 ξ=1/2；对柱桩 ξ=1；

x_Q、x_M、x_φ——无量纲系数, 据 αh、αl_0 查表10-23。其中l_0是地面或局部冲刷线以上桩的长度.

　　第二步：计算承台中心点的位移a、b、β

　　确定承台中心点位移a、b、β的计算公式，需要区分高桩承台和低桩承台两种情况。

　　（一）计算高桩承台的变位a、b、β

　　计算高桩承台变位的已知条件是：已知作用于承台底面中心点的荷载为P、Q、M; 并知桩基中各桩的截面形状尺寸一样，基桩总数为n，且对称排列。运用力学规律得到承台底面中心点位移的计算公式为：

$$b = \frac{P}{n\rho_{Pb}} \qquad (10\text{-}27a)$$

$$a = \frac{(\rho_{Pb}\sum x_i^2 + n\rho_{M\varphi})Q + n\rho_{Q\varphi}M}{n\rho_{Qa}(\rho_{Pb}\sum x_i^2 + n\rho_{M\varphi}) - n^2\rho_{Ma}^2} \qquad (10\text{-}27b)$$

$$\beta = \frac{n(\rho_{Qa}M + \rho_{Ma}Q)}{n\rho_{Qa}(\rho_{Pb}\sum x_i^2 + n\rho_{M\varphi}) - n^2\rho_{Ma}^2} \qquad (10\text{-}27c)$$

式中　P、Q、M——作用于承台底面中心点的轴向力、剪力、弯矩；

　　　　x_i——第i根桩桩顶轴线在x方向上的坐标值；

　　　　n——承台下基桩的总数。

其余符号意义同前。

（二）计算低桩承台的变位a、b、β

计算低桩承台变位的已知条件是：已知作用于承台底面中心点的荷载为P、Q、M；并知桩基中各桩的截面形状尺寸一样，基桩总数为n，且对称排列。还知道承台侧面的地基系数$c=mz$。运用力学规律得到计算承台底面中心点位移的方程式为

$$n\rho_{Pb}b=P \tag{10-28a}$$

$$(n\rho_{Qa}+\frac{1}{2}mh_0^2B_1)a+(\frac{1}{6}mh_0^2B_1-n\rho_{Q\varphi})\beta=Q \tag{10-28b}$$

$$(\frac{1}{6}mh_0^3B_1-n\rho_{Ma})a+(n\rho_{M\varphi}+\rho_{Pa}\sum x_i^2+\frac{1}{12}mh_0^4B_1)\beta=M \tag{10-28c}$$

式中　m——承台侧面土的地基系数随深度变化的比例系数（kN/m⁴）；

h_0——承台底面至地面（或局部冲刷线）的深度(m)；

B_1——承台侧面的计算宽度(m)，对底面为矩形的承台，为实际侧面宽度加1m。

其余符号同前。

第三步：计算各桩顶的位移a_i、b_i、β_i

在计算出承台底面中心点的位移a、b、β，即可根据图10-8中的几何关系计算出第i根桩桩顶的位移a_i、b_i、φ_i。

轴向位移 $$b_i=b+x_i\sin\beta=b+x_i\beta \tag{10-29a}$$

横向位移 $$a_i=a \tag{10-29b}$$

转角 $$\varphi_i=\beta \tag{10-29c}$$

第四步：计算各桩顶的内力P_i、Q_i、M_i

最后根据桩顶作用力等于各刚度系数乘以相应桩顶位移之和的关系可得到第i根桩顶所承受的内力。

$$P_i=\rho_{Pb}b_i=\rho_{Pb}(b+x_i\beta)=(P/n)+x_i\beta\rho_{Pb} \tag{10-30a}$$

$$Q_i=\rho_{Qa}a_i-\rho_{Q\varphi}\varphi_i=\rho_{Qa}a-\rho_{Q\varphi}\beta \tag{10-30b}$$

$$M_i=\rho_{M\varphi}\varphi_i-\rho_{Ma}a_i=\rho_{M\varphi}\beta-\rho_{Ma}a \tag{10-30c}$$

在确定了桩顶荷载P_i之后，即可根据$P_i\le[P]$的原则进行单桩承载力验算。

在确定了桩顶荷载P_i、Q_i、M_i之后，需进一步计算桩身的内力。对于高桩承台桩基础可根据公式(10-22)和(10-23)计算地面(或局部冲刷线)处桩截面的剪力Q_0弯矩M_0。对于低桩承载则有$Q_0 = Q_i$、$M_0 = M_i$。然后运用单桩桩身内力计算的方法求得桩身的最大弯矩，以便验算桩身强度或计算配筋。

多排桩中计算ρ_2的无量纲系数 x_0 表 10-23a

αl	αh=4	αh=3.8	αh=3.6	αh=3.5	αh=3.4	αh=3.2	αh=3	αh=2.8	αh=2.6	αh=2.5
0.0	1.0643	1.0543	1.0400	1.0311	1.0211	0.9981	0.9728	0.9480	0.9272	0.9193
0.2	0.8856	0.8783	0.8673	0.8603	0.8522	0.8330	0.8106	0.7872	0.7654	0.7562
0.4	0.7365	0.7312	0.7229	0.7174	0.7109	0.6951	0.6759	0.6546	0.6335	0.6238
0.6	0.6138	0.6099	0.6036	0.5993	0.5942	0.5813	0.5651	0.5463	0.5266	0.5171
0.8	0.5134	0.5106	0.5058	0.5024	0.4984	0.4880	0.4744	0.4581	0.4402	0.4313
1.0	0.4316	0.4294	0.4258	0.4232	0.4200	0.4115	0.4002	0.3862	0.3703	0.3621
1.2	0.3648	0.3632	0.3603	0.3583	0.3557	0.3489	0.3394	0.3275	0.3135	0.3061
1.4	0.3101	0.3089	0.3067	0.3050	0.3030	0.2974	0.2896	0.2794	0.2672	0.2605
1.6	0.2652	0.2642	0.2625	0.2612	0.2596	0.2550	0.2484	0.2397	0.2291	0.2232
1.8	0.2281	0.2274	0.2260	0.2249	0.2236	0.2198	0.2143	0.2069	0.1977	0.1925
2.0	0.1973	0.1967	0.1956	0.1948	0.1937	0.1906	0.1859	0.1796	0.1716	0.1670
2.2	0.1716	0.1711	0.1702	0.1696	0.1687	0.1661	0.1622	0.1567	0.1497	0.1457
2.4	0.1500	0.1496	0.1489	0.1484	0.1476	0.1454	0.1421	0.1375	0.1313	0.1278
2.6	0.1318	0.1315	0.1309	0.1304	0.1298	0.1280	0.1252	0.1211	0.1158	0.1126
2.8	0.1163	0.1161	0.1156	0.1152	0.1147	0.1131	0.1107	0.1072	0.1025	0.0998
3.0	0.1031	0.1029	0.1025	0.1022	0.1018	0.1005	0.0984	0.0953	0.0912	0.0887
3.2	0.0918	0.0917	0.0913	0.0911	0.0907	0.0895	0.0877	0.0851	0.0815	0.0793
3.4	0.0821	0.0819	0.0817	0.0814	0.0811	0.0801	0.0786	0.0762	0.0730	0.0711
3.6	0.0736	0.0735	0.0733	0.0731	0.0728	0.0720	0.0706	0.0686	0.0657	0.0640
3.8	0.0663	0.0662	0.0660	0.0658	0.0656	0.0649	0.0637	0.0619	0.0593	0.0578
4.0	0.0599	0.0598	0.0596	0.0595	0.0593	0.0586	0.0576	0.0560	0.0537	0.0524
4.2	0.0543	0.0542	0.0540	0.0539	0.0537	0.0532	0.0523	0.0508	0.0488	0.0476
4.4	0.0493	0.0493	0.0491	0.0490	0.0489	0.0484	0.0476	0.0463	0.0445	0.0434

αl	αh=4	αh=3.8	αh=3.6	αh=3.5	αh=3.4	αh=3.2	αh=3	αh=2.8	αh=2.6	αh=2.5
4.6	0.0449	0.0449	0.0448	0.0447	0.0446	0.0441	0.0434	0.0423	0.0406	0.0396
4.8	0.0411	0.0410	0.0409	0.0408	0.0407	0.0403	0.0397	0.0387	0.0372	0.0363
5.0	0.0376	0.0376	0.0375	0.0374	0.0373	0.0370	0.0364	0.0355	0.0342	0.0333
5.2	0.0346	0.0345	0.0344	0.0344	0.0343	0.0340	0.0335	0.0327	0.0315	0.0307
5.4	0.0318	0.0318	0.0317	0.0316	0.0316	0.0313	0.0308	0.0301	0.0290	0.0283
5.6	0.0293	0.0293	0.0293	0.0292	0.0291	0.0289	0.0285	0.0278	0.0268	0.0262
5.8	0.0271	0.0271	0.0270	0.0270	0.0269	0.0267	0.0263	0.0257	0.0248	0.0243
6.0	0.0251	0.0251	0.0250	0.0250	0.0249	0.0247	0.0244	0.0239	0.0230	0.0225
6.2	0.0233	0.0233	0.0232	0.0232	0.0231	0.0230	0.0227	0.0222	0.0214	0.0209
6.4	0.0217	0.0216	0.0216	0.0216	0.0215	0.0214	0.0211	0.0206	0.0199	0.0195
6.6	0.0202	0.0201	0.0201	0.0201	0.0200	0.0199	0.0196	0.0192	0.0186	0.0182
6.8	0.0188	0.0188	0.0188	0.0187	0.0187	0.0186	0.0183	0.0179	0.0174	0.0170
7.0	0.0176	0.0175	0.0175	0.0175	0.0175	0.0173	0.0171	0.0168	0.0162	0.0159
7.2	0.0164	0.0164	0.0164	0.0164	0.0163	0.0162	0.0160	0.0157	0.0152	0.0149
7.4	0.0154	0.0154	0.0154	0.0153	0.0153	0.0152	0.0150	0.0147	0.0143	0.0140
7.6	0.0144	0.0144	0.0144	0.0144	0.0144	0.0143	0.0141	0.0138	0.0134	0.0131
7.8	0.0136	0.0135	0.0135	0.0135	0.0135	0.0134	0.0132	0.0130	0.0126	0.0124
8.0	0.0127	0.0127	0.0127	0.0127	0.0127	0.0126	0.0125	0.0122	0.0119	0.0116
8.2	0.0120	0.0120	0.0120	0.0120	0.0119	0.0119	0.0117	0.0115	0.0112	0.0110
8.4	0.0113	0.0113	0.0113	0.0113	0.0113	0.0112	0.0111	0.0109	0.0106	0.0104
8.6	0.0107	0.0107	0.0107	0.0106	0.0106	0.0106	0.0105	0.0103	0.0100	0.0098
8.8	0.0101	0.0101	0.0101	0.0101	0.0100	0.0100	0.0099	0.0097	0.0094	0.0093
9.0	0.0095	0.0095	0.0095	0.0095	0.0095	0.0094	0.0093	0.0092	0.0089	0.0088
9.2	0.0090	0.0090	0.0090	0.0090	0.0090	0.0089	0.0089	0.0087	0.0085	0.0083
9.4	0.0086	0.0086	0.0085	0.0085	0.0085	0.0085	0.0084	0.0083	0.0080	0.0079
9.6	0.0081	0.0081	0.0081	0.0081	0.0081	0.0080	0.0080	0.0078	0.0076	0.0075
9.8	0.0077	0.0077	0.0077	0.0077	0.0077	0.0076	0.0076	0.0074	0.0072	0.0071
10.0	0.0073	0.0073	0.0073	0.0073	0.0073	0.0073	0.0072	0.0071	0.0069	0.0068

αl	$\alpha h=4$	$\alpha h=3.8$	$\alpha h=3.6$	$\alpha h=3.5$	$\alpha h=3.4$	$\alpha h=3.2$	$\alpha h=3$	$\alpha h=2.8$	$\alpha h=2.6$	$\alpha h=2.5$
0.0	0.9855	0.9777	0.9681	0.9628	0.9574	0.9473	0.9402	0.9384	0.9434	0.9485
0.2	0.9040	0.8976	0.8893	0.8845	0.8794	0.8690	0.8600	0.8545	0.8547	0.8572
0.4	0.8224	0.8173	0.8102	0.8060	0.8013	0.7913	0.7815	0.7737	0.7701	0.7705
0.6	0.7446	0.7405	0.7346	0.7310	0.7269	0.7176	0.7077	0.6987	0.6925	0.6911
0.8	0.6726	0.6694	0.6646	0.6614	0.6579	0.6494	0.6399	0.6304	0.6226	0.6200
1.0	0.6075	0.6049	0.6009	0.5982	0.5951	0.5876	0.5787	0.5693	0.5606	0.5571
1.2	0.5491	0.5470	0.5437	0.5415	0.5388	0.5322	0.5240	0.5148	0.5058	0.5018
1.4	0.4972	0.4956	0.4928	0.4909	0.4886	0.4828	0.4753	0.4667	0.4576	0.4534
1.6	0.4513	0.4499	0.4476	0.4460	0.4440	0.4389	0.4322	0.4241	0.4153	0.4110
1.8	0.4106	0.4095	0.4076	0.4062	0.4045	0.4000	0.3940	0.3865	0.3780	0.3737
2.0	0.3746	0.3737	0.3721	0.3709	0.3695	0.3655	0.3601	0.3532	0.3452	0.3410
2.2	0.3428	0.3420	0.3406	0.3396	0.3384	0.3349	0.3300	0.3237	0.3162	0.3121
2.4	0.3145	0.3139	0.3127	0.3118	0.3107	0.3077	0.3033	0.2975	0.2905	0.2866
2.6	0.2894	0.2888	0.2878	0.2871	0.2861	0.2834	0.2795	0.2742	0.2676	0.2640
2.8	0.2669	0.2665	0.2656	0.2650	0.2641	0.2617	0.2582	0.2533	0.2472	0.2438
3.0	0.2469	0.2465	0.2458	0.2452	0.2445	0.2423	0.2391	0.2347	0.2290	0.2258
3.2	0.2289	0.2286	0.2280	0.2275	0.2268	0.2249	0.2220	0.2179	0.2127	0.2096
3.4	0.2128	0.2125	0.2119	0.2115	0.2109	0.2092	0.2066	0.2029	0.1980	0.1951
3.6	0.1982	0.1980	0.1975	0.1971	0.1966	0.1950	0.1926	0.1892	0.1847	0.1820
3.8	0.1851	0.1848	0.1844	0.1841	0.1836	0.1822	0.1800	0.1769	0.1727	0.1702
4.0	0.1731	0.1729	0.1725	0.1722	0.1718	0.1706	0.1686	0.1657	0.1618	0.1595
4.2	0.1623	0.1621	0.1618	0.1615	0.1611	0.1600	0.1582	0.1555	0.1519	0.1497
4.4	0.1524	0.1522	0.1519	0.1517	0.1513	0.1503	0.1487	0.1462	0.1428	0.1408
4.6	0.1434	0.1432	0.1430	0.1427	0.1424	0.1415	0.1400	0.1377	0.1345	0.1326
4.8	0.1351	0.1350	0.1347	0.1345	0.1342	0.1334	0.1320	0.1299	0.1270	0.1251
5.0	0.1275	0.1274	0.1272	0.1270	0.1267	0.1260	0.1247	0.1227	0.1200	0.1183
5.2	0.1205	0.1204	0.1202	0.1201	0.1198	0.1191	0.1179	0.1161	0.1136	0.1120
5.4	0.1141	0.1140	0.1138	0.1137	0.1135	0.1128	0.1117	0.1100	0.1076	0.1061
5.6	0.1082	0.1081	0.1079	0.1078	0.1076	0.1070	0.1060	0.1044	0.1021	0.1007

αl	αh=4	αh=3.8	αh=3.6	αh=3.5	αh=3.4	αh=3.2	αh=3	αh=2.8	αh=2.6	αh=2.5
5.8	0.1027	0.1026	0.1025	0.1023	0.1022	0.1016	0.1006	0.0992	0.0971	0.0957
6.0	0.0976	0.0975	0.0974	0.0973	0.0971	0.0966	0.0957	0.0943	0.0924	0.0911
6.2	0.0929	0.0928	0.0927	0.0926	0.0924	0.0919	0.0911	0.0898	0.0880	0.0868
6.4	0.0885	0.0884	0.0883	0.0882	0.0881	0.0876	0.0869	0.0857	0.0839	0.0828
6.6	0.0844	0.0843	0.0842	0.0841	0.0840	0.0836	0.0829	0.0818	0.0801	0.0791
6.8	0.0806	0.0805	0.0804	0.0803	0.0802	0.0798	0.0792	0.0781	0.0766	0.0756
7.0	0.0770	0.0770	0.0769	0.0768	0.0767	0.0763	0.0757	0.0747	0.0732	0.0723
7.2	0.0737	0.0736	0.0735	0.0735	0.0734	0.0730	0.0724	0.0715	0.0701	0.0692
7.4	0.0705	0.0705	0.0704	0.0704	0.0703	0.0699	0.0694	0.0685	0.0672	0.0664
7.6	0.0676	0.0676	0.0675	0.0674	0.0673	0.0670	0.0665	0.0657	0.0645	0.0637
7.8	0.0648	0.0648	0.0648	0.0647	0.0646	0.0643	0.0638	0.0631	0.0619	0.0611
8.0	0.0623	0.0622	0.0622	0.0621	0.0620	0.0618	0.0613	0.0606	0.0595	0.0587
8.2	0.0598	0.0598	0.0597	0.0597	0.0596	0.0594	0.0589	0.0582	0.0572	0.0565
8.4	0.0575	0.0575	0.0574	0.0574	0.0573	0.0571	0.0567	0.0560	0.0550	0.0544
8.6	0.0553	0.0553	0.0553	0.0552	0.0552	0.0549	0.0546	0.0539	0.0530	0.0523
8.8	0.0533	0.0533	0.0532	0.0532	0.0531	0.0529	0.0525	0.0520	0.0510	0.0504
9.0	0.0514	0.0513	0.0513	0.0512	0.0512	0.0510	0.0507	0.0501	0.0492	0.0487
9.2	0.0495	0.0495	0.0495	0.0494	0.0494	0.0492	0.0489	0.0483	0.0475	0.0469
9.4	0.0478	0.0478	0.0477	0.0477	0.0476	0.0475	0.0471	0.0466	0.0459	0.0453
9.6	0.0461	0.0461	0.0461	0.0460	0.0460	0.0458	0.0455	0.0450	0.0443	0.0438
9.8	0.0446	0.0445	0.0445	0.0445	0.0444	0.0443	0.0440	0.0435	0.0428	0.0423
10.0	0.0431	0.0431	0.0430	0.0430	0.0429	0.0428	0.0425	0.0421	0.0414	0.0410

多排桩中计算 M_φ 的无量纲系数 φ_M 　　　　　　　　表 10-23c

αl	αh=4	αh=3.8	αh=3.6	αh=3.5	αh=3.4	αh=3.2	αh=3	αh=2.8	αh=2.6	αh=2.5
0.0	1.4838	1.4777	1.4711	1.4680	1.4651	1.4607	1.4586	1.4583	1.4568	1.4535
0.2	1.4354	1.4299	1.4235	1.4202	1.4170	1.4114	1.4077	1.4063	1.4062	1.4054
0.4	1.3832	1.3783	1.3723	1.3691	1.3657	1.3594	1.3543	1.3514	1.3507	1.3507

αl	$\alpha h=4$	$\alpha h=3.8$	$\alpha h=3.6$	$\alpha h=3.5$	$\alpha h=3.4$	$\alpha h=3.2$	$\alpha h=3$	$\alpha h=2.8$	$\alpha h=2.6$	$\alpha h=2.5$
0.6	1.3286	1.3244	1.3189	1.3158	1.3125	1.3057	1.2997	1.2953	1.2933	1.2931
0.8	1.2733	1.2696	1.2647	1.2618	1.2586	1.2518	1.2452	1.2396	1.2362	1.2354
1.0	1.2186	1.2155	1.2111	1.2084	1.2054	1.1988	1.1918	1.1853	1.1806	1.1791
1.2	1.1655	1.1629	1.1590	1.1565	1.1538	1.1474	1.1402	1.1332	1.1273	1.1252
1.4	1.1147	1.1124	1.1089	1.1067	1.1042	1.0981	1.0910	1.0836	1.0770	1.0742
1.6	1.0664	1.0644	1.0614	1.0594	1.0570	1.0513	1.0444	1.0369	1.0296	1.0263
1.8	1.0208	1.0191	1.0164	1.0146	1.0125	1.0072	1.0005	0.9929	0.9852	0.9816
2.0	0.9780	0.9766	0.9742	0.9725	0.9706	0.9656	0.9592	0.9517	0.9437	0.9399
2.2	0.9379	0.9366	0.9345	0.9330	0.9312	0.9266	0.9205	0.9131	0.9050	0.9010
2.4	0.9003	0.8992	0.8973	0.8960	0.8944	0.8900	0.8842	0.8771	0.8690	0.8648
2.6	0.8652	0.8642	0.8625	0.8613	0.8598	0.8558	0.8503	0.8434	0.8353	0.8311
2.8	0.8323	0.8315	0.8300	0.8289	0.8275	0.8238	0.8186	0.8118	0.8039	0.7996
3.0	0.8016	0.8008	0.7995	0.7985	0.7972	0.7937	0.7888	0.7823	0.7745	0.7703
3.2	0.7728	0.7721	0.7709	0.7700	0.7688	0.7656	0.7609	0.7547	0.7471	0.7429
3.4	0.7458	0.7452	0.7441	0.7432	0.7422	0.7392	0.7348	0.7288	0.7214	0.7172
3.6	0.7205	0.7200	0.7189	0.7182	0.7172	0.7143	0.7102	0.7045	0.6973	0.6932
3.8	0.6967	0.6962	0.6953	0.6946	0.6937	0.6910	0.6871	0.6816	0.6746	0.6706
4.0	0.6743	0.6739	0.6730	0.6724	0.6715	0.6691	0.6653	0.6601	0.6533	0.6494
4.2	0.6533	0.6529	0.6521	0.6515	0.6507	0.6484	0.6449	0.6399	0.6333	0.6294
4.4	0.6334	0.6331	0.6323	0.6318	0.6310	0.6289	0.6255	0.6207	0.6144	0.6106
4.6	0.6147	0.6143	0.6137	0.6132	0.6125	0.6104	0.6072	0.6027	0.5965	0.5929
4.8	0.5969	0.5967	0.5960	0.5955	0.5949	0.5930	0.5900	0.5856	0.5797	0.5761
5.0	0.5802	0.5799	0.5793	0.5789	0.5783	0.5765	0.5736	0.5694	0.5637	0.5602
5.2	0.5643	0.5640	0.5635	0.5631	0.5625	0.5608	0.5581	0.5541	0.5485	0.5452
5.4	0.5492	0.5490	0.5485	0.5481	0.5476	0.5459	0.5433	0.5395	0.5341	0.5309
5.6	0.5349	0.5347	0.5342	0.5338	0.5333	0.5318	0.5293	0.5256	0.5205	0.5173
5.8	0.5213	0.5211	0.5207	0.5203	0.5198	0.5184	0.5160	0.5125	0.5075	0.5044
6.0	0.5083	0.5081	0.5077	0.5074	0.5070	0.5056	0.5033	0.4999	0.4951	0.4921
6.2	0.4960	0.4958	0.4954	0.4951	0.4947	0.4934	0.4912	0.4880	0.4833	0.4804

αl	$\alpha h=4$	$\alpha h=3.8$	$\alpha h=3.6$	$\alpha h=3.5$	$\alpha h=3.4$	$\alpha h=3.2$	$\alpha h=3$	$\alpha h=2.8$	$\alpha h=2.6$	$\alpha h=2.5$
6.4	0.4842	0.4841	0.4837	0.4834	0.4830	0.4817	0.4797	0.4766	0.4721	0.4692
6.6	0.4730	0.4728	0.4725	0.4722	0.4718	0.4706	0.4687	0.4656	0.4613	0.4586
6.8	0.4622	0.4621	0.4618	0.4615	0.4611	0.4600	0.4581	0.4552	0.4510	0.4484
7.0	0.4519	0.4518	0.4515	0.4513	0.4509	0.4498	0.4480	0.4452	0.4412	0.4386
7.2	0.4421	0.4420	0.4417	0.4415	0.4411	0.4401	0.4384	0.4357	0.4317	0.4292
7.4	0.4327	0.4326	0.4323	0.4321	0.4318	0.4308	0.4291	0.4265	0.4227	0.4203
7.6	0.4236	0.4235	0.4233	0.4231	0.4228	0.4218	0.4202	0.4177	0.4140	0.4117
7.8	0.4150	0.4149	0.4146	0.4144	0.4141	0.4132	0.4117	0.4093	0.4057	0.4034
8.0	0.4066	0.4065	0.4063	0.4061	0.4058	0.4050	0.4035	0.4012	0.3977	0.3955
8.2	0.3986	0.3985	0.3983	0.3981	0.3979	0.3970	0.3956	0.3934	0.3900	0.3878
8.4	0.3909	0.3908	0.3906	0.3905	0.3902	0.3894	0.3880	0.3858	0.3826	0.3805
8.6	0.3835	0.3834	0.3832	0.3831	0.3828	0.3820	0.3807	0.3786	0.3755	0.3734
8.8	0.3764	0.3763	0.3761	0.3759	0.3757	0.3750	0.3737	0.3716	0.3686	0.3666
9.0	0.3695	0.3694	0.3692	0.3691	0.3688	0.3681	0.3669	0.3649	0.3619	0.3600
9.2	0.3628	0.3628	0.3626	0.3624	0.3622	0.3615	0.3604	0.3584	0.3556	0.3537
9.4	0.3564	0.3564	0.3562	0.3561	0.3558	0.3552	0.3540	0.3522	0.3494	0.3475
9.6	0.3502	0.3502	0.3500	0.3499	0.3497	0.3490	0.3479	0.3461	0.3434	0.3416
9.8	0.3443	0.3442	0.3440	0.3439	0.3437	0.3431	0.3420	0.3403	0.3376	0.3359
10.0	0.3385	0.3384	0.3383	0.3381	0.3380	0.3374	0.3363	0.3346	0.3321	0.3303

【例 10-4】试计算某城市跨河桥桥墩高桩承台灌注桩基础基桩的内力和变位。

一、设计资料

1. 上部结构为等跨50m预应力钢筋混凝土简支梁,采用重力式圆端形混凝土桥墩。桥墩下由8根设计直径为1.2m的灌注桩组成,用C25混凝土浇筑,弹性模量$E=2.85 \times 10^7$kPa。

2. 荷载资料

设计活载为汽—超20级。作用于桥墩底面中心的最不利荷载组合见表10-24。

【例 10-4】最不利荷载资料表　　　　　　　　表 10-24

荷载组合	轴向力P(kN)	水平力Q(kN)	弯矩M(kN·m)
双孔	9978	0	0
单孔	9346.8	438.70	4735.2

3.地质水文资料及相关尺寸

该桥基处于深36m密实细砂层中，地基比例系数m=14500kN/m⁴,内摩擦角$\varphi = 40°$,拟定桩尖标高27.54m，局部冲刷线以下的桩长h=11.42m；基桩布置及其他相关尺寸见表10-25或图10-9。

【例 10-4 】有关标高、尺寸资料汇总简表 表 10-25

河床底面标高	承台底面标高	一般冲刷标高	局部冲刷线标高	桩尖桩尖处标高
49.54m	47.54m	41.54m	38.96m	27.54m
基桩总数n	纵向轴间距	纵向净间距	承台高度	基桩直径
8	3.20m	2.00m	2.00m	1.2m

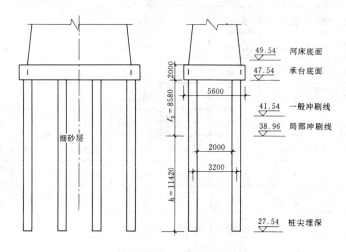

图 10-9 例 10-4 示意图

二、计算宽度b_1,地基变形系数α，承台计算宽度B_1,

1. 求b_1

桩的计算宽度按公式$b_1=k_\varphi \cdot k_0 \cdot k \cdot b$计算，对于圆桩可用公式$b_1=0.9k(d+1)$计算，其中$d$=1.2m。

从局部冲刷线向下桩的实际长度$h_{1,1}$=38.96-27.54=11.42m, 而桩入土的计算深度$h_{1,2}=3(d+1)=3(1.2+1)=6.6m$, 故取$h_1 = 6.6m$, $0.6h_1 = 3.96m$。今有纵向净距$L_1 = 2.0m$, 鉴于$L_1 = 2.0m<0.6h_1 = 3.96m$,故应该用公式$k = b'+\dfrac{(1-b')L_1}{0.6h_1}$计算系数$k$。又因为纵向两排，$n=2$，则$b'=0.6$, 于是

$$k = 0.6 + \frac{(1-0.6) \times 2.0}{0.6 \times 6.6} = 0.802$$

$$b_1 = 0.9 \times 0.802(1.2+1) = 1.588 \text{(m)}$$

2.计算基桩的变形系数 α

将地基系数随深度变化的比例系数: $m=16000\text{kN/m}^4$;

桩的计算宽度: $b_1 = 1.588\text{m}$;

桩的弹性模量: $E = 2.85 \times 10^7 \text{kN/m}^2$;

桩的惯性矩: $I = (\pi/64) \times d^4 = (\pi/64) \times 1.2^4 = 0.1018\text{m}^4$ 代入下式得

$$\alpha = \sqrt[5]{\frac{mb_1}{EI}} = \sqrt[5]{\frac{16000 \times 1.588}{28500000 \times 0.1018}} = 0.420(1/\text{m})$$

3.判断刚性还是弹性

地面或局部冲刷线至桩尖的有效长度: $h=38.96 - 27.54=11.42\text{m}$; $\alpha h=0.420 \times 11.42=4.8>2.5$, 可按弹性构件计算.

三、计算刚度系数

1.计算 ρ_{Pb}

$$\rho_{Pb} = \frac{1}{\dfrac{l_0 + \xi h}{AE} + \dfrac{1}{c_0 A_0}}$$

上述公式中相关的数据为:

局部冲刷线以上桩长: $l_0 = 57.54 - 38.96 = 8.58\text{(m)}$;

局部冲刷线以下的有效桩长: $h = 38.96 - 27.54 = 11.42\text{(m)}$;

钻孔桩的影响系数: $\xi = 0.5$;

桩身的横截面积: $A = (\pi/4) \times d^2 = (\pi/4) \times 1.2^2 = 1.131\text{(m}^2)$;

桩底处的地基比例系数: $c_0 = m_0 h = 16000 \times 11.42 = 182720\text{(kN/m}^3)$; 因为有效埋深 $h=11.42\text{m}>10\text{m}$ 时按 h 计算 c_0.

确定桩底平面面积 $A_{0,1}$:当向下按 $\varphi/4=40°/4=10°$ 扩散到桩底平面处的面积为

$$A_{0,1} = \pi[d/2+h\text{tg}(\varphi/4)]/4 = 3.14 \times (1.2/2 + 11.42\text{tg}10°) = 21.46\text{(m}^2)$$

当按桩底处相邻中心距计算的面积为:

$$A_{0,2} = (\pi/4)3.2^2 = 8.04\text{(m}^2)$$

按 $A_{0,1} \leqslant A_{0,2}$ 的原则, 应取 $A_0 = 8.04\text{m}^2$ 计算, 于是:

$$\rho_{Pb} = \frac{1}{\dfrac{l_0 + \xi h}{AE} + \dfrac{1}{c_0 A_0}} = \frac{1}{\dfrac{8.58 + 0.5 \times 11.42}{1.131 \times 2.85 \times 10^7} + \dfrac{1}{182720 \times 8.04}}$$

$$= 889813 (kN/m)$$

2. 计算ρ_{Qa}、ρ_{Ma}、$\rho_{M\varphi}$

根据αh=4.8>4，按αh=4和αl_0=3.6查表10-23得：

$$x_Q = 0.0736 、 x_M = 0.1982 、 \varphi_M = 0.7205$$

于是

$$\rho_{Qa} = \alpha^3 E I x_Q = 0.42^3 \times 2.85 \times 10^7 \times 0.1018 \times 0.0736$$
$$= 15821 (kN/m)$$

$$\rho_{Ma} = \alpha^2 E I x_M = 0.42^2 \times 2.85 \times 10^7 \times 0.1018 \times 0.1982$$
$$= 101435 (kN) = \rho_{Q\varphi}$$

$$\rho_{M\varphi} = \alpha E I \varphi_M = 0.42 \times 2.85 \times 10^7 \times 0.1018 \times 0.7205$$
$$= 877900 (kN \cdot m)$$

四、计算承台地面形心处的位移

1. 在双孔重载P=9978kN、Q = 0、M=0作用时的最大竖向位移b，可由公式(10-27a)计算

$$b = \frac{P}{n\rho_{Pb}} = \frac{9978}{8 \times 889813} = 0.0014 (m) < 0.006 (m)$$

2. 在单孔重载P=9346.8kN，Q = 438.7kN，M=4735.2kN·m作用时的最大横向位移a和角位移φ，可由公式(10-27)计算

$$a = \frac{(\rho_{Pb} \sum x_i^2 + n\rho_{M\varphi})Q + n\rho_{Q\varphi}M}{n\rho_{Qa}(\rho_{Pb} \sum x_i^2 + n\rho_{M\varphi}) - n^2 \rho_{Ma}^2}$$

$$\beta = \frac{n(\rho_{Qa}M + \rho_{Ma}Q)}{n\rho_{Qa}(\rho_{Pb} \sum x_i^2 + n\rho_{M\varphi}) - n^2 \rho_{Ma}^2}$$

其中

$$\rho_{Pb} \Sigma x_i^2 + n\rho_{M\varphi} = 889813 \times 8 \times 1.6^2 + 8 \times 877900$$
$$= 2.525 \times 10^7 (kN \cdot m)$$

$$a = \frac{2.525 \times 10^7 \times 438.7 + 8 \times 101435 \times 4735.2}{8 \times 15821 \times 2.525 \times 10^7 - 8^2 \times 101435^2} = 0.0059(\text{m}) \approx 0.006(\text{m})$$

可按"m"法计算。

$$\beta = \frac{8 \times 15821 \times 4735.2 + 8 \times 101435 \times 438.7}{8 \times 15821 \times 2.525 \times 10^7 - 8^2 \times 101435^2} = 0.00038(\text{rad})$$

五、计算桩顶内力

计算单桩桩顶内力时，需已知其桩顶的位移，可按公式（10-29）计算。

轴向位移
$$b_i = b + x_i \sin \beta = b + x_i \beta$$

横向位移
$$a_i = a$$

转角
$$\varphi_I = \beta$$

按桩顶位移乘以刚度系数即可得桩顶内力，可按公式（10-30）计算单桩桩顶内力，即

$$P_i = \rho_{\text{Pb}} b_i = \rho_{\text{Pb}}(b + x_i \beta)$$

$$Q_i = \rho_{\text{Qa}} a_i - \rho_{\text{Q}\varphi} \varphi_i = \rho_{\text{Qa}} a - \rho_{\text{Q}\varphi} \beta$$

$$M_i = \rho_{\text{M}\varphi} \varphi_i - \rho_{\text{Ma}} a_i = \rho_{\text{M}\varphi} \beta - \rho_{\text{Ma}} a$$

于是有：

$$P_{i,\text{max}} = \rho_{\text{Pb}}(b + x_i \beta) = 889813(0.0014 + 1.6 \times 0.00038) = 1704(\text{kN})$$

$$P_{i,\text{min}} = \rho_{\text{Pb}}(b - x_i \beta) = 889813(0.0014 - 1.6 \times 0.00038) = 632(\text{kN})$$

$$Qi = \rho_{\text{Qa}} a - \rho_{\text{Q}\varphi} \beta = 15821 \times 0.00059 - 101435 \times 0.00038 = 54.8(\text{kN})$$

$$M_i = \rho_{\text{M}\varphi} \beta - \rho_{\text{Ma}} a = 877900 \times 0.00038 - 101435 \times 0.00059 = -265.9(\text{kN} \cdot \text{m})$$

$$\text{校核：} \qquad \Sigma Q = \Sigma Q_i - Q_0$$
$$= 8 \times (54.8) - 438.7$$
$$= -0.3\text{kN} \approx 0$$

$$\sum M = \sum P_i x_i \quad + \sum M_i \quad - M_0$$
$$= \beta \rho_{Pb} n x_i^2 + n M_i \quad + M_{Ex} - M_0$$
$$= 0.0003766 \times 889813 \times 8 \times 1.6^2 + 8 \times (-265.9) - 4735.2$$
$$= 0.52(\text{kN} \cdot \text{m}) \approx 0$$

六、计算基桩内力

在计算出群桩中桩顶的最不利横向力 Q_i=54.8kN、 M_i = -265.9kN · m 后，应计算在该荷载作用下,局部冲刷线处桩的横向力 Q_0 和 M_0，然后根据 αh=8.4>4.0 和 αz 查表 10-17 计算桩身最大弯矩值。现将计算过程叙述如下：

$$Q_0 = Q_i = 54.8\text{kN}$$

$$M_0 = M_i + Q_i \times l_0 = -265.9 + 54.8 \times 8.58 = 204.3(\text{kN} \cdot \text{m})$$

$$M_z = \frac{Q_0}{\alpha} \times A_M + M_0 \times B_M$$

于是
$$= \frac{54.8 A_M}{0.420} + 204.3 \times B_M$$
$$= 130.5 A_M + 204.3 B_M$$

下面根据 αh=4.0和 αz 查表10-17确定无量纲系数 A_M、B_M，并列表计算桩身最大弯矩值。

【例 10-4】有关标高、尺寸资料汇总简表　　　　　　　表 10-26

z'	$z=z'/\alpha$	$h'=\alpha h$	A_M	B_M	$\dfrac{Q_0 A_M}{\alpha}$	$M_0 B_M$	M_z
0.0	0.00	4.00	0	1	0.000	204.3	204.3
0.2	0.48	4.00	0.1970	0.9981	25.7	203.93	229.6
0.4	0.95	4.00	0.3774	0.9862	49.3	201.5	250.8
0.5	1.19	4.00	0.4575	0.9746	59.7	199.1	258.8
0.6	1.43	4.00	0.5294	0.9586	69.1	195.8	265.0
0.7	1.67	4.00	0.5923	0.9382	77.3	191.7	269.0
0.8	1.90	4.00	0.6457	0.9133	84.3	186.6	270.9
1.0	2.38	4.00	0.7231	0.8509	94.4	173.8	268.2
1.4	3.33	4.00	0.7650	0.6870	99.9	140.4	240.2

z'	$z=z'/\alpha$	$h'=\alpha h$	A_M	B_M	$\dfrac{Q_0 A_M}{\alpha}$	$M_0 B_M$	M_z
1.8	4.29	4.00	0.6850	0.4989	89.4	101.9	191.4
2.2	5.24	4.00	0.5318	0.3203	69.4	65.4	134.9
2.6	6.19	4.00	0.3549	0.1756	46.3	35.9	82.2
3.0	7.14	4.00	0.1935	0.0761	25.3	15.5	40.8

从表中可知在深1.9m处的弯矩最大,M_{max}=270.9kN·m。据此和该截面相应的轴向力即可按偏心受压构件配筋或验算桩身强度。

在计算出单桩承受的最大压力P_{max}=1704kN后即可按$P_{max} \leqslant [P]$验算单桩承载力,本例略之。

第四节　群桩承载力

一般情况,桩基础由多根单桩通过承台连接成整体的桩群。在确定了单桩的承载力之后,验算群桩的承载力才能最后确定桩基础的设计是否合理。

验算群桩的承载力通常包括竖向抗压、抗拔、水平抗推以及沉降等方面。对于水平承载力验算,当外力作用平面内的桩距较大时,桩基的水平承载力可视为各单桩水平承载力的总和;当承台侧面的土体未经扰动或回填良好时,应考虑土体抗力的作用;当水平推力较大时,宜设置斜桩.本教材重点说明群桩的轴向承载力验算和沉降验算问题。

一、群桩的轴向承载力验算

《建筑地基基础设计规范》(GBJ7—89)规定:

1.当桩基由端承桩(即桥涵规范所说的柱桩)组成,或由桩数少于9根的摩擦桩组成,或不超过两排桩的条形桩基,其轴向抗压承载力为各单桩轴向抗压承载力的总和.因此,按单桩承载力确定了桩数和布置后,便不必再作桩基轴向承载力的整体验算。

2.对于摩擦桩的中心距小于6倍桩径,而桩数不小于9根的桩基,可视为一假想的实体深基础,并假定荷载从最外一圈的桩顶,按$\varphi_0/4$的倾角向下扩散传递(φ_0为桩长范围内各层土的加权平均内摩擦角,如图10-10所示),然后按假想的实体深基础验算轴向承载力。

《公路桥涵地基与基础设计规范》的规定与建筑规范基本一致,两本规范均以6倍桩径为界,桥涵规范不限制总根数,只要中距小于6倍桩径,就按整体基础验算桩尖平面处,地基土的承载力。两本规范都规定:当桩基底面以下主要受力范围内有软弱土层时,还应验算该土层的承载力。

对桩基础按假想实体基础验算的道理是由摩擦桩的传力特点所决定的。由摩擦桩组成的群桩中有一种群桩效应。对于一般桩距的摩擦群桩,荷载通过桩周摩阻力传递给地基土,经过一定深度后,在土中传布的应力将发生重叠,以致桩端土中的附加应力及其影响深度将大大超过孤立的单桩(图 10-11)。因此,一般群桩的沉降量要超过单桩,而承载力要小于单桩承载力之和。这种现象称为群桩效应。鉴于这种群桩效应比较复杂，目前还不能确定单桩承载力与群桩承载力之间的定量关系，无法按单桩承载力去推算整个群桩基础的承载力。所以，在桩基础的设计中，一方面要保证单桩承受的轴向力不超过单桩的轴向容许承载力；另一方面还要将桩基作为实体,验算实体下地基的承载力，并且规定，如果在假想实体基础的底面下主要受力范围内存在软弱下卧层时,尚应计算软弱下卧层的承载能力。

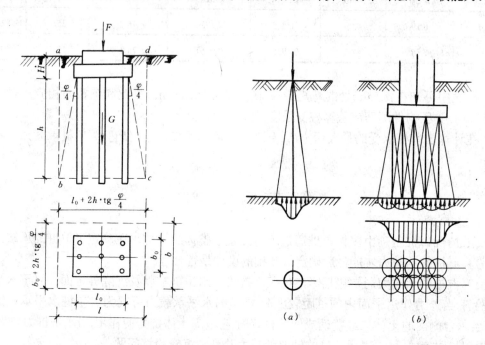

图 10-10 桩基整体轴向承载力验算图　　图 10-11 摩擦桩的受力分析

（a）单桩；（b）群桩

根据这种假定,假想实体桩基承载力按下式验算:

当受中心荷载时

$$p = \frac{F+G}{A} \leqslant f \text{或}[\,\sigma\,] \tag{10-31a}$$

当受偏心荷载时

$$p_{max} = \frac{F+G}{A} + \frac{M_{max}}{W} \leqslant 1.2f \text{或} 1.0[\,\sigma\,] \tag{10-31b}$$

其中

$$A = (l_0 + 2h \cdot \text{tg}\frac{\varphi_0}{4})(b_0 + 2h \cdot \text{tg}\frac{\varphi_0}{4}) \tag{10-32}$$

$$\varphi_0 = \frac{\Sigma \varphi_i h_i}{\Sigma h_i} \tag{10-33}$$

式中　F——作用于桩基础的上部荷载设计值(kN)；

　　　G——假想实体基础自重(kN)，包括承台自重设计值与图 10-10 中 $abcd$ 的范围内土重标准值之和；

　　　A——假想实体基础的底面积(m^2)；

　　　φ_0——桩长范围内各层土的内摩擦角的加权平均值；

　　　h_i——第 i 层土的厚度(m)；

　　　φ_i——第 i 层土的内摩擦角；

　l_0、b_0——假想实体基础开始向下扩散处的截面长边与短边(m)；

　　　h——桩的入土有效深度(m)；

　　　W——假想实体基础底面的截面抵抗矩(m^3)；

　　M_{max}——作用于假想实体基础底面的力矩设计值(kN·m)；

　　　f——按《建筑地基基础规范》确定桩尖处经深宽修正后土的承载力设计值(kPa)；

　　　$[\sigma]$——按桥涵规范确定的桩尖处经深宽修正后的土的容许承载力(kPa)；。

二、沉降计算

桥涵规范规定，在具有单桩的静载试验资料时，符合下列情况之一的桩基础总沉降量可采用单桩试验所得的沉降量，不必另行计算。

1.柱桩即端承桩；

2.桩尖平面处桩间的中心距大于 6 倍桩的直径或边长。

在其他情况下，沉降验算只在建筑物对桩基沉降有特殊要求时进行。对于超静定桥梁墩台或建于不良地质处的静定桥梁墩台，这时应将桩及桩周的土体视为一假象实体基础，按第四章分层总和法公式进行计算即可。

【例 10-5】已知某供暖厂房低桩承台柱基，承台顶面荷载设计值 F=2900kN，M=400kN·m，Q=50kN，承台底面埋深 d=2m，地下水位深 2m，地质资料如表 10-27 所示，预制方桩截面 300mm × 300mm，单桩承载力设计值 R=275kN，桩长 10m，桩尖进入持力层 1.5m，据单桩承载力确定采用 12 根桩，桩距 s=1m，承台尺寸 2.6m × 3.6m，布置如图 10-12。试按群桩验算承载力。

【例 10-5】附表一工程地质资料表　　　　表 10-27

土层名称	厚度(m)	γ(kN/m^3)	s_r(%)	I_p	I_L	φ(°)	f_k(kN/m^2)
杂填土	1	16					
粘土	8.5	18.9	95.6	19.8	1.0	20	110
粉质粘土	4.0	19.6	96.5	15	0.6	20	220

【解】由于桩间中心距 s=1.0m ＜ $6d$=1.8m，且桩数 n=12 根超过 9 根，故需按规范进行假想实体深基础验算。

(1)群桩假想实体基础底面尺寸计算

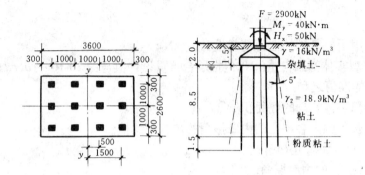

图 10-12 【例10-5】图—群桩承载力验算示意图

由表 10-27 可知 $\varphi_0 = 20°$,扩散角 $\theta = \dfrac{\varphi_0}{4} = \dfrac{20}{4} = 5°$,tg5° =0.0875。

边桩外围尺寸: $l_0 \times b_0 = 2.3 \times 3.3\text{m}$。
按式(10-32),底面尺寸为:

$A = (2.3 + 2 \times 10 \times 0.0875) \times (3.3 + 2 \times 10 \times 0.0875) = 4.05 \times 5.05(\text{m})$。

(2)桩尖处经深宽修正的承载力设计值 f 的计算
桩尖以上土的加权平均重力密度 γ_0:

$$\gamma_0 = \frac{16 \times 2 + (18.9 - 10) \times 8.5 + (19.6 - 10) \times 1.5}{12} = 10.20(\text{kN}/\text{m}^3)$$

于是粉质粘土承载力设计值为:

$$\begin{aligned}
f &= f_k + \eta_b \gamma (b - 3) + \eta_d \gamma_0 (d - 0.5) \\
&= 220 + 0.3 \times (19.6 - 10) \times (4.05 - 3) + 1.6 \times 10.2 \times (12 - 0.5) \\
&= 410.7(\text{kN}/\text{m}^2) > 1.1 f_k = 242(\text{kN}/\text{m}^2)
\end{aligned}$$

取 $f = 410\text{kN}/\text{m}^2$。

(3)地基承载力验算
假想实体基础自重 G 为:

$G = 4.05 \times 5.05 \left(20 \times 2 + (20 - 10) \times 10 \right) = 2863(\text{kN})$

$$p = \frac{F+G}{A} = \frac{2900+2863}{4.05 \times 5.05} = 281.8 \text{kN} / \text{m} < f = 410 (\text{kN}/\text{m}^2)$$

$$p_{max} = \frac{F+G}{A} + \frac{M}{W} = 281.8 + \frac{400+50 \times 11.5}{\frac{4.05 \times 5.05^2}{6}} = 281.8 + 56.7 = 338.5 (\text{kN}/\text{m}^2)$$

$$< 1.2 f = 1.2 \times 410 = 492 (\text{kN}/\text{m}^2)$$

故假想实体深基础地基承载力满足要求。

第五节 桩基础设计计算步骤

桩基础的设计计算步骤是:
(1)调查研究、收集设计资料;
(2)选择桩的类型、桩长、截面尺寸及配筋;
(3)确定单桩承载力标准值 R_k 或单桩轴向容许承载力[P];
(4)确定桩数和桩的平面布置;
(5)桩基承载力验算;
(6)桩承台的设计与计算（略）;
(7)绘制桩基施工图。

一、调查研究、收集设计资料

调查研究、收集资料的内容有:收集当地使用桩基的经验;建筑的结构类型;荷载的大小和性质;工程地质勘察报告;使用要求;材料供应情况;施工条件(如桩的制造、运输、沉桩设备等)以及周围环境,以便综合分析,合理设计。

例如各类桩基须根据地质、水文等条件比较采用。

如钻（挖）孔桩适用于各类土层（包括碎石类土层和岩石层），但应注意：钻孔桩用于淤泥及可能发生流砂的土层时，宜先做试桩;挖孔桩宜用于无地下水或地下水量不多的地层。

而沉桩可用于砂土、粘性土、有承压水的粉砂、细砂以及碎石土等。管柱适用于深水、有潮汐影响以及岩面起伏不平的河床。

在收集资料时，应注意各类桩基础的墩台、承台底面标高应符合的要求，例如冻胀土地区，承台底面在土中时，其埋置深度与刚性浅基础的有关要求是一致的；承台底面在水中时，其标高应在最低冰层底面以下不小于 250mm；当有强大的流水、流筏或其他漂流物时，承台底面标高应保证基桩不受直接撞击损伤。

二、选择桩的类型、桩长、截面尺寸和配筋

桩的类型、桩长、截面尺寸和配筋受各种因素的制约。在同一桩基中，除特殊设计

外，不宜同时采用摩擦桩和柱桩，不宜采用直径不同、材料不同和桩尖深度相差过大的桩．桩长与地质状况、荷载大小有关;截面尺寸和配筋不仅和地质状况、荷载大小有关,还与施工条件有关．因此,首先,应根据当地使用桩基的经验先行选择桩的类型(例如选预制桩还是灌注桩,方桩还是圆桩),然后确定桩长．桩长影响单桩承载力,应尽量将桩端支承在坚硬土层上．桩端进入持力层的深度,应根据地质条件经承载力验算确定,一般为 1～3 倍桩径 d,对于粘性土、粉土和砂土不宜小于 $(2～3)d$;对于碎石土不宜小于 $(1～2)d$．当存在软弱下卧层时,桩基以下坚硬持力层厚度一般不宜小于 $5d$．穿越软土层支承于倾斜基岩上的端承桩,当强风化岩层厚度小于 $2d$ 时,桩端应嵌入微风化岩层．嵌岩灌注桩的周边嵌入微风化或中等风化岩体的最小深度为 0.5m．

确定桩的截面尺寸时,应与桩长相适应.特别是端承桩,如果穿越一般粉性土、粉土、砂土,其长径比 $l/d \leqslant 60$;如果穿越淤泥、自重湿陷性黄土,$l/d \leqslant 40$．

桩身的截面、材料、配筋还应根据外力的性质、大小以及工程地质条件来确定.外力作用有竖向压力、水平推力、抗拔拉力、预制桩起吊弯矩等,并按混凝土设计规范设计．

《建筑地基基础设计规范》(GBJ7—89)规定,预制桩的最小配筋率不宜小于 0.8%;灌注桩的最小配筋率: 当承压时不宜小于 0.2%,受弯时不宜小于 0.4%．主筋的长度可据计算确定,以便在适当部位截断,但作为抗拔时应通长配置．桩顶嵌入承台内长度不宜小于 50mm,当桩主要承受水平时,不宜小于 100mm,主筋伸入承台内的锚固长度不宜小于 30 倍钢筋直径.桩身配筋时,对于受水平力的桩,主筋不宜少于 $6 \phi 10$;对于轴向承压或抗拔桩,主筋不宜少于 $4 \phi 10$,箍筋采用 $\phi 6～\phi 8@200～300$,且宜采用螺旋或焊接坏式箍筋．主筋保护层厚 $\alpha \geqslant 30～35mm$．

三、确定单桩承载力设计值或单桩轴向容许承载力

单桩承载力包括竖向承载力和水平承载力．竖向承载力设计值 R 按第十章第二节确定,水平承载力设计值请查阅有关规范或教科书．

四、确定桩数及桩的布置

1.桩的平面布置

桩的平面布置宜对称布置,应尽量使群桩形心与荷载重心重合,以使各桩受力基本均匀，桩间的中心距应符合第一节中的要求．

2.确定桩数

确定桩的数量时,应先计算出桩基承受的总荷载设计值 $\Sigma Q=F+G$ 和单桩承载力设计值 R．确定的原则为荷载的效应 S 不大于单桩的抗力 R,即

$$S \leqslant R \tag{10-34}$$

下面给出桩数估算公式:

$$n \geqslant N \frac{F+G}{R} \tag{10-35}$$

式中　n——桩基内的桩数;

F——桩基上部结构荷载设计值；

G——桩基承台自重设计值与承台上填土自重标准值之和；

N——考虑偏心荷载作用时各桩受力不等的提高系数，按经验可取 $1.1 \sim 1.3$。

五、桩基承载力验算

首先，按第三节介绍的方法，计算群桩中每根桩桩顶承受的荷载，按单桩轴向承载力进行验算。

然后按第三节介绍的方法计算单桩的内力，验算桩身强度或计算配置钢筋。

最后按第四节的原则对桩基进行整体验算。

在按混凝土规范设计了承台后，绘制施工图，桩基础设计的整个工作基本结束。如果在设计过程中某一步不符合要求，都需要对设计作出调整，重新计算，直到合格为止。

【例 10-6】试设计某城市立交桥桥墩灌注桩、低桩承台桩基础。

一、设计资料

1.上部结构为等跨 30m 预应力钢筋混凝土简支梁，采用重力式圆端形混凝土桥墩，墩底面尺寸 $3.5m \times 8.5m$。

2.荷载资料：

设计活载为汽-超 20 级。按纵向荷载单孔重载控制设计时，作用于桥墩底面中心的最不利荷载组合Ⅱ表 10-28。

【例 10-6】最不利荷载组合资料表　　　　表 10-28

轴向力 P(kN)	水平力 Q(kN)	弯矩 M(kN·m)
7700	253	5748

3.地质资料

桩基所处土层的地质资料见表 10-29。

【例 10-6】地质资料表　　　　表 10-29

土的名称	层顶标高	层底标高	γ	φ	γ_{sat}	I_L	$[\sigma]$(kPa)	m(kN/m⁴)
粘土	40.5	22.0	18.70	22°	18.70	0.35		18000
中密中砂	22.0	13.0	19.30	38°	19.30		400	20000

要求设计低桩承台基础，并进行各项验算

二、拟定承台尺寸

承台底面埋深 2.5m，相关尺寸见表 10-30 或图 10-13。

【例 10-6】承台材料及相关尺寸汇总表　　　　表 10-30

材料	γ(kN/m³)	承台底标高	厚 h	长 l	宽 b
C20 混凝土	25.0	38.0m	1.8m	10.0m	5.65m

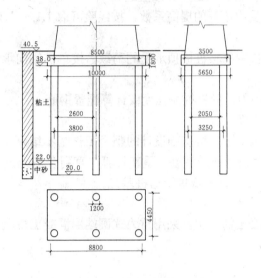

图 10-13 【例10-6】示意图

三、计算作用于承台形心处的荷载

对于低桩承台桩基础，承台底面即为基桩顶面．

承台自重：

$10.0 × 5.65 × 1.8 × 25.0 = 2543(kN)$;

承台以上土的重力：

$[10.0 × 5.65 - (\pi/4) × 3.5^2 - (8.5 - 3.5) × 3.5] × (2.5 - 1.8) × 18.7 = 384.6(kN)$;

轴向力：

$P_0 = 7700 + 2543 + 384.6 = 10627(kN)$;

水平力：$Q_0 = 253(kN)$;

弯矩：$M_0 = 5748 + 253 × 1.8 = 6203(kN \cdot m)$;

四、拟定基桩材料、尺寸，计算单桩的容许承载力

1.钻孔桩的材料、尺寸

拟采用竖直桩、用冲击钻钻孔．设计直径 1.2m，成孔直径 1.3m，桩尖深入中砂层 2m，钻孔灌注桩用 C20 混凝土浇灌，弹性模量 $E = 2.6 × 10^7 kN/m^2$，重力密度 $\gamma = 25.0kN/m^3$，考虑桩侧土摩擦阻力对桩身轴向力的影响系数 $\xi = 0.5$．

拟定桩尖标高 20.0m，桩长 $h = 38.0 - 20.0 = 18.0m$；

按成孔直径计算周长：$U = \pi × 1.3 = 4.084m$；

按设计直径计算桩截面面积：

$A = (\pi/4) × 1.2^2 = 1.131(m^2)$，$I = \dfrac{\pi}{64}d^4 = \dfrac{\pi}{64} × 1.2^4 = 0.1018(m^4)$．

据粘土，$I_L = 0.35$ 属于硬塑，查表取 $\tau_1 = 38kPa$，该土层桩长 $l_1 = 16.0m$；

据中密中砂查表取 $\tau_2 = 42kPa$，该土层桩长 $l_2 = 2.0m$

2.确定单桩容许承载力

$$[P] = \frac{1}{2} × 0.5U\Sigma l_i \tau_i + \frac{1}{2} × 2\lambda m_0 A\{[\sigma_0] + k_2\gamma_2[h-3]\}$$

其中桩周 $U = 4.084m$；$A = 1.131m^2$；按一般要求清孔，取 $m_0 = 0.6$；据桩的入土深度 $h = 18m$ 与桩径 $d = 1.2$ 之比为 15，桩底土层为透水中砂层取 $\lambda = 0.7$，根据中密中砂，查表 5-14 得 $k_2 = 4.0$，桩尖以上土的加权重力密度 γ''

$$\gamma_2 = \frac{18.7 × 16 + 19.3 × 2}{18} = 18.76(kN/m^3)$$

则有：$\quad[P]=0.5 \times 4.084 \times (16 \times 38+2 \times 42)+\dfrac{1}{2} \times 2 \times 0.7 \times 0.6 \times 1.131$

$$\times[400+4 \times 18.76 \times (18-3)]=2138(kN)$$

五、确定桩数及基桩的布置

$n=\mu\dfrac{P_0}{[P]}=1.2 \times \dfrac{10627}{2138}=5.96$，取用 $n=6$，布置如图 10-12,纵向间距为 3.25m，纵向净距为 2.05m．横向间距为 3.8m，横向净距为 2.6m（纵向间距符合桥规关于灌注桩轴距不小于 2.5 倍桩的成孔直径的规定）．

六、计算宽度 b_1,地基变形系数 α，承台计算宽度 B_1

1.求 b_1

桩的计算宽度按公式 $b_1=k_\varphi \cdot k_0 \cdot k \cdot b$ 计算，对于圆桩可用公式 $b_1=0.9k(d+1)$ 计算，其中 $d=1.2m$．

桩实际埋深为 $h_{1,1}=40.5-20.0=20.5m$,而计算埋深为 $h_{1,2}=3(d+1)=3(1.2+1)=6.6m$，根据计算埋置深度不大于实际埋置深度的原则，取 $h_1=6.6m$，$0.6h_1=3.96m$．今有纵向净距 $l_1=2.05m$,鉴于 $l_1=2.05m<0.6h_1=3.96m$．故用公式 $k=b'+\dfrac{(1-b')l_1}{0.6h_1}$ 计算系数 k．又根据纵向两排,$n=2$,则取 $b'=0.6$,于是

$$k=0.6+\dfrac{(1-0.6) \times 2.05}{0.6 \times 0.6}=0.807$$

$$b_1=0.9 \times 0.807(1.2+1)=1.598m$$

2.计算 α

首先，计算地基变形系数的加权平均值 m''

$$m''=\dfrac{16 \times 18+2 \times 2000}{18}=18222(kN/m^4)$$

然后，将 $m=18222kN/m^4$;$E=2.6 \times 10^7kN/m^2$;$I=0.1018m^4$;$b_1=1.598m$ 代入下式得

$$\alpha=\sqrt[5]{\dfrac{mb_1}{EI}}=\sqrt[5]{\dfrac{18222 \times 1.598}{26000000 \times 0.1018}}=0.406(1/m)$$

3.判断基桩是刚性构件还是弹性构件

承台底至桩尖的有效桩长 $h=18m$．

$\alpha h=0.406 \times 18=7.30>2.5$，可按弹性构件计算．

4.承台计算宽度

$B_1=1.0(d+1)=1.0(10+1)=11.0m$。

七、计算刚度系数

1.计算ρ_{Pb}

$$\rho_{Pb} = \cfrac{1}{\cfrac{l_0 + \xi l}{AE} + \cfrac{1}{c_0 A_0}}$$

式中相关数据为:

地面或局部冲刷线以上桩长: $l_0=0.00m$

地面或局部冲刷线以下有效桩长: $l=h=18.00m$

钻孔桩的影响系数: $\xi=0.5$

桩身的横截面积: $A=1.131m^2$

桩身的截面积惯性矩: $I=0.1018m^4$

桩底处的地基比例系数,鉴于$h=18m>10m$,故

$c_0=m_0h=200000 \times 18 = 360000kN/m^3$

确定桩底平面面积A_{01},当向下按$\varphi/4$扩散到桩底平面处的面积时,取内摩擦角的加权平均值

$$\varphi'' = \frac{22° \times 16 + 38° \times 2}{18}$$

$$\begin{aligned} A_{0,1} &= \pi\,[d/2+htg(\varphi/4)]/4 \\ &=3.14 \times [1.2/2+18tg(23.78/4)]=19.23(m^2) \end{aligned}$$

当按桩底处相邻中心距计算的面积为:

$$A_{0,2}=(\pi/4)3.25^2=8.30(m^2)$$

故应取$A_0=8.30m^2$计算,于是:

$$\rho_{Pb} = \cfrac{1}{\cfrac{l_0 + \xi l}{AE} + \cfrac{1}{c_0 A_0}} = \cfrac{1}{\cfrac{0+0.5 \times 18}{1.131 \times 26000000} + \cfrac{1}{360000 \times 8.30}}$$

$$= 1560282(kN/m)$$

2.计算 ρ_{Qa}、ρ_{Ma}、$\rho_{M\varphi}$

根据 αh=7.30>4，按 αh=4 和 αl_0=0.00 查表 10-23 得：

x_Q=1.0643、x_M=0.9855、φ_M=1.4838

$\rho_{Qa}= \alpha^3 EI x_Q$=0.406$^3 \times$ 2.6 $\times$ 10$^7 \times$ 0.1018 $\times$ 1.0643 = 188208(kN/m)

$\rho_{Ma}= \alpha^2 EI x_M$=0.406$^2 \times$ 2.6 $\times$ 10$^7 \times$ 0.1018 $\times$ 0.9855 = 429466(kN)=$\rho_{Q\varphi}$

$\rho_{M\varphi}= \alpha EI \varphi_M$=0.406 $\times$ 2.6 $\times$ 10$^7 \times$ 0.1018 $\times$ 1.4838 = 1593476(kN $\cdot$ m)

八、计算承台地面形心处的位移

由公式(10-28a)$n\rho_{Pb}b=P$，计算位移 b

$$b=P/(n\rho_{Pb}) = 10627/(6 \times 1560282)=0.00114(m)<0.006m$$

据公式(10-28b)(10-28c)解方程得 β 和 a

$$(n\rho_{Q_a} + \frac{1}{2}mh_0^2 B_1)a + (\frac{1}{6}mh_0^3 B_1 - n\rho_{Q\varphi})\beta = Q$$

$$(\frac{1}{6}mh_0^3 B_1 - n\rho_{M_a})a + (n\rho_{M\varphi} + \rho_{Pb}\sum x_i^2 + \frac{1}{12}mh_0^4 B_1)\beta = M$$

以上公式中的相关数值计算如下：

承台高 $\qquad\qquad\qquad\qquad h_0=1.8m$

$$n\rho_{Qa} + \frac{1}{2} \times mh_0^2 B_1 = 6 \times 188208 + \frac{1}{2} \times 18000 \times 1.8^2 \times 11 = 1747998$$

$$(1/6)mh_0^3 B_1 - n\rho_{Ma} = (1/6)18000 \times 1.8^3 \times 11 - 6 \times 429466 = -2061171$$

$$n\rho_{M\varphi} + \rho_{Pb}\sum x_i^2 + (1/12)mh_0^4 B_1$$
$$=6 \times 1593476 + 1560282 \times 6 \times 1.625^2$$
$$+(1/12) \times 18000 \times 1.8^4 \times 11 = 34926100$$

于是得到下面二元一次方程组

$$1747998\alpha - 2061171\beta = 253$$
$$-2061171\alpha + 34926100\beta = 6203$$
$$\alpha - 1.1792\beta = 0.000145$$
$$-\alpha + 16.9448\beta = 0.00301$$

解得 β = 0.0002rad、α = 0.00038m<0.006m

九、计算桩顶内力

按桩顶位移乘以刚度系数即可得桩顶内力，可按以下公式计算单桩桩顶内力

$P_{i,max}=\rho_{Pb}(b+x_i\beta)=1560282(0.00122+1.625\times0.0002)=2278(kN)$

$P_{i,min}=\rho_{Pb}(b-x_i\beta)=1560282(0.00122-1.625\times0.0002)=1264(kN)$

$Q_i=\rho_{Qa}\alpha-\rho_{Q\varphi}\beta=188208\times0.00038-429466\times0.0002=-14.28(kN)$

$M_i=\rho_{M\varphi}\beta-\rho_{Ma}\alpha=1593476\times0.0002-429466\times0.00038=155.3(kN\cdot m)$

校核：

$E_x=0.5mh_0^2B_1\times\alpha+(1/6)mh_0^3B_1\times\beta$

$=0.5\times18000\times1.8^2\times11\times0.00038+(1/6)18000\times1.8^3\times11\times0.0002$

$=339(kN)$

$M_{Ex}=(1/6)mh_0^3B_1\times\alpha+(1/12)mh_0^4B_1\times\beta$

$=(1/6)18000\times1.8^3\times11\times0.00038+(1/12)\times18000\times1.8^4\times11\times0.0002$

$=325(kN\cdot m)$

$\Sigma Q=\Sigma Q_i+E_x-Q_0=6\times(-14.28)+339-253=-0.02(kN)=0$

$\Sigma M=\Sigma P_ix_i+\Sigma M_{inn}+M_{Ex}-M_0=\beta\rho_{Pb}nx_i^2+nM_i+M_{Ex}-M_0$

$=0.0002\times1560282\times6\times1.625^2+6\times155.3+325-6203$

$=-1.7(kN\cdot m)=0$

十、验算单桩轴向承载力

单桩承受的最大荷载 P_{max} 为上述分配的最大压力 $P_{i,max}$ 加上桩自身的全重(因为无局部冲刷问题)，即

$P_{max}=P_{i,max}+\gamma Ah=2278+25\times1.131\times18=2787kN\approx1.25[P]=1.25\times2138$

$=2672(kN)$

因为 $\dfrac{2787-2672}{2672}=4.3\%<5\%$，在允许范围内，所以单桩轴向承载力满足要求。

十一、桩基础整体验算

1.计算桩尖处假想承压面的几何特征值 b、l、A、W

该桩穿过两层土，其内摩擦角的加权平均角度为：$\varphi''=23.78°$

由图 10-12 可知承台地面基桩的外围尺寸为：$b_0=4.45m,l_0=8.8m$

按角度 $\varphi''=23.78°$ 的 1／4(5.95°)扩散至桩尖处假想承压面的几何特征分别为：

$b=b_0+2htg5.95=4.45+2\times18\times tg5.95=8.2(m)$

$l=l_0+2htg5.95=8.8+2\times18\times tg5.95=12.5(m)$

$A=b_0\times l_0=8.2\times12.5=102.5(m^2)$

$W=(1/6)\times l_0\times b_0^2=(1/6)\times12.5\times8.2^2=140(m^3)$

2.计算桩尖处假想承压面积以上土和桩的总重力 G 和最大压应力 σ_{max}

前面已经计算，桩尖以上承台底面以下土的加权平均重力密度 $\gamma''=18.76kN/m^3$，于是总重力为

G=2.5 × (102.5 − 10 × 5.65) × 18.70+18 × 102.5 × 18.76+1.131 × 18 × (25 − 18.76)

 =37064(kN)

σ_{max}=(P_0+G)/A+M_0/W=(10627+37064)/102.5+6203/140

 =516.4(kPa)

3.确定桩尖处地基容许承载力[σ]并作判断

已知[σ_0]=400kPa，据中密中砂查表 5-14,k_1=2.0,k_2=4.0,假想承压面下持力层的重力密度为 γ_1=19.3kN/m³,假想承压面以上土的加权平均重力密度为γ_2= γ'' = 18.76kN/m³。假想承压面宽度 b=7.9m,假想承压面的深度 h=18+2.5=20.5m,于是有:

$$[\sigma]=[\sigma_0]+k_1\gamma_1(b − 2)+k_2\gamma_2(h − 3)$$
$$= 400+2 × 19.3 × (8.2 − 2)+4 × 18.76(20.5 − 3)=1952(kPa)$$
$$1.25[\sigma]=2440(kPa)>\sigma_{max}=516.4(kPa)$$

桩基础整体验算满足要求，按上部结构和地基情况，可不进行沉降验算。

思 考 题

10 − 1 在什么情况下选择桩基础?

10 − 2 何谓摩擦桩? 何谓柱桩(端承桩)? 何谓负摩阻力?

10 − 3 基桩如何分类?

10 − 4 何谓单桩竖向承载力? 如何确定单桩承载力?

10 − 5 计算基桩内力和变形的公式与步骤是什么?

10 − 6 如何验算群桩底承载力?

10 − 7 桩基设计的步骤是什么?

习 题

10 − 1 已知某市政桥涵工程桩基础的地质资料如表 10-31 所示，承台底埋深 2.5m,桩长 12m,钻孔灌注桩(使用冲抓锥钻孔)设计直径 1.5m,桩的重力密度为 25kN/m³.

(1)试按《公路桥涵地基与基础设计规范》确定该灌注桩的单桩轴向容许承载力[P].

(2)已知荷载组合 I 算至桩顶的轴向力为 P_0 = 1700kN、弯矩为 M_0=250kN · m、横向水平力为 Q_0 = 90kN，试验算单桩轴向承载力。

(3)试按 P_0 = 2000kN,确定桩基的入土深度。

10 − 2 某水中桩基础，采用直径为 550mm 的钢筋混凝土管桩，锤击沉桩，地质情况如图 10-14；试按桥规确定单桩容许承载力。

10 − 3 习题 10-2 中的条件不变，基桩改为钻孔灌注桩，旋转成孔钻头为 0.8m,试确定单桩容许承载力。

土层编号	土 类	土层顶面坐标 z_i (m)	γ (kN/m³)	ω (%)	ω_L (%)	ω_P (%)	e	a_{1-2} (MPa⁻¹)	c (kPa)	φ
1	填土	0	18.1							
2	粘土	2.5	18.5	42	47	23	0.9	0.47	2.5	19°
3	淤泥	4.3	17.6	49	37	24	1.3	0.92	1.7	10°
4	淤泥质	6.7	19.8	45	42	25	1.1	0.60	2.1	15°
5	粉质粘土(亚粘土)	8.5	20.2	15	24	12	0.85	0.15	7.9	21°
6	砂土	17.5	—	—	—	—	—	—	—	—

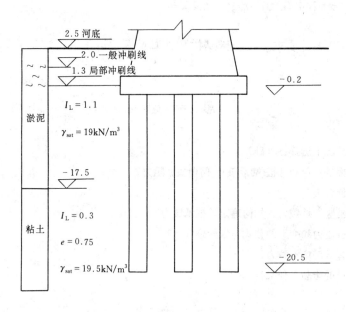

图 10-14 习题10-2示意图

10 - 4 试计算某城市立交桥(跨度 30m)双柱式桥墩低桩承载灌注桩基桩的内力和变位。

墩柱、基桩的材料和相关尺寸见表10-32和图10-15。

该城市立交桥采用双柱式桥墩(图 10-15),墩下采用旋转钻孔灌注桩.墩柱和基桩均采用 C20 混凝土浇筑,混凝土重度 $\gamma=25$ kN/m³,弹性模量 $E_h=2.6 \times 10^7$(kPa),基桩设计直径 1.65m,成孔直径 1.8m,墩柱直径 1.5m,其余相关尺寸见表10-32。

墩柱顶标高	墩柱直径	桩基直径	桩顶	地面标高	桩尖埋深
46.88(m)	1.5(m)	1.65(m)	30.66(m)	31.16(m)	20.66(m)

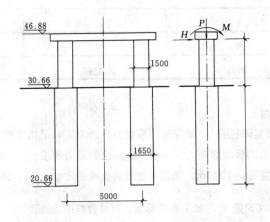

图 10-15 习题10-4示意图

地质水文资料:

地基土为密实细砂类砾石,地下水位与底面基本齐平.其相关指标见表10-33.

【习题 10 - 4】地基土部分性质指标资料表　　　　　　　　　表 10-33

地基比例系数 $m(kN/m^4)$	桩侧摩阻力 $\tau(kPa)$	内摩擦角 φ	粘聚力 $c(kPa)$	容许承载力 $[\sigma_0](kPa)$	重力密度 $\gamma_{sat}(kN/m^3)$
10000	70	40°	0	400	21.8

荷载情况:

按最不利荷载组合计算的,作用于一根墩顶和桩顶的竖向荷载(压力)与横向力(水平力和弯矩)见表10-34.

【习题 10 - 4】作用于墩顶的最不利横向力数值　　　　　　　表 10-34

横向力	P	$Q(kN)$	$M(kN \cdot m)$
作用于一根墩柱顶	$P_1=1779$	$Q_1=30$	$M_1=226.56$
作用于一根基桩顶	$P_0=2659$	$Q_0=30$	$M_0=?$ 需计算

10 - 5 试计算桥墩高桩承台灌注桩基础基桩的内力和变位.

设计资料:上部结构为等跨 30m 预应力钢筋混凝土简支梁,采用重力式圆端形混凝土桥墩.桥墩下由 6 根设计直径为 1.0m 的灌注桩组成,冲抓成孔,用 C20 混凝土浇筑,弹性模量 $E=2.6 \times 10^7 kPa$.

设计活载为汽 - 20 级.作用于承台底面中心的最不利荷载组合见表10-35.

【习题 10-5】最不利荷载资料表　　　　　　　　　　表 10-35

荷载组合	轴向力 P(kN)	水平力 Q(kN)	弯矩 M(kN·m)
双孔	9508	0	0
单孔	8591	359	5335

地质水文资料及相关尺寸：

该桥基处于深 58m 的密实卵石层中，地基比例系数 m=120000kN/m⁴，内摩擦角 φ = 40°，地基基本容许承载力 $[\sigma_0]$=1000kPa，桩周土的极限摩阻力 τ=600kPa，土的重力密度 γ = 20kN/m³，拟定桩尖标高 47.54m，局部冲刷线以下的桩长 h=10.31m；基桩布置及其他相关尺寸见表 10-36。

【习题 10-5】有关标高、尺寸资料汇总简表　　　　　表 10-36

河床底面标高	承台底面标高	一般冲刷标高	局部冲刷线标高	桩尖桩尖处标高
69.54m	67.54m	63.54m	60.85m	47.54m

基桩总数 n	纵向轴间距	纵向净间距	承台高度	基桩直径
6	3.50m	2.50m	2.00m	1.0m

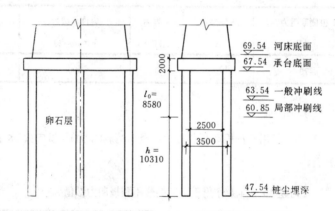

图 10-16 习题 10-5 示意图

10-6 某立交桥桥墩低桩承台桩基础，承台顶面荷载设计值 P=5000kN，M=1300kN·m，Q=200kN，承台底面埋深 d=3m，桩长 12m，地质资料如表 10-37 所示，地下水位深 3m，预制方桩截面 250mm×250mm，单桩承载力设计值 R=575kN，桩尖进入持力层 2.0m，据单桩承载力确定采用 9 根桩，桩距 s=1m，承台尺寸 2.6m×2.6m，布置如图 10-17，试按群桩验算承载力。

10-7 试设计某城市立交桥桥墩灌注桩、低桩承台桩基础，并进行各项验算。

设计资料：上部结构为等跨 30m 预应力钢筋混凝土简支梁，采用重力式圆端形混凝土桥墩，墩底面尺寸 2.9m×7.4m。荷载资料为：设计活载为汽-20 级．按纵向荷载单孔重载控制设计时，作用于桥墩底面中心的最不利荷载组合Ⅱ表 10-38。

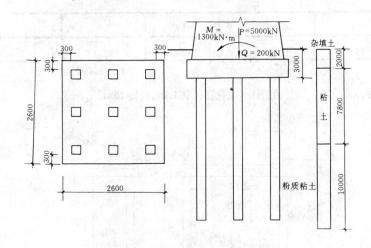

图 10-17 习题 10-6 示意图

【习题 10-6】附表一工程地质资料表　　　　表 10-37

土层名称	厚度(m)	γ (kN / m³)	s_r (%)	I_p	I_L	φ (°)	f_k (kN / m²)
杂填土	2	16.5					
粘土	7.8	18.2	90.6	21.8	1.0	18	120
粉质粘土	10.0	19.7	92.5	13	0.8	22	230

【习题 10-7】最不利荷载组合资料表　　　　表 10-38

轴向力 P(kN)	水平力 Q(kN)	弯矩 M(kN · m)
7150	147	4520

地质资料：桩基所处土层的地质资料见表 10-39。

【习题 10-7】地质资料表　　　　表 10-39

土的名称	层顶标高	层底标高	γ	φ	γ_{sat}	τ	I_L	[σ](kPa)	m(kN/m⁴)
亚粘土	22.0	6.0	18.00	20 °	19.60	60	0.4		18000
中密中砂	6.0	1.0	19.20	30 °	19.20	50		350	15000

承台底面埋深 2.0m，相关尺寸见表 10-40。

材料	$\gamma(kN/m^3)$	承台底标高	厚 h	长 l	宽 b
C20 混凝土	25.0	20.0m	1.5m	9.0m	4.5m

建议：采用冲抓钻孔桩，设计直径 1m,成孔直径取 1.1m,桩长 15m.

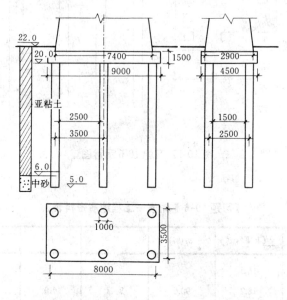

图 10-18　习题10-7示意图

第十一章 沉 井 基 础

一、沉井概述

沉井是是一个无底无盖的井状结构物。是人们在深基础施工中,为减少开挖土方工程量,保证开挖边坡稳定而创造的一种竖直筒形结构物。在施工时,从井筒中挖土,使筒体在自重作用下,克服刃脚下土体的阻力和井壁与土体间的摩擦力而下沉,直至设计标高,然后封底而成。

从结构角度看,沉井是基础结构的组成部分,它的外形尺寸即为基础尺寸;从施工角度看,它是深基础施工的"工具";有时为利用沉井的空间,也将其作为地下构筑物。

沉井有其独特的优点:占地面积小,无需板桩围护,土方开挖量少,技术上操作方便、稳妥可靠,无需特殊专用设备,造价低;沉井内部空间可以供各类地下构筑物充分利用,井壁既是施工时的支撑围壁,又是地下构筑物的围护结构。因此,在国内外都得到广泛应用和发展,例如桥梁墩台基础、取水构筑物、污水泵站、地下工业厂房、大型设备基础、地下仓(油)库、人防掩蔽所、矿用竖井以及地下车站等地下构筑物和大型深基础围壁,均曾采用沉井法施工.据现有的施工经验,我国的矿用沉井的下沉深度已超过 100mm;大型圆形钢筋混凝土沉井直径达 68m,下沉深度为 28m;上海宝钢电厂水泵房采用的钢筋混凝土矩形沉井位于长江岸边高压缩性软粘土中,平面尺寸为 39.8m × 39.45m,深 16.2m,沉井井壁厚达 1.5 ~ 1.7m,井内设纵横隔墙七道,总重达 17500t。

根据沉井的特点,下列范围内的地下构筑物宜采用沉井结构:

1.埋设较深而且无大开挖条件的构筑物;

2.地下水位较高、易产生涌流和流砂现象或易塌陷的不稳定土层中的构筑物;

3.场地狭窄,受周围建筑物等限制,不适宜大开挖施工的场地;

4.江心和岸边的给水排水构筑物及桥墩、桥台的基础;

5.矿用竖井和大型设备基础。

当遇到下列情况之一时,由于沉井下沉会受到阻碍或下沉偏移等困难,故不宜采用:

1.夹有孤石、树干、沉没旧船、被埋没的建筑土层;

2.饱和细砂、粉砂和亚砂土土层,鉴于排水挖土时,容易产生流砂而无法继续施工;

3.基岩层面倾斜起伏很大,施工中将导致沉井井底搁置的岩石和土层上而使沉井倾斜。

二、沉井的类型

沉井的分类方法各异,关键在于分类的依据,现按材料、平面形状、平面分割情况、竖直剖面形状、制作方式分类如下:

1.按材料分类

按适用的材料可将沉井分为砖石沉井、混凝土沉井、钢筋混凝土沉井、竹筋混凝土沉井等。一般可根据下沉深度、受荷大小、因地制宜的原则选择。

砖石沉井:这种沉井抗拉承载力低,下沉深度不大,故适用于深度较浅的小型沉井;

混凝土沉井:这种沉井的特点是抗压承载力高,抗拉承载力低,一般宜做成受力均匀

的圆形,刃脚处需配筋,适用于深度不大（4～7m）的软土层中;

钢筋混凝土沉井:这种沉井的特点是抗压承载力高,抗拉承载力也高,可做成各种形状、尺寸,下沉深度可以很大,因此得到广泛的应用;

竹筋混凝土沉井：沉井在下沉过程中受力较大,就位后承受的拉力减小,鉴于这一特点,在南方产竹地区,可以采用耐久性差但是初期抗拉承载力好的竹筋代替钢筋,需注意,在沉井分节接头处及刃脚内仍需采用钢筋。例如我国南昌赣江大桥曾采用这种沉井。

2.按平面形状分类

圆形沉井:在四周土压力和水压力作用下,受力条件较好,井壁较薄。圆形沉井周长最小,故下沉时摩阻力较小,圆形还可减小阻水、冲刷现象。

矩形或圆端沉井：矩形沉井制作方便,这种形状有利于满足桥墩和地下构筑物的使用要求。但井壁承受弯矩,转角处应力集中,需在结构上予以加强。鉴于四角处的土不易挖除,故多制作成圆端形沉井。

异型沉井:例如椭圆形、劈尖分水形等,多为桥墩减小阻水所需。

3.按平面分割情况分类

按平面分割情况可将沉井分为单孔、双孔、单排孔、多排孔等几种。沉井被许多纵横交错的隔墙分割,使沉井刚度增大,适用于平面尺寸大而重的构筑物,并能在施工中控制各个井孔挖土进度,保证沉井均匀下沉。

4.按竖直剖面形状分类

按竖直剖面形状可将沉井分为竖直式沉井、倾斜式沉井和阶梯形式沉井等多种形式。采用何种形式视通过土层的性质和下沉深度而定。外壁竖直的沉井在下沉时不易倾斜,井壁接长简单,模板可重复适用;倾斜式或阶梯式沉井内壁竖直,外壁倾斜或呈台阶状,下大上小,其优点在于下沉时减小摩阻力;使用时,下部水压力、土压力均较大,用料合理。缺点是施工较复杂,容易发生倾斜。倾斜式沉井井壁的坡度一般为 1/20～1/50,阶梯式沉井井壁的台阶宽度约为 100～200mm。

5.按制作方式分类

沉井按施工制作方式的区别可分为就地制造下沉式和浮运下沉式两类。

就地制造下沉式沉井是在基础设计的位置上制造,然后就地挖土下沉。而浮运下沉式沉井是在深水区,筑岛就地制造困难,则在岸边制造沉井,然后浮运到设计位置下沉。

三、沉井的组成及构造

沉井由刃脚、井筒、内隔墙、封底、顶盖等部分组成。

沉井平面形状及尺寸应根据墩身或台身的底面尺寸、地基土的承载力及施工要求确定,力求结构简单对称、受力合理、施工方便。沉井棱角处宜做成圆角或钝角,顶面襟边宽度应根据沉井施工允许偏差而定,不应小于沉井全高的 1/50,且不小于 200mm。浮式沉井另加 200mm。沉井顶部需要设置围堰时,其襟边宽度应满足安装墩台身模板的需要。井孔的布置和大小应满足取土机具操作的需要,宜结合井顶围堰统一考虑。

1.刃脚

刃脚位于井筒下端,形如刀刃,在下沉时切入土中,有利于沉井下沉.沉井刃脚根据地质情况,可采用尖刀脚或带踏面的刃脚。如土质坚硬,刃脚面应以型钢（角钢或槽钢）加强。刃脚下部水平面叫踏面,踏面宽度为 100～200mm,如为软土地基可适当放宽;刃脚斜面与水平面的夹角应大于 45°,刃脚斜面高度视井壁厚度及便于挖土而宽,一般约为 0.7 ~ 2.0m。当土质坚硬时,刃脚踏面可用钢板、角钢保护。常用的刃脚有无筋刃脚、锚钩刃脚和钢筋混凝土刃脚(图 11-1)。当沉井需要下沉至稍有倾斜的岩面上时,在掌握岩层高低差变化的情况下,可将刃脚做成与岩面倾斜度相适应的高低刃脚。井内隔墙底面比刃脚底面至少应高出 500mm。

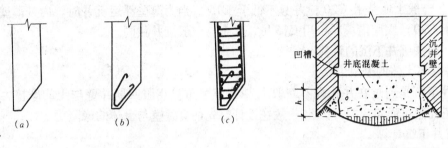

图 11-1 沉井刃脚

(a)无钢筋的混凝土刃脚; (b)设钢筋锚钩的混凝土刃脚;

(c)钢筋混凝土刃脚

图 11-2 沉井封底示意图

2.井筒

井筒为沉井的主要部分,其作用是:(1)井筒下沉过程中的挡土围墙,承受土压力、水压力作用;(2)具有足够的重量,在自重作用下克服井筒外壁与土的摩擦力和刃脚底部土的阻力,保证沉井节节下沉。为了减小外壁土的摩阻力,井筒壁可作成锥体状。沉井井壁的厚度应根据结构强度、施工下沉需要的重力、便于取土和清基等因素计算确定,一般为 0.8 ~ 1.5m。为便于机械挖土或人工挖土,井孔最小尺寸一般为 0.9m。井孔每节高度可视沉井的全部高度、地基土的情况和施工条件而定,一般不宜高于 5m。沉井外壁可做成垂直面、斜面(斜面坡度为 1/20 ~ 1/100)或与斜面坡度相当的台阶形。

3.内隔墙

在多孔沉井中,内隔墙的主要作用在于减少井壁受弯跨度,增加沉井刚度,施工时便于控制取土以利控制沉降或纠偏。内隔墙厚度一般为 0.8 ~ 1.2m,内隔墙的底面应比刃脚高出 0.5m 以上,以免妨碍沉井下沉。

4.封底层

当沉井下沉至设计标高后,应用混凝土封底(图 11-2),以防地下水渗入沉井内部。然后再制作底板,底板下作防水层,底板嵌入刃脚上井筒内壁凹槽之中,以利底板与井筒连接牢固,防止渗漏。当水密性要求很高或底板很厚时,可采用双槽,槽深一般为 100 ~ 200mm。沉井封底混凝土厚度由计算确定,但其顶面应高出刃脚根部(即刃脚斜面的顶点处)不小于 500mm。

5.顶盖

当沉井作为水泵站等地下结构物的空心沉井时,在其顶部需浇筑钢筋混凝土顶盖。顶盖构造按钢筋混凝土结构设计。

6.沉井的材料与填料

沉井底节材料可用混凝土、少筋混凝土、钢筋混凝土和钢材等。混凝土底节沉井适用于下沉深度不大的松软土层;钢筋混凝土底节沉井的最小含筋率为 0.1%;少筋混凝土沉井的最小含筋率为 0.05%。沉井底节的水平钢筋不宜在井壁转角处有接头。

沉井填料可采用贫级配混凝土、片石混凝土或填砌片石；在无冰冻地区亦可采用粗砂和砂砾填料。当作用在墩台上的外力不大时，亦可采用空心沉井。但在砂砾填心沉井和空心沉井的顶面均须设置钢筋混凝土盖板，盖板厚度按计算确定。

桥规关于沉井各部混凝土强度等级的规定是：刃脚不低于 C20；封底如为岩石地基时用 C15，一般土地基用 C20；井身不低于 C15。当为薄壁浮运沉井时，内外薄壁和隔板不宜低于 C20，腹腔内填料可用 C15 号，其余与一般沉井相同。

四、有关沉井下沉的计算

1.井壁与土体的摩阻力

沉井下沉是通过在井孔内不断取土,依靠沉井重量克服四周井壁与土的摩擦力和刃脚下土的正面阻力而实现的。因此,一般在设计时先估算井壁与土体的摩阻力。

2.沉井下沉计算

沉井下沉计算包括下沉系数计算和下沉稳定系数计算两部分。

(1)下沉系数计算

为保证沉井下沉时向下的作用力大于摩阻力,下沉系数应大于 1.05,即井体有效自重应不小于总摩阻力的 1.05 倍。

(2)下沉稳定系数

沉井在软弱土层中下沉时,有可能发生突沉,这时需对沉井下沉进行稳定验算,防止失控,要求下沉稳定系数小于 1,即沉井的有效自重应小于总摩阻力与刃脚踏面、斜面、隔墙和底梁下土的支承力之和。

3.抗浮计算

在有地下水的地区,当沉井下沉到设计标高并浇筑封底混凝土或底板,此时设备未安装,井内抽水后上浮的危险性最大,应进行抗浮验算,要求抗浮安全系数不小于 1.05,即相应阶段沉井的总重力应不小于封底后最高水位浮力的 1.05 倍。

若井体重量不足以抗浮,除加重外,可临时降水.此外使用阶段的抗浮、抗倾、抗滑稳定也应验算。

4.侧压力计算

(1)无地下水时土压力按朗金肯主动土压力计算;

(2)有地下水时,地下水位以下按有效重力密度计算主动土压力,按地下潜水计算静水压力。

5.地基承载力计算

沉井作为整体深基础,应验算地基承载力。

五、沉井施工中遇到的土力学问题

1.流砂

由于地质情况复杂,经常会遇到地下水位以下的粉土或粉、细砂土流动涌冒现象,即流砂现象。流砂的出现会造成沉井倾斜,井内涌砂,井外地面坍塌,甚至发生严重工伤事故。

产生流砂的原因分为内因与外因两方面。内因是含有较厚的粉、细砂土层,其物理特性是颗粒级配不均匀系数 $k_u < 5$ 和孔隙比 $e > 0.75$,土粒中粘粒含量小于 10%,粉粒含量大于 75%。外因是较大的水头差所产生的动水压力。在沉井(或开槽)施工中,为便于土方开挖而从井内抽水时,形成沉井内外水头差,地下水渗流方向将自下向上,动水压力方向与重力方向相反,土粒与土粒之间的压力将减小,当井内外水头差(水力梯度)足够大时,土粒间的压力消失了,土粒处于悬浮状态,将随水流方向流动,从而形成流砂现象.经试验,当自下而上的动水压力等于或大于土的有效重度时,将产生流砂现象.动水压力等于有效重力密度时的水力梯度叫临界水力梯度,故产生流砂的条件是渗流水力梯度大于临界水力梯度.

可见,防止流砂的措施,关键在于减小渗流水力梯度或改变渗流方向.采用深井和深井泵降水时,水向深处流动,动水压力的方向向下,杜绝了自下而上的水流,从而避免了发生流砂.

2.触变泥浆套

触变泥浆润滑套是近代沉井施工中的一种下沉辅助措施.使用触变泥浆套下沉沉井的方法是,在沉井外壁与土壁之间设置触变泥浆隔离层,以减少土与井壁之间的摩擦阻力,以利沉井下沉.

土的触变性是指粘性土的一种胶体化学性质.粘性土结构受到扰动破坏后,土体结构不可能随时间而得到恢复.但是扰动停止一段时间后,可重新建立一定程度的化学平衡,使得土体强度随时间得到一定程度的恢复.这一性质称为触变性.如打桩施工时扰动了土体结构,但停打一段时间,待孔隙水压力消散以后,强度能逐渐恢复到一定程度,就反映了土的触变性.

触变泥浆具有以下特性.

(1)固壁性 固壁性是指触变泥浆压入土层,在土壁上附着而形成泥皮,泥皮可以加固土壁,防止土壁坍塌.

(2)触变性 触变泥浆静置时为凝胶状态,能承受部分土压力,而搅拌和触动后又恢复其流动性,便于泥浆生产和压送.即具有所谓"静则冻,动则流"的性能,故称之为触变性.

(3)胶体稳定性 触变泥浆长期静置时,不发生聚沉和离析,在沉井下沉通过不同地层时,具有不致发生过多的失水、沉聚或为地下水所稀释的性能,故称之为胶体稳定性.

可见,触变泥浆在沉井工程中的应用,使井壁和土壁之间的摩阻力大为减小,又能起到固壁的作用.因此,能使沉井下沉很大的深度.根据施工经验,触变泥浆助沉时摩阻力为 3 ~ 5 kN / m²,是摩阻力表中的最低值.

粘性土的触变性,可根据灵敏度 S_t 分为:

低灵敏	$1 < S_t \leqslant 2$
中灵敏	$2 < S_t \leqslant 4$
高灵敏	$S_t > 4$

灵敏度为原状土与其相应重塑土的无侧限抗压强度之比.土的灵敏度愈高扰动后强度降低愈多.

原状土系指从地层中取出能保持原有结构及含水量的土样;重塑土系指将扰动粘性土风干、碎散、过筛、匀土、分样和烘干工序、再按一定密度和含水量制备成的土样.

思 考 题

11 - 1 沉井的涵义是什么? 有何优缺点?

11 - 2 沉井如何分类?

11 - 3 沉井由几部分组成? 各部分的作用是什么? 构造上有什么要求?

11 - 4 沉降下沉与下沉稳定的联系与区别?

11 - 5 何谓流砂现象? 如何防治?

11 - 6 何谓触变泥浆套? 其作用是什么?

附录 土工试验

实验一 土的天然密度、天然含水量、土颗粒的相对密度试验

一、质量密度试验(环刀法)

(一)试验目的

质量密度试验的目的是测定土的单位体积质量。测定细粒土的密度通常采用环刀法,即用一定体积和质量的环刀切土,然后称量,得出土样的体积和质量,通过计算得之。

(二)仪器及用具

1.环刀:环刀是一带刃脚的薄壁金属圆环。内径为 61.8 ± 0.15mm 和 79.8 ± 0.15mm,高度为 20 ± 0.16mm,壁厚 1.5 ~ 2mm。

2.天平:称量 500g,感量 0.1g;称量 200g,感量 0.01g。

3.其他:修土刀、刮刀（或钢丝锯）、凡士林油等。

二、试验步骤

1.在环刀内壁涂一薄层林油。并将其刃口向下放在原状土或备制的土样上。

2.用修土刀或钢丝锯沿环刀外缘将试样削成略大于环刀直径的土柱,然后将环刀垂直下压,随削随压。到土样伸出环刀上部为止。

3.用刮刀仔细刮平环刀两端余土,使与环刀口面齐平。注意刮平时不得使试样扰动或压密。

4.擦净环刀外壁,称环刀加土重,准确至 0.1g 或 0.01g。

5.按下式计算土的质量密度:

$$\rho = \frac{(m_0 + m) - m_0}{V \times 1000}$$

式中　　ρ——土的质量密度(t/m³);

$m_0 + m$——环刀加土质量(g);

m_0——环刀质量(g);

V——环刀容积(mm³)。

[注]1.当土样坚硬、易碎或含有粗颗不易修成很规则形状、采用环刀法有困难时。一般可采用蜡封法,即将要测定质量密度的试样,称量后浸入融化的石蜡中。使试样表面包上一层蜡膜,分别称蜡加土在空气中及水中的质量,已知蜡的密度,通过计算可求得土的质量密度。

质量密度 ρ 试验记录　　　　试验表1

土样编号＿＿＿＿＿　　土样说明＿＿＿＿＿＿＿＿＿　　试验日期＿＿＿＿＿＿＿．

班　级＿＿＿＿＿＿＿　　　组　别＿＿＿＿＿＿＿　　　姓　名＿＿＿＿＿＿＿＿．

环刀号	环刀质量 $m_0(g)$	环刀加土质量 $m_1(g)$	土质量 $m_1 - m_0(g)$	试样体积 (cm^3)	质量密度 (g/cm^3)	质量密度平均值 (g/cm^3)

2.在野外现场遇到砂或砂卵石不能取原状土样时,一般可采用灌砂法进行现场质量密度测定,即在测定地点挖一小坑。称量挖出来的砂卵石,然后将事先率定(知道质量与体积关系)风干的标准砂轻轻倒入小坑,根据倒入的砂的质量就可以知道坑的体积,从而计算出砂卵石的质量密度。也可采用灌水法,即在坑内辅一大于试坑容积的塑料薄膜袋,记录储水筒内初始水位。将水缓慢注入塑料薄膜袋中,当袋内水面与坑口齐平时,根据注入坑内水的体积便可知道坑的体积。从而计算出砂、卵石的密度。

三、含水量试验(烘箱法)

(一)试验目的

土的含水量是指土在 105 ～ 110 ℃下烘至恒重时所失去的水分质量与达恒量后干土质量的比值,以百分数表示。在实验室通常用烘箱法测定土的含水量,即将试样放在烘箱内烘至恒重。

(二)仪器和用具

1.天平:感量 0.01g。

2.烘箱:可采用电热烘箱或温度能保持 105 ～ 110 ℃的其它能源烘箱,也可用红外线烘箱。

3.其他:干燥器(内有氯化钙作为干燥剂)、称量盒(即小铝盒,为简化计算手续,可将铝盒质量定期调整为恒质量值,一般为 3 ～ 6 个月)等。

(三)试验步骤

1.取需要测含水量的粘性土、粉土试样约 15 ～ 30g,放入称量盒内,加盖盖好。

2.放天平上称量,准确至 0.01g。

3.打开盒盖、套在盒底、放入烘箱、在 105 ～ 110 ℃的恒温下烘至恒重后取出(粘性土、粉土一般烘 8h),放入干燥器内冷却（一般只需 0.5 ～ 1h）。

4.从干燥器内取出试样,盖好盒盖、称量、准确至 0.01g。

5.按下式计算含水量

$$\omega = \frac{(m_0 + m) - (m_0 + m_1)}{(m_0 + m_1) - m_0} \times 100(\%)$$

式中　　ω——含水量(%);

$m_0 + m$——称量盒加湿土质量(g);

m_0+m_1——称量盒加干土质量(g);

m_0——称量盒质量(g)。

6.含水量试验进行两次测定,两次测定的差值,当含水量小于 40 %时不得大于 1 %;当含水量等于、大于 40 %时不得大于 2 %,然后取两次测值的平均值。

含水量 w 试验记录　　　　试验表 2

土样编号＿＿＿＿＿＿＿＿＿＿　　土样说明＿＿＿＿＿＿＿＿＿　　　试验日期＿＿＿＿＿＿＿＿＿＿.

班　级＿＿＿＿＿＿＿＿＿＿＿　组　别＿＿＿＿＿＿＿＿＿＿　　　　姓　名＿＿＿＿＿＿＿＿＿＿.

盒号	盒质量 m_0(g)	盒加湿土质量 m_1(g)	盒加干土质量 m_2(g)	水质量 $m_1 - m_2$(g)	土质量 $m_2 - m_0$(g)	含水量 ω_p(%)	含水量平均值

四、相对密度试验[※]（比重瓶法）

(一)试验目的

土颗粒的相对密度（原称比重）试验的目的是测定土颗粒（粒径小于 5mm ）在 105 ~ 110 ℃下烘至恒重时的质量与同体积 4 ℃蒸馏水的质量之比。本试验的目的是测定土颗粒的相对密度,它是土的物理性质基本指标之一。

(二)仪器和用具

1.比重瓶: 容积 100 （或 50 ） mL ;

2.天平:称量 200g , 感量 0.001g ;

3.恒温水箱: 灵敏度 ± 1 ℃。

(三)砂浴

1.真空抽气设备

2.温度计: 刻度为 0 ~ 50 ℃,分度值为 0.5 ℃;

3.其他: 如烘箱、蒸馏水、中性液体（如煤油）、孔径 2mm 及 5mm 筛、漏斗、滴管等。

(四)比重瓶校正

1.将比重瓶洗净、烘干、称比重瓶质量,准确至 0.001g。

2.将煮沸经冷却的纯水注入比重瓶。对长颈比重瓶注水至刻度处,对短颈比重瓶应注满纯水,塞紧瓶塞,多余水分自瓶塞毛细管中溢出。调节恒温至 5 ℃或 10 ℃,然后将比重瓶放入恒温水槽内,直至瓶内水温稳定。取出比重瓶,擦干外壁,称瓶、水总质量,准确至 0.001g。

3.以 5 ℃级差,调节恒温水槽的水温,逐级测定不同温度下的比重瓶、水总质量,至达到本地区最高自然气温为止。每个温度时均应进行两次平行测定,两次测定的差值不得大于 0.002g。取两次测值的平均值。绘制温度与瓶、水总质量的关系曲线。

(五)试验步骤

1.将比重瓶烘干,将 15g 烘干土装入 100mL 比重瓶内（若用 50mL 比重瓶,装入烘干土 10g ），称量。

2.为排除土中空气，将已装有干土的比重瓶，注入蒸馏水至瓶的一半处，摇动比重瓶，并将瓶在砂浴中煮沸，煮沸时间自悬液沸腾时算起，砂及低液限粘土应不少于30min，高液限粘土应不少于1h，使土粒分散，注意沸腾后调节砂浴温度，不使土液溢出瓶外。

3.如系长颈比重瓶，用滴管调整液面恰至刻度（以弯液面下缘为准），擦干瓶外及瓶内壁刻度以上部分的水，称瓶、水、土总质量。如系短颈比重瓶，将纯水注满，使多余水分自瓶塞毛细管中溢出，并将瓶外水分擦干后，称瓶、水、土总质量，称量后立即测出瓶内水的温度，准确至 0.5 ℃。

4.根据测得的温度，从已绘制的温度与瓶、水总质量关系曲线中查得瓶水总质量。如比重瓶体积事先未经温度校正，则立即倾去悬液，洗净比重瓶，注入事先煮沸过且与试验时同温度的蒸馏水至同一体积刻度处，短颈比重瓶则注水至满，按试验步骤 3 调整液面后，将瓶外水分擦干，称瓶、水总质量。

5.如系砂土，煮沸时砂粒易跳出，允许用真空抽气法代替煮沸排除土中空气，其余步骤与试验步骤 3 、4 相同。

6.对含有某一定量的可溶盐、不亲性胶体或有机质的土，必须用中性液体（如煤油）测定，并用真空抽气法排除土中气体。真空压力表读数宜为 100kPa ，抽气时间 1 ~ 2h （直至悬液内无气泡为止）其余步骤与试验步骤 3 、4 相同。

7.本试验称量应准确至 0.001g 。

(六)结果整理

1.用蒸馏水（中性液体）测定时，按下式计算相对密度

$$d_s = \frac{m_s}{m_1 + m_s - m_2} \times d_w$$

式中　　d_s——土颗粒的相对密度；

　　　　m_s——干土的质量（g）；

　　　　m_1——瓶、水（中性液体）总质量（g）；

　　　　m_2——瓶、水（中性液体）、土总质量（g）；

　　　　d_w——t℃时蒸馏水(中性液体)的相对密度(可查物理手册或实测)准确至0.001 。

2.本试验的记录格式如表3

3.精密度和允许差

本试验必须进行二次平行测定，取其算术平均值，以两位小数表示，其平行差值不得大于 0.02 。

相对密度试验记录（比重瓶法）　　试验表 3

试验日期　　　　　　　　　班级　　　　　　　　　组别

试验者　　　　　　　　　　计算者　　　　　　　　校核者

试验编号	比重瓶号	温度(℃)	液体比重	比重瓶质量(g)	瓶干土总质量(g)	干土质量(g)	瓶、液总质量(g)	瓶液土总质量(g)	与干土同体积的液体质量(g)	相对密度	平均值	备注
		1	2	3	4	5	6	7	8	9		
						4 - 3			5+6 - 7	2 × 5/8		
	1	15.2	0.999	34.886	49.831	14.945	134.714	144.225	5.434	2.746	2.75	
	2	15.2	0.999	34.287	49.227	14.940	134.696	144.191	5.445	2.741		

实验二 土的液限、塑限试验

一、试验目的和方法

细粒土随含水量增加而处于不同的物理状态,由坚硬状态转入可塑状态,再由可塑状态转入到流动状态,上述状态的界限含水量分别称为土的塑限和液限。二个界限含水量的差值称塑性指数,根据塑性指数,可以定出土的名称。

测定土的液限,通常采用 76g 圆锥式流限仪(见图 2-5)质量为 76g、锥角为 30 的圆锥,在自重作用下, 在 15s 内沉入土中的深度恰为 10mm 时,土所具有的含水量为液限。

测定土的塑限,采用搓条法,用手将土在毛玻璃上滚搓,滚搓过程中土的含水量不断降低,当搓成的土条,直径为 3mm 时土条恰好开始断裂,这时土的含水量为塑限。

在这次的试验中,要求同学用上述方法测定一种粘性土的液限和塑限。求出塑性指数定出土的名称。

二、试样制备

1.取风干土样 200g,放在研钵中研散,过 0.5mm 筛,然后将土样放入器皿中加水调成稠泥,用湿布盖好,浸润一昼夜。

2.取天然湿度的土,加少量水调成稠泥,也可使用。

(注:试样制备已由实验室代做)

三、试验仪器及用量

1.76g 圆锥式液限仪;

2.天平:称量 200g, 感量 0.01g;

3.毛玻璃板;

4.其他:称量盒、调土皿、调土刀、凡士林油等。

四、试验步骤及注意事项

1.液限试验

(1)从制备好的试样中,取出一半放在玻璃板上(留着做塑限实验用)。另一半,加少量水在调土皿中充分搅拌均匀。取少量调好的土放在调土刀上(约高 15mm),把圆锥擦净,对准土样,当锥尖与土面恰好接触时,轻轻放手,使锥在自重作用下沉入土中,由锥的沉入深度来判断调土皿中土的含水量高低。锥的刻线如果已深入到土中,说明土的含水量太大。锥的刻线如果还在土面以上,说明土的含水量太小。需要加水,反复试验,至锥尖沉入深度接近刻度时再将试样装入试杯中,正式测定。

(2)将调好的试样,分层装入杯中,边装边压,勿使试样内存有孔隙和气泡,用调土刀将杯中土沿杯口刮平(刮去余土时不得用刀在土面上反复涂拌)。

(3)将圆锥用布擦净,并在锥尖上抹一薄层凡士林油,提住锥并将它放在试样表面中心。当锥尖与试样表面恰好接触时,轻轻放手,让锥体在自重作用下沉入土中。经过 10 ~ 15s 后观察锥体沉下深度。

(4)在沉入深度小于或大于刻度时,均需把全部试样从杯中取出(注意应把沾有凡士林油的土除去)放回皿中,加水调拌均匀或继续让水分蒸发;再按步骤(2)(3)重新试验,直到当锥体的沉入深度恰好为 10mm。取出锥体。把沾有凡士林油的土去掉,从锥孔周围取出约 10g 左右试样,放入称量盒内称量。测其含水量,即为液限。

2.塑限实验

(1)取做塑限的试样少许放在毛玻璃板上,用手掌滚搓(如含水量较大时可取土样放在手中捏揉,使水分蒸发到不沾手为止)。

(2)滚搓时,手掌须均匀施加压力于土条上,土条长度不宜超过手掌宽度,不得用手指或手心搓土,避免土条因受力不匀而折断。

(3)若土条搓至直径 3mm 时仍未断裂,表示这时试样的含水量高于塑限,应重新揉搓,若土条直径大于 3mm 已经断裂,表示这时含水量低于塑限,须在试样中加入少量水,调匀后重搓。当土条搓到 3mm 恰好断裂(每段长约 10 ~ 15mm,表示这时试样的含水量恰是塑限,将断裂土条放入盒内,盖上盒盖。如此重复试验,积累合格的断裂土条约 3 ~ 5g,称量,测定含水量,即得该土塑限。

五、成果整理

1.液限 ω_L 与塑限 ω_p

$$\omega_p\left(\omega_L\right) = \frac{(m_0+m)-(m_0+m_1)}{(m_0+m_1)-m_0} \times 100(\%)$$

式中 ω——含水量(%);

  m_0+m——称量盒加湿土质量(g);

  m_0+m_1——称量盒加干土质量(g);

  m_0——称量盒质量(g)。

2.塑性指数

$$I_p = \omega_L - \omega_p$$

根据塑性指数可对土进行分类,定出土的名称。

3.滚搓法塑限试验应进行两次平行测定,两次测值的差值。当 ω 小于 40 % 时,不得大于 1 %,ω 大于或等于 40 % 时,不得大于 2 %。

液限试验记录　　　试验表 4

土样编号＿＿＿＿＿＿＿＿＿　土样说明＿＿＿＿＿＿＿　试验日期＿＿＿＿＿＿＿．
班　级＿＿＿＿＿＿＿＿＿＿＿＿　组　别＿＿＿＿＿＿＿　姓名＿＿＿＿＿＿＿＿＿．

盒号	盒质量 m_0(g)	盒加湿土质量 m_1(g)	盒加干土质量 m_2(g)	水质量 $m_1 - m_2$(g)	土质量 $m_2 - m_0$(g)	液限 ω_L(%)	液限 平均值

塑限记录　　　试验表 5

土样编号＿＿＿＿＿＿＿＿＿　土样说明＿＿＿＿＿＿＿　试验日期＿＿＿＿＿＿＿．
班　级＿＿＿＿＿＿＿＿＿＿＿＿　组　别＿＿＿＿＿＿＿　姓名＿＿＿＿＿＿＿＿＿．

盒号	盒质量 m_0(g)	盒加湿土质量 m_2(g)	盒加干土质量 m_2(g)	水质量 $m_1 - m_2$(g)	土质量 $m_2 - m_0$(g)	塑限 ω_p(%)	塑限 平均值

根据上面试验结果该土的塑性指数 I_p＿＿＿＿＿．

该土应名为＿＿＿＿＿＿．

实验三　侧限压缩试验

一、试验目的
本次试验的目的是用侧限压缩仪测定土的压缩性,测出土的压缩性指标—压缩系数。

二、试验仪器及用具
1.侧限压缩仪一台;

2.环刀：直径为 61.8mm 和 79.8mm，高 20mm;

3.测微表:最大量距 10mm,精度 0.01mm;

4.天平:感量 0.01g;

5.透水石、秒表、烘箱、修土刀、称量盒、滤纸等。

三、试验步骤及注意事项
1.用环刀(内径 79.8mm,高 20mm)切试样。先将环刀内壁抹一薄层凡士林油以减少摩擦,切土时是边修边压,尽量减少对土的扰动。最后将上下两端刮平。

2.将环刀外面擦净,称环刀加土质量 m_0+m_1。

3.在环刀土面上下各放一张潮湿滤纸。并将仪器盒中的透水石用湿布擦湿,顺序装入仪器盒中,最后放上传力盘。

4.将装好土样的仪器盒放在加力设备正中,装上测微表,并调节伸长距离不小于 8mm,然后检查测微表是否灵敏和垂直。

5.加一微小垂直初荷重 1kPa 使仪器盒内透水石与土样和加力设备的各个部分均接触良好。

6.记录测微表初读数 R 或转动测微表的刻度盘,使指针对准零点。

7.取下初荷重,加第一级荷重,(12.5kPa)加荷重时砝码应轻轻放上避免冲击,加荷重同时开动秒表,记录测微表的读数,(一般读数时间为 15″、1′、2′15″、4′、6′15″、9′、12′15″、16′、20′15″、25′、30′15″、36′、49′、64′、100′、200′、400′、23h、24h 等)直至测微表读数(即土样变形)每小时不超过 0.005mm 为止。(此即认为稳定)。

8.加第二级荷重按步骤 7 读数。通常顺序加荷为 12.5、25、50、100、200、400、800、1600、3200kPa、最后一级压力应比土层的计算压力大 100~200kPa。

9.读完最后一级荷重稳定读数后,拆去测微表及荷重,取出仪器盒;小心地将环刀取出,用干滤纸把环刀表面附着的水吸去,然后称环刀加土重 m_0+m_2。

10.将环刀中的试样全部推入称量盒内,(注意防止土粒散失)放入烘箱中烤干,称干土质量 m_1。

11.试验结束,拆除仪器,退出环刀,洗净备用。

四、成果整理

1.计算含水量 ω 和质量密度 ρ

2.计算土样初始孔隙比 e_0

$$e_0 = \frac{d_s \rho_w (1 + 0.01\omega)}{\rho} - 1$$

粘性土的相对密度可近似取 $d_s = 2.70$。

3.计算各级荷载下压缩稳定时的孔隙比 e_i

$$e_i = e_0 - \frac{s_i}{h_0}(1 + e_0)$$

4.绘制 e-p 曲线,计算压缩系数 α

$$\alpha = \frac{e_1 - e_2}{p_1 - p_2} \, (\text{m}^2/\text{kN})$$

压缩试验记录表　　　试验表 6

土样编号＿＿＿＿＿＿＿＿＿＿　土样说明＿＿＿＿＿＿＿　试验日期＿＿＿＿＿＿＿．

班　级＿＿＿＿＿＿＿＿＿＿　组别＿＿＿＿＿＿＿　姓　名＿＿＿＿＿＿＿．

压力时间及读数经过时间	读数时间	读数	读数时间	读数	读数时间	读数	读数时间	读数	读数时间	读数	读数时间	读数
总变形量 $\sum \Delta h_1$ (mm)												
仪器变形量 Δh_2 (mm)												
试样变形量 $\sum \Delta h_1 - \Delta h_2$ (mm)												

压缩试验表　　　试验表 7

土样编号＿＿＿＿＿＿＿＿＿＿　土样说明＿＿＿＿＿＿＿　试验日期＿＿＿＿＿＿＿．

班　级＿＿＿＿＿＿＿＿＿＿　组别＿＿＿＿＿＿＿　姓　名＿＿＿＿＿＿＿．

含水量 $w(\%)$	试验前	试验后	试样面积 $A(\text{mm}^2)$		
质量密度 $\rho(\text{t}/\text{m}^3)$			试样起抬高度 $h_0(\text{mm})$		
土粒相对密度 d_s			试样起始孔隙比 $e_0 = \dfrac{d_s \rho_w (1 + w_0)}{\rho_0} - 1$		
			试样颗粒净高 $h_s = \dfrac{h_0}{1 + \rho_0}$ (mm)		
压力 p_i (kN/m^2)	试样变形量 s_i	孔隙比 $e_i = e_0 - \dfrac{s_i}{h_0}(1 + e_0)$	孔隙比变化量 $\Delta e = e_2 - e_1$	压力变化量 $\Delta P = P_2 - P_1$ (kN/m^2)	压缩系数(MPa) $\alpha = 1000 \dfrac{\Delta e}{\Delta p}$

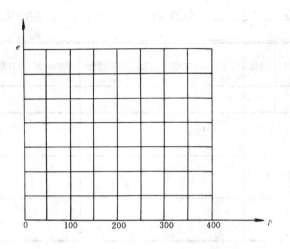

试验图 3-1 *e-p* 曲线

实验四 直接剪切试验

一、试验目的

本次试验是用应变控制式直接剪力仪对土进行一组快剪试验,以求得土的抗剪强度曲线和土的抗剪强度指标——内摩擦角 φ 及粘聚力 c。

二、试验仪器和用具

1.应变控制式直剪仪。仪器主要组成部分有:

(1)剪切盒分上下两盒(附一个传压盖及两个透水石)。上盒一端顶在量力环的一端,下盒与底座连接,底座放在两条轨道滚珠上,可以移动。

(2)加力及量测设备

垂直荷重:通过杠杆(1:10)放砝码来施加。

水平荷重:通过旋转手轮推进螺杆顶压下盒来施加,荷重大小从量力环的变形间接求出。

2.环刀:内径 61.8mm,高度 20mm。

3.测微表(百分表):最大量距 10mm,精度 0.01mm。

4.其他:秒表,天平,烘箱,修土刀,推土器等。

三、试验步骤

1.将试样表面削平,用环刀切取试件,测质量密度,并在削土过程中细心观察试样,进行描述定名。

2.将剪切盒内壁擦净,上下盒口对准,插入固定销,使上下盒固定在一起,不能相对移动,在下盒透水石上放一张蜡纸。

3.将带试件的环刀刀口向上,平口向下对准下盒盒口放好,在试件上面顺序放蜡纸和透水石,然后用推土器将试件推入下盒,移去环刀.

4.顺次放上传压板,钢珠和加压架,按规定加垂直荷重(一般一组作四次试验,建议采用 100、200、300、400kN/m²).

5.拔去固定销,徐徐转动手轮至上盒端的钢珠恰与量力环接触(即量力环内的测微计指针刚要开始移动)时为止.调整测微计读数为零.

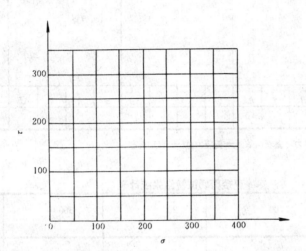

试验图 4-1 抗剪强度曲线

6.开动秒表,以每分钟 3～4 转的均匀速率旋转手轮,使试件在 3～5min 内剪坏(量力环内的测微计指针不再继续前进,停止或后退).在剪切过程中注意测记手轮转数与量力环内测微表的相应读数(注:手轮每转推进 0.2mm).

7.剪切结束后,顺序去掉荷载,加压架,钢珠,与传压板与上盒,取出试件.

8.重复上述步骤,做其他各垂直压力下的剪切实验.

四、成果整理

1.计算

$$\tau=c_\lambda \cdot R$$

式中　τ——剪应力;

　　c_λ——量力环系数(kN/m² —0.01mm);

　　R——量力环测微计的读数(0.01mm).

2.将 6 组平行的抗剪强度试验结果,按规范规定的数理统计方法计算土的抗剪强度指标标准值.

直接剪切试验　　　　试验表 8

土样编号_____　　土样说明_____　　试验日期_____.

班　级_____　　　组　别_____　　　姓　名_____.

环刀号																
环刀重																
环刀加湿重																
重力密度 γ																
含水量 w																
垂直压力 p																
量力环系数 c																
试验数据	n	R	τ	ΔL	n	R	τ	ΔL	n	R	τ	ΔL	n	R	τ	ΔL
及整理																

n——手轮转数;R——量力环量表读数;τ——剪应力;ΔL——剪切位移.

直接剪切试验结果统计表　　　　试验表 9

p(kPa) 土样组别	100	200	300	400
1				
2				
3				
4				
5				
6				

实验五　击实试验

一、试验目的

本试验是采用轻型或重型击实仪,测定土在一定击实能量作用的最大干密度和最佳含水量.以了解土的击实性能,为确定压实方案提供科学依据.

二、试验仪器和用具

1.仪器选择:在生产上,根据碾压功能大小通常采用轻型和重型两种击实仪.轻型击实仪适用于粒径小于 5mm 的粘性土;重型击实仪适用粒径不大于 40mm 的土.

2.仪器设备

(1)击实筒;金属制成的圆柱形筒.轻型击实筒内径为 102mm 筒高为 116mm;重型击实筒内径为 152mm,筒高为 116mm.配有护筒和底板,护筒高度不小于 50mm.

(2)击锤:锤底直径为 51mm,轻型击锤质量为 2.5kg,落距为 305mm;重型击锤质量为

4.5kg,落距为 457mm．击锤应配导筒,锤与导筒之间应有足够的间隙,使锤能自由落下．击锤分人工操作和机械操作．电动击锤应配跟踪装置控制落距,锤击点应按一定角度均匀分布．

(3)推土器:螺旋式的千斤顶．

(4)天平:称量 200g,感量 0.01g．

(5)台称:称量 10kg,感量 5g．

(6)其他:如喷壶、修土刀、量筒、刮板、称量盒及毛刷等．

三、试验步骤及注意事项

1.制备试验用土

(1)取具有代表性的风干土 5kg 碾散过 5mm 筛,并测其风干含水量．

(2)加水浸润．加水前把试验用的土样分成 5 份(每份约 1kg),在每份土中加入不同量的水,使每份土具有不同的含水量,两份土小于最优含水量．一份土接近最优含水量,两份土大于最优含水量．通常最优含水量接近于土的塑限而稍低,各份土的含水量希望依次相差 2% ~ 3%,以便试验曲线点子大体均匀分布．

2.操作步骤

(1)将浸润好的第一份试样 2 ~ 5kg 倒入击实筒内,轻型击实分三层击实,每层 25 击;重型击实分 5 层击实,每层 56 击．每层试样高度宜相等,两层交界处的土面应刨毛．击实后,超过击实筒顶的试样高度应小于 6mm．

(2)拆去护筒,用刀修平击实筒顶部的试样,拆除底板,试样底部若超出筒外,也应修平,擦净筒外壁,称筒和试样的总质量精确至 1g,并计算试样的湿密度．

(3)用推土器将试样从筒中推出,取两块代表性试样测定含水量两个含水量的差值不大于 1 %．

(4)顺次用第 2 、3 、4 、5 等几份试样,接(1)~(3)步骤做同样试验．就得出相应于 5 个不同含水量的 5 个干密度．

四、计算画图:

1.计算干密度 ρ_d

$$\rho_d = \frac{\rho}{1 + \omega \times 0.01}$$

式中　ρ——湿密度;

ω——含水量．

2.画图:根据每分土击实后得到的干密度相应的含水量 ω 数值．以干密度 ρ_d 为纵坐标,以含水量 ω 为横坐标．画出 ρ_d—ω 的关系曲线,(如图 3-2),曲线的峰值即为最大干密度,相应的含水量为最优含水量．

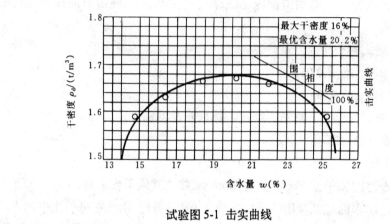

试验图 5-1 击实曲线

参 考 文 献

1 郭继武、张述勇、冯小川编.建筑地基基础.北京：高等教育出版社，1990

2 凌治平主编.基础工程.北京：人民交通出版社，1993

3 王经羲编.土力学地基与基础.北京：人民交通出版社，1988

4 天津大学主编.土力学与地基.北京：人民交通出版社，1980

5 华南工学院、南京工学院、浙江大学、湖南大学编.地基及基础.北京：中国建筑工业出版社，1984

6 同济大学土力学与基础研究室等编.土质学及土力学.北京：人民交通出版社，1979

7 张述勇、郭秋生编.土力学及地基基础.北京：中国建筑工业出版社，1993

8 汪祖铭、王崇礼编.公路桥涵设计手册·墩台与基础·北京：人民交通出版社，1994

9 北京市政设计院.城市道路设计手册.北京：中国建筑工业出版社，1986